全国教育科学“十一五”
规划课题研究成果

控制系统的 MATLAB 仿真与设计

第二版

王海英　李双全　管宇　编著

高等教育出版社·北京

内容简介

本书以 MATLAB 7.1 语言为仿真平台，系统地介绍了控制系统分析、设计及仿真的基本概念、原理和方法，全书共分十五章，主要包括：MATLAB 基础，数据结构及其运算，数据的可视化，M 文件和程序设计，数值和符号计算，Simulink 基础，控制系统的数学模型，控制系统的分析，基于传递函数模型和基于状态空间模型的控制系统设计，控制系统仿真，控制系统工具箱，机器人控制系统建模与仿真应用等内容。同时，为了帮助读者进一步掌握本书内容，在附录中可查阅相关的 MATLAB 命令和函数库。读者可用手机扫描书中的二维码，观看彩色图片，以达到更好的仿真效果。

本书可作为自动化、电子信息、机器人工程等本科专业“MATLAB 语言及应用”基础课程教材，也可作为高年级学生“控制系统 CAD 与仿真”专业课程使用教材，同时适用于“系统建模与仿真”课程参考教材，还适用于自动控制原理、现代控制理论、机器人控制等相关课程的辅助教材，也可作为工程技术人员的参考用书。

图书在版编目(CIP)数据

控制系统的 MATLAB 仿真与设计 / 王海英，李双全，管宇编著. --2 版. --北京：高等教育出版社，2019.12

ISBN 978-7-04-052863-3

Ⅰ.①控… Ⅱ.①王… ②李… ③管… Ⅲ.①算法语言-应用-自动控制系统-系统仿真 Ⅳ.①TP273

中国版本图书馆 CIP 数据核字(2019)第 225677 号

策划编辑 韩 颖　责任编辑 韩 颖　封面设计 张申申　版式设计 杨 树
插图绘制 于 博　责任校对 吕红颖　责任印制 赵义民

出版发行 高等教育出版社
社　　址 北京市西城区德外大街 4 号
邮政编码 100120
印　　刷 北京中科印刷有限公司
开　　本 787mm×1092mm　1/16
印　　张 28.25
字　　数 640 千字
购书热线 010-58581118
咨询电话 400-810-0598
网　　址 http://www.hep.edu.cn
　　　　 http://www.hep.com.cn
网上订购 http://www.hepmall.com.cn
　　　　 http://www.hepmall.com
　　　　 http://www.hepmall.cn
版　　次 2009 年 2 月第 1 版
　　　　 2019 年 12 月第 2 版
印　　次 2019 年 12 月第 1 次印刷
定　　价 54.00 元

本书如有缺页、倒页、脱页等质量问题，请到所购图书销售部门联系调换

物 料 号 52863-00

前言

控制原理、计算方法与计算机技术的结合是当代控制系统发展的重要内容，因此在以 MATLAB 为代表的软件平台上，对控制系统进行分析、设计与仿真就成了控制工程师必须熟练掌握的重要知识与技能。

控制系统的仿真与设计是建立在古典控制理论、现代控制理论、计算方法、计算机技术等多方面知识上的综合性学科，是一门综合性与实践性较强的课程，目前已成为自动化专业重要的研究分支，灵活地掌握与运用它有助于我们深刻理解已学过的有关课程内容，为今后从事控制系统领域的研究与开发工作提供坚实的基础。

本书是编者们对教学、实验与科研工作的总结，并在借鉴国内外控制和机器人领域专家、学者研究成果的基础上编写而成的。在内容编排上具有如下几方面的特点：

1. 将 MATLAB 的使用方法和程序设计以精练的篇幅进行介绍，使得直接、快速地了解和掌握 MATLAB 软件平台成为可能，由浅到深，重点针对控制系统涉及的 MATLAB 功能和函数进行阐述；

2. 在已学习的古典与现代控制理论的基础上，介绍在 MATLAB 软件平台上对系统进行分析和设计的方法；

3. 重点介绍目前控制系统仿真技术中状态空间法和 Simulink 仿真的主要思想，达到学以致用的效果；

4. 所有的例题、习题都经过精心选择，书中所有用 MATLAB 描述的程序都经过严格的上机调试，保证所写程序的可用性，是本书最重要的特色；

5. 精选控制系统及机器人的经典案例，从控制系统及机器人理论建模开始，逐步地介绍了 Simulink 建模方法、控制器设计方法以及系统的 MATLAB 综合仿真方法，能对控制系统及机器人建模与仿真有更全面、完整的掌握。

本书不仅适于自动化、电气工程、机器人工程等本科专业学生学习，同时也可供控制及机器人领域工程师及相关专业技术人员参考。

本书授课按 40 ~ 60 学时编写，共分 15 章，哈尔滨理工大学李双全教授编写了第 1、2、3、4 章，管宇编写了第 5、6、7 章，杨柳编写了第 8、9 章，齐丽华编写了第 10 章，王海英教授编写了第 14、15 章及附录，黑龙江工程学院高辉编写了第 11、12、13 章，全书由王海英教授统稿定稿。编写过程中还得到孟庆松、孙晓波、袁丽英等教师的大力支持与帮助，合肥学院王俊教授及哈尔滨工业大学杨学博教授对本书进行了认真的审阅，并提出了宝贵的、有建设性的改进意见，同时参考文献所列资料为本书的编写提供大量素材，本书的出版还得到高等教育出版社和美国 The MathWorks 公司图书计划的支持，谨此一同表示衷心感谢。

由于编者水平有限，错误或不当之处，敬请广大读者批评指正。选用本书作为教材使用的老师可与高等教育出版社联系索要电子课件。作者 E-mail：why.69@163.com。

编者

2019 年 5 月于哈尔滨理工大学

第 1 版前言

控制原理、计算方法与计算机技术的结合是当代控制系统发展的重要内容，因此在以 MATLAB 为代表的软件平台上，对控制系统进行分析、设计与仿真就成了控制工程师必须熟练掌握的重要知识与技能。

控制系统的仿真与设计是建立在古典控制理论、现代控制理论、计算方法、计算机技术等多方面知识上的综合性学科，是一门综合性与实践性较强的课程，目前已成为自动化学科重要的研究分支，灵活地掌握与运用它有助于我们深刻理解已学过的有关课程内容，为今后从事控制系统领域的研究与开发工作提供坚实的基础。

本书是编者们对教学、实验与科研工作的总结，并在借鉴国内外控制领域专家、学者研究成果的基础上编写而成的。在内容编排上具有如下几方面的特点：

1. 将 MATLAB 的使用方法和程序设计以精练的篇幅进行介绍，使得直接、快速地了解和掌握 MATLAB 软件平台成为可能，并由浅到深，重点针对控制系统涉及的 MATLAB 功能和函数进行介绍。

2. 在已学习的古典与现代控制理论的基础上，介绍在 MATLAB 软件平台上对系统进行分析和设计的方法。

3. 重点介绍目前控制系统仿真技术中状态空间法和 Simulink 仿真的主要思想，达到学以致用的效果。

4. 所有的例题、习题都经过精心选择，书中所有的用 MATLAB 描述的程序都经过严格的上机调试，保证所写程序的可用性，这是本书最重要的特色。

5. 精选控制系统的经典案例，从控制系统理论建模开始，逐步地介绍了 Simulink 建模方法、控制器设计方法以及系统的 MATLAB 综合仿真方法，能对控制系统建模与仿真有更全面、完整的掌握。

本书不仅适于自动化、电气工程、系统工程等本科专业学生学习，同时也可供控制领域工程师及相关专业技术人员参考。

本书授课按 40 ~ 60 学时编写，由王海英、袁丽英、吴勃编著，袁丽英编写了第一、二、三、四章，张颖编写了第五章，吴勃编写了第六、七、十三章，马静编写了第八章，姜滨玲编写了第九章，齐鑫编写了第十章，第十一、十二、十四章及附录由王海英编写，全书由王海英统稿定稿。孙晓波、李双全认真细致地对本书进行了审阅，编写过程中还得到孟庆松、景旭等的大力支持与帮助，合肥学院的王俊教授精心地审阅了全书，并提出了宝贵的、有建设性的改进意见，同时参考文献所列资料为本书的编写提供了大量素材，本书的出版还得到高等教育出版社和美国 The Math Works 公司图书计划的支持，谨此一并表示衷心感谢。

由于编者水平有限，错误或不当之处，敬请广大读者批评指正。编者可向选用本书作为教材的老师提供电子课件。E-mail：why.69@163.com。

编者

2008年11月

目　录

第一章　MATLAB 基础

1.1　MATLAB 简介

1.1.1　MATLAB 的发展历程

MATLAB 名称由 Matrix 和 Laboratory 两词的前三个字母组合而成，顾名思义其主要功能是矩阵运算，其首创者是 Cleve Moler 教授。1980 年前后，当时的新墨西哥大学计算机系主任 Moler 教授在讲授线性代数课程时，发现用其他高级语言编程极为不便，便构思并开发了 MATLAB，这一软件利用了当时数值线性代数领域最高水平的 EISPACK 和 LINPACK 两大软件包中可靠的子程序，用 Fortran 语言编写了一套集命令翻译、科学计算于一身的交互式软件系统。该语言无需像 C 语言和 Fortran 语言那样编写源程序、编译、连接，最终形成可执行文件。早期的 MATLAB 是用 Fortran 语言编写的，只能做矩阵运算，绘图也只能用极其原始的方法，内部函数也只提供了几十个。1984 年，Cleve Moler 和 John Little 等人成立了 Math Works 公司，正式将 MATLAB 推向市场。从此，MATLAB 的内核采用 C 语言编写，除了原有的数值计算能力外，还增加了丰富多彩的图形图像处理、多媒体功能、符号运算和与其他流行软件的接口功能，这使得 MATLAB 的功能越来越强大。MATLAB 以其良好的开放性和运行的可靠性，使很多领域封闭式的数值计算软件包纷纷被淘汰，而改在 MATLAB 平台上重建。20 世纪 90 年代，MATLAB 已经成为国际控制界公认的标准计算软件，在国际上 30 多个数学类科技应用软件中，MATLAB 在数值计算方面独占鳌头。

Math Works 公司于 1993 年推出了具有划时代意义的基于 Windows 平台的 MATLAB 4.0 版，使之应用范围越来越广。1994 年推出的 4.2 版扩充了 4.0 版的功能，尤其在图形界面设计方面更提供了新的方法。1997 年推出了 MATLAB 5.0 版，定义了更多的数据结构，如单元数据、数据结构体、多维矩阵、对象与类等，使其成为一种更方便编程的语言。1999 年初推出的 MATLAB 5.3版在很多方面又进一步改进了 MATLAB 语言的功能。2000 年 10 月底推出了其全新的 MATLAB 6.0 正式版，在核心数值算法、界面设计、外部接口、应用界面等诸多方面有了极大的改进。2002 年夏推出的 MATLAB 6.5 版，其最大特点是采用了 JIT 加速器，使 MATLAB 的运算速度进一步加快。2005 年 9 月发布的 MATLAB 7.1 完整版，提供了 MATLAB、Simulink 的升级以及其他最新的 75 个模块的升级，并具有用于数据分析、大规模建模、固定点开发、编码等的新特征。

2007 年秋发布了 MATLAB 7.4 版，该版本对以前版本的很多模块做了升级改进，同时增加了 MATLAB Builder for .net，扩展了 MATLAB Compiler 的功能，使网络程序员可以通过 C#、VB、.net 等语言使用 MATLAB。

虽然 MATLAB 是计算数学专家倡导并开发的，但其普及和发展离不开自动控制领域学者的贡献，因为在 MATLAB 的发展进程中，许多有代表性的成就与控制界的要求是分不开的，其大多数工具箱也都是有关控制方面的。MATLAB 具有强大的数学运算能力、方便实用的绘图功能及语言的高度集成性，它在其他科学与工程领域的应用也越来越广，并且有着更广阔的应用前景和无穷无尽的潜能。MATLAB 是一个十分有效的工具，能解决在教学与研究中遇到的问题，可以将使用者从繁琐的底层编程中解放出来，把有限的宝贵时间更多地花在解决问题中，大大提高了工作效率。目前，MATLAB 已经成为国际上最流行的科学与工程计算的软件工具，它不仅是一个“矩阵实验室”和一张“手写式计算纸”，而且已经成为一种具有广泛应用前景的全新的计算机高级编程语言，有人称它为“第四代”计算机语言，它在国内外高校和研究部门正扮演着重要的角色。MATLAB 语言的功能也会越来越强大，不断适应新的要求，提出新的解决方法。MATLAB 将长期在科学运算、自动控制与科学绘图领域处于重要地位。

1.1.2 MATLAB 平台的组成

MATLAB 不仅仅是一门编程语言，还是一个集成的软件平台，它包含以下几个主要部分。

1. MATLAB 语言

MATLAB 语言是一种高级编程语言，它提供了多种数据类型、丰富的运算符和程序控制语句供用户使用。用户可以根据需求，按照 MATLAB 语言的约定，编程完成特定的工作。

2. MATLAB 集成工作环境

MATLAB 集成工作环境包括程序编辑器、变量查看器、系统仿真器和帮助系统等。用户在集成工作环境中可以完成程序的编辑、运行和调试，输出和打印程序的运行结果。

3. MATLAB 图形系统

用 MATLAB 的句柄图形，可以实现二维、三维数据的可视化、图像处理，也可以完全或局部修改图形窗口，还可以方便地设计图形界面。

4. MATLAB 数学函数库

MATLAB 提供了丰富的数值计算函数库，既包括常用的数学函数，又包含了各个专业领域独有的数值计算实现，用户通过简单的函数调用就可以完成复杂的数学计算任务。

5. Simulink 交互式仿真环境

通过交互式的仿真环境 Simulink，用户可以采用图形化的数学模型，完成对各类系统的模型建立和系统仿真，仿真结果也能够以直观的图形方式显示。Simulink 可以接受用户的键盘、鼠标输入，也可以通过程序语句来实现数据交换，应用方便灵活。

6. MATLAB 编译器

通过编译器，用户可以将用 MATLAB 语言编写的程序编译成脱离 MATLAB 环境的 C 语言源代码、动态链接库或者可以独立运行的可执行文件。

7. 应用程序接口 API

API 是 MATLAB 的应用程序接口,它提供了 MATLAB 和 C、Fortran、VB、VC 等多种语言之间的接口程序库,使用户可以在这些语言的程序里调用 MATLAB 程序。

8. MATLAB 工具箱

MATLAB 包含了各种可选的工具箱。工具箱是由各个领域的高水平专家编写的,所以用户不必编写该领域的基础程序就可以直接进行更高层次的研究。例如:控制领域可以使用的工具箱有 Control System(控制工具箱)、System Identification(系统辨识工具箱)、Robust Control(鲁棒控制工具箱)、Optimization(最优化工具箱)等。

9. Notebook 工具

Notebook 能够让用户在 Word 环境中使用 MATLAB 的各种资源,为用户营造融文字处理、科学计算、工程设计于一体的完美的工作环境。用 Notebook 制作的 M-Book 文档不仅拥有 Word 的全部字处理功能,而且具备 MATLAB 的数学运算能力和计算结果可视化能力。

1.1.3　MATLAB 语言的特点

MATLAB 被称为第四代计算机语言,利用其丰富的函数资源,可使编程人员从繁琐的代码中解脱出来。MATLAB 用更直观、符合人们思维习惯的代码,代替了 C 语言的冗长代码,给用户带来的是最直观、最简洁的程序开发环境。MATLAB 语言的主要特点是:

(1) 语言简洁紧凑,语法限制不严格,程序设计自由度大,使用方便灵活。

在 MATLAB 里可以不用先定义或声明变量就可以使用它们,MATLAB 程序的书写格式自由,数据的输入、输出语句简洁,很短的代码就可以完成其他语言要经过大量代码才能完成的复杂工作。

例如:A=[1,2,3;4,5,6;7,8,9]一条语句实现了对 3×3 矩阵的输入。

(2) 数值算法稳定可靠,库函数十分丰富。

MATLAB 的一个最大特点是强大的数值计算能力,它提供了许多调用十分方便的数学计算的函数,可以随意使用而不必考虑数值的稳定性。

例如:
```
e=eig(A)          %求矩阵 A 的特征值
[L,U]=lu(A)       %求矩阵 A 的 LU 分解
polyder(b)        %求多项式 b 的微分
```

(3) 运算符丰富。

MATLAB 是用 C 语言编写的,所以 MATLAB 提供了和 C 语言几乎一样多的丰富的运算符,而且还重载了一些运算符,并给它们赋予了新的含义。

例如:
```
C=A*B             %矩阵的乘法
B=C'              %求矩阵 C 的共轭复转置
x=A\B             %求 Ax=B 的最小二乘解,即矩阵的左除
```

(4) MATLAB 既具有结构化的控制语句(if、for、while),又支持面向对象的程序设计。

(5) 程序的可移植性好。

MATLAB 程序几乎不用修改就可以移植到其他机型和操作系统中运行。

(6) MATLAB 的图形功能强大,支持数据的可视化操作,方便地显示程序的运行结果。

(7) 源程序的开发性、系统的可扩充能力强。

除了内部函数外,所有的 MATLAB 核心文件和工具箱文件都提供了 MATLAB 源文件,用户可通过对源文件的修改生成自己所需要的工具箱。

(8) MATLAB 是解释执行语言。

MATLAB 程序不用编译生成可执行文件就可以运行,程序是解释执行的。解释执行的程序执行速度较慢,效率比 C 语言等高级语言要低,而且无法脱离 MATLAB 环境运行,这是 MATLAB 的缺点。但是 MATLAB 的编程效率远远高于一般的高级语言,这使我们可以把大量的时间花费在对控制系统的算法研究上,而不是浪费在大量的基础代码上,这是 MATLAB 能够被广泛应用于科学计算和系统仿真的主要原因。

1.2 MATLAB 的安装和使用

1.2.1 MATLAB 的安装

MATLAB 能够运行于多种机型(IBM-PC、Macintosh、Unix 工作站)和操作系统(Windows XP、Windows 2000、Linix),本节仅介绍其在 PC 机上的安装和使用。要在 PC 机上流畅运行 MATLAB,PC 机要具有较好的硬件配置,推荐的配置是:CPU 主频大于 2.0GHz,内存大于 1GB,安装空间大于 3GB。下面基于 MATLAB 7.1 版介绍其安装过程。

将 MATLAB 安装光盘插入光驱后,会自动启动"安装向导"。如果没有自动启动"安装向导",用户需要运行安装光盘中的 setup.exe 应用程序来启动安装向导,图 1.2.1 所示为 MATLAB 安装组件选择界面。安装过程中,用户按照向导的提示进行操作即可,其中比较重要的输入和选

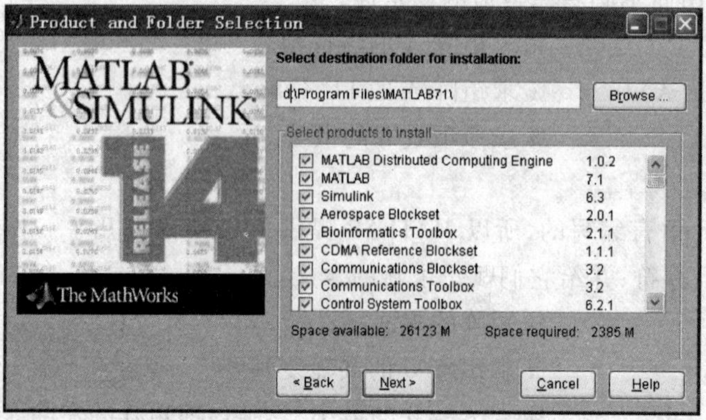

图 1.2.1 MATLAB 安装组件选择界面

项包括以下几项：

(1) 授权序列号。需要输入软件供应商提供的授权序列号才能完成安装工作。

(2) 安装路径。根据磁盘的规划情况，输入 MATLAB 要安装到的磁盘和路径，建议安装在非系统盘。

(3) 工具箱选择。MATLAB 软件包含大量的工具箱，要完全安装所有 MATLAB 组件大概需要 2.4 GB 以上的磁盘空间。用户可以根据需要选择所要安装的工具箱，如果磁盘空间足够，建议用户选择完全安装。如果磁盘空间有限，则可以先选择通用的工具包，再选择和自己专业相关的工具包即可。常用的通用工具包有：

MATLAB	核心组件，必须选择
SIMULINK	交互式仿真工具，采用方框图方式建模和仿真
Symbolic Math	符号计算工具
Optimization	优化程序
MATLAB Compiler	将 MATLAB 的 M 文件编译成 dll 或者 exe 文件
MATLAB C/C++ Math Library	供 C/C++调用的 MATLAB 数学函数库
MATLAB C/C++ Graphic Library	供 C/C++调用的 MATLAB 图形函数库

1.2.2　MATLAB 操作界面

MATLAB 软件安装完成后，会在 PC 机的界面上创建一个快捷方式图标，双击该图标就可以启动 MATLAB 操作界面。MATLAB 操作界面是用户和 MATLAB 进行交互的集成平台，其默认的外观如图 1.2.2 所示，操作界面主要包括以下几个窗口。

1. 命令窗口(Command Window)

MATLAB 的命令窗口默认情况下位于操作界面的右侧，可以用鼠标单击命令窗口标题栏的图标使之成为一个单独的窗口。命令窗口的系统提示符是两个大于号，即>>，在提示符后可以输入要执行的命令，用 Enter 键确认后，输入的命令才会被执行。MATLAB 的命令窗口可以执行 MATLAB 语句、函数、命令和程序，也可以执行外部应用程序(外壳程序)，同时还能显示程序的运行结果。

例 1.2.1　命令窗口输入指令。

```
>> A=[1,2;3,4]          %输入一个2×2的矩阵
>> dir                  %MATLAB的列目录命令
>> ! calc               %用!命令符号执行Windows系统的calc.exe计算器程序
```

2. 历史命令窗口(Command History)

在默认情况下，历史命令窗口位于 MATLAB 操作界面的左下侧，如图 1.2.3 所示。历史命令窗口记录了用户在 MATLAB 命令窗口中所有输入过的指令行，包括以前启动 MATLAB 时所输入的指令。

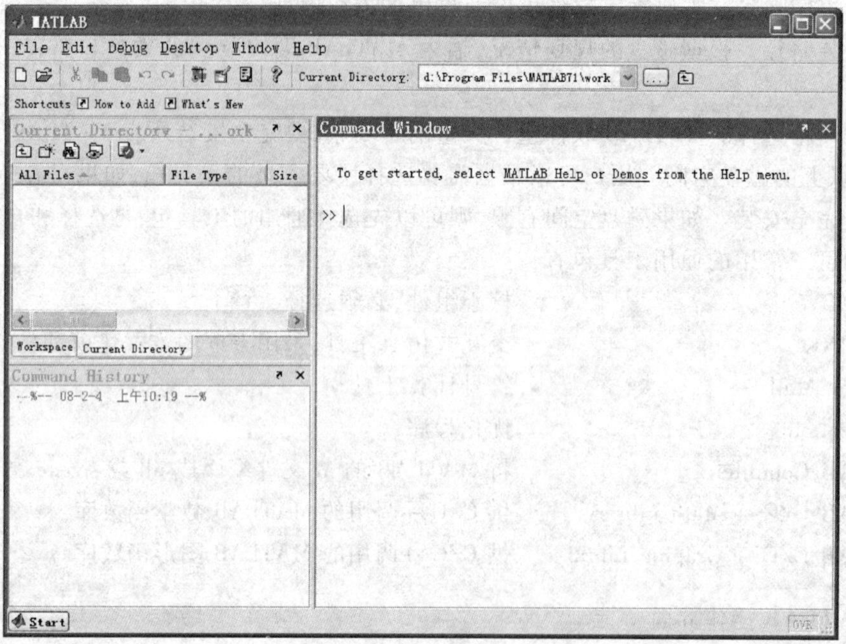

图 1.2.2 MATLAB 的操作界面

历史命令窗口中,用户可以进行如下操作:

(1) 单行或者多行指令的复制。用鼠标点亮需要复制的指令,单击鼠标右键在菜单中选择【Copy】选项。

(2) 单行指令的再运行。双击要运行的指令。

(3) 多行指令的再运行。用鼠标点亮要运行的多行指令,然后单击鼠标右键在菜单中选择【Evaluate Selection】即可按顺序运行点亮的多行指令。

(4) 将指令保存为 M 文件。通过鼠标右键菜单的【Create M-File】选项来实现。

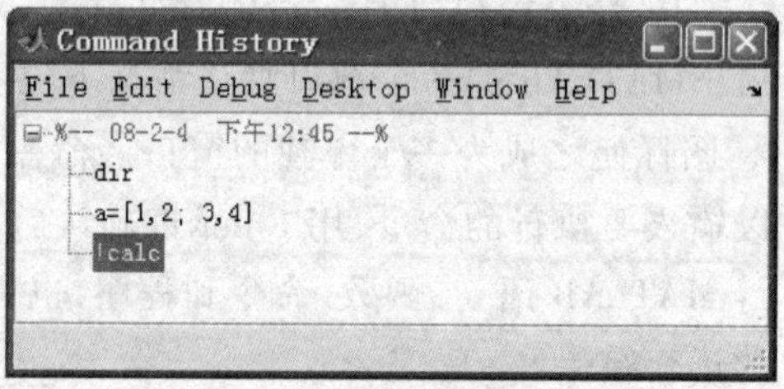

图 1.2.3 MATLAB 的历史命令窗口

3. 当前目录浏览器(Current Directory)

当前目录浏览器如图 1.2.4 所示,当前目录浏览器左上角的编辑框内的路径表示的是当前路径,MATLAB 搜索、保存、打开文件,首先要在当前目录中查找相关文件。

当前目录浏览器可以进行如下操作:

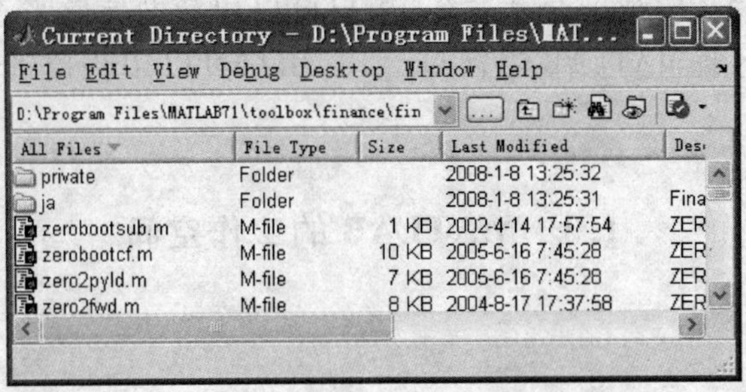

图 1.2.4 MATLAB 的当前目录浏览器

(1) 修改当前路径。

(2) 打开在当前路径中的 MATLAB 文件。

(3) 文件管理。

4. 工作空间浏览器(Workspace)

工作空间浏览器位于 MATLAB 操作界面的左上侧,用来查看 MATLAB 环境中的变量情况,图 1.2.5 所示的工作空间窗口,表示用户创建了二维数组 A、b 和程序运行的中间结果变量 ans。

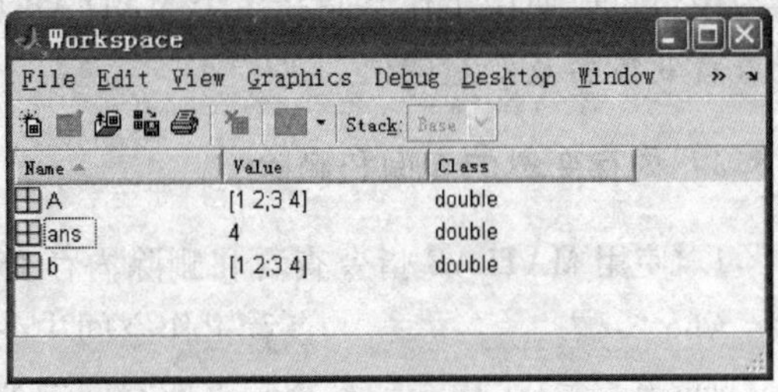

图 1.2.5 MATLAB 的工作空间窗口

5. M 文件编辑器(Editor)

MATLAB 内置了程序的编辑器,如图 1.2.6 所示,在编辑器里可以建立、编辑、存储 M 文件,可以运行、调试(断点、单步、跟踪、查看)程序,其使用方法和 Turbo C 等编程平台的集成环境类似。

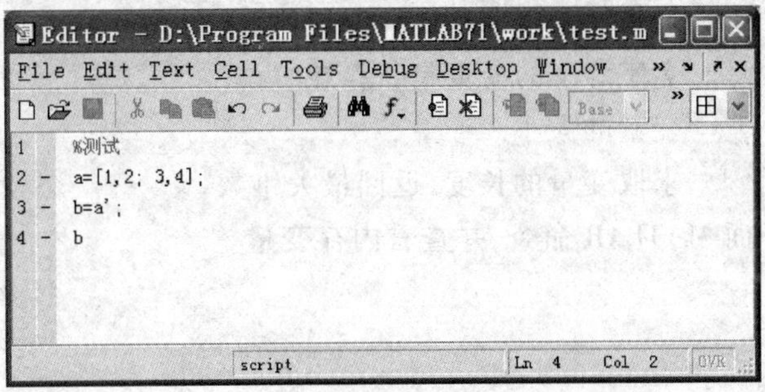

图 1.2.6 MATLAB 的编辑器/调试器

6. 帮助导航(Help Navigator)

帮助导航是 MATLAB 的帮助交互系统,用户可以用帮助导航来查找到相关主题的帮助内容。帮助导航窗口不随 MATLAB 主窗口启动,用户可以用快捷键【F1】或者菜单【Help】来打开。

1.3 MATLAB 的工作空间

1.3.1 工作空间

工作空间(Workspace)指运行 MATLAB 的程序或命令所生成的所有变量和 MATLAB 提供的常量构成的空间,是一个比较抽象的概念。

启动 MATLAB 后,会自动建立一个工作空间,工作空间在 MATLAB 运行期间一直存在,关闭 MATLAB 后工作空间自动消失。刚打开的 MATLAB 的工作空间中只有 MATLAB 提供的几个常量,如 pi(3.1415926)、虚数单位(i,j)等。运行 MATLAB 程序时,程序中的变量被加入到工作空间中,除非用特殊的命令删除某变量,否则该变量在关闭 MATLAB 之前一直存在。

用户可以使用工作空间在多个 MATLAB 应用程序中传递数据,也可以随时用工作空间浏览器查看变量名及变量的值。

1.3.2 内存变量的查阅和删除

1. 使用 MATLAB 指令查看和删除内存变量

who	查看工作空间中变量的名字
whos	查看工作空间中变量的详细信息
clear	删除工作空间中的所有变量
clear v1 v2 vn	删除变量 v1,v2 和 vn
exist v	变量 v 是否存在
exist('v')	名字为 v 的变量是否存在
size(v)	变量的大小
length(v)	求取变量的长度,返回最大维数

例 1.3.1 运行下面 MATLAB 命令,并查看内存变量。

```
>>clear
>>a=3;
>>b=[1,2,3; 4,5,6];
>>c=b+1;
>>who
```

```
  Your variables are:
  a  b  c
>>whos
  Name      Size                 Bytes  Class
  a         1x1                      8  double array
  b         2x3                     48  double array
  c         2x3                     48  double array
  Grand total is 13 elements using 104 bytes
>>exist  c
  ans = 1
>>clear  c
>>exist('c')
  ans = 0
>>who
  Your variables are:
  a  ans  b
>>length(b)
  ans = 3
>>size(b)
  ans = 2  3
```

2. 使用工作空间浏览器查看和删除内存变量

可以使用工作空间浏览器查看内存变量，也可以删除、更名、编辑变量，还可以将变量可视化。如图 1.3.1 所示，工作空间中有变量 a,ans,b，右击变量 b 后会弹出菜单，可以选择相应的菜单项目对变量 b 进行相应操作，这些操作包括打开数组编辑器、删除变量、变量更名、编辑变量值、用图形显示变量的值。

1.3.3 数组编辑器

双击工作空间浏览器的任意一维或者二维变量，就会弹出数组编辑器（Array Editor），图 1.3.2 所示就是双击图 1.3.1 的变量 b 而弹出的数组编辑器。在数组编辑器中可以修改变量的值、改变变量的大小，可以用来输入大型数组，还可以通过右键菜单对变量进行其他的操作。另外，数组编辑器窗口的菜单提供了大量丰富而复杂的变量操作，包括变量的文件操作、变量的编辑和变量可视化等。

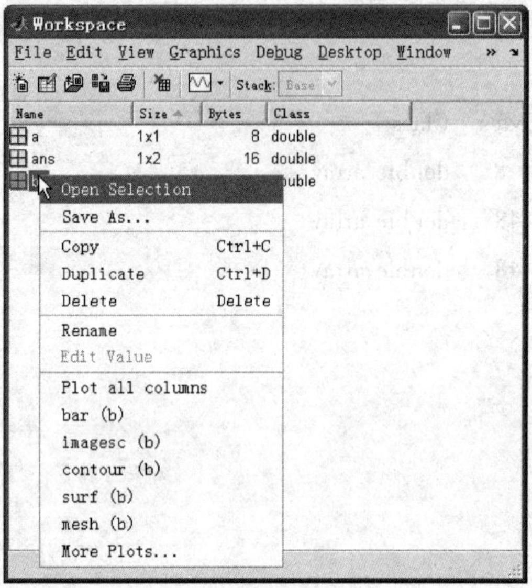

图 1.3.1 MATLAB 的工作空间浏览器的右键菜单

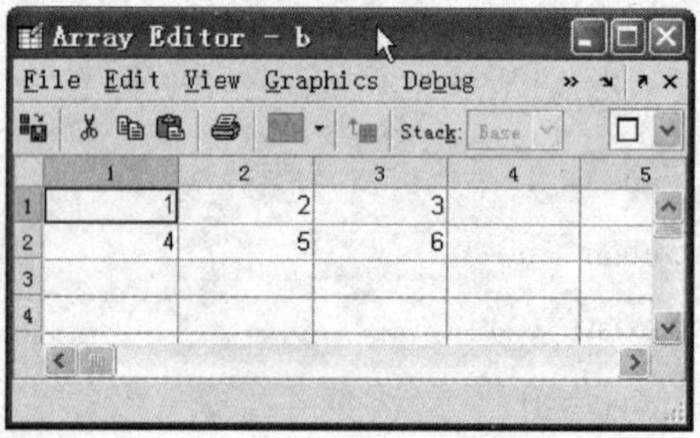

图 1.3.2 MATLAB 的数组编辑器

1.3.4 数据文件的操作

可以把工作空间中的数据保存到磁盘文件上，也可以将磁盘文件中的数据读入工作空间，这样的操作称为数据文件的操作。数据文件的操作可以通过两种方式进行，既可以通过工作空间浏览器或者数组编辑器的【File】菜单来操作，也可以通过 save 和 load 命令来操作。

save FileName	把全部变量保存到 FileName. mat 文件中
save FileName v1 v2	把变量 v1, v2 保存到文件中
save FileName v1 v2-append	把变量 v1, v2 添加到 FileName. mat 文件中
save FileName v1 v2-ascii-double	把变量 v1, v2 保存为 ASCII 格式的文件
load FileName	从 FileName. mat 文件读入全部变量
load FileName v1 v2	从 FileName. mat 文件读入变量 v1, v2
load FileName v1 v2-ascii	从 ASCII 格式的文件读入变量 v1, v2

【说明】:

(1) FileName 可以含有路径名，但不要带扩展名。

(2) -ascii 选项表示数据处理采用 ASCII 格式，默认的数据格式为二进制格式。

(3) 生成的数据文件自动添加 mat 扩展名。

例 1.3.2 数据文件的存取。

```
>>clear                     % 清除工作空间的所有变量
>>a=[1,2];                  % 定义行向量变量 a,输入其值
>>str='my string';          % 定义字符串变量 str,并输入其值
>>save mydata a str         % 将变量 a,str 保存到当前目录的 mydata.mat 文件中
>>dir                       % 显示当前目录中的文件,查看是否保存成功
 .    ..              mydata.mat
>>clear                     % 清除工作空间
>>who                       % 查看工作空间的变量
>>load mydata str           % 从数据文件 mydata.mat 中读入 str 变量
>>who                       % 查看工作空间的变量
  Your variables are:
  str
```

1.4 MATLAB 的帮助系统

MATLAB 有大量的函数和工具箱,这些函数、工具箱随着软件版本的升级还要不断扩充。对用户来说掌握每一个函数是不可能的事情,因此经常要借助于 MATLAB 自身的帮助系统寻求函数、工具箱的使用方法,熟悉 MATLAB 的帮助系统是掌握 MATLAB 的重要途径。

1.4.1 普通文本帮助

MATLAB 的所有可执行命令、函数的 M 文件都带有一个注释区,这个注释区用特定的格式描述了该函数的功能、输入/输出变量的意义、使用注意事项和应用举例,可以在 MATLAB 的命令窗口中键入帮助命令来显示这个注释区的内容。

```
help      函数名/文件名            % 显示相关函数/文件的帮助注释区
lookfor   函数名/文件名            % 显示相关函数/文件的帮助注释区的 H1 行
```

例 1.4.1 用 help 命令查看 eye 函数的帮助。

```
>> help eye
 EYE Identity matrix.
    EYE(N) is the N-by-N identity matrix.
    EYE(M,N) or EYE([M,N]) is an M-by-N matrix with 1's on the diagonal and zeros else-
    where.
    EYE(SIZE(A)) is the same size as A.
    EYE with no arguments is the scalar 1.
```

EYE(M,N,CLASSNAME) or EYE([M,N],CLASSNAME) is an M-by-N matrix with 1's of class CLASSNAME on the diagonal and zeros elsewhere.

Note: The size inputs M and N should be nonnegative integers.

Negative integers are treated as 0.

Example:

```
x = eye(2,3,'int8');
```

1.4.2 超文本帮助

MATLAB 有一个独立的帮助子系统,帮助子系统采用超文本的格式提供完整、详细、丰富的帮助内容,并且界面更加友好。帮助子系统不随 MATLAB 操作界面一起启动,引出帮助子系统可以通过以下方法:

(1) 在命令窗口键入 helpbrowser 或 helpdesk 命令。

(2) 使用在 MATLAB 操作界面的【Help】|【MATLAB Help】菜单项。

(3) 在 MATLAB 各个界面中按下【F1】快捷键。

(4) 在命令窗口键入 doc 函数名获取相关函数的超文本帮助。

图 1.4.1 所示是 MATLAB 的帮助界面,帮助界面左侧有一个帮助导航器(Help Navigator),供用户查找相关的帮助内容。

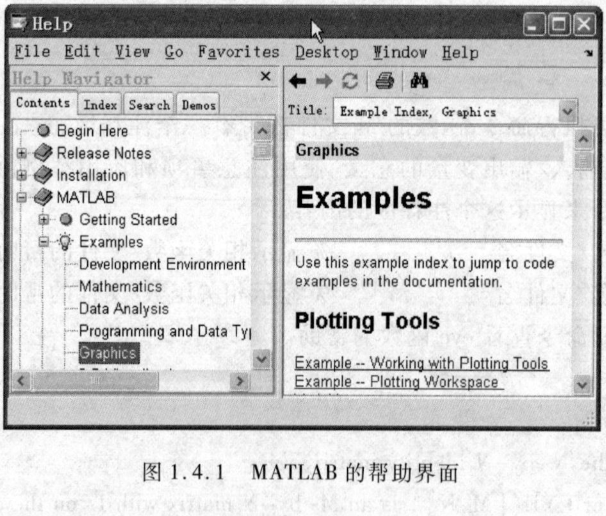

图 1.4.1 MATLAB 的帮助界面

1. 目录页(Contents)

帮助目录页是一个"节点可展开的目录",为用户提供帮助子系统的全方位导向图,用户可以通过单击节点,根据需要分门别类地找到相关的帮助主题。

2. 索引页(Index)

MATLAB 帮助子系统有一个由指令、函数、专用术语构成的索引列表,用户可以在索引页中键入这些索引词,从而获得关于这些索引词的帮助内容。

3. 搜索页(Search)

搜索页是利用关键词查找全文中与其匹配章节条目的交互界面。与索引页不同的是,搜索页是在整个 HTML 文件中查找,覆盖面更加广泛。搜索页支持关键词之间的逻辑运算符 AND、OR、NOT。需要注意的是逻辑运算符必须大写,且每个逻辑运算符前后至少有一个空格。

4. 演示页(Demos)

演示页可以运行 Math Works 公司的产品演示文档。这些文档通过生动的方式向用户展现 Math Work 公司的产品性能或者使用方法。

5. 书签(Favorites)

用户可能会遇到这样的情况,某些查找到的帮助信息以后可能会经常使用,为了便于今后快速定位这些帮助信息,可以使用书签功能。用户可以在任意一个超文本帮助的页面定义书签(需要输入书签的名字),也可以管理这些书签,包括添加书签、删除书签等。

1.5 MATLAB 平台的系统设置

MATLAB 是一个平台,用户可以设置很多和平台相关的选项,如用户界面和系统工作。

1.5.1 路径设置

MATLAB 的所有文件都被统一安排在严格的目录结构中,MATLAB 将这些目录按照优先次序设置为“搜索路径”上的节点。当 MATLAB 工作时,会根据具体情况在这些搜索路径中找到所需的函数、文件和数据。

当用户在命令窗口输入一个名为 cmd 的指令后,MATLAB 的“搜索次序”为:内建函数(MATLAB 内部函数 Built-in Function);当前目录;搜索路径。

用户可以根据需要,增加或者删除 MATLAB 系统的“搜索路径”,具体操作有以下方法:

(1) 在命令窗口中键入 pathtool 或者选择命令窗口的【File】|【Set Path】菜单,弹出搜索路径对话框,用对话框上的按钮来管理搜索路径。

(2) 利用 path 命令来设置搜索路径。

```
path(path, 'C:\my_workdir')          % 把 C:\my_workdir 加入搜索路径的尾端
path( 'C:\my_workdir', path)         % 把 C:\my_workdir 加入搜索路径的首端
```

需要注意的是 path 命令设置的搜索路径在 MATLAB 关闭后会丢失。

1.5.2 个性选项

用户可以根据自己的喜好，对 MATLAB 平台的可修改选项（主要是用户界面方面）进行设定，这些个性选项（Preferences）包括各个窗口的字体、颜色、快捷键和语言等。用户可以通过选择命令窗口的【File】|【Preferences】弹出如图 1.5.1 所示的个性设定对话框，根据需要更改里面的相关设定。从图 1.5.1 中可以看到，个性设定包括对 MATLAB 各个窗口的显示风格的设定，例如可以修改命令窗口、历史命令窗口、编辑器/调试器、帮助窗口、数组编辑器、当前路径浏览器、图形仿真窗口等的显示风格。

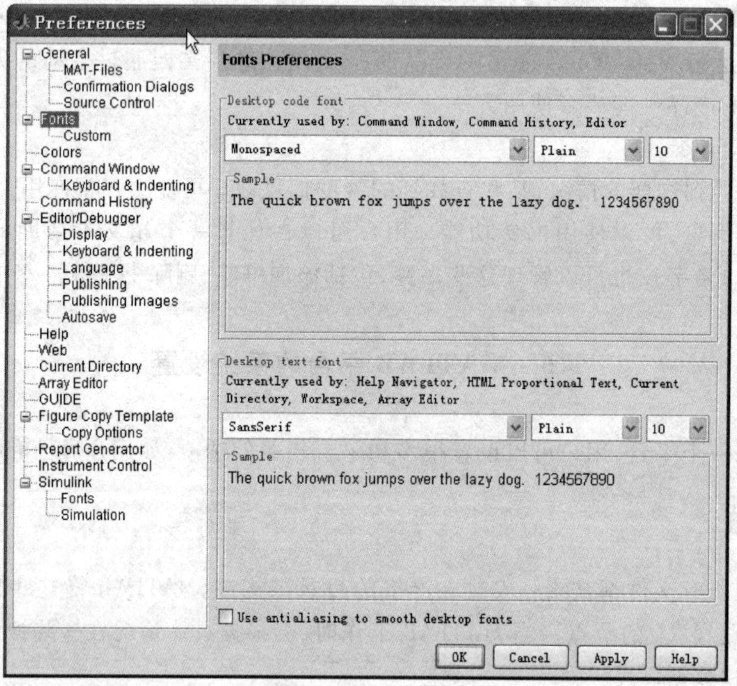

图 1.5.1 MATLAB 的个性设定对话框

1.6 MATLAB 编程基础

为了方便初学者在学习 MATLAB 初期时上机调试，本节简单介绍 MATLAB 编程的基本语法和基本规则。

1.6.1 变量

1. 变量命名规则

变量(包括函数)命名时应该遵循以下的规则:

(1) 必须以字母开头。

(2) 可以由字母、数字和下划线混合组成。

(3) 变量长度应不大于 31 个。

(4) 字母区分大小写。

2. 变量的定义

MATLAB 对于变量的定义和声明要求非常宽松,使用变量前不用专门的语句定义变量的数据类型,MATLAB 会根据语句的执行结果自动指定变量的数据类型和大小。

3. 特殊变量

为了计算和使用方便,MATLAB 中定义了一些具有特殊意义的变量,见表 1.6.1,这些特殊变量在工作空间和函数空间都可以使用。

表 1.6.1 特殊变量定义表

变量名称	功 能	变量名称	功 能
ans	保存最后一次的运算结果	pi	圆周率
realmax	最大的浮点数值	realmin	最小的浮点数值
i	虚数单位	j	虚数单位
inf	正无穷大	NaN	非数(0/0,Inf/Inf)

1.6.2 基本数据类型

在 MATLAB 中共有六种数据类型,每一种类型可以是一维、二维和多维的。基本的数据类型是双精度型复数(double)和字符型(char)。MATLAB 以复数矩阵为基本的运算单元,既可以对其整体进行处理,也可以对它的某个或某些元素进行单独处理,操作起来比较方便。下面语句说明了 MATLAB 矩阵的定义和字符串的定义。

```
a=2.3                  %定义复数标量变量 a,并赋值 2.3
A=[1+i, 2; 3 ,4]       %定义 2×2 复数矩阵变量 A 并赋值
str='Test str'         %定义字符串变量 str 并赋值,字符串内容要用单引号括起来
```

1.6.3 基本语句

MATLAB 最基本的语句是赋值语句,其结构为

变量名列表=表达式

其中,等号左边的变量名列表为 MATLAB 语句的返回值,若一次返回多个结果,则变量列表用[ ]括起来,各变量间用逗号分隔;等号右边为表达式,可以是矩阵运算或函数调用。变量名列表不是必需的,可以只用表达式作为语句。

```
[L,U]=lu(A)          %对矩阵 A 做 LU 分解,分解的结果放入矩阵 L 和矩阵 U
size(A)              %求矩阵 A 的大小
```

1.6.4 关于程序编辑

(1) 语句可以由分号(;)、逗号(,)或者回车(Enter)结束。如果用分号结束,则左边的变量结果不会被显示在命令窗口,否则将显示左侧变量的值。

(2) 每行可以写多条语句,语句之间用逗号、分号进行分隔。

(3) 用三个或者三个以上的黑点表示"续行",表示下一行是上一行的继续。

```
A=[1,2,3;...         %表示下一行是本行的继续,相当于 A=[1,2,3;4,5,6]
   4,5,6];
```

(4) 用%表示注释,%开始一直到行末的内容都是注释,注释内容不参与程序运行。

小　　结

本章简要地介绍了 MATLAB 的特点及发展历程,从 MATLAB 系统的安装入手,分别介绍了 MATLAB 的工作空间、路径设置、帮助系统等功能和使用方法,并初步对 MATLAB 的编程特点进行了阐述,让使用者很快了解 MATLAB 语言的知识和用法。

习　　题

1.1 简述 MATLAB 的发展历程。

1.2 MATLAB 平台由哪些部分组成?

1.3 MATLAB 语言的主要特点是什么?

1.4 工作空间操作函数有哪些?主要功能是什么?

1.5 如何使用 MATLAB 的帮助系统?

1.6 如何设置路径?

第二章　数据结构及其运算

2.1　数据类型

MATLAB 共有六种基本数据类型,即双精度型(double)、字符型(char)、稀疏型(sparse)、存储型(storage)、细胞型(cell)和结构型(struct),每一种类型可以构成一维、二维和多维的数组。

MATLAB 计算都采用双精度,绝大部分函数都是对双精度矩阵和字符串操作的,其他几种数据类型用于特殊的场合。比如存储型可用于图像处理,稀疏型用于稀疏矩阵,细胞型和结构型一般用于编写大型软件。表 2.1.1 列出了这些数据类型的一些例子。

表 2.1.1　数据类型举例

数据类型(class)	举　例	解　释
double	[1,2;3,4],5+6i	双精度数值类型,是最常用的类型
char	'Hello'	字符数组,每个字符占 16 位
sparse	speye(5)	双精度稀疏矩阵,只存储矩阵中的非 0 元素
cell	{[1,2,3;4,5,6;7,8,9],'hello',eye(2)}	细胞数组,数组中的每个元素可为不同类型、不同维的数据
struct	a. day=12; a. color='red' a. mat=magic(3)	结构数组,相当于数据库的记录,把相关的数据列在一起称为属性,不同属性的数据类型可以不同
storage	unit8(magic(3))	8 位型,为无符号整数,最大可表示 255,不能进行数学运算

数组(array)是由一组数据排列成的长方阵列,可以是一维的行(或列),也可以是二维的矩阵,还可以是多维的。用户可以操作整个数组,也可以操作数组中的某个或者某些元素。

在 MATLAB 里,不需要用 double、char 等关键字来定义变量,MATLAB 会根据表达式的运算结果,自动确定变量的类型和大小。变量的数据类型可以用以下函数来查看:

```
isa(var,'type')        % 变量 var 的数据类型名称如果是 type,则返回 1,否则返回 0
class(var)             % 返回变量 a 的数据类型名称
whos var               % 查看变量 var 的详细情况
```

2.2 一维数组

2.2.1 一维数组的创建

1. 逐个元素输入法

```
>> a=[1.0, 2+2.4i, 3 * pi]                %逐个输入数组中的元素值
a =
        1.0000      2.0000 + 2.4000i   9.4248
```

2. 冒号运算符法

```
>>b=1:1:5                                 %用冒号运算符循环产生数组元素
b =
     1    2    3    4    5
```

【说明】:冒号运算符的格式是 startv:step:endv。startv 是初值,即数组的第一个元素值;endv 是终值,即数组的最后一个元素值;step 称为步长,即数组元素每次增加的值;step 为 1 时可以省略不写,step 可以为负值,此时要求 startv > endv。

3. 线性分隔法

```
>> linspace(1,5,9)
ans =
Columns 1 through 8
  1.0000   1.5000   2.0000   2.5000   3.0000   3.5000   4.0000 4.5000
Column 9
  5.0000
```

【说明】:

(1) linspace 函数的调用格式为:x=linspace(a, b, n)。

(2) 数组的第一个元素值为 a,最后一个元素值为 b,数组中共有 n 个元素,这 n 个元素线性均匀分布于 a 和 b 之间,即数组元素依次为 $a+\frac{b-a}{n-1}\times i, i=0,1,\cdots,n-1$。

4. 对数分隔法

```
>> logspace(0,3,4)
ans =
            1        10        100        1000
```

【说明】:

(1) logspace 函数的调用格式为:x=logspace(a, b, n)。

(2) 数组的第一个元素值为 10^a,最后一个元素值为 10^b,数组中共有 n 个元素,这 n 个元素的

以 10 为底的对数值均匀分布于 a 和 b 之间,即数组元素依次为 $10^{a+\frac{b-a}{n-1}\times i}$, $i=0,1,\cdots,n-1$。

2.2.2 一维数组的访问

一维数组的访问遵循以下约定:

(1) 用下标方式访问数组元素,下标要用一对圆括号( )引起来。

(2) 下标代表的是元素在数组中的位置序号,从 1 开始,最大值为数组中元素的个数。

(3) 下标可以是常量,也可以是变量。

(4) 可以访问数组中的单个元素,也可以访问数组中的某些元素,即数组的子数组。

例 2.2.1 数组的访问。

```
>> rand('state',0)          % 把均匀分布的伪随机发生器置为 0 状态
>> x=rand(1,5)              % 产生 1×5 的均匀分布随机数组
x =
    0.9501    0.2311    0.6068    0.4860    0.8913
>> x(1)                     % 读数组的第 1 个元素
ans =
    0.9501
>> x([1,4])                 % 返回数组的第 1 个和第 4 个元素构成的子数组
ans =
    0.9501    0.4860
>> x(1:3)                   % 返回数组的前 3 个元素构成的子数组
ans =
    0.9501    0.2311    0.6068
>> x(2:end)                 % 第 2 个元素与其后所有元素构成的子数组,end 代表一维数组的
                              最大下标
ans =
    0.2311    0.6068    0.4860    0.8913
>> x(1)=0                   % 数组的第 1 个元素赋值 0
x =
    0    0.2311    0.6068    0.4860    0.8913
>> x(2:4)=1                 % 数组的第 2 到第 4 个元素赋值 1
x =
    0    1.0000    1.0000    1.0000    0.8913
>> x([1,2])=[2,3]           % 数组的第 1 个元素和第 2 个元素分别赋值 2 和 3
x =
```

```
    2.0000    3.0000    1.0000    1.0000    0.8913
>> x(end:-1:1)        %获得一维数组的倒序数组
ans =
    0.8913    1.0000    1.0000    3.0000    2.0000
```

2.3 二维数组

2.3.1 二维数组的创建

1. 逐个输入数组元素值

如果数组内元素数量少,可以直接从键盘逐个输入元素的值,需要遵循的规则是:

(1) 整个数组必须用中括号"[ ]"括起来。

(2) 数组的行与行之间用分号";"分隔,或者用回车符分隔。

(3) 每行之间的元素必须用逗号","或者空格分隔。

(4) 分隔符必须是英文字符,即在英文状态下输入分号、括号、方括号、逗号等。

例 2.3.1 二维数组的直接输入。

```
>> x=[1,2,3; 4,5,6; 2*pi,3+i,0]
x =
    1.0000            2.0000               3.0000
    4.0000            5.0000               6.0000
    6.2832            3.0000 + 1.0000i          0
```

2. 利用 M 文件

如果数组元素很多,或者元素值要经常改变,可以采用 M 文件来输入和保存数组。

例 2.3.2 用 M 文件实现对数组 x 的输入和保存。

(1) 在当前目录下,用程序编辑器建立一个名为 MyData.m 的文件

(2) 在编辑器中输入如下内容:

```
x=[1,2,3,4,5,6,7,8,9,10;
   11,12,13,14,15,16,17,18,19,20;
   21,22,23,24,25,26,27,28,29,30];
```

(3) 保存 MyData.m 文件。

(4) 在命令窗口键入 MyData,就可以在内存中建立数组 x 并读入数组元素的值。

2.3.2 二维数组的访问

二维数组的访问遵循以下约定:

(1) 用下标方式访问数组元素,下标要用一对圆形括号( )引起来。

（2）可以用双下标方式访问数组元素，格式为(r,c)，其中 r 为二维数组的行下标，c 为二维数组的列下标，下标之间用逗号分隔。

（3）可以用单下标方式访问二维数组，二维数组的单下标是按照列优先规则排序的，即二维数组被看作是从第一列开始从左到右依次将各列首末位连接而成的一维数组，单下标表示元素在这个一维数组中的位置。

（4）单下标和双下标具有对应关系，其值可以通过 ind2sub()和 sub2ind()函数进行转换。

（5）可以访问二维数组的某个元素及其子数组，可以对元素和子数组赋值。

例 2.3.3 二维数组的访问。

```
>> A=zeros(2,4)                  %生成 2 行 4 列的全 0 数组
A =
     0     0     0     0
     0     0     0     0
>> A(2,4)=4                      %第 2 行第 4 列元素赋值 4
A =
     0     0     0     0
     0     0     0     4
>> ind=sub2ind(size(A),2,4)      %将 A 的第 2 行第 4 列的双下标值转换为单下标值
ind =
     8
>> A(8)=16                       %将单下标为 8 的元素赋值为 16，相当于 A(2,4)=16
A =
     0     0     0     0
     0     0     0    16
>> A(1:4)=1:4                    %将单下标为 1～4 的元素分别赋值为 1,2,3,4
A =
     1     3     0     0
     2     4     0    16
>> A([1,3,5,7])=5                %将单下标为 1,3,5,7 的元素都赋值为 5
A =
     5     5     5     5
     2     4     0    16
>> A(:,2)=0                      %将第 2 列所有元素赋值为 0
A =
     5     0     5     5
     2     0     0    16
```

```
>> A(:,:)=0                       % 所有元素赋值为 0,双下标方式
A =
     0     0     0     0
     0     0     0     0
>> A(:,[2,4])=ones(2,2)           % 第 2 列和第 4 列赋值为相应 2×2 全 1 数组
A =
     0     1     0     1
     0     1     0     1
>> A(:,1)=[]                      % 通过给第 1 列元素赋值空数组实现删除数组的第 1 列
A =
     1     0     1
     1     0     1
>> A(1:3)=[]                      % 单下标为 1~3 的元素,此时数组变为一维数组
A =
     0     1     1
```

【说明】:有关空数组。

(1) 某一维长度为 0 的数组称为空数组。

(2) 空数组用[]表示,表示数组中没有元素,但可以表示计算结果为“空”。

(3) 仅仅能用 isempty()函数正确判断数组是否为空。

(4) 可以通过给数组元素赋值空数组来缩小数组的大小。

(5) 尽量不要用空数组参与逻辑运算和关系运算。

例 2.3.4 空数组的用法。

```
>> a=[];                          % 定义了空数组变量 a
a =
     []
>> b=ones(3,0)                    % 定义了二维 3×0 的空数组变量 b
b =
   Empty matrix: 3-by-0
>> isempty(b)                     % 判断数组 b 是否为空数组
ans =
     1
>> x=[1,2,3; 4,5,6; 7,8,9];       % 定义了 3×3 数组 x
>> x(3,:)=[]                      % 删除数组 x 的第 3 行
x =
     1     2     3
     4     5     6
```

2.4 多维数组

2.4.1 多维数组的创建

可以采用下列方法创建多维数组：

(1) 直接通过全下标方式进行元素赋值。

(2) 用低维数组合成多维数组。

(3) 用数组生成函数(ones/zeros/rand 等)生成多维数组。

(4) 用数组操作函数(repmat/reshape 等)构造多维数组。

例 2.4.1 多维数组的创建。

```
>> A(2,2,3)=10                          %创建三维(2×2×3)数组
A(:,:,1) =
     0     0
     0     0
A(:,:,2) =
     0     0
     0     0
A(:,:,3) =
     0     0
     0    10
>> A1=ones(2,3)                         %用 ones 创建 2×3 的全 1 数组
A1 =
     1     1     1
     1     1     1
>> A2=eye(2,3)                          %用 eye 创建 2×3 的单位数组
A2 =
     1     0     0
     0     1     0
>> A3=rand(2,3)                         %用 rand 创建 2×3 的随机数组
A3 =
    0.9501    0.6068    0.8913
    0.2311    0.4860    0.7621
>> B(:,:,1)=A1; B(:,:,2)=A2; B(:,:,3)=A3;   %用 3 个 2×3 数组合成 2×3×3 数组 B
>> B
```

```
B( :,:,1) =
     1     1     1
     1     1     1
B( :,:,2) =
     1     0     0
     0     1     0
B( :,:,3) =
     0.9501    0.6068    0.8913
     0.2311    0.4860    0.7621
```

2.4.2 多维数组的访问

对于多维数组的访问,有下列约定:

(1) 可以通过全下标方式访问。对于三维数组来说,第一维下标称为“行下标”,第二维下标称为“列下标”,第三维下标一般称为“页下标”。

(2) 可以通过单下标方式访问。多维数组的单下标是按照后维优先的次序排列的,对于三维数组来说,先排列“页”,页内先排列“列”,列内再排列“行”,即第 1 行第 1 列第 1 页的元素单下标为 1,然后先变化行下标,再变化列下标,最后变化页下标。

(3) 数组的维数通过 ndims 函数获取。

(4) 数组的尺寸通过 size 函数获取。

(5) 数组的所有维中的最大长度通过 length 函数获取。

例 2.4.2 多维数组的访问。

```
>> A=ones(2,4,3);                 % 创建 2×4×3 的三维数组
>> size(A)                         % 获取数组 A 的大小
ans =
    2     4     3
>> length(A)                       % 获取数组 A 的最长维数的长度
ans =
    4
>> ndims(A)                        % 获取数组 A 的维数
ans =
    3
>> A(:)= 1:2*4*3                   % 用单下标方式给数组 A 的所有元素赋值
A( :,:,1) =
    1     3     5     7
    2     4     6     8
```

```
A( :, :,2) =
     9    11    13    15
    10    12    14    16
A( :, :,3) =
    17    19    21    23
    18    20    22    24
>> A(1:8)                    %用单下标方式访问数组 A 的前 8 个元素
ans =
     1     2     3     4     5     6     7     8
```

2.5 数组操作

2.5.1 标准数组的生成

数学中定义了很多标准数组或者矩阵,如全 1 数组、全 0 数组、对角阵等,在 MATLAB 中有相应的函数用来生成这些标准数组。

1. ones

【功能】:生成全 1 数组,即数组中的元素都为 1。

【调用格式】:

Y=ones(n)	生成 n×n 的全 1 矩阵
Y=ones(m1,m2,…,mk)	生成 m1×m2×…×mk 的全 1 数组
Y=ones(size(A))	生成和数组 A 同样尺寸的全 1 数组

2. zeros

【功能】:生成全 0 数组,即数组中的元素都为 0。

【调用格式】:同 ones 函数。

3. rand

【功能】:生成均匀分布随机数组。

【调用格式】:

Y=rand('state',v)	设置随机发生器的初始状态为 v,其他同 ones 函数

4. randn

【功能】:产生正态分布随机数组。

【调用格式】:同 rand 函数。

5. magic

【功能】:产生魔方矩阵,不适用于多维数组。

【调用格式】:

M=magic(n)　　　　产生 n×n 的魔方矩阵

6. eye

【功能】:产生单位矩阵,即主对角线元素都为 1 而其他元素都为 0 的二维数组。

【调用格式】:

```
Y=eye(n)
Y=eye(n,m)
Y=eys(size(A))
Y=eye(m,n,classname)
```

【说明】: classname 是字符串,表示元素的数据类型名称,可取'double','single','int8','uint8','int16','uint16','int32','uint32','int64','uint64'。

7. diag

【功能】:产生对角阵,即矩阵的某个对角线元素不全为 0,其他元素为 0。

【调用格式】:

```
X = diag(v,k)      生成 length(v)+k 阶方阵,并在第 k 条对角线放置元素 v
X = diag(v)        生成 length(v)阶方阵,并在主对角线放置元素 v
v = diag(X,k)      返回方阵 X 的第 k 条对角线元素构成的列向量
v = diag(X)        返回方阵 X 的主对角线元素构成的列向量
```

【说明】:v 为列向量,表示对角线元素;k 为对角线位置,k=0 表示主对角线,k>0 表示在主对角线上方的第 k 条对角线,k<0 表示在主对角线下方的第(-k)条对角线。

例 2.5.1 生成特殊矩阵。

```
>> ones(2);                 %生成 2×2 的全 1 矩阵
>> zeros(2,3) ;             %生成 2×3 的全 0 矩阵
>> A=eye(2,3) ;             %生成 2×3 的单位矩阵
>> rand(size(A));           %生成和 A 相同大小的随机矩阵
>> diag([1,2,3],2);         %生成 5×5 矩阵,在主对角线上方第 2 条对角线放置 1,2,3
>> B=[1,2,3;4,5,6;7,8,9];
>> diag(B)                  %获取矩阵 B 的主对角线元素
ans =
     1
     5
     9
>> diag(B,-1)               %获取矩阵 B 主对角线下方的第 1 条对角线的元素
ans =
     4
     8
```

2.5.2 数组操作

对数组的操作包括数组的扩展、收缩、重排、元素交换和子数组访问等。数组操作可以通过两种方式实现,一种是通过 MATLAB 提供的运算符(逗号,分号,括号等)来实现,另外一种是使用 MATLAB 提供的数组操作函数。下面介绍常用的数组操作函数。

1. cat

【功能】:把大小相同的若干数组,沿着指定维的方向,串接成新数组。

【调用格式】:

```
C = cat(dim, A, B)
C = cat(dim, A1, A2, A3, A4, ...)
```

【说明】:A,B,A1,A2 等为被串接数组,要求这些数组同维;dim 表示串接方向,1 表示行,2 表示列,3 表示页,以此类推。

2. fliplr

【功能】:沿着垂直中线,左右(Left-Right)对称交换数组元素(不超过二维)。

【调用格式】:

```
B = fliplr(A)
```

3. flipud

【功能】:沿着水平中线,上下(Up-Down)对称交换数组元素(不超过二维)。

【调用格式】:

```
B = flipud(A)
```

4. rot90

【功能】:逆时针旋转二维数组。

【调用格式】:

```
B = rot90(A)            逆时针旋转矩阵 90°
B = rot90(A,k)          逆时针旋转矩阵(90 * k)°
```

5. repmat

【功能】:按指定维上的数目,分块铺放指定数组。

【调用格式】:

```
B = repmat(A,m,n)             沿着第一维铺放 m 个 A,第二维铺放 n 个 A
B = repmat(A,[m n])
B = repmat(A,[m n p...])
```

6. reshape

【功能】:在总元素不变的前提下,重新安排数组各个维的长度,形成新数组。

【调用格式】:

B = reshape(A,m,n)

B = reshape(A,m,n,p,...)

B = reshape(A,[m n p ...])

B = reshape(A,...,[],...)

【说明】:A 是待重新安排的数组;m,n,p 等是新数组各个维的长度;[]表示自动计算某个维的长度而无需用户指定。

7. tril

【功能】:提取矩阵的下三角元素,生成下三角阵。

【调用格式】:

L = tril(X)

L = tril(X,k)

【说明】:X 为待提取的矩阵;k 为三角阵的分界线位置,含义同 diag 函数。

8. triu

【功能】:提取矩阵的上三角元素,生成上三角阵。

【调用格式】:

L = triu(X)

L = triu(X,k)

【说明】:X 为待提取的矩阵;k 为三角阵的分界线位置,含义同 diag 函数。

例 2.5.2 用 MATLAB 运算符实现数组操作。

```
>> A=[1,2;3,4]; B=[5,6;7,8];
>> C=[A,B]                          %矩阵 A 和 B 横向组合
C =
     1     2     5     6
     3     4     7     8
>> D=[A;B]                          %矩阵 A 和 B 纵向组合
D =
     1     2
     3     4
     5     6
     7     8
>> E=[A,B+100;[0,0,0,0]]    %矩阵组合
E =
     1     2   105   106
     3     4   107   108
     0     0     0     0
```

```
>> A(:,3)=[5,6]'                % 通过赋值来扩展矩阵,矩阵第 3 列赋值 5,6
A =
     1     2     5
     3     4     6
>> AA=A(:,[1:2,2,1])            % 重复使用矩阵元素,扩展矩阵
AA =
     1     2     2     1
     3     4     4     3
```

例 2.5.3 用数组操作函数实现数组操作。

```
>> A=1:12;B=reshape(A,2,6)      % 将 A 重新构造成 2×6 的数组
B =
     1     3     5     7     9    11
     2     4     6     8    10    12
>> A=[1 2; 3 4]; B=[0 0;0 0];
>> cat(2,A,B)                   % 将矩阵 A 和 B 按第二维串接(列方向)
ans =
     1     2     0     0
     3     4     0     0
>> fliplr(A)                    % 左右交换矩阵的元素
ans =
     2     1
     4     3
>> flipud(A)                    % 上下交换矩阵的元素
ans =
     3     4
     1     2
>> s=[1,2,3,4,5];fliplr(s)      % 对于行向量来说,左右交换元素相当于向量元素逆序
ans = 5     4     3     2     1
>> flipud(s)                    % 对于行向量来说,上下交换元素意味着维持原向量
ans = 1     2     3     4     5
>> rot90(A)                     % 逆时针旋转 A 矩阵 90°
ans =
     2     4
     1     3
>> C=repmat(A,2,2)              % 将数组 A 沿着第一维方向铺 2 块,第二维方向铺 2 块
```

```
C =
     1     2     1     2
     3     4     3     4
     1     2     1     2
     3     4     3     4
>> tril(C)                    %以主对角线为分界线,生成C的下三角矩阵
ans =
     1     0     0     0
     3     4     0     0
     1     2     1     0
     3     4     3     4
```

2.6 数组运算与矩阵运算

2.6.1 数组运算

MATLAB 定义了数组运算,数组运算是指对数组中的每个元素进行相同的运算。数组运算可以通过 MATLAB 提供的运算符和数组运算函数实现。

1. 数组运算符

表 2.6.1 为常用数组运算符。

表 2.6.1 常用数组运算符表

数组运算	功 能	说 明
A+B	数组加法运算	
A-B	数组减法运算	
A.*B	数组相乘	A 和 B 相同位置元素的乘积作为结果数组的元素
A./B	数组相除	A 和 B 相同位置元素相除作为结果数组的元素
A.\B	与 A./B 相同	
A.^p	数组各元素求 p 次幂	
A#B	A、B 数组对应元素间进行关系运算	#代表关系运算符
A@B	A、B 数组对应元素间进行逻辑运算	@代表逻辑运算符
A.'	数组转置	非共轭转置
s◎A	标量 s 与数组 A 运算	s 与 A 的每个元素进行运算,◎代表某个运算符

2. 数组运算函数

表 2.6.2 为常用数组运算函数。

表 2.6.2 常用数组运算函数表

数组函数	运算函数	函数说明
三角函数	sin,cos,asin,asinh,asec,sec,tan,atan 等	三角函数
指数对数函数	exp	指数函数
	log	自然对数函数
	log10	以 10 为底的对数函数
	log2	以 2 为底的对数函数
	pow2	2 的幂函数
	sqrt	平方根函数
复数函数	abs	绝对值,模
	angle	相角(弧度)
	imag	复数的虚部
	real	复数的实部
	conj	复数的共轭
取整函数	ceil	向+∞ 方向取整
	fix	向 0 方向取整
	floor	向-∞ 方向取整
	round	向最近的整数取整
符号函数	sign	操作数为正返回 1,为负返回-1,为零返回 0

2.6.2 矩阵运算

矩阵和二维数组在数据结构上是完全相同的,但是矩阵是一种数学变换或者数学算子,矩阵的运算在数学上有严格的运算规则定义,和数组运算是不同的。矩阵运算可以通过 MATLAB 运算符实现,也提供矩阵函数来支持矩阵运算。常用矩阵运算见表 2.6.3。

表 2.6.3 常用矩阵运算表

矩阵运算	功能	说 明
A+B	矩阵加法	
A-B	矩阵减法	
A * B	矩阵乘法	要满足维数要求,一般不符合交换律

续表

矩阵运算	功能	说 明
A/B	矩阵右除	右除是先计算矩阵的逆再相乘,要快一点
A\B	矩阵左除	不需要计算逆矩阵直接进行除运算,可避免被除矩阵的奇异性所带来的麻烦
A^p	矩阵乘方	
s * A	标量 s 与矩阵 A 相乘	标量 s 分别与 A 的每个元素相乘
expm(A)	矩阵的指数函数	
logm(A)	矩阵的对数函数	
sqrtm(A)	矩阵的平方根函数	
inv(A)	矩阵的逆矩阵	

【说明】:

(1) 点运算。MATLAB 运算符提供了点运算功能。在常用的算数运算符前面加上一个“.”则代表运算是按照数组运算规则进行运算,否则是按照矩阵运算规则进行运算的。

(2) MATLAB 中有些运算函数的名字是某个函数名字后加了一个字母 m,通常情况下,这两个函数的运算功能是相同的,只是加了 m 的函数按照矩阵运算规则运算,另外一个函数按照数组运算规则运算。

例 2.6.1 矩阵运算和数组运算。

```
>> A=[1,4;9,16];
>> Aq=sqrt(A)                 %数组的平方根
Aq =
     1     2
     3     4
>> Aqm=sqrtm(A)               %矩阵的平方根
Aqm =
   0.4662 + 0.9359i   0.8860 - 0.2189i
   1.9935 - 0.4924i   3.7888 + 0.1152i
>> Aq * Aq                    %矩阵乘法
ans =
     7    10
    15    22
>> Aq. * Aq                   %数组乘法
ans =
```

```
     1     4
     9    16
>> B=eye(2);
>> exp(B)                    %数组指数
ans =
     2.7183    1.0000
     1.0000    2.7183
>> expm(A)                   %矩阵指数
ans =
  1.0e+007 *
     0.7988    1.5181
     3.4158    6.4918
```

2.6.3 特殊的运算结果

1. 正无穷大 Inf

有些数值计算结果是趋向于无穷大(Infinity),MATLAB 中用 Inf 表示正无穷大。下面的表达式会产生无穷大的运算结果。

1/0, 1.e1000, 2^2000, exp(1000),2^100/realmin

2. 非数 NaN

有些计算结果会产生非数(Not a Number),MATLAB 中用 NaN 来表示非数。下面的表达式会产生非数的计算结果。

0/0,0 * inf,inf/inf

【说明】:MATLAB 给出了 Inf 和 NaN 的目的是为了避免因为运算结果出现无穷大或者不可预知的非数情况而造成程序执行的中断。

例 2.6.2 无穷大和非数。

```
>> A=[0 1 5;2 NaN inf]; B=[0 0 15;2 5 inf];
>> C=A./B
Warning: Divide by zero.
C =
     NaN      Inf      0.3333
   1.0000     NaN       NaN
```

2.7 多 项 式

在 MATLAB 里多项式用其系数行向量表示,如多项式 $P(x)=a_n x^n+a_{n-1}x^{n-1}+\cdots+a_1x+a_0$,表示

为 P=[an,an-1,...,a1, a0]。

2.7.1 多项式的创建

1. 直接输入法

例如:P=[1,2,3,4]。

2. poly(A)

若 A 为方阵,则创建方阵 A 的特征多项式。

3. poly(a)

如果向量 a=[bn,bn-1,...,b1,b0],则创建 $(x-b_0)(x-b_1)\cdots(x-b_{n-1})(x-b_n)$生成的多项式的系数向量,即创建全部根为 b_n, b_{n-1}, …, b_1, b_0 对应的多项式。

2.7.2 多项式的运算

数学上对多项式的运算有严格的定义,多项式运算包括多项式相乘、多项式相除、多项式相加减、多项式求导、多项式求值、多项式的部分分式展开和多项式求根等。

1. 多项式加减:+ -

【说明】:使用 MATLAB 的运算符 + - 实现多项式的加减法。

2. 多项式相乘: p=conv(p1,p2)

【说明】:p 为多项式 p1 和多项式 p2 的乘积。

3. 多项式相除:[q,r]=deconv(p1,p2)

【说明】:多项式 p1 除以多项式 p2,商多项式为 q,余多项式为 r。

4. 多项式求导

dp=polyder(p) 多项式 p 的导数多项式为 dp

dp=polyder(p1,p2) 多项式 p1 和多项式 p2 乘积的导数多项式为 dp

[num,den]=polyder(p1,p2) 有理分式(p1/p2)的求导后的有理分式为(num/den)

5. 多项式求值

pA=polyval(p,A) 按数组运算规则求多项式 p 在自变量为 A 时的值

MA=ployvalm(p,A) 按矩阵运算规则求多项式 p 在自变量为 A 时的值

【说明】:当自变量 A 为矩阵时,多项式中的常数项 a0 被当作 a0 * eye(n)处理。

6. 多项式求根:r=roots(p)

【说明】:r 为多项式 p 的根组成的列向量。

7. 部分分式分解:[r,p,k]=residue(num,den)

【说明】:有理分式(num/den)部分分式分解后,r 为留数,p 为极点,k 为直项。

8. 多项式拟合:p=polyfit(x,y,n)

【说明】:由给定数据 x 和 y 拟合出 n 阶多项式 p,用来逼近 y=f(x)曲线。

9. 矩阵的特征多项式:p=poly(A)

【说明】:多项式 p 为矩阵 A 的特征多项式。

例 2.7.1 多项式的创建和运算。

```
>> p1=[1,1];                        %定义多项式 p1(x)=x+1
>> PS1=poly2str(p1,'x')             %用习惯的方式显示多项式
PS1 =
    x + 1
>> p2=[1,1,1];                      %定义多项式 p2(x)=x^2+x+1
>> PS2=poly2str(p2,'x');
>> [q,r]=deconv(p2,p1)              %求 p2/p1
q =
      1     0
r =
      0     0     1
>> disp(['商:',poly2str(q,'x')]), disp(['余式:',poly2str(r,'x')])
商:    x
余式:    1
>> p3=conv(p1,p2)                   %计算 p3=p1 * p2
P3=
      1     2     2     1
>> r=roots(p3)                      %求多项式 p3 的根 r
r =
  -1.0000
  -0.5000 + 0.8660i
  -0.5000 - 0.8660i
>> poly(r)                          %求根为 r 的对应多项式,结果应为 p3
ans =
      1.0000    2.0000    2.0000    1.0000
>> polyder(p3);                     %求 p3 的导数多项式
ans =
      3     4     2
>> den=conv([1,1],conv([1,1],[1,2]))     %定义分母多项式为(x+1)(x+1)(x+2)
>> num=[1,1,1];                          %定义分子多项式为(x^2+x+1)
>> [n,d]=polyder(num,den);               %求(num/den)的导数多项式(n/d)
n =
      -1    -2    -2    -4    -3
```

```
d =
      1     8    26    44    41    20     4
>> [r,p,k]=residue(num,den)              %求(num/den)的部分分式分解
r =                                      %结果:3/(x+2) - 2/(x+1) + 1/(x+1)^2
      3
     -2
      1
p =
   -2.0000
   -1.0000
   -1.0000
k =
     []
```

2.8 关系运算、逻辑运算和运算符

2.8.1 逻辑值

在程序流程的控制和解决问题的分析判断中,需要对某些命题的真假给出答案,因此 MATLAB 定义了逻辑值,包括“逻辑真”和“逻辑假”。对于逻辑值,MATLAB 有如下约定:

(1) 在关系表达式和逻辑表达式的输入中,任何非 0 数为“逻辑真”,只有 0 为“逻辑假”。

(2) 关系表达式和逻辑表达式的计算结果是一个由 0 和 1 构成的“逻辑数组”(Logical Array),逻辑数组中“1”表示真,“0”表示假。

(3) 逻辑数组属于“数值数组”的子类,它可以作为数值数组参与数值计算,也可以用于数组寻访等特殊场合。比如:用逻辑矩阵作为数组下标,可以提取数组中逻辑矩阵真值位置处的元素。

(4) 关系运算符和逻辑运算符遵循数组运算规则。

2.8.2 关系运算符

MATLAB 提供的关系运算符如下:

<	小于	<=	小于等于
>	大于	>=	大于等于
==	等于	!=	不等于

2.8.3 逻辑运算符

MATLAB 提供了三种逻辑操作,它们分别是数组逻辑操作、位逻辑操作和先决逻辑操作。

1. 数组逻辑操作

   & 逻辑与　　| 逻辑或　　~ 逻辑非　　xor 逻辑异或

2. 位逻辑操作(操作数必须是非负整型标量或者数组)

   bitand 位与　　bitor 位或　　bitcmp 位非　　bitnor 位异或

3. 先决逻辑操作(要求操作数为标量)

   && 先决与,如果第一个操作数为假,则不判断其他操作数,直接给出结论“假”

   || 先决或,如果第一个操作数为真,则不判断其他操作数,直接给出结论“真”

例 2.8.1 逻辑运算符和关系运算符的使用。

```
>> A=rand(3);           % 生成 3×3 的随机数组 A
>> LA=abs(A)>0.5        % 判断 A 的绝对值大于 0.5,得到一个逻辑矩阵
LA =
      0     0     1
      0     1     1
      1     1     0
>> A(LA)                % 用逻辑矩阵作为数组下标,提取数组中逻辑矩阵真值位置处的元素
ans =
      0.8214
      0.6154
      0.7919
      0.9218
      0.7382
>> (A>0.2)&(A<0.8)      % 判断 A>0.2 且 A<0.8
ans =
      1     1     0
      0     1     1
      0     1     0
```

2.8.4 逻辑函数

MATLAB 提供了许多逻辑函数,这些逻辑函数的运行结果是逻辑矩阵。下面介绍常用的逻辑函数,这些逻辑函数从函数名上就可以看出函数的功能。

1. any(v)

向量 v 中有非 0 元素,结果为 1,否则为 0。对矩阵的运算结果是行向量。

2. all(v)

向量 v 中都是非 0 元素,结果为 1。对矩阵的运算结果是行向量。

3. isequal(A,B)

判断 A、B 是否相等,数组运算。

4. ismember(A,B)

A 的元素是 B 中的元素,则 A 相应位置的结果为 1,否则为 0。

5. 判断特殊数据的逻辑函数

isempty isfinite isinf isletter isnan isprime isreal isspace

6. 判断数据类型的逻辑函数

iscell ischar iscellstr isfield isglobal ishandle islogical

isnumeric isobject issparse isstruct

例 2.8.2 逻辑函数的应用。

```
>> A=[0 1 5;2 NaN inf];
>> B=[0 0 15;2 5 inf];
>> ismember(A,B)                    % 判断 A 中的元素是否是 B 中的元素
ans =
     1     0     1
     1     0     1
>> isnan(A)                         % 判断 A 中的元素是否为非数
ans =
     0     0     0
     0     1     0
>> isinf(A)                         % 判断 A 中的元素是否为无穷
ans =
     0     0     0
     0     0     1
>> isfinite(A)                      % 判断 A 中的元素是否是"数",不是 nan 或者 inf
ans =
     1     1     1
     1     0     0
>> C=[0 1 2;0 0 3;0 4 5];
>> all(C)                           % 判断 C 的列向量中的元素是否都是非 0 值
ans =
     0     0     1
>> any(C)                           % 判断 C 的列向量中的元素是否有非 0 值
```

```
ans =
     0     1     1
```

例 2.8.3 将 3 阶魔方矩阵中大于 5 的元素改为 0。

```
>> A=magic(3);                    % 生成 3 阶魔方矩阵
>> LA=A>5                         % 求取魔方矩阵 A>5 的逻辑矩阵
LA =
     1     0     1
     0     0     1
     0     1     0
>> pos=find(A>5)                  % 找到(A>5)的逻辑矩阵的真值下标
pos =
     1
     6
     7
     8
>> A(LA)=0;                       % 用逻辑数组作为矩阵下标实现赋值
>> A(pos)=0                       % 用单下标方式实现赋值
A =
     0     1     0
     3     5     0
     4     0     2
```

2.8.5 运算符及其优先级

MATLAB 的运算符可分为三类:算术运算符、关系运算符和逻辑运算符。除去个别运算符外,一般可认为算术运算符的优先级最高,其次是关系运算符,最后是逻辑运算符。表 2.8.1 是 MATLAB 运算符优先级的约定。

表 2.8.1 运算符的优先级

优先级别	运算符	功能	运算符	功能	运算符	功能	运算符	功能	运算符	功能	运算符	功能
1	()	括号	.	成员符								
2	.'	转置	'	共轭转置	.^	数组幂	^	矩阵幂				
3	+	代数正	-	代数负	~	逻辑非						
4	.*	数组乘	.\	数组除	./	数组除	*	矩阵乘	\	矩阵左除	/	矩阵右除

续表

优先级别	运算符	功能	运算符	功能	运算符	功能	运算符	功能	运算符	功能	运算符	功能
5	+	加	-	减								
6	:	冒号										
7	<	小于	>	大于	==	等于	>=	不小于	<=	不大于	!=	不等于
8	&	逻辑与										
9	|	逻辑非										
10	&&	先决与										
11	||	先决非										
12	=	赋值										

【说明】:如果书写表达式的时候,无法弄清某些运算符的优先级,建议使用括号来规定运算次序。

2.9 字符串数组

2.9.1 字符与字符串

MATLAB 有强大的字符处理能力,字符串处理主要用于数据的可视化显示、宏操作、符号计算和文件操作等。MATLAB 中,对于字符和字符串有如下描述:

(1) 字符是字符串中的一个元素,一个英文字符或者一个汉字都占用一个字符位。

(2) 字符在内存中是用其 ASCII 码存储的,通常一个字符的 ASCII 码为 2 个字节(Byte)。

(3) 字符或者字符串必须放在"单引号"对中。

(4) 如果字符串中出现"单引号"字符,则用 2 个"单引号"表示。

(5) 字符串可以看作是一维字符数组。

(6) 一维字符串数组可以看作是二维字符数组。

例 2.9.1 字符串的定义、输入和创建。

```
>> ch='s';                    % 定义一个字符变量 ch
>> str='字符串测试';           % 中文字符串定义
>> size(str)                  % 中文字符串的大小,一个中文字符也占一个字符位
ans =
     1     5
>> str1='This''s a book';     % 用 2 个单引号在字符串中表示"单引号"字符
>> str2=['one';'two'];        % 用分号";"对同样大小的字符串进行垂直连接
```

```
>> s=char('2.18','摄氏度');     %用 char 函数串接字符串
>> size(s)       %新串为 2×4 字符数组,第二个串为 3 个汉字,也分配了 4 个字符位
ans =
    2    4
```

2.9.2 字符串数组的访问

一维字符串数组相当于二维字符数组,因此其访问方式和二维数组的访问方式相同,可以采用单下标和双下标方式访问。后如无特别说明,本书中的"字符串数组"指的是一维字符串数组。

例 2.9.2 字符串的访问。

```
>> s1='28.50';
>> s2='公斤';
>> s=char(s1,s2);
>> s(2);                          %采用单下标方式访问字符数组的第二个元素
>> s(3)='0'                       %字符数组的第 3 个元素(第 1 行第 2 列)赋值字符"0"
s =
20.50
公斤
```

2.9.3 字符串转换函数

MATLAB 提供了大量的字符串转换函数,实现各种数据类型和字符串之间的相互转换。这些字符串转换函数包括:

abs　　把字符串转换为 ASCII 码

base2dec　bin2dec　dec2base　dec2hex　hex2dec　hex2num

int2str　mat2str　num2str　str2num str2mat

char　double　　强制转换函数

fprintf　sprintf sscanf　字符串的格式化输入输出函数

【说明】:

(1) dec 表示十进制整数;num 表示浮点数;int 表示整数;mat 表示数值矩阵。

(2) base 表示任意进制串;bin 表示 2 进制串;hex 表示 16 进制串;str 表示字符串。

(3) 2 表示 To(转换到),如 bin2dec 的意思是"把二进制串转换到十进制整数"。

2.9.4 字符串操作函数

用户可以使用 MATLAB 提供的字符串操作函数对字符串进行各种操作,这些操作包括:

1. 创建

blanks char mat2str deblank

2. 连接

strcat strvcat

3. 搜索与替换

findstr strmatch strrep strtok

4. 执行宏字符串

eval feval

5. 逻辑判断

ischar isletter isspace

6. 大小写转换

lower upper

7. 字符串比较

strcmp strncmp

8. 对齐方式

strjust

以上字符串操作函数的详细使用方法,读者可以参阅 MATLAB 的超文本帮助。

2.10 细胞数组

2.10.1 细胞数组的数据结构

程序设计中会遇到这样的问题:为了便于处理数据和简化程序代码,希望将不同类型的数据放置在某种数据结构中,并且通过每个数据在这种数据结构中的位置索引来访问该数据。数值数组(Numberic Array)中只能放置相同类型的数据,不能解决这样的问题。

MATLAB 定义了细胞数组(Cell Array),其与数值数组的比较如下:

1. 相同点

数值数组和细胞数组都是数组,都可以用下标(单下标、全下标)方式访问。

2. 不同点

数值数组的元素是相同类型的数据,细胞数组的元素可以是不同类型的数据。

2.10.2 细胞数组的访问

细胞数组也是数组,因此用户可以用访问数组的方法来访问细胞数组,即通过单下标或全下标的方式访问细胞数组中的某个元素或子数组。对于细胞数组,有两个重要概念:

1. 细胞

细胞(Cell)是细胞数组中的元素,可以把细胞当作是一种新的数据类型。细胞的访问是通过圆括号()和下标实现的,就和访问数组元素一样。

2. 细胞的内容

细胞的内容是指细胞内放置的数据,这些数据可以是任何 MATLAB 数据类型。访问细胞的内容是通过花括号{ }和下标实现的。细胞的内容可以当成普通 MATLAB 变量,使用方法和普通变量没有区别。细胞数组可以嵌套使用,即细胞的内容可以是细胞数组。

例 2.10.1 细胞数组。

```
>> str='This is a string';
>> s=2*pi;
>> v=[1,2,3,4];
>> M=reshape(1:8,2,[]);
>> A(1,1)={str};          %用{str}将字符串数组 str 构造成细胞,然后赋值给第 1 行第 1 列
                           的细胞
>> A(1,2)={s};
>> A(2,1)={v+1};
>> A(2,2)={M}
A =
    'This is a string'        [    6.2832]
        [1x4 double]          [2x4  double]
>> A{1,1}(1,end)        %访问第 1 行第 1 列细胞内容的第 1 行最后 1 列
ans =
g
>> A{1,2}=pi;           %改变第 1 行第 2 列细胞的内容
>> A{2,3}={str};        %将第 2 行第 3 列细胞的内容再赋值为一个 1×1 细胞数组,即细胞
                          的嵌套
>> A{2,3}(1)            %获取第 2 行第 3 列细胞内容的第 1 个分量数据,是一个细胞
ans =
    'This is a string'
>> [v1,v2,v3]=deal(A{[1,3,5]})    %一次读取多个细胞内容,分别赋值给多个变量
v1 =
This is a string
v2 =
    3.1416
v3 =
    []
>> A(:,3)=[];           %删除细胞数组的第 3 列,方法和数组操作相同
```

2.11 结构体数组

2.11.1 结构体数组的数据结构

结构体是若干个数据的集合,这些数据可以是不同的 MATLAB 数据类型,且结构体中的每个数据都被分派了一个名字,称为“域名”或“成员名”。结构体数组是由多个结构体数据构成的数组,其基本元素为结构体数据。

结构体类型是用户根据需要,用基本数据类型构造出来的新数据类型。结构体能够更准确直观地描述客观事物,能够把和某个事物相关的属性数据构造到一个数据结构中,并给这个事物的各个属性命名,可以用直观的名字去访问这个事物的属性。合理地构造和使用结构体,能够使程序编码获得简化,大大提高程序的可读性和可维护性。

2.11.2 结构体数据的访问

结构体的访问约定如下:

(1) 访问结构体数据的某个成员,要使用成员(域)运算符“.”,其格式为

结构体数据.成员名

(2) 访问结构体数组中的元素,即结构体数据,其方法和访问数组元素相同。

(3) 结构体数组可以是一维、二维和多维的。

(4) 结构体的成员可以作为普通 MATLAB 变量使用。

(5) 结构体可以嵌套使用,即结构体的成员可以是其他的结构体。

(6) 结构体的成员可以是细胞数组。

2.11.3 结构体数组的创建

1. 通过直接给结构体的成员赋值来创建

例 2.11.1 用直接输入结构体成员内容的方法创建结构体数据。

```
>> a.Num=154;                 %直接输入成员的值来创建单结构体变量 a,即 1×1 结构体
                               数组
>> a.Name='小王';
>> a.Age=25;
>> a.Birthday.Year=1970;      %创建 Birthday 成员为另外的结构体数据
>> a.Birthday.Month=1;
>> a.Birthday.Dat=10;
>> a.Tel='010-88888888';
>> a.Tel=char(a.Tel,'13901088888');
```

```
>> a
a =
     Num: 154
    Name: '小王'
     Age: 25
Birthday: [1x1 struct]
     Tel: [2x12 char]
>> a.Birthday
ans =
    Year: 1970
   Month: 1
     Dat: 10
```

2. 利用构造函数创建结构体数组

可以用函数 struct 建立结构体数组,其用法为

s=struct('field1',values1,'field2',values2,---)

【说明】:

(1) field1,field2 为成员名,必须为字符串。

(2) values1,values2 为成员的值。如果建立的不是单结构体变量(1×1 结构体数组),要求它们是具有相同维数的细胞数组。

(3) 任何情况下,空数组"[ ]"作为成员值可以创建新的空成员。

(4) struct 函数无法创建具有嵌套格式的结构体数据,被嵌套的结构体成员可以通过直接输入法创建。

例 2.11.2 用 struct 函数创建结构体数据。

```
>> b=struct('Num',154,'Name','小王','Age',25,'Birthday',[],'Tel',char('010','139'));% 用 struct 函数构造单结构体变量 b
>> d=struct('Year',1970,'Month',1,'Day',10);    % 构造单结构体变量 d,表示生日
>> b.Birthday=d;  % 通过直接赋值的方法创建结构体变量 b 的成员 Birthday 为生日类型
                    的结构体类型
>> b.Birthday
ans =
    Year: 1970
   Month: 1
     Day: 10
>> t=cell(2,3);   % 用细胞数组作为成员值,建立并初始化(2×3)结构体数组
```

```
>> Person1=struct('Num',t,'Name',t,'Age',t,'Birthday',t,'Tel',t)
Person1 =
2x3 struct array with fields:
    Num
    Name
    Age
    Birthday
    Tel
```

例 2.11.3 结构体数组的创建和访问。

```
>> s = struct('type',{'big','little'},'color','red','x',{3 1});  %创建一个具有3个成员的1×2的结构体数组s
>> s(1);                %显示结构体数组s的第1个元素
>> s(1).type(3)         %显示结构体数组s的第1个元素的type成员的第3个元素
ans =
g
%给结构体数组s的第1个元素增加一个名为data的成员,其数据类型为细胞数组
>> s(1).data={'Memo',sqrt(2),[1,2;3,4]};
%显示结构体数组s第1个元素的data成员的第3个细胞的内容的第2行和第2列
>> s(1).data{3}(2,2)
ans =   4
```

小　结

数据结构是程序设计的重要基础,使用合理的数据结构去描述问题,能够缩短程序代码、简化程序结构、便于程序维护。本章主要对 MATLAB 常用的数据结构的定义和使用方法进行描述,同时介绍了 MATLAB 的运算符、关系操作和逻辑操作,结合丰富的例题和详细注释,使读者非常容易掌握,并达到不断提高的效果。

习　题

2.1 创建一个有 7 个元素的一维数组,并做如下处理:

(1) 直接寻访一维数组的第 6 个元素。

(2) 寻访一维数组的第 1、3、5 个元素。

(3) 寻访一维数组中第 4 个至最后 1 个元素。

(4) 寻访一维数组中大于 70 的元素。

2.2　有数组 $\boldsymbol{T}=[1\ -2\ 3\ -4\ 2\ -3]$，通过编程生成范德蒙矩阵。

2.3　找出数组 $\boldsymbol{A}=\begin{bmatrix}-4 & -2 & 0 & 2 & 4\\ -3 & -1 & 1 & 3 & 5\end{bmatrix}$ 中所有绝对值大于 3 的元素。

2.4　建立矩阵 $\boldsymbol{A}$，然后找出在 $[10,20]$ 区间的元素的位置。

2.5　求 $\dfrac{(s^2+2)(s+4)(s+1)}{s^3+s+1}$ 的“商”及“余”多项式。

2.6　求 3 阶方阵 $\boldsymbol{A}$ 的特征多项式。

第三章　数据的可视化

MATLAB 的数值计算功能是首屈一指的，数值计算结果是大量的离散化数据，人们很难从这些大量离散数据中观察到数据的本质特征。数据的可视化是把离散数据用多种图形方式显示出来，让人们在视觉上直观地看到这些数据的特征。

3.1　数据可视化基础

3.1.1　图形窗口

MATLAB 自动将图形画在图形窗口上，图形窗口相对于命令窗口是独立的窗口。图形窗口的属性由操作系统和 MATLAB 共同控制。当 MATLAB 上没有图形窗口时，绘图命令将新建一个图形窗口；当 MATLAB 已经存在一个或多个图形窗口时，一般指定最后一个图形窗口作为当前图形命令的输出窗口。下面介绍和图形窗口有关的 MATLAB 函数。

1. figure

用默认的属性创建新的图形窗口，并将新创建的窗口作为当前绘图窗口。

2. figure('PropertyName',PropertyValue,...)

用指定的属性创建图形窗口，并将新创建的窗口作为当前绘图窗口。其中'PropertyName'为属性名，PropertyValue 为'PropertyName'属性的值。

3. figure(h)

如果整数 h 不是某个已经存在的图形窗口的句柄，则创建新的图形窗口，并将 h 指定为新窗口的图形句柄；如果 h 是已经存在的图形窗口的句柄，则将图形句柄为 h 的图形窗口设置为当前图形窗口，并在屏幕的最前端显示。

4. h=figure(...)

创建图形窗口，并返回其图形句柄。

5. subplot(m,n,p)

将当前图形窗口分为 m 行 n 列个子窗口，并指定第 p 个子窗口为当前的绘图子窗口。子窗口序号 p 是按照行优先的次序排列的，这点和矩阵是不同的。如果不存在当前绘图窗口，则先创建一个新的绘图窗口，然后再划分子窗口。

6. clf

清除当前绘图窗口内的图形。

例 3.1.1 运行下面的命令,可以在一个图形窗口中绘制四幅图形,如图 3.1.1 所示。

```
t=0:pi/20:2*pi;   [x,y]=meshgrid(t);   % 准备绘图数据
subplot(2,2,1)        % 新建绘图窗口,划分为 2×2 子窗口,指定第 1 子窗口为当前绘图窗口
plot(sin(t),cos(t)), axis equal                % axis equal 表示纵、横轴采用同一比例绘制
subplot(2,2,2), z=sin(2*x)+cos(2*y);
plot(t,z), axis([0 2*pi -2 2])
subplot(2,2,3), z=sin(x).^3.*cos(y);
plot(t,z), axis([0 2*pi -1 1])
subplot(2,2,4), z=(sin(x).^3)-(cos(y).^3);
plot(t,z), axis([0 2*pi -1 1])                 % axis 函数来指定每幅图的坐标轴显示的范围
```

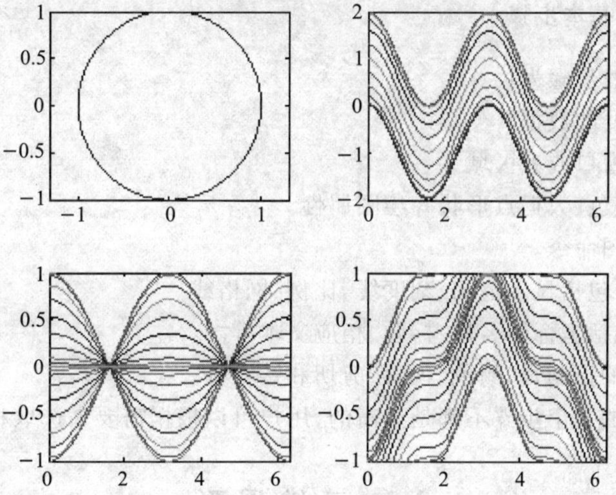

图 3.1.1 曲线图形

图 3.1.1(a)

图 3.1.1(b)

图 3.1.1(c)

图 3.1.1(d)

3.1.2 离散数据的准备

MATLAB 是根据离散的数据来绘制图形的,因此调用绘图命令前要为绘图命令准备离散的绘图数据。对于已经存在的离散数据(如数值计算的结果数据)一般不需要再对这些离散数据进行处理,即可调用基本绘图函数。如果要绘制函数的图形,通常需要准备数据。

1. 离散函数

如果函数为离散函数,则只需要在自变量区间内取遍所有离散点的值,从而获得离散的函数值即可。

如：对于函数 $f(n)=\frac{1}{n}+n+n^2$，在 $n=1,2,\cdots,10$ 区间可以用下面语句准备数据。

```
n=1:10;                  %离散的自变量n的值
y=1./n+n+n.^2;           %离散的函数值
```

2. 连续函数

绘制连续函数的曲线，也需要对连续函数的自变量取值区间进行离散采样。因为连续函数的自变量是连续无限可分的，因此采样间隔越近，数据信息就越全面，绘制出的图形就越接近于连续函数。可以在连续函数的自变量区间取足够多的离散值，代入连续函数中，从而获取离散的函数值。

如：对于函数 $f(x)=\sin x+\cos x$ 在 $[0,2\pi]$ 区间内可以按下面语句准备数据。

```
x=linspace(0,2*pi,100);     %在[0,2π]之间均匀取100个自变量值
y=sin(x)+cos(x);
```

3.1.3 数据可视化的基本步骤

数据可视化的一般步骤为：

(1) 准备绘图需要的数据。

(2) 指定绘图的窗口或者区域。

(3) 选择线型、颜色、数据点形状等绘图属性。

(4) 调用基本绘图命令。

(5) 坐标轴控制，包括显示范围、刻度线、比例、网格线。

(6) 标注控制，包括坐标轴名称、标题、相应文本等。

(7) 其他更精确的控制，如颜色、视角、剪切和镂空等。

以上数据可视化的7个步骤不都是必需的，用户可以根据需要来选取相应的步骤。

3.2 二维图形

MATLAB提供了许多绘制二维图形的函数，它们的函数名称不同，但是函数的参数定义和plot函数完全相同，本节将只介绍plot函数。表3.2.1中给出了部分二维绘图命令。

表3.2.1 绘制二维图形的命令

函数	轴的刻度方式
loglog	纵、横轴均采用对数坐标
semilogx	纵轴采用线性坐标，横轴采用对数坐标
semilogy	纵轴采用对数坐标，横轴采用线性坐标
plotyy	在图的左、右两侧分别建立纵坐标轴

3.2.1 基本二维图形

plot 函数是最基本的二维图形命令,它是以 MATLAB 的内部函数形式出现的。MATLAB 的其他二维函数中的绝大多数是以 plot 为基础构造的绘图命令。

【调用格式】:

plot(y), plot(x,y), plot(x1,y1,x2,y2,...)

【说明】:

(1) plot(y)。

① 若 y 为实向量,则以 y 的元素为纵坐标,以相应元素下标为横坐标,绘制连线图。

② 若 y 为实矩阵,则按列绘制每列元素值相对其下标的连线图,图中的曲线数等于矩阵的列数。

③ 若 y 为复矩阵,则分别以每列元素的实部和虚部为横、纵坐标绘制多条连线图。

(2) plot(x,y)。

① 若 y 和 x 为同维向量,则以 x 为横坐标、y 为纵坐标绘制连线图。

② 若 x 为向量,y 为一维或和 x 同维的矩阵,则绘制多条不同颜色的连线图,曲线的个数等于矩阵的另一维,x 作为这些曲线的共同横坐标。

③ 若 x 为矩阵,y 为向量,情况与上面相同,只是都是以 y 为共同的纵坐标。

④ 若 x 和 y 为同维实数矩阵,则以 x、y 对应元素为横纵坐标分别绘制曲线,曲线条数等于矩阵的列数。

⑤ 若 x 和 y 为复数矩阵时,MATLAB 将忽略虚数部分。

(3) plot(x1,y1,x2,y2,...)。

每对 x、y 必须符合 plot(x, y)中的要求,不同对之间没有影响,命令将对每一对 x,y 绘制曲线。

【说明】:以上的三种格式中,输入参数 x,y 都可以是表达式,但表达式的结果应符合上述格式要求。

例 3.2.1 运行下面的程序,得到如图 3.2.1 和图 3.2.2 所示图形。

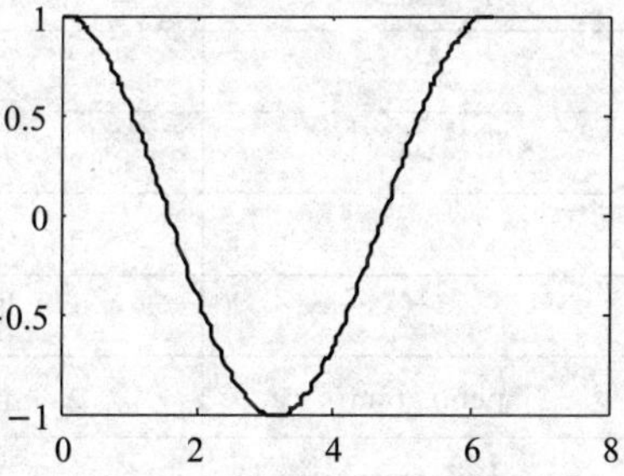

图 3.2.1 y=cos(t)图形

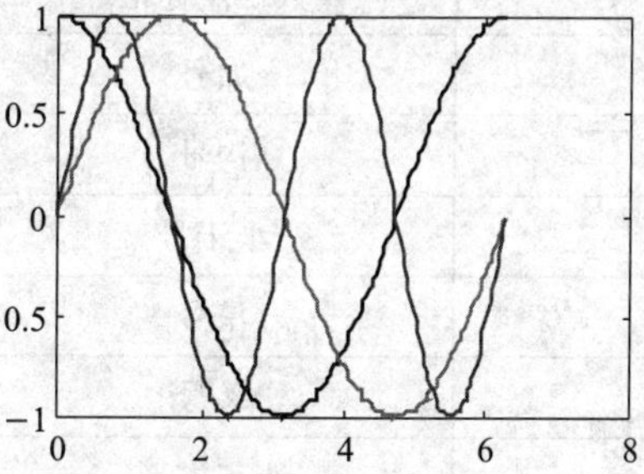

图 3.2.2 y, y2, y3 图形

图 3.2.2

```
t=0:pi/100:2*pi;
y=cos(t); plot(t,y)
y2=sin(t); y3=2*cos(t).*sin(t);
figure, plot(t,y,t,y2,t,y3)
```

3.2.2 绘图属性控制

在调用 plot 函数时,可以指定线型、颜色和数据点的图标,其调用格式为

plot(x, y,'color_linestyle_marker')

【说明】:参数 color_linestyle_marker 为一个字符串,由颜色、线型、数据点的图标组成。其中颜色字符定义见表 3.2.2,线型字符定义见表 3.2.3,数据点标记字符定义见表 3.2.4。

表 3.2.2 颜色字符定义表

字符定义	颜色	字符定义	颜色
y	yellow(黄)	m	magenta(洋红)
c	cyan(青)	r	red(红)
g	green(绿)	b	blue(蓝)
w	white(白)	k	black(黑)

表 3.2.3 线型字符定义表

字符定义	线型	字符定义	线型
-	实线(默认)	--	虚线
:	点画线	-.	点连线
none	无线		

表 3.2.4 数据点标记字符定义表

字符定义	数据点标记	字符定义	数据点标记
+	加号	^	反钩号
v	钩号	>	大于号
<	小于号	o	小圆圈
*	星号	.	小黑点
x	叉号	pentagram	五角星
square	小正方形	hexagram	六角星
diamond	菱形	none	无标记

例如：plot(x,y,'y:square')，字符串“y:square”表示用黄色点画线和正方形点标记绘制曲线。

例 3.2.2 运行下列语句，观察 plot 的控制串的效果，如图 3.2.3 所示。

```
t=linspace(0,2*pi,360);
x1=4*cos(t);y1=4*sin(t); x2=8*cos(t);y2=4*sin(t);x=-8:8;y=0.5*x;
plot(x1,y1,'r-',x2,y2,'b--',x,y,'b*')
```

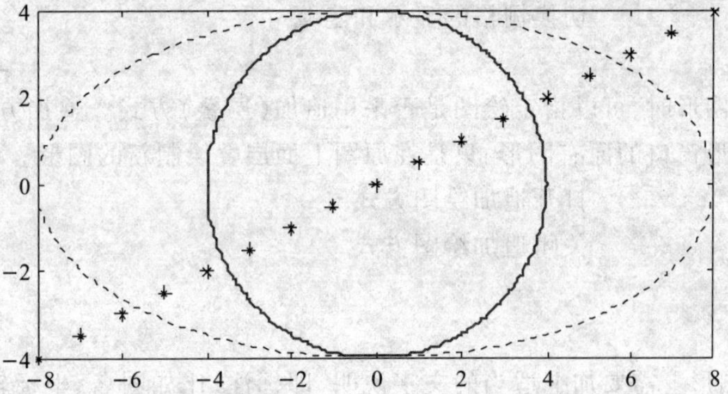

图 3.2.3 plot 的绘图属性

图 3.2.3

3.2.3 绘图窗口的属性控制

绘图窗口的属性可以由 MATLAB 和 Windows 共同控制，通常情况下是用默认绘图属性建立绘图窗口，用户可以通过 MATLAB 提供的命令和函数来修改绘图窗口的属性。

1. 坐标控制

可以控制坐标轴的各种属性，包括坐标轴的方向、范围、高宽比等。下面的指令是常用的坐标轴控制指令。

axis auto	使用默认的坐标轴属性
axis on	显示坐标轴背景
axis off	取消坐标轴背景
axis([xmin,xmax,ymin,ymax])	设定 x 轴和 y 轴的坐标值范围
axis equal	横轴和纵轴的单位刻度相同
axis square	横轴和纵轴的长度相同
axis tight	把数据范围直接设置为坐标值范围
axis image	采用相同的单位刻度，且坐标框紧贴数据范围

2. 刻度设置

默认情况下，MATLAB 自动在坐标范围内生成均匀的刻度，用户也可以使用 set 命令改变刻

度值,其使用方法如下:

set(gca, 'Xtick', xs,'Ytick', ys)

【说明】:xs 和 ys 分别是横轴和纵轴的刻度行向量。

3. 栅格控制

栅格是根据显示刻度绘制的虚线分格线,可以控制是否显示栅格。

grid on	显示栅格
grid off	隐藏栅格
grid	切换栅格的显示和隐藏

4. 追加控制

绘图窗口绘制图形时,可以指定绘图是否采用追加(层叠)方式。追加方式是指每次的绘图指令都不会擦去图形窗口的原有图形,只是在原图上面层叠绘制新的图形。

hold on	打开追加绘图方式
hold off	关闭追加绘图方式

3.2.4 图形标注

很多时候,在图形上需要加上适当的文字说明,即标注,比如图名、坐标轴的名字、坐标点的值等。MATLAB 提供了图形标注的函数,主要的图形标注函数如下:

xlabel('string', 'FontSize', size)	显示横坐标轴的名称
ylabel('string', 'FontSize', size)	显示纵坐标轴的名称
title('string', 'FontSize', size)	显示图形标题
text(x, y, 'string')	在(x,y)坐标处显示字符串 string

其中'FontSize'表示字体尺寸属性,size 为使用的字体尺寸,这 2 个输入变量可以省略,此时使用默认的字体显示标注信息。

例 3.2.3 运行下列程序,观察长轴半径为 3.5,短轴半径为 1.5 的椭圆在不同坐标轴属性下的显示效果,如图 3.2.4 所示。

```
t=linspace(0,2*pi,100);
x=1.5*sin(t); y=3.5*cos(t);
subplot(2,3,1), plot(x,y), axis normal, grid on, title('Normal and Grid')
subplot(2,3,2), plot(x,y), axis equal,grid on, title('Equal')
subplot(2,3,3), plot(x,y), axis square, grid on, title('Square')
subplot(2,3,4), plot(x,y), axis normal, grid off, title('Grid Off')
subplot(2,3,5), plot(x,y), axis tight, grid off, title('Tight')
subplot(2,3,6), plot(x,y), axis image,grid off, title('Image')
```

例 3.2.4 运行下面的程序,并得到如图 3.2.5 所示图形。

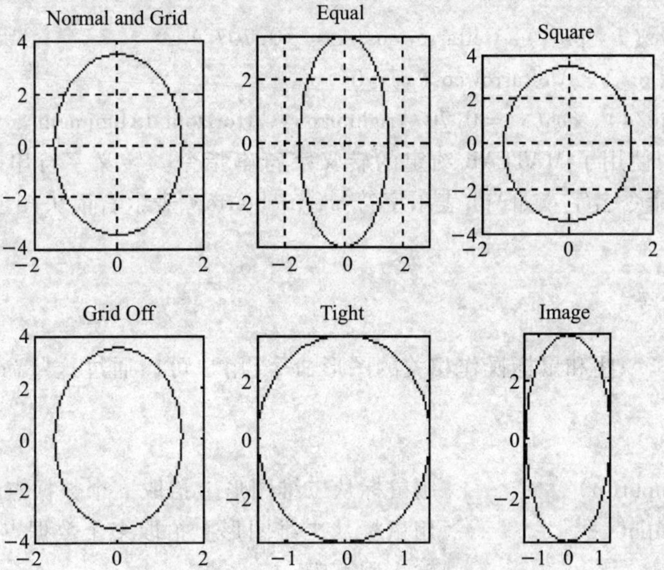

图 3.2.4 椭圆在不同坐标轴属性下的显示效果

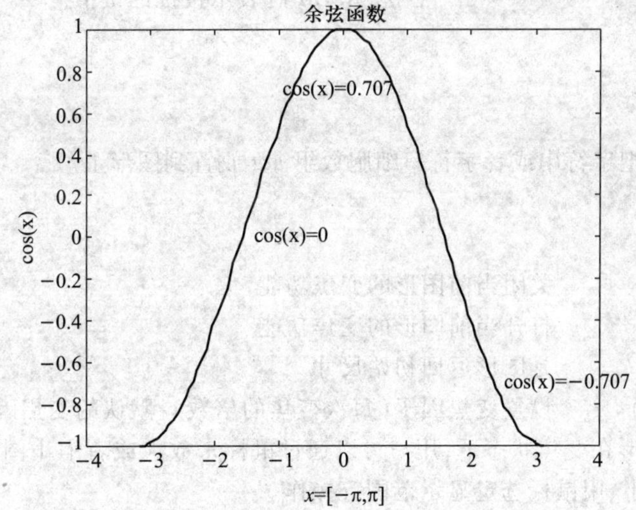

图 3.2.5 绘图与标注

```
x=-pi:pi/50:pi;
plot(x,cos(x));
xlabel('x=[-\pi, \pi]','FontSize',16)
ylabel('cos(x)','FontSize',16)
```

```
title('余弦函数')
text(3 * pi/4,cos(3 * pi/4),'\leftarrowcos(x)= -0.707')
text(-pi/2,cos(pi/2),'\leftarrowcos(x)= 0')
text(pi/4,cos(pi/4),'cos(x)= 0.707\rightarrow','HorizontalAlignment','right')
```

【说明】:程序中使用了 MATLAB 约定的转义字符串指令。转义字符串指令用“\”引导,其后加上相应的转义命令名字。如'\pi'表示字符 π,'\rightarrow'表示右箭头图形,'\alpha'表示希腊字母 α。

3.2.5 图形交互命令

MATLAB 提供了一些和鼠标操作相关的图形命令,用户可以通过这些命令和图形窗口进行交互。

1. ginput

[x,y] = ginput(n)	用鼠标从二维图形上拾取 n 个数据点的坐标(x,y)
[x,y] = ginput	用鼠标从二维图形上拾取多个数据点的坐标(x,y),直到输入回车键。
[x,y, button] = ginput(…)	除了返回数据点的坐标外,button 中还返回鼠标或者按键信息。1 表示鼠标左键,2 表示鼠标中间按键,3 表示鼠标右键,ASCII 码表示按键的键值。

2. gtext

【调用格式】:

gtext(arg)

【说明】:用鼠标把字符串或者字符串细胞数组 arg 放置到图形上。

3. zoom

【调用格式】:

zoom off	关闭当前图形的变焦功能
zoom on	打开当前图形的变焦功能
zoom out	是图形返回初始尺寸
zoom(fact)	设置变焦因子(每次变焦的倍数),默认的变焦因子为 2

【说明】:如果图形在变焦状态下,用户可以通过鼠标来放大或者缩小图形,包括用鼠标左键放大、用鼠标右键缩小、用鼠标选定显示范围等操作。

3.3 三 维 图 形

3.3.1 基本三维图形

plot3 为基本的三维绘图函数,其使用方法和 plot 函数基本相同。

【调用格式】:

plot3(X,Y,Z,'s')

【说明】:

(1) 当 X,Y,Z 为同维向量组时,绘制以 X、Y、Z 的元素为 x、y、z 坐标的三维曲线。

(2) 当 X,Y,Z 为同维数组时,分别以其对应的列向量元素为 x、y、z 坐标绘制多条三维曲线,曲线的条数等于矩阵的列数。

(3) 字符串 s 表示颜色、线型和点形状控制,其定义和 plot 函数相同。

(4) 可以使用多组参数绘图,每组参数之间没有约束关系,如 plot3(x1,y1,z1,x2,y2,z2)。

(5) plot3 主要用来绘制参数方程决定的三维曲线。

例 3.3.1 设方程组为$\begin{cases}x(t)=\sin t\\ y(t)=\cos t,0<t<6\pi\\ z(t)=t\end{cases}$,试绘制由变量 x,y,z 确定的三维曲线。

解:运行下列程序,程序绘制的图形如图 3.3.1 所示。

```
t=0:pi/100:6*pi;
x=sin(t); y=cos(t); z=t;
plot3(x,y,z)
axis square; grid on
```

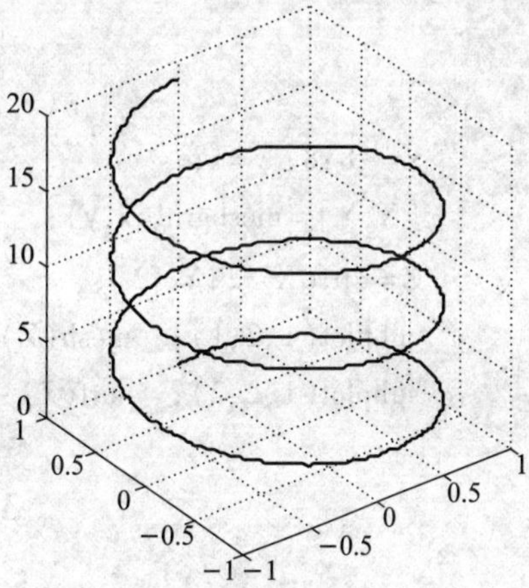

图 3.3.1 参数方程组的三维曲线

3.3.2 三维网线和曲面

三维网线和曲面的绘制比三维曲线要复杂。这主要表现在数据的准备和三维图形的色彩、光照、视点和消隐控制。

1. 三维网线图

三维网线是指绘图点之间用曲线连接起来。MATLAB 中绘制网线图的函数是 mesh。

mesh(Z) 用矩阵 Z 的列、行下标作为 x 轴和 y 轴变量,画网线图

mesh(X,Y,Z) 分别用 X,Y,Z 作为 x,y,z 轴的坐标进行绘图

mesh(X,Y,Z,C) 用数据 X,Y,Z 和颜色属性矩阵 C 绘图

2. 曲面图

曲面图是指绘图点之间用曲面连接起来。MATLAB 中绘制曲面图的函数是 surf。

【调用格式】:

surf(Z)

surf(X,Y,Z,C)

【说明】:其调用格式和 mesh 函数完全相同。

例 3.3.2 绘制由函数 $z=\sqrt{x^2+y^2}$ 在自变量取 $x\in[-8,8]$，$y\in[-8,8]$ 范围内的网线图和曲面图。

解：运行下面的程序，得到网线图如图 3.3.2(a)所示，曲面图如图 3.3.2(b)所示。

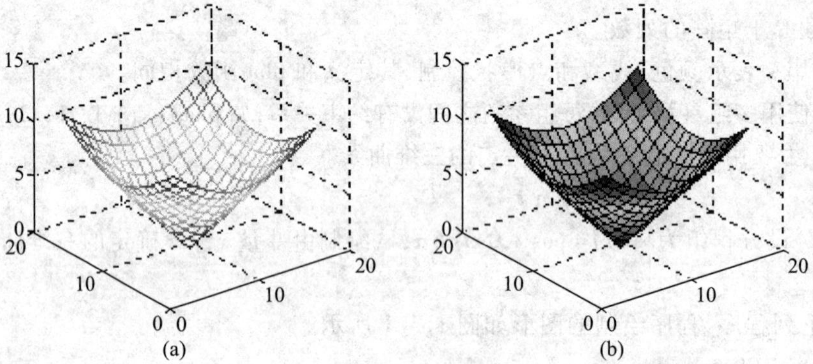

图 3.3.2(a)

图 3.3.2(b)

图 3.3.2 网线图和曲面图

```
x=-8:8; y=x;
[X,Y]=meshgrid(x,y);             %生成离散采样格点
Z=sqrt(X.^2+Y.^2);
subplot(1,2,1);  mesh(Z);  grid on;
subplot(1,2,2);  surf(Z);  grid on
```

3.4 常用函数的绘图

绘制一个连续函数的曲线，要为绘图函数准备数据，这会使函数曲线的绘制工作变得比较麻烦。为了让用户更轻松地实现函数的可视化，MATLAB 提供了一些简洁的绘图指令，这些指令的特点是：无需准备数据就直接画出字符串函数或者符号函数的图形。这个系列的函数的名字都用“ez”开头。下面简单介绍常用的两个函数，其他函数读者可以参阅 MATLAB 的超文本帮助。

3.4.1 一元函数的绘图

【调用格式】：

```
ezplot(F,[xmin,xmax])
```

【说明】：

(1) F 是一元函数的字符表达式、符号函数、函数 M 文件或者内联函数，且只能有一个自变量。

(2) [xmin, xmax]是自变量的取值区间。如果不指定自变量取值范围,MATLAB 会根据函数自动选取自变量的值。

例 3.4.1 绘制 $y(t)=1-1.5e^{-0.4t}\sin(t+0.6)$ 在 $0<t<20$ 区间的函数曲线。

解:运行以下语句,曲线如图 3.4.1 所示。

```
syms t;                    % 定义为 t 符号
y=1-1.5*exp(-0.4*t)*sin(t+0.6);
ezplot(y,[0,20]);
axis tight; grid on;
```

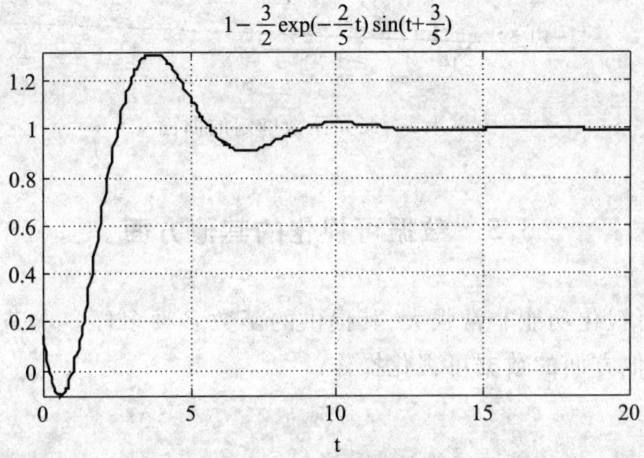

图 3.4.1 一元函数曲线

3.4.2 二元函数的绘图

【调用格式】:

ezsurf(F, domain,ngrid)　　在指定矩形区域上,用指定格点数画二元函数曲面

ezsurf(F, domain, 'circ')　　在极坐标中绘制二元函数曲面

【说明】:

(1) F 是字符表达式、符号函数、函数 M 文件或者内联函数;F 是二元函数,只能包含 2 个自由变量。

(2) 若 domain=[a, b],则自变量取值范围为 $a\leqslant x\leqslant b, a\leqslant y\leqslant b$。

(3) 若 domain=[a, b, c, d]时,自变量取值范围是 $a\leqslant x\leqslant b, c\leqslant y\leqslant d$。

(4) ngrid 是绘图的格点数。格点数越多,图形越细腻,默认的 ngrid 值是 60。

例 3.4.2 在极坐标系中绘制 $z=xy$ 的图形。

解: 执行下列语句,结果如图 3.4.2 所示。

```
ezsurf('x*y','circ'); shading flat; view([-10,30])
```

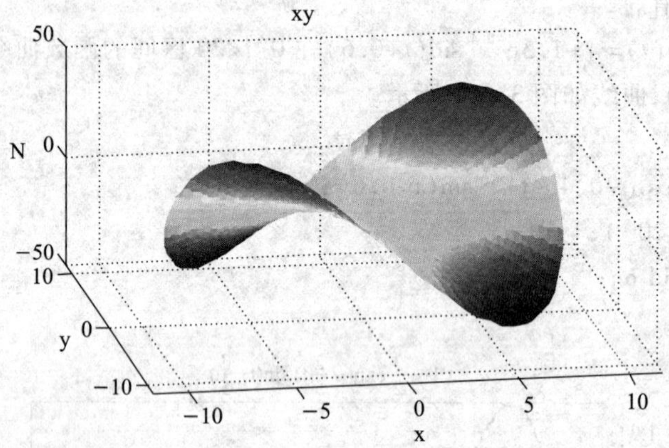

图 3.4.2 二元函数确定的曲面

图 3.4.2

3.5 数据可视化的其他方面

MATLAB 的数据可视化功能非常强大,其提供的函数多种多样。本节简单地介绍除了前面各节介绍的功能外,其他方面的数据可视化操作。

3.5.1 特殊图形

MATLAB 提供了一些常用的特殊图形的绘制函数,下面仅仅列出相关函数名字,读者使用这些函数时请参考帮助信息。

直方图	bar bar3 barh bar3h
面积图	area
统计频数直方图	hist rose
填色图	fill fill3
火柴杆图	stem stem3
矢量图	compass feather quiver quiver3
等高线图	clabel contour contour3 countourf
彩带图	ribbon

3.5.2 三维图形的精细控制

为了能获得更好的视觉效果,MATLAB 提供了对三维图形更为精确的控制函数。下面列出和这些精细控制有关的函数或者命令。

（1）透视与消隐：处理被遮盖在下面的那部分图形。

hidden

（2）视点控制：从不同的视角看到的图形效果。

view

（3）旋转：图形旋转一定角度后的效果。

rotate

（4）色彩控制：用不同的颜色组显示图形。

colordef　whitebg　colormap　shading

（5）照明和材质处理：有光源照射、反射时图形的效果。

light　lighting　material　surfl

（6）透明处理：采用透明化技术揭示复杂图形的内部结构。

alpha　alim　alphamap

3.5.3　图像

图像数据文件主要保存的是图像上各个像素的颜色值，根据图像颜色数的不同，有 8 位色（256 色）图像、16 位色（65 535）图像等。MATLAB 的数值数组的数据类型是 double 双精度型，每个元素占用 64 位，用数值数组来保存颜色值显然是浪费内存的。MATLAB 中定义了 unit8 和 unit16数据类型用以保存颜色值，由 unit8 或者 unit16 构成的矩阵来保存图像各个像素的颜色值，即保存图像数据（8 位图像、16 位图像）。

与图像显示和读取有关的函数包括：

image colormap imfinfo imread imwrite

小　结

MATLAB 提供了强大的图形处理能力，提供给用户两类图形指令。一类是“高级绘图命令”，这些高级绘图命令易于理解和使用，可以绘制一般科技绘图软件所能绘制的几乎所有图形。另外一类是“句柄图形”，句柄图形属于底层的绘图控制，属于 MATLAB 的面向对象的图形系统，用句柄图形可以实现对图形显示的更精密的控制。

本章对常用的高级绘图命令的格式和使用方法进行了详细的介绍，另外还简单介绍了复杂的可视化操作涉及的函数和命令。

习　题

3.1　用图形表示离散函数 $y=|n|$。

3.2　在 $0\leqslant x\leqslant 2\pi$ 区间内，绘制曲线 $y=2e^{-0.5x}\sin(2\pi x)$。

3.3 绘制空间曲线：

$$\begin{cases} x^2+y^2+z^2=64 \\ y+z=0 \end{cases}$$

3.4 绘制 $\rho=\sin(2\theta)\cos(2\theta)$ 的极坐标图。

3.5 绘制两个球面，其中一个球在另一个球里面，将外面的球裁掉一部分，以便能看见里面的球。

第四章　M 文件和程序设计

4.1　程序控制语句

4.1.1　分支控制

分支控制语句有 if 和 switch 两种语句。

1. if 结构

```
if expression
    commands
end
```

【说明】:当表达式 expression 的值为真,则执行 commands 语句组,否则跳过 commands 语句组,执行 end 之后的语句。

2. if-else 结构

```
if expression
    commands1
else
    commands2
end
```

【说明】:如果表达式 expression 的值为真,则执行语句组 commands1,然后跳过语句组 commands2 向下执行;若表达式 expression 的值为假,则跳过语句组 commands1 而执行语句组 commands2。

3. if-elseif-else 结构

```
if expression_1
    commands_1
elseif expression_2
    commands_2
    ……
elseif expression_n
```

```
    commands_n
else
    commands_el
end
```

【说明】:如果表达式 expression_1 的值为真,则执行语句组 commands_1,若表达式 expressions_1 的值为假,则判断 expression_2 的值,若为真,则执行语句组 commands_2,否则向下继续判断表达式。如果所有表达式都为假,则执行语句组 commands_el。

例 4.1.1 有分段函数 $f(x)=\begin{cases}3x+4 & x<-1\\ e^{-x} & -1\leqslant x\leqslant 1\\ \sin x+\cos x & x>1\end{cases}$,编程输入 x 的值,计算并显示函数值。

解:运行下面语句,输入 x 的值,观察运行结果。

```
x=input('请输入自变量值:');
if x<-1
    str='3x+4';
    y=3*x+4;
elseif x<=1
    str='exp(-x)';
    y=exp(-x);
else
    str='sin(x)+cos(x)';
    y=sin(x)+cos(x);
end
disp([str,blanks(4),num2str(y)])
```

4. switch-case 结构

```
switch exp_const
  case  value_1
        commands_1
  case  value_2
        commands_2
  …
  case  value_n
        commands_n
  otherwise
        commands_ow
```

```
    end
```

【说明】:

(1) 表达式 exp_const 的值和哪一个 case 语句后的值相等,就执行那个 case 语句下的语句组。如果 exp_const 和所有值都不相等,就执行 otherwise 后的语句组 commands_ow。

(2) switch 后的 exp_const 表达式可以为标量或者字符串。对于标量形式,用关系运算符“= =”比较,对于字符串形式,用函数 strcmp 比较。

(3) case 语句后的 value_n 值可以是标量、字符串,也可以是细胞数组。如果是细胞数组,MATLAB 会把表达式 exp_const 的值和细胞数组中的每个元素比较,只要有一个元素和 exp_const 值相同,比较结果就为相等。

4.1.2 循环控制

1. for 循环

```
for   x = Array
      commands
end
```

【说明】:x 称为循环变量,commands 称为循环体。循环的执行步骤为循环变量从左到右依次取 Array 数组的一列,每取一列就执行一次循环体,循环体被执行的次数为 Array 的列数。for 循环一般用于循环次数已知的程序流程控制。

2. while 循环

```
while expression
   commands
end
```

【说明】:先判断表达式 expression 的值,如果其值为真,则执行 commands 循环体;执行完循环体后,继续判断表达式 expression 的值,直到表达式 expression 的值为假,结束循环。while 循环通常用在循环次数未知的情况下,而且要在循环体修改循环表达式的值,否则容易造成死循环。

3. break

从循环体中跳出,并使循环结束。

例 4.1.2 输入物品的标签号码,显示物品的种类。其中标签号码为 1、5、7 的物品为食品,号码为 10 ~ 19 的物品为办公用品,号码为 20、24、28 的物品为音像制品。要求不断从键盘输入标签号码,输入一个号码显示一次物品种类,输入错误号码要给出提示,输入号码 0 则结束输入。

解:运行下列语句,输入标签号码,观察运行结果。

```
code1 = [{1},{5},{7}];code3 = [{20},{24},{28}];% 构造细胞数组,分类编号
for i = 10:19
    code2{i} = i;
end
```

```
while 1
    a=input('输入标签号码：');
    switch a
        case  code1
            disp('食品');
        case  code2
            disp('办公用品');
        case  code3
            disp('音像制品');
        case  0                          %输入为0,退出循环
            break;
        otherwise
            disp('错误代码');
    end
end
```

4.1.3 异常检测

MATLAB 有异常处理机制，即可以检测某些语句的执行是否正确，如果发生运行错误，MATLAB 的异常处理机制会捕捉到这个错误，并跳转到用户指定的错误处理程序。异常处理是通过 try-catch 语句实现的，其语法如下：

```
try
  commands1
catch
  handles
end
```

【说明】：执行语句组 commands 1，当语句组 commands 1 执行发生错误时，跳转到错误处理语句组 handles。

例 4.1.3 运行下列语句，理解异常处理机制。

```
A=[1,1];B=[1,1];
try
    C=A*B;
catch
    disp('矩阵乘法错误');
    C=[];
end
```

lasterr

运行结果

矩阵乘法错误

ans =

Error using = = > mtimes

Inner matrix dimensions must agree.

4.1.4 人机交互控制

1. input

【调用格式】:

v = input('message')	将用户键入的内容赋给变量 v, messages 是显示信息
v = input('message', 's')	将用户键入的内容作为字符串赋给变量 v

2. keyboard

从键盘读入多个 MATLAB 指令,直到用户输入 return 指令才返回。

3. yesinput

【调用格式】:

v = yesinput('Prompt', default, possible)

【说明】:Prompt 是显示在屏幕上的提示信息;default 是默认值,即如果没有键盘输入时,变量 v 赋值为 default;possible 是变量 v 可能接受的值。

4. pause

【调用格式】:

pause	暂停执行文件,等用户输入任意按键后才继续执行
pause(n)	暂停 n 秒后,程序继续执行

5. disp

【调用格式】:

disp(X)	显示数组 X 的内容,但是不显示数组 X 的名字

4.1.5 其他程序流控制语句

1. 返回指令

return	强制结束函数或者命令的调用,将控制权交给主调函数或者命令窗口。

2. 出错处理

error('message')	显示出错信息 message,中止程序运行
errortrap	发生错误后,程序继续执行或退出的状态切换
lasterr	显示 MATLAB 给出的最新的出错信息,并中止程序运行

3. 警告处理

warning('message')	显示警告信息 message,程序继续运行
lastwarn	显示 MATLAB 最新给出的警告信息,程序自动运行

4.2 命令文件和函数文件

用户可以在 MATLAB 命令窗口输入并运行 MATLAB 的指令,这种方法适合于指令较少、不复杂且不经常被修改、运行的情况。如果需要编写复杂的程序,需要大量、复杂的指令才能实现,直接在命令窗口输入指令的方法十分不方便。用户可以把需要运行的 MATLAB 指令保存在一个以".m"为扩展名的文件中,通过在命令窗口键入这个文件的名字来运行文件中的 MATLAB 指令,这些文件称为 M 文件。按照 M 文件的组成和特点,可以分为命令文件和函数文件。

4.2.1 命令文件

有关命令文件的描述如下:

(1) 命令文件没有输入参数也没有输出参数,只是一些 MATLAB 命令和函数的组合。

(2) 命令文件可以操作基本工作空间(Base Workspace)的变量,也可以生成新的变量。命令文件执行结束后新变量将保存在基本工作空间中,不会被自动清除。

(3) 命令文件是用".m"为扩展名的文件,只要命令文件在搜索路径上,在命令窗口键入文件名就可以运行命令文件。

例 4.2.1 编写命令文件 test_com.m,用于求解小于 1 000 且为 2 的整数次幂的正整数。

解: 按照如下步骤编写并运行命令文件。

(1) 选择命令窗口的【File】|【New】|【M-File】菜单项,会调出文件编辑窗口。

(2) 在文件编辑窗口中键入如下的 MATLAB 语句:

```
% test_com.m
F(1)=2;
k=1;
while F(k)<1000
    F(k+1)= 2*F(k);
    k=k+1;
end
F(end)=[];
k=k-1;
```

(3) 建立"C:\work"子目录,将新编辑的文件保存为"C:\work\ test_com.m"。

(4) 选择【File】|【Set Path】菜单,弹出路径设置对话框,加入刚刚建立的"C:\work"路径到所有搜索路径的最前端。

(5) 在命令窗口里面键入如下指令,就可以得到以下的运行结果:

```
>> clear
>> test_com
>> F,k
F =
     2     4     8    16    32    64   128   256   512
k =
     9
```

4.2.2 函数文件

函数文件比命令文件更加灵活,它能够更好地实现复杂问题的功能模块划分。函数文件如同一个"黑箱子",调用者仅仅需要把输入变量传递给函数,就会得到函数的输出变量,即函数的运行结果。对函数文件有如下的描述:

(1) 函数文件要在第一行用关键字"function"来显式定义。

(2) 函数文件有输入变量和输出变量。

(3) 函数文件的名字和第一行所定义的函数名相同。

(4) 可以用比函数定义中数目少的输入变量和输出变量来调用函数。

(5) 函数文件内部定义的变量属于临时变量,只有函数运行期间才被生成,函数运行结束后,这些临时变量会被 MATLAB 系统自动删除。

4.2.3 函数文件的组成

MATLAB 的函数 M 文件通常由以下几个部分组成。

1. 函数定义行

函数 M 文件的第一行用关键字"function"把 M 文件定义为一个函数,指定函数的名字,同时定义了函数的输入变量和输出变量。输入变量的定义用圆括号(),如果有多个输入变量则用逗号分隔;输出变量的定义用中括号[],如果有多个输出变量则用逗号分隔。

2. H1 行

所谓 H1 行指帮助文本的第一行,它紧跟在定义行之后并以"%"符号开头,用于概括说明函数的功能。在命令窗口用 lookfor 命令时将显示函数的 H1 行。

3. 函数帮助文本

帮助文本指位于 H1 行之后函数体之前的说明文本,它同样以"%"符号开头,一般用来比较详细地介绍函数的功能、用法以及函数的修改记录。在命令窗口用 help 命令时将显示函数的 H1 行和所有帮助文本。

4. 函数体

函数体是函数的主体部分,函数的功能是通过函数体实现的。函数体可以包括所有的

MATLAB 合法命令、函数和流程控制语句。

5. 注释

除了函数开始处独立的帮助文本外，还可以在函数体中添加对语句的注释。注释必须以"%"符号开头，MATLAB 在解释执行 M 文件时把每一行中"%"后面的全部内容作为注释不进行解释执行。编程时要对关键的语句或者变量写注释，便于程序的阅读和维护。

例 4.2.2 编写函数文件求 $f(n)=1+2+\cdots+n$。

解：按如下步骤操作编写函数文件，并测试函数文件。

(1) 新建 M 文件，在文件编辑器中键入如下内容：

```
function [f]=Addn(n)
%计算 1+2+…+n
%输入变量:n 累加次数
%输出变量:f 计算结果
x=1:n;
f=sum(x);                    %sum 为求和函数
```

(2) 将文件保存为"C:\work\Addn.m"。

(3) 在命令窗口中输入下列指令，测试函数文件。

```
>> s=Addn(3)
s=
   6
>> help Addn
计算 1+2+…+n
输入变量:n   累加次数
输出变量:f   计算结果
```

4.2.4 函数的输入和输出变量

1. 输入变量和输出变量的检测

MATLAB 提供了检测输入变量和输出变量的函数，其格式和功能如下：

n=nargin	用于函数内，返回实际输入变量的个数
n=nargin('fun')	获取 fun 函数的声明的输入变量个数
n=nargout	用于函数体，返回实际输出变量的个数
n=nargout('fun')	获取 fun 函数的声明的输出变量个数
vname=inputname(n)	用于函数内，返回第 n 个输入变量的实际调用变量名字

2. 数目可变的输入变量和输出变量

MATLAB 支持输入变量和输出变量数目可变的函数。用户可以使用 MATLAB 提供的两个指令来自己编写参数数目可变的函数。

【调用格式】:

varargin　　数目可变的输入变量列表

varargout　　数目可变的输出变量列表

【说明】:

(1) 编写参数数目可变的函数时,函数定义行的“数目可变的变量”要放在“普通变量”之后。

(2) varargin 的工作过程。

① varargin 是一个细胞数组,里面放置的是“数目可变的输入变量”。

② 函数被调用时,输入变量的传递规则是:实际输入变量依次逐个传递给函数定义的输入变量列表中的“普通输入变量”;然后把剩余的实际输入变量依次传递给 varargin 细胞数组中的细胞。

③ varargin 细胞数组中的细胞作为一个“普通输入变量”来使用。

(3) varargout 的工作过程和 varargin 类似,只是其对应的是函数的输出变量。

例 4.2.3 用参数可变的方法定义一个绘制圆环的函数。其中第一个输入变量为基圆半径,是必选的参数;第二个输入变量为内圆半径,为可选参数;还可以输入可选的图形属性控制字符串。如果有输出变量,则不画图,只返回绘图数据;如果没有输出变量,则绘制图形。

解:(1) 编写 DrawRing. m 文件,文件内容如下:

```
function varargout=DrawRing(r,varargin)
%绘制圆环
%调用格式:
%   [x1,y1,x2,y2]=DrawRing(r,r2,'PropertyName1','PropertyValue1',...)
%输入变量:
%   r              基圆半径(必须的输入变量)
%   r2             内圆半径(可以省略)
%   PropertyName1  指定绘图属性名称(可以省略,也可以设置多组属性)
%   PropertyValue1 指定绘图属性 PropertyValue1 的取值
%输出变量:
%   无输出时,绘制圆或者圆环
%   有输出时,不绘图
%          (x1,y1)和(x2,y2)分别为基圆和内圆的坐标点
vin=length(varargin);
Nin=vin+1;
error(nargchk(1,Nin,nargin));
if nargout>6
error('输出变量数目超过了函数定义');
end
```

```
t=0:2*pi/50:2*pi;
x=r*exp(i*t);
if nargout==0
  switch Nin
    case 1
       plot(x,'b');
    case 2
       r2=varargin{1};
       x2=r2*exp(i*t);
       plot(x,'b'); hold on; plot(x2,'b'); hold off;
    otherwise
       r2=varargin{1};
       x2=r2*exp(i*t);
       plot(x,varargin{2:end});hold on;
       plot(x2,varargin{2:end});hold off;
  end
  axis image
else
  varargout{1}=real(x); varargout{2}=imag(x);
  varargout{3}=[]; varargout{4}=[];
  if Nin>1
     r2=varargin{1};
     x2=r2*exp(i*t);
     varargout{3}=real(x2); varargout{4}=imag(x2);
  end
end
```

（2）在命令窗口输入下面语句，测试 DrawRing 函数，绘图结果如图 4.2.1 所示。

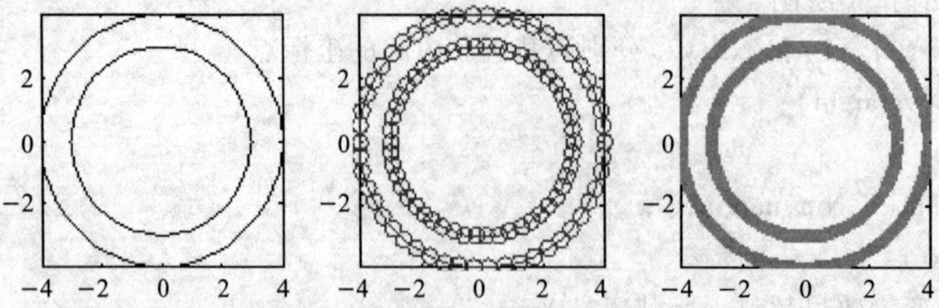

图 4.2.1　DrawRing 绘图结果

```
>> clear
>> r1 =4;r2 =3;
>> subplot(1,3,1); DrawRing(r1,r2);
>> subplot(1,3,2); DrawRing(r1,r2,'r-o');
>> subplot(1,3,3); DrawRing(r1,r2,'LineWidth',5,'Color',[1,0.3,1]);
```

4.2.5 有关工作空间

1. 工作空间

有了函数文件后,工作空间会变得复杂起来。MATLAB 将工作空间分成两类:

(1) 基本工作空间。

基本工作空间是 MATLAB 启动后自动创建的,只有关闭了 MATLAB 后基本工作空间才会被删除。

(2) 函数工作空间。

函数工作空间是函数文件运行时自动创建的工作空间,函数工作空间是临时的,当函数运行完毕后,函数工作空间会被系统自动撤销。函数工作空间内保存了函数内部定义或者运算生成的临时变量,这些临时变量在函数执行完成后就不会存在了。

2. 局部变量和全局变量

(1) 局部变量。

存在于函数工作空间的临时变量(即函数内部定义的变量)称为局部变量。局部变量只能被定义它的函数使用。

在函数的定义中,其输入变量和输出变量就是局部变量,即函数的输入变量和输出变量只能在本函数内部被使用。

(2) 全局变量。

通过 global 关键字可以定义全局变量。全局变量可以被所有工作空间共享,即所有工作空间都可以访问全局变量,但是前提是使用之前要先在工作空间内用 global 关键字声明全局变量。建议在函数的开始处定义或声明全局变量,全局变量的名字一般采用大写字母命名。

3. 跨工作空间的变量赋值

有时我们需要跨工作空间给变量赋值,MATLAB 提供了相关的函数。

【调用格式】:

```
assignin('ws', 'var', val)
```

【说明】:把当前工作空间的变量 val 赋值给'ws'工作空间的名为'var'的变量。其中,'ws'可以取:

'base' 表示基本工作空间

'caller' 表示主调函数工作空间

4.2.6 子函数和私有函数

如果一个项目比较复杂,就需要编写大量的函数文件,这些函数文件通常都是该工程中专用的,其他程序很少会用到。我们应该限制这些自编函数可以被调用的范围,避免在 MATLAB 基本工作空间中出现过多的标志符,尽量避免在一个工作空间内出现同名函数。为了限制函数的使用范围,MATLAB 支持子函数和私有函数。

1. 子函数

MATLAB 允许一个函数文件内定义多个函数。其中,第一个定义的函数称为主函数,其他的函数称为子函数。关于主函数和子函数的描述如下:

(1) 每个文件的第一行定义的是主函数。

(2) 只有主函数可以被其他程序调用。

(3) 函数文件的名字必须和主函数相同。

(4) 子函数只能被处在同一个文件中的主函数或者其他子函数调用。

(5) 主函数和各个子函数的工作空间是彼此独立的,即每个函数拥有自己独立的工作空间。

2. 私有函数

私有函数是在函数 M 文件所在目录的 private 子目录中的函数 M 文件,其性质如下:

(1) 私有函数只能被 private 的直接父目录中定义的 M 文件调用,其他目录的 M 文件或者命令窗口无权调用私有函数。

(2) 私有函数的定义和构成与普通函数相同。

例 4.2.4 编写函数文件求 $f(n)=\sum_{k=1}^{n}k!=1!+2!+\cdots+n!$。

解:(1) 编辑文件 AddJc.m 的内容如下:

```
function r=AddJc(n)
% AddJc.m 函数 AddJc(n)求 1 到 n 的阶乘的和
% n 为输入参数,Jc 为子函数
r=0; k=1;
while k<=n
    r =r+Jc(k);
    k=k+1;
end
function s=Jc(m)
% Jc(m)求解 m 的阶乘,是文件内部函数(子函数)
s=1; k=1;
while k<=m
    s=s*k;
```

```
    k=k+1;
end
```

(2) 在命令窗口输入如下语句测试函数。

```
>> clear
>> r=AddJc(5)
r=
    153
```

4.3 字符串的求值

MATLAB 提供了字符串求值的函数,利用这些函数,可以用字符串构造 MATLAB 的函数和命令,并运行这些字符串命令。

4.3.1 字符串表达式计算

【调用格式】:

y=eval('expression')	计算字符串表达式 expression
[a1, a2, ...]=eval('function(b1, b2, ...)')	计算函数调用的字符串表达式

【说明】:eval 的输入变量只能是字符串。

例 4.3.1 表达式字符串的计算。

解:运行下列语句,观察执行结果。

```
clear
x=0.4;
cmd=['y=x*eye(3), z=sin(x/2)+cos(x)'];
eval(cmd);
who
y=
    0.4000         0         0
         0    0.4000         0
         0         0    0.4000
z=
    1.1197
Your variables are:
cmd  x  y  z
```

例 4.3.2 eval 和函数调用。

解:运行下列语句,观察执行结果。

```
x=0:2*pi/50:2*pi;
eval('plot(x,sin(x),"r",x,cos(x),"b:")');% 相当于运行 plot(x,sin(x),'r',x,cos(x),
                                                'b:')
y=eval('2*sin(x).*cos(x)');
figure
plot(x,y);
```

4.3.2 字符串函数计算

【调用格式】:

[y1, y2, ...] = feval('function', x1, ..., xn)

【说明】:

(1) 'function'只能是函数名,不能是表达式字符串。

(2) x1、x2 等是调用函数'function'的输入变量,即函数的自变量值。

(3) y1、y2 等是函数的输出变量,即函数的返回值。

例 4.3.3 feval 的使用方法。

解:执行下列语句,观察程序的运行结果。

```
x=0:2*pi/50:2*pi;
feval('plot', x, sin(x), 'r', x, cos(x), 'b:');% 相当于运行 plot(x,sin(x),'r',x,cos(x),
                                                'b:')
```

4.3.3 内联函数

用户可以用 M 文件来建立函数,函数的功能可以很复杂,函数的输出变量也可以有多个。对于简单的数学表达式,用 M 文件来建立函数就显得不够方便。MATLAB 提供了内联函数的功能,内联函数可以将表达式转换为函数。内联函数是 MATLAB 面向对象的一个类,其类型名为 inline。

1. 内联函数的建立

g=inline('expr')	将串表达式 expr 转换为内联函数
g=inline('expr','arg1','arg2',...)	将串表达式 expr 转化为以 arg1、arg2 等为自变量(输入变量)的内联函数
g=inline('expr',n)	将串表达式 expr 转化为以自变量 x,P1,P2,...,Pn 为自变量的内联函数。其中 P 必须大写。

例 4.3.4 建立内联函数表示数学函数 $f(x)=\dfrac{\sin x}{x}$,并计算 $\lim\limits_{x\to 0}f(x)$ 的值。

解:执行下列语句,观察程序的运行结果。

```
>>f=inline('sin(x)/x')          % 建立内联函数 f(x)=sin(x)/x
```

```
f=
        Inline function:
        f(x)=sin(x)/x
>> f(0)                    % 计算 f(0)的值,结果为 NaN,因为用 0 作为除数
Warning: Divide by zero.
> In inlineeval at 13
  In inline.subsref at 25
ans=
  NaN
>> f(eps)                  % eps 为浮点数的精度,可以当作是无穷小的数值
ans=
    1
```

例 4.3.5 阅读下列程序代码,了解 inline 的使用方法。

```
>>g=inline('sin(alpha*x)','x','alpha')
g=
     Inline function:
     g(x,alpha)=sin(alpha*x)
>>g1=inline('a*sin(x(1))*cos(x(2))','a','x')       % 自变量为向量,函数值为标量
g1=
     Inline function:
     g1(a,x)=a*sin(x(1))*cos(x(2))
>> g1(1,[pi/4,pi/4])
ans=
     0.5000
% 自变量为向量,函数值为向量
>>g3=inline('[sin(x(1));cos(x(2));sqrt(x(1).^2+x(2).^2)]')
g3=
     Inline function:
     g3(x)=[sin(x(1));cos(x(2));sqrt(x(1).^2+x(2).^2)]
>> g3([3,4])
ans=
        0.1411
       -0.6536
        5.0000
>>g4=inline('sqrt(x^2+P1^2+P2^2)',2)             % inline 的第三种格式的使用
```

```
g4 =
     Inline function:
     g4(x,P1,P2) = sqrt(x^2+P1^2+P2^2)
>> g4(1,3,5)
ans =
     5.9161
>> feval(g4,1,3,5)                          % 内联函数可以通过 feval 计算求值
ans =
     5.9161
```

2. 和内联函数有关的函数

```
class(fun)             % 获取内联函数的数据类型
char(fun)              % 获取内联函数的计算公式字符串
argnames(fun)          % 获取内联函数的输入变量名字
vectorize(fun)         % 使内联函数具有数组运算规则
```

例 4.3.6 阅读下列程序代码,了解和内联函数相关的函数的使用方法。

```
>> fun = inline('x^2+y^2')
fun =
     Inline function:
     fun(x,y) = x^2+y^2
>> class(fun)
ans =
inline
>> str = char(fun)
str =
x^2+y^2
>> class(str)
ans =
char
>> argnames(fun)
ans =
     'x'
     'y'
>> fv = vectorize(fun)        % 把内联函数 fun 转化为具有数组运算的内联函数 fv
fv =
     Inline function:
```

```
fv(x,y)=x.^2+y.^2
>> x=[1,2;3,4];
>> y=[1,0;0,1];
>> fun(x,y)                    %矩阵运算规则的运算
ans=
     8    10
    15    23
>> fv(x,y)                     %数组运算规则的运算
ans=
     2     4
     9    17
```

4.4 程序性能优化

MATLAB 语言是解释执行的语言,其优点是编程简单、使用方便,但其缺点是程序执行速度缓慢,执行效率低下。对于复杂的程序,程序员要考虑程序性能的优化,让应用程序既能够完成预期的功能,又具有较快的运行速度和较高的执行效率。本节介绍程序性能的优化方法,包括源代码的优化和使用 MATLAB 提供的程序加速功能。

4.4.1 源代码级的优化

有些编程方法有助于提高 M 文件的运行速度,而且效果会比较明显。

1. 循环的向量化

MATLAB 的运算功能是针对向量的,因此尽量少使用 for 循环和 while 循环,用向量化的数组代替单个元素的循环运算,即循环的向量化。循环的向量化不但能缩短源代码的长度,还能加快程序的运行速度,提高程序的执行效率。

例 4.4.1 求 lg *n* 在 *n* 从 1 到 100 之间的值,*n* 为整数。

```
%一般循环编程
for k=1:100
    y(k)=log10(k);
end
%循环的向量化编程
k=1:100;
y=log10(k);
```

2. 数组大小的预定义

MATLAB 在使用变量之前,不需要预先定义变量的名字和大小。如果变量的大小没有被明

确地指定,则每当新赋值的元素下标超过变量的维数时,MATLAB 就自动为变量扩充维数,这大大降低了程序的运行效率。如果预先知道变量的维数,就可以预先定义好变量尺寸,通常采用 ones、zeros 或者 cell 等函数预定义变量维数。

例 4.4.2 预定义变量维数编程。

```
y=zeros(1,101);          %预定义了结果变量 y 的大小
for i=0:100
    y(i)=sin(i);
end
```

3. 内存管理

MATLAB 系统的运行会占用大量的内存,在编写 MATLAB 程序时要注意合理给变量分配内存。以下方法可以提高内存的使用效率,减少内存碎片产生:

(1) 没有用的变量最好用 clear 语句删除。

(2) 尽量不产生大的临时变量。

(3) 使用 save 和 load 命令保存和读取变量。

(4) 尽量采用函数文件代替命令文件。

4. 尽可能采用 MATLAB 提供的函数

MATLAB 提供了大量的函数供用户调用,这些函数涵盖了大多数的常用操作。要尽可能使用 MATLAB 提供的函数,不要自己编写具有和 MATLAB 提供的函数具有相同功能的代码,这样无论从效率、可靠性和开发时间上都是得不偿失的。

4.4.2 程序加速器

MATLAB 提供了 JIT(Just In Time)和加速器(Accelerator),用来加快函数文件和命令文件的运行速度。JIT 和加速器可以通过 MATLAB 命令开启和关闭,默认情况下 JIT 和加速器都是启动的。相关命令如下:

```
feature accel on        开启加速器
feature accel off       关闭加速器
feature JIT on          开启 JIT
feature JIT off         关闭 JIT
```

4.5 面向对象编程

MATLAB 支持面向对象的程序设计方法,本节简单介绍 MATLAB 中面向对象编程的基本概念和应用方法。

4.5.1 类和对象

(1) 类(Class)是一个抽象的概念,它是具有相同特征和行为的对象的集合。

(2) 对象(Object)是类的具体实例(Instance),相当于类集合中的具体元素。

例如:浮点数 double 是一个类,a=0.3 定义了浮点数变量 a,a 就是浮点数类的一个对象。MATLAB 内建了 6 个类,它们分别是 char、double、cell、struct、sparse 和 unit8。

我们可以通过 class 函数来获取变量的数据类型。

【调用格式】:

```
str=class(v)          %返回变量 v 的数据类型名称
```

4.5.2 属性和方法

类中封装了该类对象共有的特征和行为。

(1) 属性(Property)。

对象的特征称为属性,用数据来表示。对象的属性通常用结构体来描述,因此访问对象的属性可以像访问结构体的一样用成员运算符“.”来访问,也可以用 get 和 set 函数来访问对象的属性。

```
get(h,'PropertyName')                 返回对象 h 的 PropertyName 属性的值
set(H,'PropertyName', Value,...)      赋值对象 H 的 PropertyName 属性值为 Value
```

(2) 方法(Method)。

对象的行为称为方法,用函数来表示。某个类的方法只能操作该类的对象。

4.5.3 构造函数

MATLAB 中没有类的声明语句。定义对象要调用类的构造函数(Constructor)。构造函数的名字必须与类同名,比如 cell 函数和 struct 函数就分别是细胞数组类和结构体数组类的构造函数。

```
c=cell(3,3);      %调用构造函数 cell 建立一个 3×3 的细胞数组
```

4.5.4 重载

一些行为具有相同的定义,但实现方法不同,可以用同样的名称来描述这些操作,这种技术称为重载。被重载的函数具有相同的名字,但是对不同对象操作的时候表现出来的行为是不同的,调用的函数代码也不同。

重载包括函数重载和运算符重载。例如:乘法运算符“*”就被 MATLAB 重载过,分别用来实现矩阵乘法和传递系统的串联操作;eig 函数也被重载,用来实现矩阵和线性时不变系统的特征值操作。

4.5.5 继承

动物类和哺乳动物类就是被继承和继承的关系，哺乳动物类继承了动物类的一切特征和行为，也就是说动物有的特征哺乳动物都有，但是哺乳动物还有自己特有的特征和行为。这种关系称为继承关系，动物类称为哺乳动物类的父类，哺乳动物类称为动物类的子类。

子类会继承父类的属性和方法，同时还会有自己的新属性和新方法。

继承的使用能够提高代码的重用性，减少编程工作量。

4.5.6 创建新类

除了 MATLAB 内建的类之外，用户还可以根据实际应用情况创建新类。创建一个新类的基本工作包括如下几个方面：

(1) 创建类目录。

在 MATLAB 的搜索路径上创建一个子目录，子目录的名字为@加上类名，这个目录称为类目录，该类的代码就放在类目录下。

(2) 创建类的属性数据。

类的属性用结构体来表示，抽象出该类共有的特征定义为结构体成员。

(3) 编写类的构造函数。

用户通过调用和类同名的构造函数来创建类的对象。

(4) 重载类的显示函数 display。

用来实现 MATLAB 调用属于该类的方法时，如何处理屏幕上的显示内容，即用分号和逗号结尾的语句如何显示调用的结果。

(5) 添加强制数据转换方法。

添加必要的强制转换方法，将该类的对象转换为其他类型的数据。

(6) 重载需要的运算符和函数。

(7) 添加类的其他方法。

小　　结

MATLAB 既是一个开发平台，也是一门程序设计语言。本章主要介绍了 MATLAB 的程序设计，包括程序控制语句、命令文件、函数文件以及工作空间的操作等内容，还对面向对象的设计方法进行了简要介绍，为 MATLAB 的高级开发与应用提供基础。

习　　题

4.1 一个 3 位整数各位数字的立方和等于该数本身则称该数为水仙花数。输出 100 ~ 999 之间的全部水仙花数。

4.2 编写函数文件求半径为 r 的圆的面积和周长。

4.3 已知 $y=\frac{1}{1^2}+\frac{1}{2^2}+\frac{1}{3^2}+\cdots+\frac{1}{n^2}$,当 $n=100$ 时,求 y 的值。

4.4 利用函数的递归调用,求 $n!$。

4.5 编制程序,计算 $1+2+\cdots+n<2\ 000$ 时的最大 n 值。

4.6 分别用 for 和 while 循环结构编写程序,求出 $K=\sum_{i=0}^{63} 2^i$。

第五章　数 值 计 算

5.1　线 性 代 数

5.1.1　LU 分解

1. LU 分解

一个矩阵可以分解为一个上三角矩阵和一个下三角矩阵的乘积，称之为 LU 分解。LU 分解是用高斯主元消去法实现的，通常要对主元位置进行交换，主元交换的方法是将被分解矩阵左乘一个由 0–1 构成的行交换阵。

【调用格式】：

```
[L, U, P] = lu(X)          对矩阵 X 进行 LU 分解，并进行主元交换
[L, U] = lu(X)             对矩阵 X 进行 LU 分解，无主元交换
```

【说明】：L 为主对角元素为 1 的下三角矩阵，U 为上三角矩阵，P 为行交换矩阵。

2. 行列式和求逆

矩阵的行列式和求逆可以通过 LU 分解的方法求解。

【调用格式】：

```
d = det(X)                 求矩阵 X 的行列式
Y = inv(X)                 求矩阵 X 的逆矩阵
```

例 5.1.1　对矩阵进行 LU 分解、行列式和求逆操作。

```
>>A = [1,2,3; 2,2,3;9,7,5];
>>[L1,U1] = lu(A);          % 不带主元交换的 LU 分解，L1 通常不是下三角矩阵
>>[L2,U2,P] = lu(A)         % 带主元交换的 LU 分解，L2 为下三角矩阵
L2 =
    1.0000         0         0
    0.1111    1.0000         0
    0.2222    0.3636    1.0000
U2 =
```

```
    9.0000    7.0000    5.0000
         0    1.2222    2.4444
         0         0    1.0000
P =
     0     0     1
     1     0     0
     0     1     0
>> det(A)                    %行列式值
ans = 11
>> Y = inv(A)                %矩阵求逆
Y =
   -1.0000    1.0000   -0.0000
    1.5455   -2.0000    0.2727
   -0.3636    1.0000   -0.1818
```

5.1.2 特征值和特征向量

eig 函数用于求解矩阵的特征值和特征向量。

【调用格式】:

D = eig(A)　　计算矩阵 A 的特征值,D 为特征值构成的向量

[V,D] = eig(A)　　计算矩阵 A 的特征值对角阵 D 和特征向量矩阵 V

[V,D] = eig(A, 'nobalance')　　当矩阵 A 中有与截断误差近似的数值时,用本指令

例 5.1.2 特征值分解的精度。

```
>>B = [3, -2, -0.9, 2 * eps; -2, 4, 1, -eps; -eps/4, eps/2, -1, 0; -0.5, -.5, 0.1, 1 ];
>>[VB,DB] = eig(B);
>> B * VB-VB * DB;                  %本例不采用 nobalance 参数会产生很大的计算误差
>>[VN,DN] = eig(B,'nobalance'); %计算误差为 1.0e-014 数量级
>>B * VN-VN * DN
ans =
  1.0e-014 *
  -0.2665         0   -0.0323   -0.0028
   0.4441    0.1110    0.0042   -0.0250
   0.0022    0.0002    0.0007         0
   0.0056   -0.0444    0.0444    0.0083
```

5.1.3 奇异值分解

1. 矩阵的奇异值分解

任意矩阵 A 可进行奇异值分解，即存在酉矩阵 U 和 V，使下面等式成立

$$U^{T}AV=S=diag(\sigma_1,\sigma_2,\cdots,\sigma_p)$$

其中 $\sigma_1,\sigma_2,\cdots,\sigma_p$ 称为矩阵的奇异值。

【调用格式】：

s = svd(A)	求矩阵 A 的奇异值，s 为由奇异值构成的向量
[U , S , V] = svd(A)	矩阵 A 的奇异值分解

2. 矩阵结构特征的奇异值描述

矩阵的奇异值可以描述矩阵的结构特征。有关矩阵结构特征的 MATLAB 函数有如下几种：

r = rank(A, tol)	在指定容差 tol 下，求矩阵 A 的秩。tol 可以省略
Z = null(A)	求矩阵 A 的零空间
V = orth(A)	求矩阵 A 的值空间
n = norm(A)	求矩阵 A 的 2 范数
n = norm(A ,p)	求矩阵 A 的各种范数
c = cond(X, p)	求矩阵 A 的条件数，p 可以省略
theta = subspace(A, B)	求 A 和 B 矩阵所张子空间的夹角
B = pinv(A, tol)	在指定容差 tol 下，求矩阵 A 的广义逆，tol 可以省略

5.1.4 线性方程组的解

在线性方程组中，独立方程的个数等于独立未知参数的个数，称为恰定方程；独立方程的个数大于独立未知参数的个数，称为超定方程；独立方程的个数小于独立未知参数的个数，称为欠定方程。形如 $Ax=b$ 的线性方程组可以用以下方法求解。

1. 左除运算符法

左除运算符法的形式为

```
x = A\b
```

对于一般的非奇异矩阵 A，可以求得惟一数值解。欠定方程和超定方程，可以获得最小二乘解。

2. 广义逆法

如果用左除运算符求解的时候出现提示矩阵 A 为非奇异的警告或者解中出现 Nan，则可以采用广义逆法，形式为

```
x = pinv(A) * b
```

3. 符号计算法

可以求得方程组的符号解，对于欠定方程可以求得具有自由变量的解。

例 5.1.3 求以下 3 个方程组的解。

$$\text{I}:\begin{cases}4x+6y+3z=13\\2x+3y+4z=9\\5x+2y+3z=10\end{cases}\qquad \text{II}:\begin{cases}4x+6y+3z=13\\2x+3y+4z=9\end{cases}\qquad \text{III}:\begin{cases}4x+6y=13\\2x+3y=9\\5x+2y=10\end{cases}$$

解:方程Ⅰ为恰定方程,用左除运算符可以求解。

```
>>A1=[4,6,3; 2,3,4; 5,2,3]; b1=[13; 9; 10];
>>x1=A1\b1
x1=
  1
  1
  1
```

方程Ⅱ为欠定方程,用 3 种方法分别求解。

```
>>A2=A1; b2=b1;
>>A2(3 , : )=[ ]; b2(3)=[ ];
>>x2=A2\b2                        %左除运算符法,求得一组特解,解中非零元素最少
x2=
         0
    1.6667
    1.0000
>>x2=pinv(A2) * b2                %广义逆法,求得一组特解
x2=
    0.7692
    1.1538
    1.0000
>>x2=solve('4 * x+6 * y+3 * z=13,2 * x+3 * y+4 * z=9','x,y,z');
                                  %符号运算法求通解
>>x2=[x2.x; x2.y; x2.z]
x2=
    5/2-3/2 * y
              y
              1
```

方程Ⅲ为超定方程,用左除运算符法求最小二乘解。

```
>>A3=A1; b3=b1;
>>A3( : , 3 )=[ ];
>>x3=A3\b3
```

x3 =

    1.4545
    1.3636

5.2 函数分析

5.2.1 函数的零点

1. 多项式的根

通过 roots 函数来求取多项式全部的根。

【调用格式】:

r=roots(p)　　　　多项式求根函数

【说明】:p 为多项式的系数行向量,r 为多项式所有根构成的列向量。

2. 一元函数零点

fzero 函数求取一元函数的精确零点。

【调用格式】:

[x, fval, exitflag, output]=fzero(fun, x0, options)　一元函数零点的完整调用格式

x=fzero(fun, x0)　一元函数零点的最简调用格式

【说明】:

(1) fzero 只能求得 x0 附近的单个零点,不能求取函数的所有零点。

(2) 输入变量 fun 表示一元函数,可以是字符串、内联函数或者函数句柄。

(3) 输入变量 x0 为零点的初始猜测值(自变量值)。如果 x0 为标量,则求距离 x0 最近的那个零点;如果 x0=[a, b],要求 fun(a)和 fun(b)异号,此时求自变量在[a, b]区间内的零点。

(4) 输入变量 options 为优化迭代选项,是一个结构体。

(5) 输出变量 x 为零点处的自变量值,输出变量 fval 为零点处的函数值。

(6) 输出变量 exitflag 表示函数中止计算的条件。若 exitflag>0 表示找到零点后退出。

(7) 输出变量 output 表示程序运行信息,是一个结构体。

例 5.2.1　求函数 $f(t)=1-12.5e^{-t}\sin(2t+3.4)$ 在 $t>0$ 区间内的所有零点。

解:运行下列程序,观察执行结果。

```
>>y=inline('1-12.5*exp(-t)*sin(2*t+3.4)','t');   % 构造内联函数
>>t=0:0.1:10;                                      % 定义自变量取值区间
>>yv=feval(vectorize(y), t);                       % 计算自变量区间的函数值
>>plot(t,yv);                                      % 绘制函数曲线,如图 5.2.1 所示
>>axis tight;
>>grid on;
```

```
>>[tt,yy]=ginput                    % 在函数曲线上用鼠标拾取所有零点,按回车键结束
tt =
      1.6475
      2.4309
yy =
      0.0085
      0.0085
>>[t1,fv1,flag]=fzero(y,tt(1));    % 求第一个拾取点的精确零点
>>[t2,fv2,flag]=fzero(y,tt(2));    % 求第二个拾取点的精确零点
```

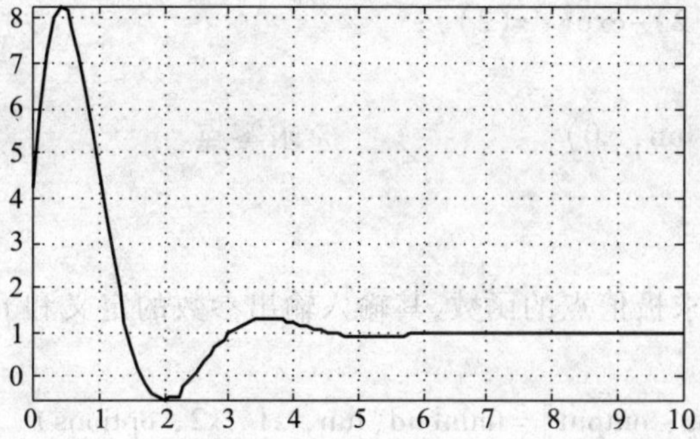

图 5.2.1 函数曲线

3. 多元函数的零点

fsolve 函数求取多元函数的精确零点,但是必须提供零点的大致位置才能进行数值搜索。

【调用格式】:

[x, fval, exitflag, output]=fsolve(fun, x0, options) 多元非线性方程求解

x=fsolve (fun, x0) 多元非线性方程求解的最简格式

【说明】:

(1) 输入变量 fun 表示自变量为向量的函数,可以是字符串、内联函数或者函数句柄。

(2) 输入变量 x0 为零点的初始猜测向量(自变量值)。

(3) 输出变量 x 为零点处的自变量值,输出变量 fval 为零点处的函数值。

例 5.2.2 求方程组 $\begin{cases} 2x_1-x_2-e^{-x_1}=0 \\ -x_1+2x_2-e^{-x_2}=0 \end{cases}$ 在 $x_1=-5, x_2=-5$ 附近的解。

解:(1) 采用字符串表达函数。

```
>>fun='[ 2*x(1)-x(2)-exp(-x(1)), -x(1)+2*x(2)-exp(-x(2)) ]';
                                        % 字符串方式表达函数
```

```
>>x0=[-5;5];
>>[x, fval]=fsolve(fun,x0)
```

(2) 采用内联函数表达函数。

```
>> fun=inline('[ 2*x(1)-x(2)-exp(-x(1)), -x(1)+2*x(2)-exp(-x(2)) ]','x');
>>x0=[-5;5];
>>[x,fval]=fsolve(fun,x0)
```

(3) 采用 M 文件的函数句柄表达函数。

编写 fun.m 的文件内容如下：

```
function fv=fun(x)
fv(1)= 2*x(1)-x(2)-exp(-x(1));
fv(2)= -x(1)+2*x(2)-exp(-x(2));
>>x0=[-5;5]
>>[x,fval]=fsolve(@fun, x0)                %求零点
```

5.2.2 函数的极值点

MATLAB 提供了 3 个求极值点的函数,其输入输出参数的定义和 fsolve 函数基本相同。

【调用格式】:

[x, fval, exitflag, output]=fminbnd(fun, x1, x2, options)

【说明】:求一元函数 fun 在自变量(x1,x2)区间的最小值。

【调用格式】:

[x, fval, exitflag, output]=fminsearch (fun, x0, options)

【说明】:用单纯形法求多元函数 fun 在自变量向量 x0 附近的极小值点。

【调用格式】:

[x, fval, exitflag, output]=fminunc (fun, x0, options)

【说明】:用拟牛顿法求多元函数 fun 在自变量向量 x0 附近的极小值点。

例 5.2.3 求二元函数 $f(x,y)=100(y-x^2)^2+(1-x)^2$ 在 $x=-1.2,y=1$ 附近的极小值。

解:运行下列程序,观察运行结果。

```
>>fun=inline('100*(x(2)-x(1)^2)^2+(1-x(1))^2','x');
>>[x,fval]=fminsearch(fun,[-1.2, 1])
x=
  1.0000    1.0000
fval=
  8.1777e-010
```

5.2.3 数值微分

数值导数和微分是基于差分定义的，对原始数据的采样间隔依赖很大，如果原始数据含有噪声，则数值导数结果没有什么价值，因此尽量避免求数值导数，diff 函数用于求相邻数据间的数值差分。

【调用格式】：

DX = diff(X)	求 X 相邻元素的一阶差分，即用后一个元素值减去当前元素值
DX = diff(X, n)	求 X 相邻元素的 n 阶差分
DX = diff(X, n, dim)	在 dim 指定的维上，求 X 相邻元素的 n 阶差分

【说明】：

(1) 如果 X 是向量，差分是相邻元素相减；如果 X 是矩阵，差分是相邻行间对应元素相减。

(2) 差分数据 DX 元素的个数要比被操作数 X 少一个。

(3) DX 只是差分数据，如果相邻数据点之间的步长为 DH，则 DX./DH 为导数数据。

例 5.2.4 绘制函数 $f(x) = \sin x$ 的导函数在 $(0, 2\pi)$ 区间的曲线。

解：运行下列程序，$f'(x)$ 的曲线如图 5.2.2 中的实线所示，虚线为 $f(x)$ 的曲线。

```
>>dx = 2 * pi/50;    x = 0:dx:2 * pi;    y = sin(x);
>>dy = diff(y);                    %求差分数据
>>df = dy./dx;                     %求导数数据
>>y = y(1:end-1); x = x(1:end-1);        %差分数据少 1 个，裁剪原始函数的相关数据
>>plot(x,y,'r--',x,df,'b'), axis tight, grid on
```

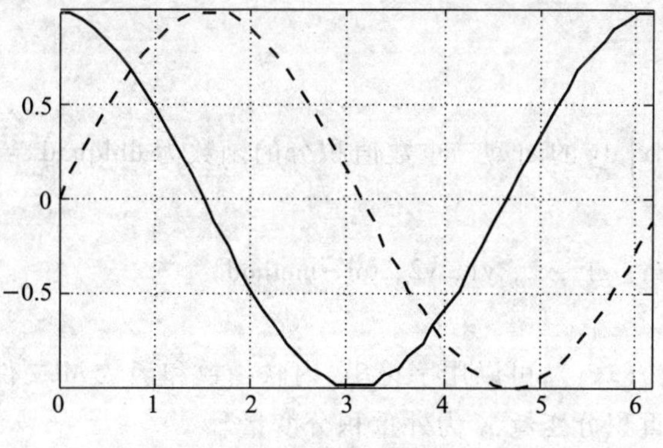

图 5.2.2 函数的导函数曲线

5.2.4 数值积分

数值积分分为开型积分和闭型积分，二者的区别在于是否计算积分区间端点处的函数值。

MATLAB 提供的数值积分函数有些适用于开型积分和闭型积分,有些只能用于闭型积分。积分计算可以采用本节介绍的相关函数,也可以采用样条积分法,还可以采用符号积分法,后两种方法在后面章节介绍。

1. 一元函数的数值积分

求一元函数数值积分的函数有很多,每个函数采用不同的数值算法,各有优缺点,精度和运算速度也不尽相同,quadl 函数为最常用的数值积分函数。

【调用格式】:

q = quadl(fun, a, b, tol, trace)   采用递推自适应 Lobatto 法计算一元函数的积分

【说明】:

(1) fun 为被积函数,可以用字符串、内联函数和函数 M 文件的函数句柄表示,且被积函数表达式要按照数组运算规则来编写。通常积分变量采用字母 x。

(2) a 和 b 为积分变量的积分上下限,为常数数值。

(3) tol 为绝对误差,是一个标量,可以省略。

(4) trace 为跟踪标志,当 trace 为非零值时,随积分进程会逐点画出被积函数。

(5) 返回值 q 为数值积分的结果。

例 5.2.5 求积分$\int_0^2 \frac{1}{x^3-2x+5}dx$。

解:运行下列程序,观察运行结果。

```
>>fun = inline('1./(x.^3-2.*x+5)','x');
>>q = quadl(fun,0,2)
q =
   0.421 3
```

2. 二重数值积分

形如$\int_{y1}^{y2}\left[\int_{x1}^{x2} f(x,y)\,dx\right]dy$ 的闭型二重数值积分的函数为 dblquad。

【调用格式】:

q = dblquad(fun, x1 ,x2, y1, y2, tol, method)

【说明】:

(1) fun 为被积函数 $f(x,y)$,可以用字符串、内联函数和函数 M 文件的函数句柄表示。积分变量用 x,y 表示,x 为内重积分变量,y 为外重积分变量。

(2) x2 和 x1 是变量 x 的积分上下限,y2 和 y1 是变量 y 的积分上下限。

(3) method 表示选用的积分算法,可以省略,默认算法是@ quad,还可以选择@ quadl 或者用户自定义的积分算法 M 函数文件的函数句柄。

(4) 本函数无法计算内重积分上、下限为函数表达式的情况。

3. 三重数值积分

求形如$\int_{z1}^{z2}\left[\int_{y1}^{y2}\left[\int_{x1}^{x2}f(x,y,z)\,\mathrm{d}x\right]\mathrm{d}y\right]\mathrm{d}z$的闭型三重数值积分的函数为 triplequad。

【调用格式】：

q=triplequad(fun, x1 ,x2, y1, y2, z1, z2, tol, method)

【说明】：

(1) fun 为被积函数$f(x,y,z)$，可以用字符串、内联函数和函数 M 文件的函数句柄表示。积分变量用 x,y,z 表示，从内到外积分变量依次为 x,y,z。

(2) x2 和 x1 是变量 x 的积分上、下限，y2 和 y1 是变量 y 的积分上、下限，z2 和 z1 是变量 z 的积分上、下限。

(3) 其他事项同函数 dblquad。

例 5.2.6 计算定积分$\int_{-1}^{1}\left[\int_{0}^{1}\left[\int_{0}^{\pi}(y\cdot\sin x+z\cdot\cos x)\,\mathrm{d}x\right]\mathrm{d}y\right]\mathrm{d}z$。

解：运行下列程序，观察运行结果。

```
>>fun=inline('y*sin(x)+z*cos(x)','x','y','z');
>>q=triplequad(fun,0,pi,0,1,-1,1)
q=
    2.0000
```

5.3 数据拟合

已知某些离散的原始数据，建立一个曲线方程，让它以最佳的方式反映原始数据的变化趋势，尽量避免出现局部的波动，这种方法称为拟合。不要求拟合曲线经过所有的原始数据，最佳方式通常是指用拟合得到的数学模型计算出来的计算数据和原始数据之间的误差的平方和最小，这种方式称为最小二乘。通常是已知曲线方程的形式（数学模型的结构），根据原始数据来计算曲线方程的参数（数学模型的参数）。本节介绍 MATLAB 中如何实现最小二乘拟合。

5.3.1 多项式拟合

多项式拟合是用一个 n 阶多项式模型去拟合原始数据的方法，需要计算的模型参数包括多项式的阶次和多项式的系数，polyfit 函数实现多项式拟合。

【调用格式】：

p=polyfit (x, y, n) 根据给定的数据(x,y)，计算 n 阶拟合多项式的系数向量 p

ye=polyval (p, x) 计算自变量为 x 时多项式 p 的值(估计值)

【说明】：多项式拟合一般不要超过 5 阶，否则计算误差变大；拟合多项式只在原始数据范围内可以保证精度，超出范围使用拟合多项式无法保证预报的精度。

例 5.3.1 已知五个数据点：[1,5.5]，[2,43]，[3,128]，[4,290]，[5,498]，试画出这五个

点拟合的三次曲线。

解:运行下列程序,得到相应的拟合曲线,如图5.3.1所示,图中圆圈表示原始数据。

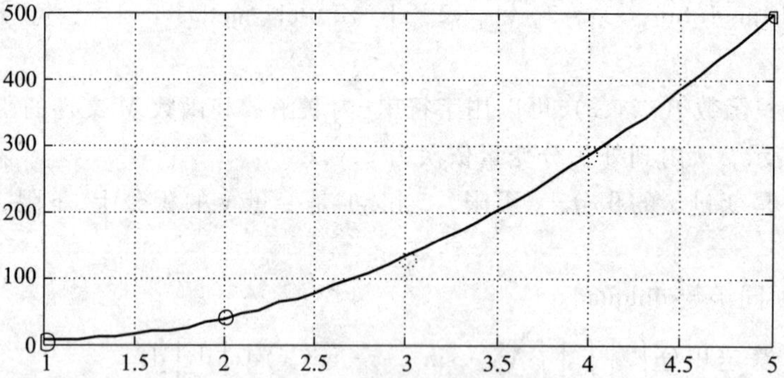

图5.3.1 多项式曲线拟合

```
>>x=[1,2,3,4,5]; y=[5.5,43,128,290,498];
>>p =polyfit(x,y,3)
p=
      -0.1250
      30.9821
     -58.8929
      34.4000
>>x2=1:0.1:5;   y2=polyval(p,x2);
>>plot(x,y,'o',x2,y2) , grid on
```

5.3.2 最小二乘拟合

1. 线性最小二乘拟合

对于线性数学模型的参数估计,可以用形如 $Y=Ax+b$ 的一阶多项式拟合来估计参数。某些非线性模型经过变量替换也可以转换为线性模型,也可以采用线性估计方法,lsqlin函数实现线性最小二乘估计。

【调用格式】:

a= lsqlin(Fun, a0, lb, ub, options, p1, p2, …)

例5.3.2 对于非线性数学模型 $y=ae^{bx}$,a、b 为模型参数,采用变量替换将其转换为线性数学模型。

解:对已知数学模型取自然对数有

$$\ln y=\ln a+bx$$

令 $Y=\ln y, X=x, a1=\ln a, a2=b$,则有 $Y=a_2X+a_1$ 的线性数学模型。

2. 非线性最小二乘估计

可以使用 MATLAB 提供的 lsqnonlin 函数实现非线性最小二乘估计。

【调用格式】:

[a, resnorm, residual, exitflag, output]=lsqnonlin(Fun, a0, lb, ub, options, p1, p2, …)

a= lsqnonlin(Fun, a0)

【说明】:

(1) 函数的功能是求取向量 a 的值,使向量函数 $\text{Fun}(a)=\begin{bmatrix} f_1(a) \\ \vdots \\ f_k(a) \end{bmatrix}$ 满足

$$\min_a \frac{1}{2}\|\text{Fun}(a)\|_2^2=\frac{1}{2}\min_a \sum_{i=1}^{k} f_i^2(a)$$

(2) 输入参数 Fun 是被解函数,Fun 是向量函数,其自变量 a 是向量。Fun 可以用字符串、内联函数或者函数 M 文件的函数句柄表示。

(3) 输入变量 a0 为向量,表示所求变量 a 的初始猜测值。

(4) 输入变量 lb 表示所求变量 a 的下限,输入变量 ub 表示所求变量 a 的上限。如果没有上、下限限制,可以用空矩阵[ ]表示,如果没有下限,可以用-inf 表示。

(5) 从第六个输入变量开始的参数 p1、p2 等是向 Fun 函数传递的参数,其名字应该和定义 Fun 函数的输入变量名相一致。

(6) 输出变量 a 表示所求变量的值。

(7) 如果将 Fun(a)构造为残差函数,且 a 为被估计参数向量,则 lsqnonlin 就变为求解非线性最小二乘估计的函数。

例 5.3.3 混凝土的抗压强度 y 随养护时间 x 的延长而增加,其数学模型为

$$y=a_1+a_2e^{a_4x}+a_3e^{-a_4x}$$

现将一批混凝土作成 12 个测试块,记录了养护时间 x(日)及抗压强度 y(kg/cm^2)的数据,见表 5.3.1。试估计该数学模型的参数 a_1、a_2、a_3、a_4。

表 5.3.1 混凝土的抗压强度 y 和养护时间 x 的实测数据

x	2	3	4	5	7	9	12	14	17	21	28	56
y	35	42	47	53	59	65	68	73	76	82	86	99

解:(1) 编写残差计算函数文件 Residuals. m。

```
function E=Residuals(a,x,y)
x=x(:);   y=y(:);                                  %将原始数据变为列向量
Y=a(1)+a(2)*exp(a(4)*x)+a(3)*exp(-a(4)*x);         %估计参数下的计算值
E=Y-y;                                             %计算值减去原始值等于残差
```

(2) 估计模型参数,并绘制模型曲线,如图 5.3.2 所示。

```
>>x=[2 3 4 5 7 9 12 14 17 21 28 56];
>>y=[35 42 47 53 59 65 68 73 76 82 86 99];
>>a0=[50,0,-50,0];
>>options=optimset('lsqnonlin');
>>options.TolX=0.01; options.Display='off';
>>a=lsqnonlin(@Residuals,a0,[],[],options,x,y)
a=
    92.3627    0.0500    -65.2850    0.0878
>>xx=min(x):max(x);
>>yy=a(1)+a(2)*exp(a(4)*xx)+a(3)*exp(-a(4)*xx); % 估计参数下的计算值
>>plot(x,y,'o',xx,yy,'r')
```

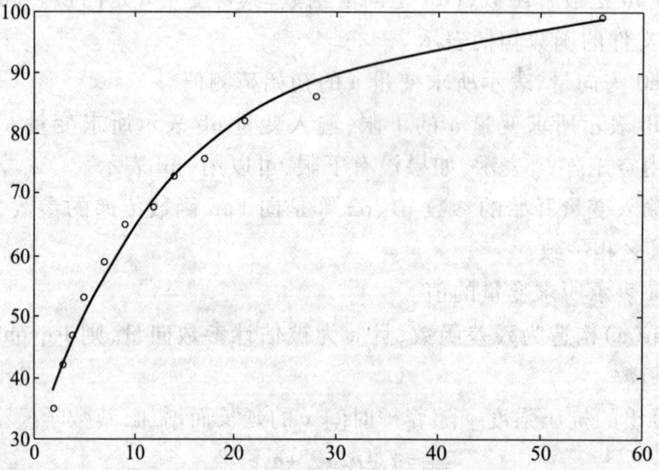

图 5.3.2 非线性最小二乘曲线拟合

5.4 插值和样条

曲线拟合是用带有噪声的“测量数据”构造出以某种方式最接近“真实数据”的曲线方程,因为测量数据包含噪声,所以不要求拟合曲线穿越所有测量数据。插值和拟合不同,插值认为原始数据是完全准确的,目的是用某种算法平滑地计算出这些原始数据之间的数据值。

5.4.1 插值

MATLAB 提供了很多插值函数,这些函数的使用方法大同小异,本节只介绍 interp1 一维插值函数。

【调用格式】:

yi = interp1(x, Y, xi, method)	计算插值点自变量为 xi 时的值 yi
pp = interp1(x, Y, method, 'pp')	用原始数据获取插值函数数据
yi = ppval(pp, xi)	计算插值函数数据 pp 函数关系下的函数值

【说明】:

(1) 输入变量 x,Y 是原始数据向量对。x 的数据必须以单调方式排列。

(2) 输入变量 xi 是插值点的自变量坐标向量。

(3) 输入变量 method 是插值方法,MATLAB 可以选择的插值方法包括:

linear	线性插值,默认值
cublic	三次多项式插值
spline	三次样条插值
nearst	最临近插值

(4) 输出变量 yi 为插值点自变量为 xi 时的计算值。

(5) 输出变量 pp 为插值函数数据,里面保存着计算插值的表达式参数,用于描述相邻原始数据之间的函数关系。可以通过 ppval 函数计算 pp 函数关系下的自变量 xi 的插值结果 yi。

例 5.4.1 已知 1900 年至 1990 年间,每隔 10 年美国的人口数量的统计数据(单位:百万)依次为 75.995、91.972、105.711、123.203、131.669、150.697、179.323、203.212、226.505、249.633、求在 1975 年美国人口的数量,并绘制 1900 年至 1990 年间每年的人口数量趋势图。

解:运行下列程序,观察运行结果。

```
>>t = 1900:10:1990;
>>p = [75.995 91.972 105.711 123.203 131.669…
      150.697 179.323 203.212 226.505 249.633];
>>interp1(t,p,1975)
ans =
   214.8585
>>interp1(t,p,2000)                    % 无法计算自变量超出范围的插值,返回值为 NaN
>>pp = interp1(t,p,'spline','pp');     % 求取人口的插值函数数据
>>tt = 1900:1990;
>>yy = ppval(pp,tt);                   % 根据插值函数数据计算插值结果
>> plot(t,p,'o',tt,yy,'b')             % 绘制插值函数的曲线,如图 5.4.1 所示
```

5.4.2 样条

样条插值是常用的一种插值方法,其特点是精度高、最平滑,但是运算速度慢。经过样条插值后的曲线,除了在原始数据的端点外的其他数据点上都存在一阶和二阶导数,因此样条插值是非常平滑的。

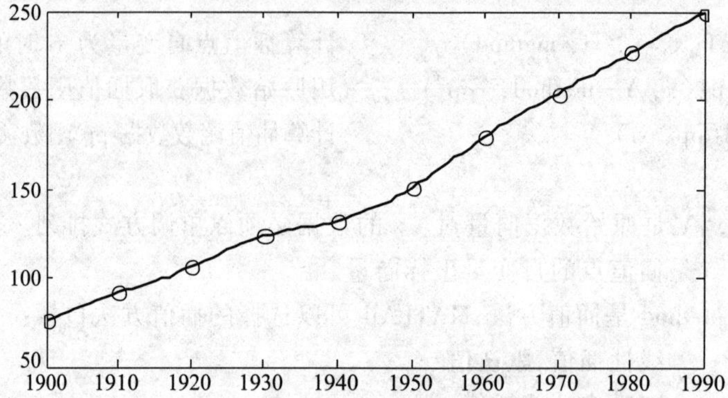

图 5.4.1 人口趋势曲线

【调用格式】:

yy=spline(x,y,xx)	根据原始数据(x,y)计算 xx 的样条插值 yy
pp=spline(x,y)	根据原始数据(x,y)计算分段样条函数数据 pp
dpp=fnder(pp)	求 pp 形式的样条函数 $f(x)$ 的导数 $f'(x)$
ipp=fnint(pp)	求 pp 形式的样条函数 $f(x)$ 的不定积分

例 5.4.2 设函数 $f(x)=\sin x \cdot \cos x$,用样条函数求 $\int_1^2 f(x)\,dx$ 和 $f'(2)$。

解:运行下列程序,观察运行结果。

```
>>dx=0.05;                                  % 设定采样时间间隔
>>x=(0:dx:1)*pi; y=sin(x).*cos(x);          % 求采样点数据
>>pp=spline(x,y);                           % 求 f(x)的样条函数
>>ipp=fnint(pp);                            % 求 pp 样条函数的不定积分,近似为 f(x)
                                              的不定积分
>>dpp=fnder(pp);                            % 求 pp 样条函数的微分,近似为 f(x)的微分
>>ppval(ipp,[1,2])*[-1;1]                   % ppval(ipp,2)-ppval(ipp,1),求定积分
ans=
    0.0594
>>ppval(dpp,2)                              % 求微分
ans=
   -0.6538
```

5.5 常微分方程的数值解

只含有一个自变量的微分方程称为常微分方程(ODE)。工程上的许多常微分方程或者没有解析解,或者求解析解困难太大,这时可以选择其数值解法。常微分方程分为初值问题和边值问题,本节只介绍初值问题的数值解法。

5.5.1 ODE 文件的编写

MATLAB 中求解常微分方程的数值解是通过将其变形为一阶向量微分方程来实现的。用 MATLAB 的 ODE 解算指令解常微分方程,要编写表示一阶向量微分方程的函数 M 文件,其基本格式为

function DY = Fun(t, Y)

其中输入变量 t 为时间变量,输入变量 Y 为列向量,输出变量 DY 是 Y 的一阶导数。

5.5.2 solver 解算指令

1. solver 解算指令说明

常微分方程化成一阶向量微分方程时,某些向量微分方程的向量解的各个分量的量级差别较大,这对数值求解算法来说是很大的困难,这种问题称之为刚性(stiff)问题。MATLAB 提供了很多常微分方程的解算函数,这些函数有些适用于刚性方程,有些适用于非刚性方程,并且其使用的数值算法和解算精度也各有不同,这些函数统称为 solver 解算指令。表 5.5.1 中列出了各个解算指令的名称、精度和适用范围。

表 5.5.1 solver 解算指令

solve 指令	解算类型	精 度	适用场合
ode45	非刚性	一步法,4、5 阶龙格-库塔法,中等精度	大多数场合的首选算法
ode23	非刚性	一步法,2、3 阶龙格-库塔法,精度低	较低精度场合,e^{-3}
ode113	非刚性	多步法,Adams 算法,高低精度均可	ode45 计算时间长时的替代
ode23t	适度刚性	梯形法则算法,精度低	适度刚性
ode15s	刚性	多步法,中低精度	ode45 失败时候适用
ode23s	刚性	一步法,2 阶 Rosenbrock 算式,精度低	低精度时,比 ode15s 有效
ode23tb	刚性	梯形法则—反向数值微分两阶段法,精度低	低精度时,比 ode15s 有效

2. solver 解算指令的调用格式

【调用格式】:

[t, Y] = solver('ODE_FUN', tspan, Y0, options)

【说明】:

(1) 输入变量 ODE_FUN 是 ODE 函数的文件名。

(2) 输入变量 tspan 为求数值解的时间范围。当 tspan=[t0, tf]时,表示求解 t0 到 tf 区间的数值解;当 tspan=[t0, t1 ,…, tf]时,表示求解 tspan 指定时间序列上的数值解。

(3) 输入变量 Y0 是微分方程组的初始条件列向量。

(4) 输入变量 options 是可选择的算法参数,详见 MATLAB 的帮助文件。

(5) 输出变量 t 是数值解的自变量数据列向量。

(6) 输出变量 Y 是数值解。Y 是一个矩阵,每一列代表了向量解的一个分量在自变量 t 上的数值解。

(7) solver 解算指令指的是表 5.5.1 中的任意函数。solver 不仅可以求解常微分方程,还可以求解常微分方程组。

例 5.5.1 求刚性常微分方程 $y''-1\,000(1-y^2)y'+y=0$ 的解 y。其初始条件为 $y(0)=2$, $y'(0)=0$。

解:(1) 将常微分方程变为一阶微分方程组。

将微分方程的高阶导数写成低阶导数的组合,记 $y''=1\,000(1-y^2)y'-y$,令 $y_1=y, y_2=y'$,可以将原来的方程和初始条件转换为下面的一阶微分方程组和初始条件

$$\begin{cases} y'_1=y_2 \\ y'_2=1\,000(1-y_1^2)y_2-y_1 \end{cases} \qquad \begin{cases} y_1(0)=2 \\ y_2(0)=0 \end{cases}$$

(2) 编写 ODE 文件。

```
% OdeFun1.m
function DY=OdeFun1(t, Y)
DY=zeros(2,1);                % 预定义列向量
DY(1)=Y(2);
DY(2)=1000*(1-Y(1)^2)*Y(2)-Y(1);
```

(3) 求解常微分方程的数值解,绘制 $y(t)$ 的曲线,如图 5.5.1 所示。

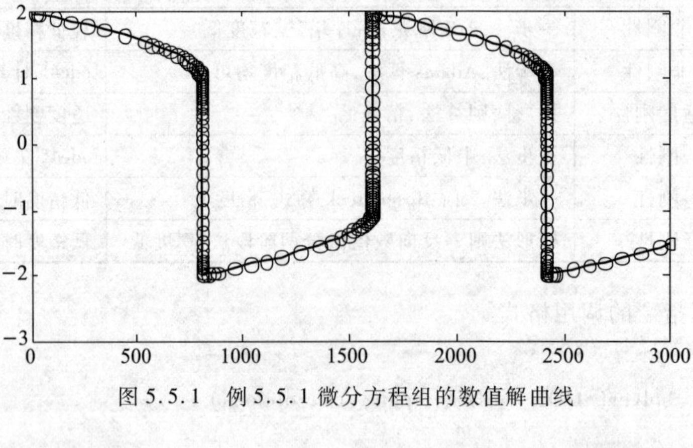

图 5.5.1 例 5.5.1 微分方程组的数值解曲线

```
>>[t, Y]=ode15s('OdeFun1',[0 3000],[2; 0]);      %刚性方程,不能用 ode45
>>plot(t,Y(:,1),'-o')
```

例 5.5.2　求常微分方程组 $\begin{cases} y'_1 = y_2 y_3 \\ y'_2 = -y_1 y_3 \\ y'_3 = -0.51 y_1 y_2 \end{cases}$ 在[0,12]区间的数值解。其初始条件为 $y_1(0)=0, y_2(0)=1, y_3(0)=1$。

解:按如下步骤运行程序,方程组 3 个变量的数值解的曲线如图 5.5.2 所示。

(1) 编写 ODE 文件。

```
% OdeFun2.m
function dy=OdeFun2(t,y)
dy=zeros(3,1);                  % 预定义列向量
dy(1)=y(2) * y(3);
dy(2)=-y(1) * y(3);
dy(3)=-0.51 * y(1) * y(2);
```

(2) 求解常微分方程的数值解。

```
>>[t, Y]=ode45('OdeFun2', [0 12], [0; 1; 1]);
>>plot(t, Y(:,1),'-', t, Y(:,2),'-.', t, Y(:,3),'.');
```

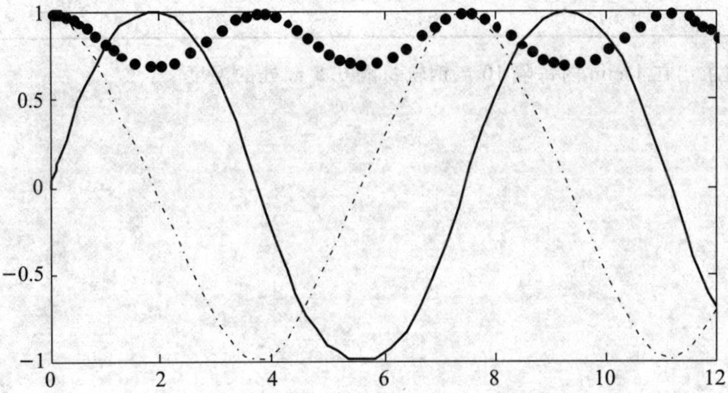

图 5.5.2　例 5.5.2 微分方程组的数值解曲线

小　　结

本章介绍常见的数值计算问题,包括线性代数、函数分析、数值微积分、常微分方程等,重点介绍了如何利用 MATLAB 提供的函数来实现数值计算,对于数学理论问题不做详细阐述,使用

者很快就能应用 MATLAB 提供的强大函数进行复杂的方程组、微分、积分等运算。MATLAB 数值计算的结果为数值型数据，而不是数学上的解析表达式。

习 题

5.1 用 LU 分解求解下列线性方程组

$$\begin{cases}2x_1+x_2-5x_3+x_4=13\\x_1-5x_2+7x_4=-9\\2x_1+x_3-x_4=6\\x_1+6x_2-x_3-4x_4=0\end{cases}$$

5.2 设 $f(x,y,z)=x+\dfrac{y^2}{4x}+\dfrac{z^2}{y}+\dfrac{2}{z}$，求函数 f 在(0.5,0.5,0.5)附近的最小值。

5.3 用一个 3 次多项式在区间[0,2π]内逼近函数 $\sin x$。

5.4 某实验对一根长 10 m 的钢轨进行热源的温度传播测试。用 x 表示测量点距离(m)，用 h 表示测量时间(s)，用 T 表示测得各点的温度(℃)，测量结果如下表所示。

h/s \ T/℃ \ x/m	0	2.5	5	7.5	10
0	95	14	0	0	0
30	88	48	32	12	6
60	67	64	54	48	41

试用 3 次多项式插值求出在 1 min 内每隔 10 s、钢轨每隔 0.5 m 处的温度。

第六章　符号计算

6.1　符号对象的创建

6.1.1　符号对象的生成

符号计算工具箱定义了一种新的 MATLAB 数据类型,称为符号对象。在 MATLAB 内部,符号对象的数据存储格式是符号字符串。sym 函数用于创建符号对象,包括符号常量、符号变量和符号表达式。

【调用格式】:

f=sym(arg)	把数值、字符串或者表达式 arg 转换为符号对象 f
f=sym(argn,flagn)	把数值或者数值表达式 argn 转换为 flagn 格式的符号对象
f=sym('argv',flagv)	把字符串'argv'按照 flagv 的格式转换为符号对象
syms argv1 argv2 …	定义 argv1、argv2 等为符号对象
syms arg1 arg2 … flagv	定义 arg1、arg2 等为 flagv 格式的符号对象

【说明】:

(1) 对于数值或者数值表达式 argn,flagn 可以取以下值。

'd'　最接近的十进制浮点精度表示

'e'　带估计误差的有理表示

'f'　十六进制浮点数表示

'r'　最接近的有理表示,MATLAB 的默认表示方法

(2) 对于字符串变量名 argv,flagv 可以取以下“限定”项。

'positive'　“正实数”符号变量

'real'　“实数”符号变量

'unreal'　“非实数”符号变量

(3) syms 是 sym 函数的简化书写方式,各符号对象之间只能用空格分开。

6.1.2　符号常量

用 sym 函数可以定义符号常量对象,包括符号标量对象和符号常量数组对象,定义符号常量

对象的同时也可以指定数值常量的表示方法。

例 6.1.1 符号常量的定义。

```
>>a=[1/3,sqrt(5),pi+sqrt(2)];                     %定义数值数组
>>s1=sym([1/3,sqrt(5),pi+sqrt(2)],'d');           %用十进制方式表示符号常量
>>s2=sym([1/3,sqrt(5),pi+sqrt(2)]);               %用最接近的有理方式表示符号常量
>>s3=sym('[1/3,sqrt(5),pi+sqrt(2)]');             %绝对准确的符号数值表示,输入为字符串
```

6.1.3 符号变量与符号表达式

1. 定义符号变量和符号表达式

例 6.1.2 符号变量和符号表达式的定义。

```
>>x=sym('x','real');               %定义实数符号变量 x
>>y=sym('y','real');               %定义实数符号变量 y
>>z=x+i*y;                         %定义符号表达式对象 z
>>conj(z)                          %符号变量求共轭复转置
>>f=z*conj(z);                     %符号表达式对象
>>f=simple(f)                      %符号表达式对象化简
f=
x^2+y^2
```

例 6.1.3 符号变量与符号矩阵。

```
>>syms a b c;                      %定义符号变量 a,b,c
>>A=[a,b,c; b,c,a; c,a,b ];        %定义符号矩阵 A
>>sum(A(:,1));                     %求矩阵 A 第一列的元素的和
>>sum(A(1,:))==sum(A(:,2))         %符号对象的关系运算
>>det(A);                          %矩阵求行列式
>>syms alpha beta;                 %定义符号变量 alpha 和 beta
>>A(1,3)=beta;                     %矩阵元素赋值
>>A=subs(A,a,alpha)                %符号表达式的替换操作,矩阵 A 中的 a 用 alpha 代替
```

2. 符号表达式中自变量的确定

在数学表达式或者数学函数中,一般都含有自变量。为了便于进行数学运算,通常要显示指定表达式中的自变量,如果不指定自变量,MATLAB 会根据上下文关系,识别表达式中默认的自变量(独立自由的符号变量)。识别表达式中自变量的基本原则是:按照字母表中靠近小写字母 x 的顺序识别,最靠近字母 x 的变量被第一个识别为自变量。MATLAB 还提供了自变量识别函数 findsym。

【调用格式】:

findsym(exp)　　　识别表达式 exp 中所有的自由符号变量

findsym(exp,n)　　识别表达式 exp 中最靠近 x 的 n 个独立自由变量

【说明】:

(1) 表达式可以是符号矩阵,此时变量识别是对整个矩阵进行的。

(2) 函数识别的是"独立的""自由的"符号变量,符号常量或者非独立的符号变量无法被识别。

(3) 识别次序是按照靠近 x 的远近进行的,区分大小写,总认为大写字母距离 x 的距离大于所有小写字母。

例 6.1.4 符号表达式中自变量的识别。

```
>>syms a b x X Y;                              % 定义符号变量
>>k=sym(2.5);                                  % 定义符号常量 k,无法被识别
>>z=sym('c * sqrt(alpha) +y * sin(beta)');     % 定义符号表达式对象(变量)z
>>exp=a * z * X+k * Y+b^x                      % 定义符号表达式变量 exp
exp=
a * (c * alpha^(1/2) +y * sin(beta)) * X+5/2 * Y+b^x
>>findsym(exp)                                 % 自动识别所有自由独立变量,k 为常量,
                                                 z 为非独立
>>findsym(exp,3)                               % 识别 exp 中前 3 个靠近 x 的独立自由
                                                 变量
```

6.1.4 符号数学函数

在 MATLAB 中,可以定义表示数学函数的符号对象,既能建立具有详细运算关系的函数,又能建立抽象数学函数。定义符号数学函数有两种方法:

(1) 用符号表达式。

(2) 用函数 M 文件(在函数 M 文件中用符号变量作为输入变量)。

例 6.1.5 用符号表达式定义符号数学函数。

```
>>syms x y z                                   % 定义函数自变量
>>r=sqrt(x^2 + y^2 + z^2);                     % 定义函数 r
>>t=atan(y/x);                                 % 定义函数 t
>>f=sin(x * y)/(x * y);                        % 定义函数 f
```

例 6.1.6 用函数 M 文件来定义符号数学函数,下列代码定义了函数 $\sin cx=\dfrac{\sin x}{x}$。

```
function z=sinc(x)
% SINC          符号函数
%               sin(x)/x 数学计算公式
%               接受符号变量作为输入变量
```

```
if isequal(x,sym(0))                 % 如果自变量值为符号 0,则函数值为 1
    z=1;
else
    z=sin(x)/x;
end
```

例 6.1.7 建立抽象的符号数学函数。

```
>>f=sym('f(x)')                      % 建立抽象函数 f(x)
>>syms x h;
>>df=(subs(f,x,x+h)-f)/h             % 建立抽象函数 df,表示 f(x)的导数表达式
df =
(f(x+h)-f(x))/h
>>g=subs(df,'f','sin')               % 建立 sin(x)的导数函数的定义
 g =
((sin)(x+h)-(sin)(x))/h
>>limit(g,h,0)                       % 根据导数定义,求 sin(x)的导数
 ans =
 cos(x)
```

6.1.5 符号数值计算的精度

数值计算受计算机字长的限制,每次数值计算都会产生截断误差。在 MATLAB 中,数值计算的精度大约为 16 位数字。对于符号计算来说,只要能获得解析结果,其计算结果是绝对准确的,不包含任何误差。但是当将符号数值对象转换成数值数据时,就会产生误差,涉及转换精度问题。MATLAB 的符号计算工具箱提供三种算术运算:

(1) 数值运算(16 位数字精度)。

(2) 符号运算(绝对准确)。

(3) 任意精度运算(用户指定运算精度)。

有关符号运算精度的函数及其调用方法如下。

【调用格式】:

n=digits	获取当前采用的数值计算精度
digits(n)	设置数值计算精度的有效位为 n,除非再次设定,否则始终有效
xs=vpa(x)	在当前精度下,给出变量 x 的数值符号结果 xs
xs=vpa(x,n)	在 n 位精度下,给出变量 x 的数值符号结果 xs

【说明】:

(1) 相对精度位数 n 表示有效数字位数。

(2) x 可以是符号常量,也可以是数值对象。

(3) 返回值 xs 是符号结果,一定是符号对象。

例 6.1.8 符号数值计算精度。

```
>>z = 1.0e-16
>>x = 1.0e+2
>>digits(14)                    % 设置数值运算精度为 14 位
>>y = vpa(x * z+1)              % 在 14 位精度下计算 y
```

6.1.6 符号对象与其他数据类型之间的转换

数值、字符和符号是 MATLAB 中三种不同的数据类型。MATLAB 提供了不同数据类型之间的转换指令。表 6.1.1 中介绍了 MATLAB 中实现符号对象到数值、字符串之间的转换指令。

表 6.1.1 符号对象和数值、字符串之间的转换指令表

函数名称	功　能	函数名称	功　能
char	将符号对象转换为字符串	uint32	将符号对象转换为 32 位无符号整数
double	将符号对象转换为双精度数值	uint64	将符号对象转换为 64 位无符号整数
int8	将符号对象转换为 8 位整数	single	将符号对象转换为单精度数值
int16	将符号对象转换为 16 位整数	sym2poly	将符号多项式转换为数值系数向量
int32	将符号对象转换为 32 位整数	poly2sym	多项式系数向量转换为符号多项式
int64	将符号对象转换为 64 位整数	vpa	转换为符号运算结果
uint8	将符号对象转换为 8 位无符号整数	sym	转换为符号对象
uint16	将符号对象转换为 16 位无符号整数	pretty	转换为易读的显示方式

例 6.1.9 多项式和符号对象之间的转换。

```
>>sym x;
>>f = x^4-3 * x^2-5 * x+3            % 定义符号多项式对象
>>p1 = sym2poly(f)                   % 将符号多项式对象转换为数值系数向量
p1 =
   1     0    -3    -5     3
>>p1s = poly2str(p1,'y');            % 将多项式数值系数向量转换为多项式字符串格式
>>f2 = poly2sym(p1);                 % 将多项式数值系数向量转换为多项式符号对象
>>pretty(f2,'s');                    % 将多项式符号对象显示为易读格式
```

6.2 符号对象的代数运算

6.2.1 符号对象的运算

1. 符号对象的基本代数运算

符号对象的基本代数运算和普通数值变量一样,可以使用算术运算符、关系运算符(仅能用==和!=),其运算符的定义和数值运算相同。

例 6.2.1 符号矩阵的基本代数运算。

```
>>syms t;
>>G=[cos(t),sin(t); -sin(t),cos(t)];
>>A=G*G;                    %符号矩阵的乘法
>>A=simple(A);              %化简为最简表达式
>>I=G.'*G;                  %符号数组乘法
>>I=simple(I);              %化简为最简表达式
I=
[ 1,0]
[ 0,1]
>>F= [cos(t),-sin(t); sin(t),cos(t)];
>>(F+G)/2;                  %符号矩阵加法和符号矩阵与标量的除法
```

2. 符号对象的函数运算

数值计算使用的函数基本上也可以用于符号计算,包括三角函数(atan2 除外)、指数函数、对数函数(log2、log10 除外)、复数函数(angle 除外)、线性代数函数和矩阵函数。

例 6.2.2 符号矩阵的函数运算。

```
>>H=hilb(3);                %生成3×3的希尔伯特数值矩阵
>>H=sym(H);                 %将数值矩阵转为符号常数矩阵
>>inv(H);                   %符号矩阵求逆
>>det(H)                    %符号矩阵求行列式的值
ans =
 1/2160
>>syms s
>>H(1,1)=s;                 %将符号元素赋值为符号变量s,使矩阵变为非奇异矩阵
>>Z=det(H)                  %带有符号变量的符号矩阵求行列式的值
Z =
 1/240*s-1/270
```

```
>>sol=solve(Z)                % 求行列式的根
sol =
 8/9
>>H=subs(H,s,sol);            % 将矩阵行列式的根代入符号矩阵,使矩阵变为奇异矩阵
>>det(H);                     % 奇异矩阵的行列式值
>>eig(H);                     % 符号矩阵的特征值
```

6.2.2 符号表达式分解、展开与化简

MATLAB 提供了符号表达式的因式分解、展开和化简函数。

【调用格式】:

collect(expr,v)	合并符号表达式 expr 中符号对象 v 的同类项系数
expand(expr)	对表达式 expr 进行多项式、三角函数、指数对数等函数展开
factor(expr)	对符号表达式 expr 做因式分解
horner(expr)	把多项式 expr 分解为嵌套形式
[n,d]=numden(expr)	提取表达式最小分母公因子 d 和相应的分子多项式 n
simplify(expr)	用多种恒定变换对表达式 expr 进行综合化简
simple(expr)	把 expr 化简为最简表达式

【说明】:上述表达式 expr 可以是符号矩阵,此时函数对符号矩阵的每个元素进行相应操作。

例 6.2.3 符号表达式的展开和分解。

```
>>f=sym ('(x^3-6*x^2+10*x-5)+(x-1)');   % 定义原始的符号表达式
>>fc=collect(f);                         % 符号表达式合并同类项
>>ff=factor(f);                          % 符号表达式因式分解
>>fh=horner(f);                          % 符号表达式的嵌套分解
>>fe=expand(fh);                         % 符号表达式的展开
>>factor(1025);                          % 正整数的质数分解,1 025=5×5×41
```

例 6.2.4 写出矩阵$\begin{bmatrix} \dfrac{1}{4} & \dfrac{1}{2x-1}+\dfrac{1}{x+1} \\ \dfrac{2}{x^2-1} & 3x+2 \end{bmatrix}$各元素的分子多项式和分母多项式。

解:

```
>>syms x;
>>A=[1/4,1/(2*x-1)+1/(x+1);2/(x^2-1),3*x+2];
>>[n,d]=numden(A);             % 提取表达式最小分母公因子 d 和相应的分子多项式 n
>>pretty(simplify(n./d));
```

例 6.2.5 化简 $f(x)=\sqrt[3]{\frac{1}{x^3}+\frac{3}{x^2}+\frac{3}{x}+1}$。

解:用 simplify 进行多次化简也得不到最简结果,用 simple 化简可以得到最简结果。

```
>>syms x;
>>f= (1+3/x+3/x^2+1/x^3)^(1/3);
>>sfy1=simplify(f);
>>sfy2=simplify(sfy1);
>>sp1=simple(f);
>>sp2=simple(sp1)
sp2 =
1+1/x
```

6.2.3 符号表达式的置换操作

MATLAB 提供了子表达式的置换函数。通常在这几种情况下使用子表达式的置换函数:第一,符号计算结果中多次出现同一个表达式,为了阅读方便,可以把这个表达式用符号变量来置换;第二,可以用符号常量对象置换表达式中的自变量,实现表达式求值;第三,通过置换某些表达式可以生成新的表达式。

1. 自动置换函数

【调用格式】:

[RS,vn]=subexpr(S,vn)　　用符号变量 vn 置换 S 中的子表达式,并重写 S 为 RS

[RS,vn]=subexpr(S,'vn')

例 6.2.6 对一元三次方程 $ax^3+bx^2+cx+d=0$ 的符号解进行子表达式的置换。

```
>>t=solve('a*x^3+b*x^2+c*x+d = 0');
>>[r,s]=subexpr(t,'s')
```

2. 通用置换函数

【调用格式】:

RS=subs(S,old,new)　　用 new 置换 S 中 old,生成 RS

【说明】:

(1) old 是被替换的子表达式,可以是符号变量,也可以是字符串表达式。

(2) new 是替换 old 的值,可以是符号常量、符号变量、符号表达式,也可以是数值。

(3) 如果要替换多个子表达式,则 old 和 new 为细胞数组。

例 6.2.7 通用置换函数。

解:

```
>>syms a x;
>>f=a*cos(x)+1;
```

```
>>f1=subs(f,'cos(x)',sym('y'));                 %用符号变量替换
>>f2=subs(f,{a,x},{3,sym('pi/4')})              %用符号常量替换
>>f3=subs(f,{a,x},{3,pi/4});                    %用双精度数替换
>>f4=subs(f,{a,x},{0:3,0:pi/3:pi});             %用双精度数组替换
>>f5=subs(f,x ,sym('exp(-t)'))                  %用符号表达式替换
f5 =
a*cos(exp(-t))+1
```

6.2.4 符号函数的反函数

【调用格式】:

g=finverse(f,v)　　求指定自变量为 v 的函数 f(v)的反函数 g(v)

g=finverse(f)　　求函数 f 对默认的自变量(由 findsym 确定)的反函数 g

例 6.2.8 求 $f(x)=\sqrt{x^2+1}$ 的反函数。

解:

```
>>syms x; f=(x^2+1)^(1/2);
>>g=finverse(f);
```

6.2.5 符号函数的复合函数

【调用格式】:

fg=compose(f,g,x,y,z)　对 f(x)和 g(y)求复合函数 $fg(z)=f(g(y))\big|_{y=z}$

fg=compose(f,g)　对 f(·)和 g(·)求复合函数 fg=f(g(·)),自变量由 findsym 确定

例 6.2.9 求复合函数。

解:

```
>>syms x y z t u;
>>f=1/(1 + x^2); g=sin(y); h=x^t; p = exp(-y/u);
>>compose(f,g);
>>compose(f,g,t);
>>compose(h,g ,x,z)
ans =
sin(z)^t
>>compose(h,g,t,z);
>>compose(h,p,x,y,z);
>>compose(h,p,t,u,z)
ans =
x^exp(-y/z)
```

6.3 符号微积分

6.3.1 符号微分和雅可比矩阵

求导数、高阶导数、偏导数是常见的数学运算,MATLAB 提供这方面的符号微分函数。

【调用格式】:

df= diff(f,v,n)　　　　求$\frac{d^n f(v)}{dv^n}$,即求函数$f(v)$对v的n阶导数

R=jacobian(f,v)　　　　求多元向量函数$f(v)$的雅可比矩阵,即$\left[\frac{\partial f_i(v)}{\partial v_j}\right]_{m\times n}$

例 6.3.1 $f(a,t,x)=\begin{bmatrix} a & t^2 \\ t\sin x & \log x\end{bmatrix}$,求$\frac{d}{dx}f$、$\frac{d^2}{dt^2}f$和$\frac{d^2}{dxdt}f$。

解:

```
>>syms a t x;
>>f=[a,t^2; t*sin(x),log(x)];
>>dfx=diff(f,x)              % 矩阵 f 对 x 的一阶导数,也可写为 diff(f)
dfx =
[          0,          0]
[ t*cos(x),         1/x]
>>df2t=diff(f,t,2);          % 矩阵 f 对 t 的二阶导数
>>dfxt=diff(diff(f,x),t)
dfxt =
[       0,         0]
[ cos(x),          0]
```

例 6.3.2 $f(x,y,z)=\begin{bmatrix} xyz \\ y \\ x+z\end{bmatrix}$,求其雅可比矩阵。

解:

```
>>syms x y z;
>>f=[x*y*z; y; x+z];
>>v=[x,y,z];
>>R=jacobian(f,v)
R =
[y*z, x*z, x*y]
```

```
[  0,   1,   0]
[  1,   0,   1]
```

6.3.2 函数极限

函数的极限是通过导数来定义的，limit 函数用于求函数极限。

【调用格式】：

limit(f,x,a)	求 $\lim\limits_{x\to a}f(x)$
limit(f,x,a,'right')	求 $\lim\limits_{x\to a^+}f(x)$
limit(f,x,a,'left')	求 $\lim\limits_{x\to a^-}f(x)$

例 6.3.3 求极限运算。

解：

```
>>syms x h a;
>>limit(sin(x)/x,x,0);
>>limit(1/x,x,0,'right');
>>limit(1/x,x,0,'left');
>>limit((sin(x+h)-sin(x))/h,h,0)          % sin(x)导函数的定义
ans =
      cos(x)
>>v=[(1 + a/x)^x,exp(-x)];
>>limit(v,x,inf)
ans =
 [ exp(a),      0]
```

6.3.3 符号积分

int 函数用于求定积分、不定积分和多重积分的符号解。

【调用格式】：

S= int(f,v)	求不定积分 $\int f(v)\,\mathrm{d}v$，符号计算结果不带积分常数
S=int(f,v,a,b)	求定积分 $\int_a^b f(v)\,\mathrm{d}v$
rsums(f,ra,rb)	用 Riemann 和求符号函数 $f(x)$ 在[ra,rb]区间上的近似积分

【说明】：

(1) 当 f 为矩阵时，将对矩阵的每个元素做积分运算。

(2) v 默认时，对 findsym 确认的变量进行积分。

(3) 积分上下限 a 和 b 可以是任何数值和表达式。

(4) rsums 函数绘制求积分的曲线，根据用户的选择来确定最终的近似积分值。

例 6.3.4 计算$\int \begin{bmatrix} e^t & t^4 \\ 1 & \sin(at) \end{bmatrix} dt$ 。

解:

```
>>syms a t;
>>f=[exp(t),t^4; 1,sin(a*t)];
>>int(f,t)
ans =
[        exp(t),                 1/5*t^5]
[              t,      -1/a*cos(a*t)]
```

例 6.3.5 求多重积分$\int_1^2 \int_{\sqrt{x}}^{x^2} \int_{\sqrt{xy}}^{xy} (x^2+y^2+z^2)\,dz\,dy\,dx$。

解:

```
>>syms x y z;
>>V=int(int(int(x^2+y^2+z^2,z,sqrt(x*y),x*y),y,sqrt(x),x^2),x,1,2)
V =
-6072064/348075*2^(1/2)+14912/4641*2^(1/4)+64/225*2^(3/4)+51643291/ 795600
>>vpa(V)
ans =
44.540012164287862574338076759024
```

6.3.4 符号序列求和

symsum 函数实现符号序列的求和运算。

【调用格式】:

s= symsum(f,v,a,b)　　　求$\sum_{v=a}^{b} f(v)$,a 和 b 为整数,b 可以取无穷大

例 6.3.6 计算$\sum_{t=0}^{t} [t \quad k^2]$和$\sum_{k=0}^{\infty} \frac{x^k}{k!}$

解:

```
>>syms t k x;
>>f1=[t,k^2];
>>f2=x^k/sym('k! ');
>>simple(symsum(f1,t,0,t))
ans =[ 1/2*t*(t+1), (t+1)*k^2]
>>simple(symsum(f2 ,k,0,inf))
```

simplify:
exp(x)

6.4 符号方程求解

6.4.1 符号代数方程组的解

代数方程包括线性、非线性和超越方程等,solve 函数用于符号代数方程求解。

【调用格式】:

g=solve('eq1','eq2',…,'eqn','var1','var2',…,'varn')

g=solve(exp1,exp2,…,expn,var1,var2,…,varn)

【说明】:

(1)'eq1','eq2',…,'eqn'是字符串表达式的方程,或者是字符串表达式,如果它们是不含等号的字符串表达式,则相当于方程'eqi=0'。

(2)'var1','var2',…,'varn'是用字符串表示的方程中的变量名。

(3)exp1,exp2,…,expn 只能是符号表达式,不能是带有等号的表达式方程。

(4)var1,var2,…,varn 只能是符号变量。

(5)返回值 g 是一个结构体数据,方程组的解用 g.var1,g.var2,…,g.varn 表示。

(6)在无法求得解析解的时候,给出数值解。

例 6.4.1 方程组 $\begin{cases} uy+vz^2+w=0 \\ y+z+v=0 \end{cases}$,分别求其关于 y,z 和关于 u,v,w 的解。

解:

>>s1=solve('u*y+v*z^2+w=0','y+z+v=0','y','z'); % 方程组关于 y,z 的解,从结果来看方程有两组解

```
s1 =
    y: [2x1 sym]
    z: [2x1 sym]
>>y=s1.y;z=s1.z;
```

% 方程组关于 u,v,w 的解,两个方程 3 个变量,方程有无穷多组解,其中 w 为自由变量

```
>>s2=solve('u*y+v*z^2+w=0','y+z+v=0','u','v','w');
>>u=s2.u; v=s2.v;w=s2.w;
```

例 6.4.2 求方程组 $\begin{cases} xy^2+z^2=0 \\ y-z=1 \\ x^2-5x+6=0 \end{cases}$ 的解。

解: 写法 1

```
>>s=solve('x*y^2 +z^2','y - z=1','x^2 - 5*x + 6');
>>s.x;s.y;s.z
```

写法 2

```
>>syms x y z;
>>s=solve(x*y^2+z^2,y-z-1,x^2-5*x+6);
>>s=solve(x*y^2+z^2=0,y-z=1,x^2-5*x+6=0); % 错误写法,不能含有符号方程
```

6.4.2 符号微分方程

【调用格式】:

g=dsolve('eq1','eq2',…,'eqn','cond1','cond2',…,'condn','v')

【说明】:

(1) 'eq1','eq2',…,'eqn'是微分方程,只能用字符串形式。微分方程是函数必需的输入变量。

(2) 'cond1','cond2',…,'condn'是初始条件,也只能用字符串形式。

(3) 'v'定义了微分方程的独立变量名(微分方程解中的自变量名),只能用字符串形式。默认的独立变量名为 t。

(4) 微分方程字符串中,Dny 表示 y 的 n 阶导数,Dy 表示 y 的一阶导数。

(5) 返回值 g 是一个结构体变量,要引用其成员才能得到方程的解。

例 6.4.3 求微分方程组 $\begin{cases}\dfrac{dx}{dt}=y\\ \dfrac{dy}{dt}=-x\end{cases}$ 的解。

解:

```
>>s=dsolve('Dx=y,Dy=-x');
>>x=s.x
x =
-C1*cos(t)+C2*sin(t)
>>y=s.y
y =
C1*sin(t)+C2*cos(t)
```

例 6.4.4 求微分方程 $xy''-3y'=x^2$ 的解 $y(x)$,初始条件为 $y(0)=0,y(1)=1$。

解:

```
>>s=dsolve('x*D2y-3*Dy=x^2','y(0)=0,y(1)=1','x')
s =
4/3*x^4-1/3*x^3
```

例 6.4.5 求微分方程 $(y'')^2+y^2=1$ 的解,初始条件为 $y(0)=0$。

解:

```
>>y=dsolve('(Dy)^2 + y^2=1','y(0)=0')
y =
  [sin(t)]
[-sin(t)]
```

6.5 积分变换

MATLAB 的符号计算支持积分变换,对傅里叶变换、拉普拉斯变换和 z 变换都提供了相应的符号计算函数。

6.5.1 傅里叶变换及其反变换

【调用格式】:

Fw=fourier(ft,t,w)	求时域函数 ft 的傅里叶变换 Fw
ft=ifourier(Fw,w,t)	求频域函数 Fw 的傅里叶反变换 ft

【说明】:ft 是以时间 t 为自变量的时域函数;Fw 是以角频率 w 为自变量的频域函数;输入参数 t 和 w 可以省略。

例 6.5.1 求函数 $f(t)=e^{-x^2}$ 的傅里叶变换 $F(w)$。

解:

```
>>syms t;
>>ft= exp(-t^2);
>>Fw=fourier(ft)
Fw =
     pi^(1/2) * exp(-1/4 * w^2)
```

例 6.5.2 求函数 $f(t)=\begin{cases} e^{-(t-x)} & t\geqslant x \\ 0 & t<x \end{cases}$ 的傅里叶变换 $F(w)$,其中 x 是参数。

解:

```
>>syms t w x; ft=exp(-(t-x)) * sym('heaviside(t-x)');
>>Fw= simple(fourier(ft,t,w))          % fourier(ft) 和 fourier(ft,t)都会产生歧义
Fw =
1/(1+i * w)/exp(i * x * w)
```

【说明】:MATLAB 的 Maple 提供了一些特殊函数,这些函数不是 MATLAB 的函数,因此不能在 MATLAB 中直接调用,必须用函数 syms 生成特殊函数的对象才能被 MATLAB 的符号计算所识别。

heaviside(t-a)	Maple 的单位阶跃函数 $\varepsilon(t-a)$
dirac(t-a)	Maple 的单位脉冲函数 $\delta(t-a)$

k!　　　　　　　　　Maple 的 k 的阶乘函数

sym('heaviside(t)')　　将 Maple 的 heaviside(t)函数变为符号函数对象

6.5.2　拉普拉斯变换及其反变换

【调用格式】:

Fs=laplace(ft,t,s)　　求时域函数 ft 的拉普拉斯变换 Fs

ft=ilaplace (Fs,s,t)　　求频域 Fs 的拉普拉斯反变换 ft

【说明】:ft 是以时间 t 为自变量的时域函数;Fs 是以复频率 s 为自变量的频域函数;输入参数 t 和 s 可以省略。

例 6.5.3　求函数 $f(t)=e^{-5t}\sin(3t)$ 的拉普拉斯变换 $F(s)$。

解:

```
>>syms t ;
>>ft=exp(-5 * t) * sin(3 * t);
>>Fs=laplace(ft)
  Fs =
1/3/(1/9 * (s+5)^2+1)
```

例 6.5.4　控制系统的闭环传递函数为

$$G(s)=\frac{4}{s^2+2s+4}$$

求初始条件为零时系统的单位阶跃响应。

解:

```
>>cs=sym('4/(s^2+2 * s+4)') * laplace(sym('Heaviside(t)'));
>>ft=ilaplace(cs)
ft=
1-exp(-t) * cos(3^(1/2) * t)-1/3 * 3^(1/2) * exp(-t) * sin(3^(1/2) * t)
```

6.5.3　z 变换及其反变换

【调用格式】:

Fz=ztrans(fn,n,z)　　求时域序列 fn 的 z 变换 Fz

Fn=iztrans (Fz,z,n)　　求频域序列 Fz 的 z 反变换 fn

例 6.5.5　某针对单位速度信号设计的最小拍控制系统的闭环脉冲传递函数为 $G(z)=2z^{-1}-z^{-2}$,求系统的单位速度响应,并观察其最小拍的拍数。

解:

```
>>cz=sym('2/z-1/z^2') * ztrans(sym('t'))     %系统的单位速度响应的 z 变换表达式
cz =
```

```
(2/z-1/z^2) * z/(z-1)^2
>>fn = iztrans(cz)                              % 单位速度响应序列表达式
fn =
-charfcn[1](n)+n
>>subs(fn,'n',0:10)                             % 求 0 到 10 个采样周期内的响应值
ans =
    0    0    2    3    4    5    6    7    8    9    10
```

从 10 个采样周期内的响应值可以看到：系统的单位速度响应从第 2 个采样周期后就完全跟随上了输入信号，因此跟踪拍数为 2。

6.6 Maple 的应用

6.6.1 经典特殊函数的调用

自从 Math Works 公司购买了 Waterloo Maple 公司的符号计算工具 Maple 的使用权后，在 MATLAB 平台上集成了符号计算工具箱（Symbolic Math Toolbox），利用 Maple 引擎提供了对符号计算的良好支持。

Maple 定义了许多工程上常用的“经典特殊函数”，可以通过 mfun 函数计算这些经典特殊函数的值。经典特殊函数的使用步骤如下。

1. 获取所需要的经典特殊函数名

运行 doc mfunlist 即可获得经典特殊函数 HTML 格式的列表，表中详细地说明了各个函数的函数名以及它们的数学定义，我们可以选择所需的函数，也可以在命令窗口运行 mfunlist 命令来获取经典特殊函数的文本列表。

2. 通过 mfun 函数计算经典特殊函数的值

【调用格式】：

Y = mfun('fun',v1,v2,v3,v4)　　以输入变量 v1,v2,v3,v4 调用经典特殊函数 fun

【说明】：函数名 fun 只能用字符串表示，输入变量可以是函数 fun 能够接收的合法数据。

例 6.6.1 计算 $\int_0^2 \frac{\sin\mathrm{h}t}{t}\mathrm{d}t$。

解：通过 doc mfunlist 可知 Maple 用 $Shi(z)=\int_0^z \frac{\sin\mathrm{h}t}{t}\mathrm{d}t$ 函数表示上述积分形式。

```
>>r = mfun('Shi',2)
r =
2.5016
>>int('sinh(t)/t',0,2)              % int 函数得到一个用经典特殊函数构成的表达式
```

```
ans =
Shi(2)
```

6.6.2 Maple 函数的调用

可以用 Maple 函数调用 Maple 提供的各种符号计算函数。

【调用格式】:

R=maple(MapleStatement)　　运行 Maple 格式的语句 MapleStatement

R=maple(fun,v1,v2,…)　　运行以 v1 等为输入变量的 Maple 中的 fun 函数

【说明】:MapleStatement 必须是复合 Maple 格式的语句,其格式和 MATLAB 语句有区别;返回值 R 是字符串,不是符号对象。

例 6.6.2 求递推方程 $f(n)=f(n-1)+n$ 的通解 $f(k)$。

解:Maple 中用 rsolve 来求递推方程的解,可以用两种方式调用 rsolve。

```
>>Fk=maple('rsolve(f(n)=f(n-1)+n,f(k));')          %第一种调用格式
>>Fk=maple('rsolve','f(n)=f(n-1)+n','f(k)')        %第二种调用格式
Fk =
f(0)-k-1+(k+1)*(1/2*k+1)
>>Fks=simple(sym(Fk))
Fks =
f(0)+1/2*k+1/2*k^2
```

6.6.3 Maple 工具的帮助系统

MATLAB 集成了符号计算工具 Maple。Maple 提供了大量的函数和指令用于实现符号计算,通过 Maple 的帮助系统获取这些函数的使用方法是非常重要的。Maple 帮助系统是通过 mhelp 命令引出的,可以进行三类帮助信息的搜索。

1. Maple 帮助索引

【调用格式】:

mhelp index

【说明】:可以调出 Maple 帮助的分类目录,在命令窗口中显示 Maple 帮助的总目录,里面列出了具体的分类帮助条目。

2. Maple 分类帮助

【调用格式】:

mhelp index[category]

【说明】:获取 category 分类中的帮助信息条目。category 是 mhelp index 命令列出的分类名称,通常包括 function、expression、misc、packages、procedure、statement。例如 mhelp index[function] 会得到 Maple 的函数列表。

3. Maple 具体函数帮助

【调用格式】：

mhelp fun_name　　　　获取名字为 fun_name 的 Maple 函数的帮助信息

小　　结

符号运算具有强大的功能，其特点是：

(1) 运算不受到计算误差累计的限制。

(2) 可以列出完全封闭的解析解。

(3) 计算指令简单，表达式符合数学上的描述方法。

(4) 计算速度慢。

符号运算对控制系统建模、系统分析与计算具有极为重要的意义，为复杂运算和公式推导提供有力的工具。通过本章的学习应该掌握如何创建、修改符号对象，符号运算功能和 Maple 函数调用。

习　　题

6.1 求函数 $f(x)=\dfrac{1}{\tan x}$ 的反函数。

6.2 求函数 $f=\dfrac{1}{1+x^2}$ 和 $g=\sin(y)$ 的复合函数。

6.3 计算函数 $g(x)=\sqrt{e^x+x\sin x}$ 的导数。

6.4 计算二重不定积分 $\iint xe^{-xy}\mathrm{d}x\mathrm{d}y$。

6.5 计算 $f=xe^{-10x}$ 的 z 变换。

6.6 计算指数函数 e^{At}，其中 $\boldsymbol{A}=\begin{bmatrix}0 & 1\\ -2 & -3\end{bmatrix}$。

6.7 求解 $f=ax^2+bx+c$。

6.8 求方程组 $\begin{cases}x+y+z=1\\ x-y+z=2\\ 2x-y-z=1\end{cases}$ 的解。

6.9 求方程 $\dfrac{\mathrm{d}^2y}{\mathrm{d}x^2}+2\dfrac{\mathrm{d}y}{\mathrm{d}x}+2y=0$ 的解，其中 $\dfrac{\mathrm{d}y}{\mathrm{d}x}(0)=0, y(0)=1$。

6.10 化简三角函数式 $\sin x^2+\cos x^2$。

6.11 求函数 $f(t)=e^{-3t}\sin t$ 的拉普拉斯变换。

6.12 求函数 $f(x)=e^{-x^2}$ 的傅里叶变换。

第七章 Simulink 基础

7.1 Simulink 简介

Simulink 是一个用来对动态系统进行建模、仿真和分析的软件包，它支持连续、离散及两者混合的线性和非线性系统，也支持具有多种采样频率的系统。在 Simulink 环境中，利用鼠标就可以在模型窗口中直观地“画”出系统模型，然后直接进行仿真。它为用户提供了方框图进行建模的图形接口，采用这种结构画模型就像用手和纸来画一样容易。它与传统的仿真软件包微分方程和差分方程建模相比，具有更直观、方便、灵活的优点。Simulink 包含有 Sinks（输出方式）、Source（输入源）、Linear（线性环节）、Nonlinear（非线性环节）、Connections（连接与接口）和 Extra（其他环节）等子模型库，而且每个子模型库中包含有相应的功能模块，用户也可以定制和创建自己的模块。

用 Simulink 创建的模型可以具有递阶结构，因此用户可以采用从上到下或从下到上的结构创建模型。用户可以从最高级开始观看模型，然后用鼠标双击其中的子系统模块，来查看其下一级的内容，以此类推，从而可以看到整个模型的细节，帮助用户理解模型的结构和各模块之间的相互关系。在定义完一个模型后，用户可以通过 Simulink 的菜单或 MATLAB 的命令窗口键入命令来对它进行仿真。菜单方式对于交互工作非常方便，而命令行方式对于运行一大类仿真非常有用。采用 Scope 模块和其他的画图模块，在仿真进行的同时，就可观看到仿真结果。除此之外，用户还可以在改变参数后迅速观看系统中发生的变化情况。仿真的结果还可以存放到 MATLAB 的工作空间里做事后处理。

模型分析工具包括线性化和平衡点分析工具、MATLAB 的许多基本工具箱及 MATLAB 的应用工具箱。由于 MATLAB 和 Simulink 是集成在一起的，因此用户可以在这两种环境下对自己的模型进行仿真、分析和修改。

Simulink 具有非常高的开放性，提倡将模型通过框图表示出来，或者将已有的模型添加组合到一起，或者将自己创建的模块添加到模型当中。Simulink 具有较高的交互性，允许随意修改模块参数，并且可以直接无缝地使用 MATLAB 的所有分析工具。对最后得到的结果可进行分析，并能够将结果可视化显示。

Simulink 非常实用，应用领域很广，可使用的领域包括航空航天、电子、力学、数学、通信、影视和控制等。世界各地的工程师都在利用它来对实际问题进行建模、分析和解决。

7.2 Simulink 的基本操作

7.2.1 Simulink 的运行

运行 Simulink 有三种方式：

(1) 在 MATLAB 的命令窗口直接键入“Simulink”并回车。

(2) 单击 MATLAB 工具条上的 Simulink 图标。

(3) 在 MATLAB 菜单上选【File】→【New】→【Model】。

运行后会显示图 7.2.1 所示的 Simulink 模块库浏览器，单击工具条左边建立新模型的快捷方式，则显示如图 7.2.2 所示的新建模型窗口，在模型窗口中用户便可通过选择模块库中的仿真模块，建立自己的仿真模型，并进行动态仿真。

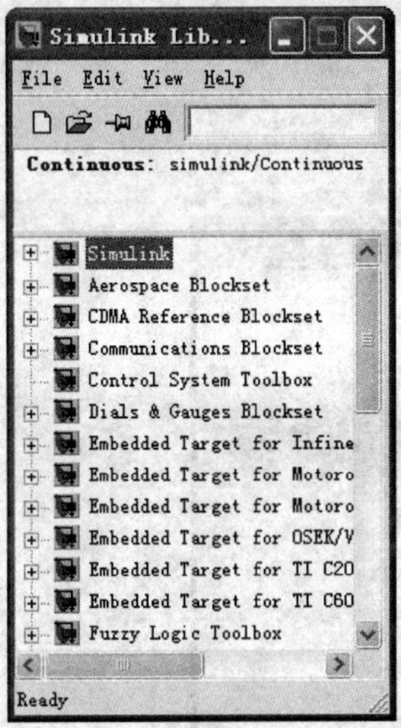

图 7.2.1 Simulink 模块库浏览器

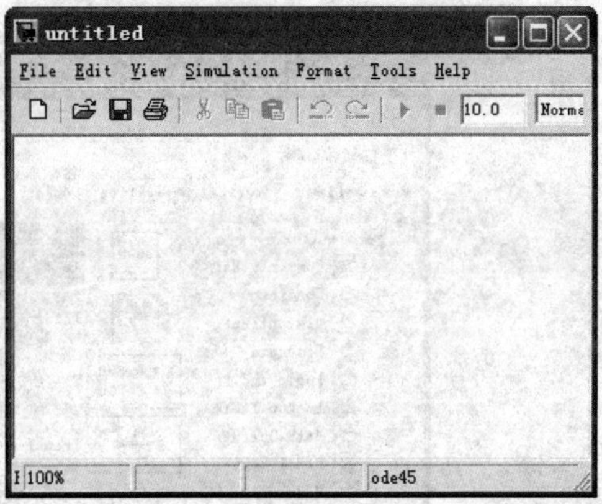

图 7.2.2 新建模型窗口

7.2.2 常用的标准模块

附录 C 以表格的形式给出 Simulink 几个基本模块库中的模块功能简介，表格中的模块名和模块库中的模块图标下的名称一致。打开模块库（图标）窗口的方法非常简单，以连续系统模块库（Continuous）为例，在 Simulink 模块库浏览窗口中选中 Simulink，然后单击 Simulink 旁边的小加号或者双击鼠标左键，这时就会出现如图 7.2.3 所示 Simulink 基本库窗口，双击 Continuous 模块库的图标即可进入如图 7.2.4 所示的连续系统模块库，选择相应的模块图标拖至编辑窗口即可。

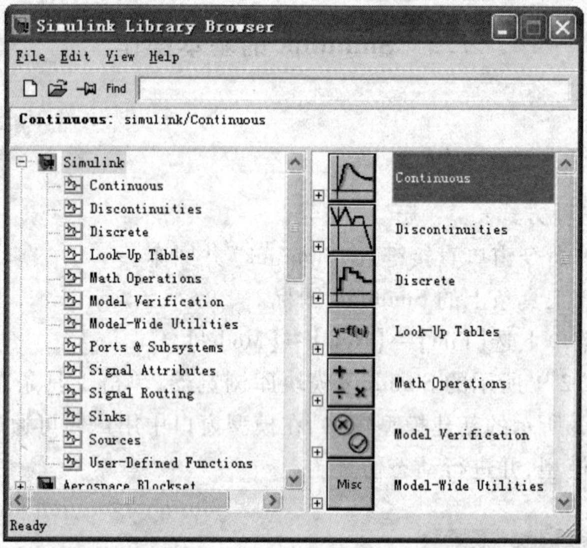

图 7.2.3 Simulink 基本库窗口

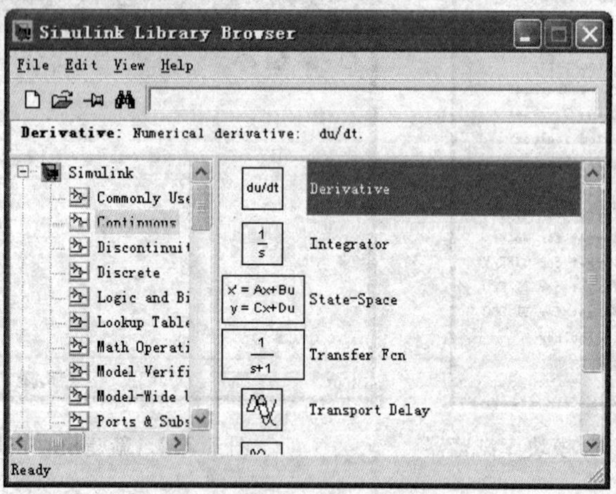

图 7.2.4 Continuous 模块库

7.2.3 模块的操作

1. 模块的选取

当选取单个模块时，只要用鼠标在模块上单击即可，此时模块的角上出现黑色小方块。选取多个模块时，以拖拽鼠标的方式把要选择的模块全部包围即可，若所有被选取的模块都出现小黑方块,则表示模块被选中,如图 7.2.5 所示。

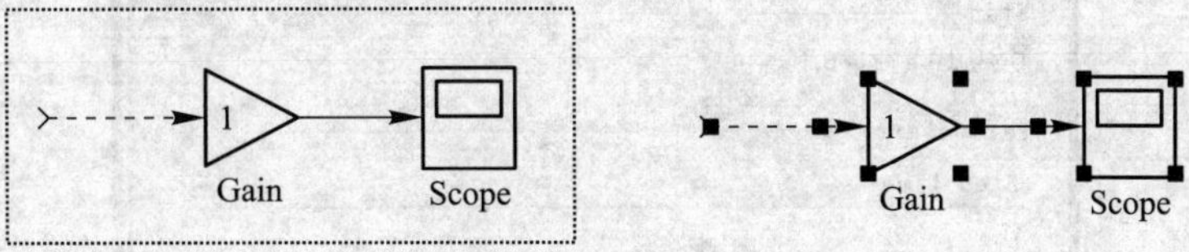

图 7.2.5　选取模块

2. 模块的复制、剪切、粘贴、删除、移动

应用【Edit】|【copy】/【cut】/【paste】/【clear】可对选取的模块进行复制、剪切、粘贴、删除等操作,如果要在同一窗口移动模块,则在模块选中的基础上,用鼠标进行拖拽并放在合适的位置。

3. 模块的连接

(1) 连接两个模块:从一个模块的输出端连到另一个模块的输入端。如果两个模块不在同一水平线上,连线是折线,若用斜线表示则需在连接时按住【Shift】。

(2) 在连线之间插入:把模块用鼠标拖到连线上,然后释放鼠标即可。

(3) 连线的分支:当需要把一个信号输送给不同的模块时,连线要采用分支结构,其操作步骤是先连好一条线,把鼠标移到支线的起点,并按下【Ctrl】,再将鼠标拖至目标模块的输入端即可。

4. 模块参数的设置

Simulink 中几乎所有模块的参数(Parameters)都允许用户进行设置,只要双击要设置的模块或在模块上按鼠标右键并在弹出的菜单中选择【Block Parameters】就会显示参数设置对话框。

例 7.2.1　已知单位负反馈二阶系统的开环传递函数为

$$G(s)=\frac{10}{s^2+4.47s}$$

试绘制单位阶跃响应的 Simulink 结构图。

解:(1) 利用 Simulink 的 Library 窗口中的【File】|【New】,打开一个新的工作空间。

(2) 分别从信号源库(Sourses)、输出方式库(Sinks)、数学运算库(Math Operations)、连续系统库(Continuous)中,用鼠标指针把阶跃信号发生器(Step)、示波器(Scope)、传递函数(Transfer Fcn)、相加器(Sum)四个标准功能模块选中,并将其拖至工作平台。

(3) 按要求先将前向通道连接好,然后把相加器(Sum)的另一个端口与传递函数和示波器间的线段相连,形成闭环反馈。

(4) 双击阶跃信号发生器,打开其属性设置对话框,并将其设置为单位阶跃信号,如图 7.2.6 所示,同理,将相加器设置为"+-",使传递函数的 Numerator 设置为"[10]",Denominator 设置为"[1　4.47　0]"。

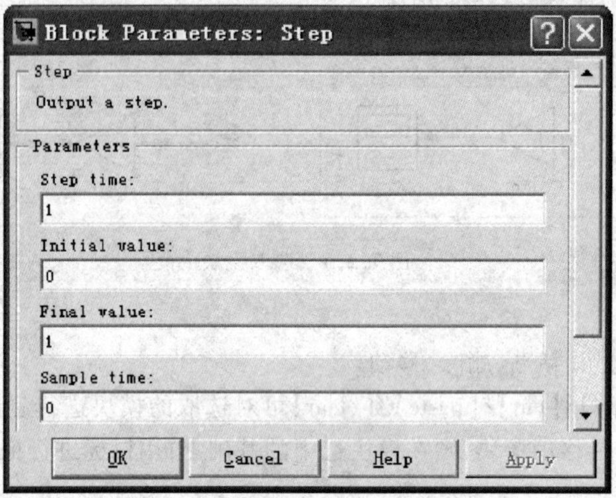

图 7.2.6　模块参数设置对话框

(5) 绘制成功后,如图 7.2.7 所示,命名后存盘。

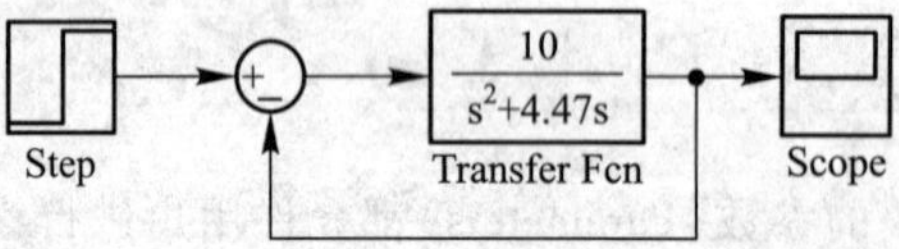

图 7.2.7　二阶系统 Simulink 结构图

5. 模块外形的调整

(1) 改变模块的大小:选定模块,用鼠标点住其周围的四个黑方块中的任意一个拖动,这时会出现一个虚线的矩形表示新模块的位置,到需要的位置后释放鼠标即可。

(2) 调整模块的方向:选定模块,选择菜单【Formt】|【Rotate Block 】使模块旋转 90°,【Flip Block】使模块旋转 180°。

(3) 给模块加阴影:选定模块,选择菜单【Formt】|【Show Drop Shadow】使模块产生阴影效果。

6. 模块名的处理

(1) 模块名的显示与隐藏:选定模块,选择菜单【Format】|【Filp Name】使模块名被隐藏,同时【Show Name】会使隐藏的模块名显示出来。

(2) 修改模块名:单击模块名的区域,使光标处于编辑状态,此时便可对模块名进行任意的修改。同时选定模块,选择菜单【Format】|【Font】可弹出字体对话框,用户可对模块名和模块图

标中的字体进行设置。

例 7.2.2 将图 7.2.7 所示的结构图进行模块处理。

解:(1) 对模块名进行修改,如单击传递函数模块标题"Transfer Fcn",将其原字符删除,并输入汉字"传递函数",同理将其他模块也改为汉字标题。

(2) 将相加器的标题移至其顶部。

(3) 选中"传递函数"模块,选择菜单【Formt】|【Show Drop Shadow】并将其设置为阴影。

(4) 将模块全部选中,选择菜单【Format】|【Font】,通过字体对话框将所有字体设置为"宋体",如图 7.2.8 所示。

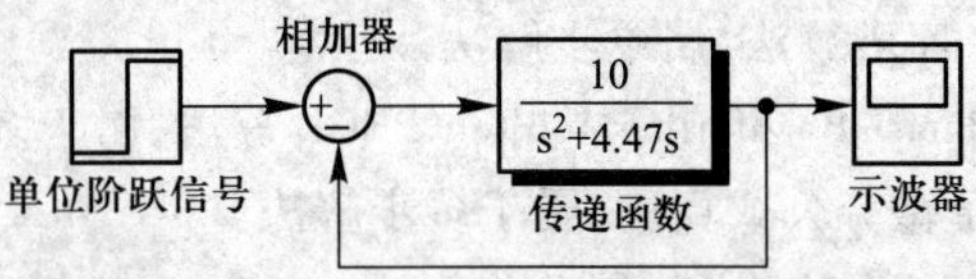

图 7.2.8 二阶系统模型

7.3 系统仿真及参数设置

在 Simulink 中建立起系统模型框图后,运行菜单【Simulation】|【Start】就可以用 Simulink 对模型进行动态仿真。一般在仿真运行前需要对仿真参数进行设置,运行菜单【Simulation】|【Parameters】完成设置,如图 7.3.1 所示。

7.3.1 算法设置

在 Solver 里需要设置仿真起始和终止时间、选择合适的解法(Solver)并指定参数,设置一些输出选择。

1. 设置起始时间和终止时间(Simulation time)

【Simulation】|【Start time】设置起始时间,而【Stop time】设置终止时间,单位为"s"。

2. 算法设置(Solver options)

(1) 算法类型设置。

仿真的主要过程一般是求解常微分方程组,【Solver options】|【Type】用来选择仿真算法的类型是变化的还是固定的。

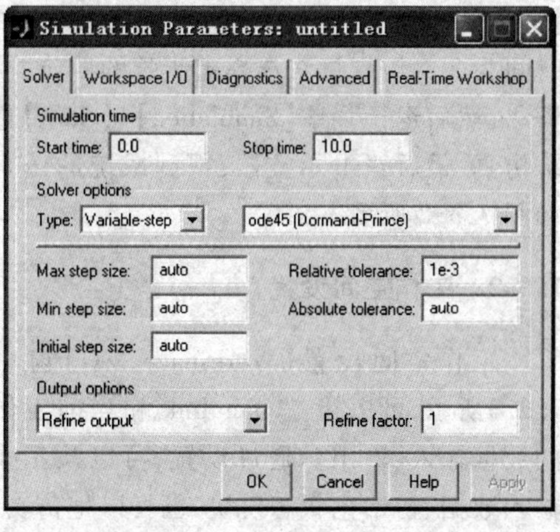

图 7.3.1 仿真参数设置对话框

变步长解法可以在仿真过程中根据要求调整

运算步长,在采用变步长解法时,应该先指定一个容许误差限(【Relative tolerance】或【Absolute tolerance】),使得当误差超过误差限时自动修正仿真步长,【Max step size】用于设置最大步长,在默认情况下为“auto”,并按下式计算最大步长

最大步长=(终止时间-起始时间)/50

(2)仿真算法设置。

离散模型:对变步长和定步长解法均采用 discrete(no continuous state)。

连续模型:可采用变步长和定步长解法。

变步长解法有:ode45、ode23、ode113、ode15s、ode23s、ode23t,ode23st。

ode45:四阶/五阶龙格-库塔算法,属单步解法。

ode23:二阶/三阶龙格-库塔算法,属单步解法。

ode113:可变阶次的 Adams-Bashforth-Moulton PECE 算法,属于多步解法。

ode15s:可变阶次的数值微分公式算法,属于多步解法。

ode23s:基于修正的 Rosenbrock 公式,属单步解法。

定步长解法有:ode4、ode5、ode3、ode2、ode1。

ode5:定步长的 ode45 解法。

ode4:四阶龙格-库塔算法。

ode3:定步长 ode23 算法;。

ode2:Henu 方法,即改进的欧拉法。

ode1:欧拉法。

3. 设置输出选项

对同样的信号,选择不同的输出选项,则得到输出设备上的信号是不完全一样的。要根据需要选择合适的输出选项以达到满意的输出效果。

对于例 7.2.2,首先运行菜单【Simulation】|【Parameters】,进行系统的仿真参数设置,如仿真时间为 2 s,仿真算法选择定步长的四阶龙格-库塔法,然后运行菜单【Simulation】|【Start】进行系统仿真,最后双击示波器,得到系统的仿真曲线如图 7.3.2 所示。

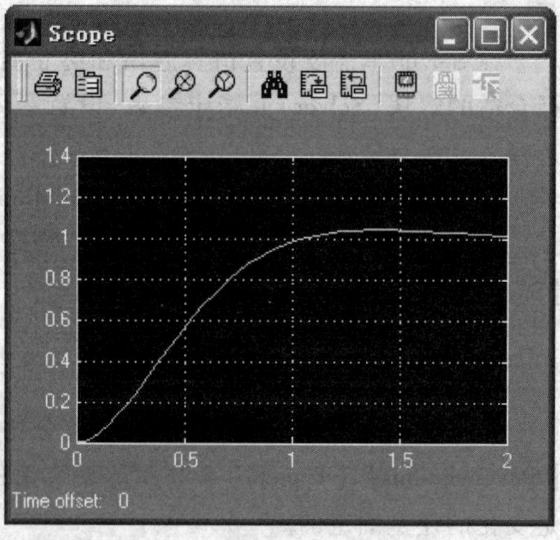

图 7.3.2 二阶系统的仿真曲线

7.3.2 工作空间设置

工作空间设置(Workspace I/O)窗口如图 7.3.3所示,可以设置 Simulink 和当前工作空间的数据输入、输出。通过设置,可以从工作空间输入数据、初始化状态模块,也可以把仿真结果、状态变量、时间数据保存到当前工作空间。

1. 从工作空间读入数据(Load from workspace)

Simulink 通过设置模型的输入端口,实现在仿真过程中从工作空间读入数据,常用的输入端口模块为信号与系统模块库(Signals & Systems)中的 In1 模块,其参数设置如图 7.3.4 所示。

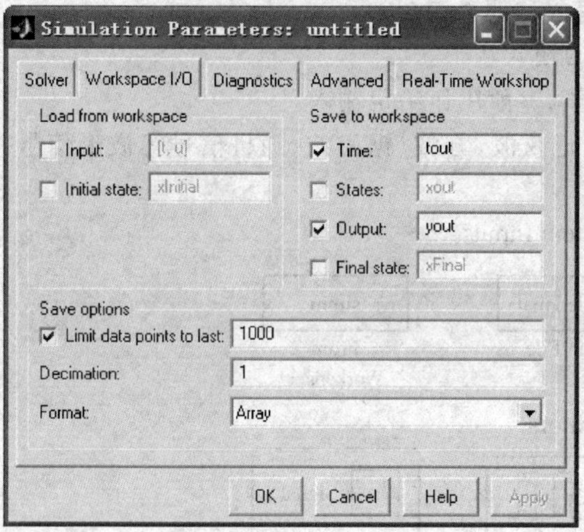

图 7.3.3 Workspace I/O 设置窗口

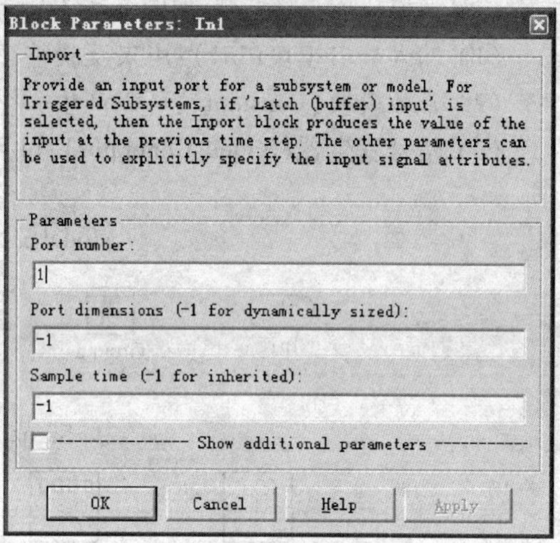

图 7.3.4 输入参数设置对话框

设置的方法是选中 Input 前的复选框,并在后面的编辑框键入输入数据的变量名,并可以用命令窗口或 M 文件编辑器输入数据。Simulink 根据输入端口参数中设置的采样时间读取输入数据。

2. 保存数据到工作空间(Save to workspace)

可以选择保存的选项有:时间、端口输出、状态、最终状态。选中选项前面的复选框并在选项后面的编辑框输入变量名,就会把相应数据保存到指定的变量中。常用的输出模块为信号与系统模块库(Signals & Systems)中的 Out1 模块和输出方式库(Sinks)中的 To Workspace 模块。

3. 初始化状态模块

状态模块初始化的方法有两种:使用模块本身的参数设置和从工作空间读入。用于初始化的变量中的元素个数要和状态模块数目一致,而且当从工作空间载入数据时,模块本身的参数设置初始值无效。

7.4 Simulink 模块库

7.4.1 信号源模块库

信号源模块库(Sources)如图 7.4.1 所示,主要包括如下模块:

(1) 输入端口模块(In1):用来反映整个系统的输入端子。

(2) 常数模块(Constant):可以产生一个常数值,一般用作给定输入。

(3) 信号发生器(Signal Generator):可以产生正弦波、方波、锯齿波、随机信号等波形信号,

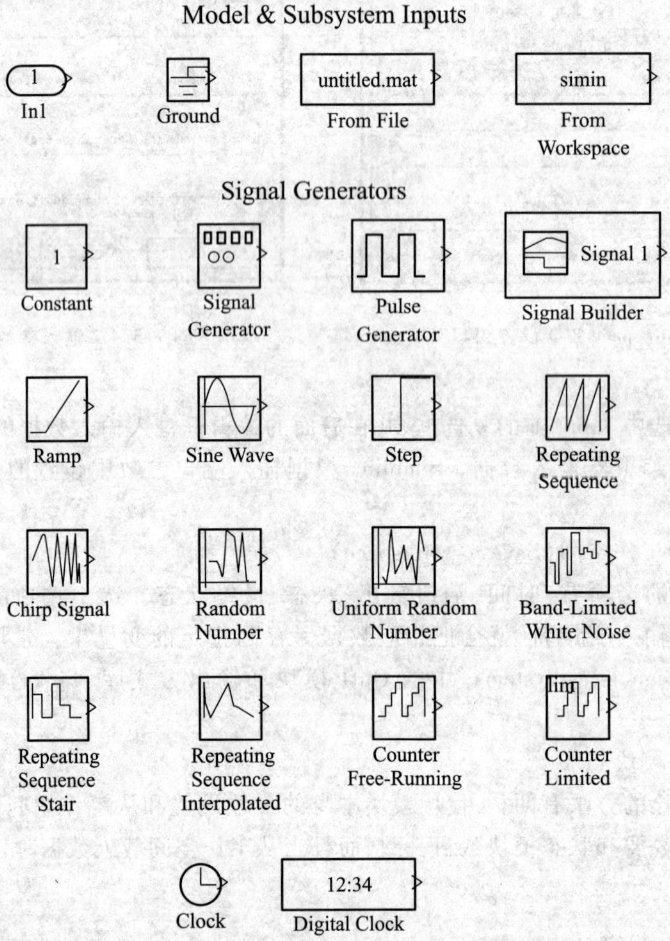

图 7.4.1 Sources 模块库

用户可以自由地调整信号的幅值及相位。

(4) 时钟(Clock):生成当前仿真时钟,以 s 为单位,在记录数据序列或与时间相关的指标中需要此模块。

(5) 读文件模块(From File)和读工作空间模块(From Workspace):允许从文件或 MATLAB 工作空间中读取信号作为输入信号。

(6) 阶跃信号模块(Step):生成一个按给定的时间开始的阶跃信号,信号的初始值和终值均可自由设定。常用来仿真系统的阶跃响应,也可用来仿真定时的开关动作。

(7) 其他类型的信号输入模块:带宽限幅白噪声(Band-Limited White Noise),斜坡输入(Ramp),脉冲信号(Pulse Generator),正弦信号(Sine Wave)等。

7.4.2 连续系统模块库

连续系统模块库(Continuous)如图 7.4.2 所示,主要包括如下模块:

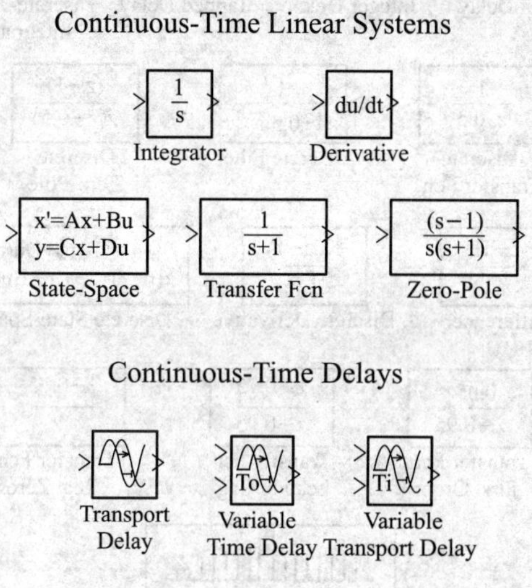

图 7.4.2 Continuous 模块库

(1) 积分器(Integrator):对输入(向量或标量)进行积分,用户可以设定初始条件。

(2) 微分器(Derivative):将输入端的信号经过一阶数值微分,在输出端输出,在实际应用中应该尽量避免使用该模块。

(3) 传递函数(Transfer Fcn):使用分子、分母多项式的形式给出系统的传递函数模型,分母的阶次必须大于或等于分子的阶次。

(4) 状态空间(State-Space):使用 A、B、C、D 矩阵形式表示系统的状态空间模型,并可以给出初值。

（5）零、极点（Zero-Pole）：用指定的零、极点建立连续系统模型。

（6）时间延迟（Transport Delay）：将输入信号延迟指定的时间后，再传输给输出信号，用户可自行设置延迟时间。

7.4.3 离散系统模块库

离散系统模块库（Discrete）如图 7.4.3 所示，主要包括如下模块：

（1）零阶保持器（Zero-Order Hold）：在一个计算步长内将输出的值保持在同一个值上。

（2）一阶保持器（First-Order Hold）：依照一阶插值的方法计算一个步长后的输出值。

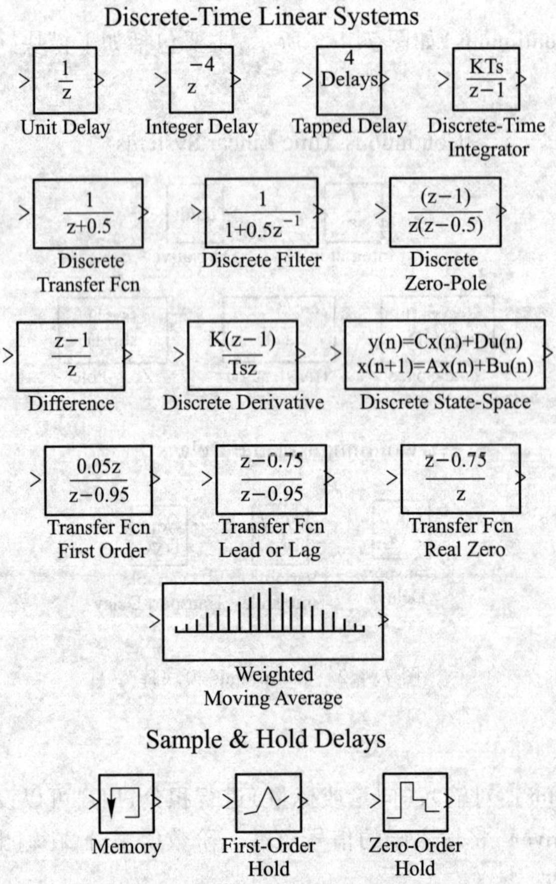

图 7.4.3 Discrete 模块库

(3) 离散传递函数(Discrete Transfer Fcn):与连续传递函数结构相同,可设置采样时间。

(4) 离散状态空间(Discrete State-Space):与连续状态空间结构相同,可设置采样时间。

(5) 离散积分器(Discrete-Time Integrator):实现离散的欧拉积分,可以设置初值和采样时间。

(6) 离散滤波器(Discrete Filter):实现 IIR 和 FIR 滤波器。

7.4.4 数学运算模块库

数学运算模块库(Math Operations)如图 7.4.4 所示,主要包括如下模块:

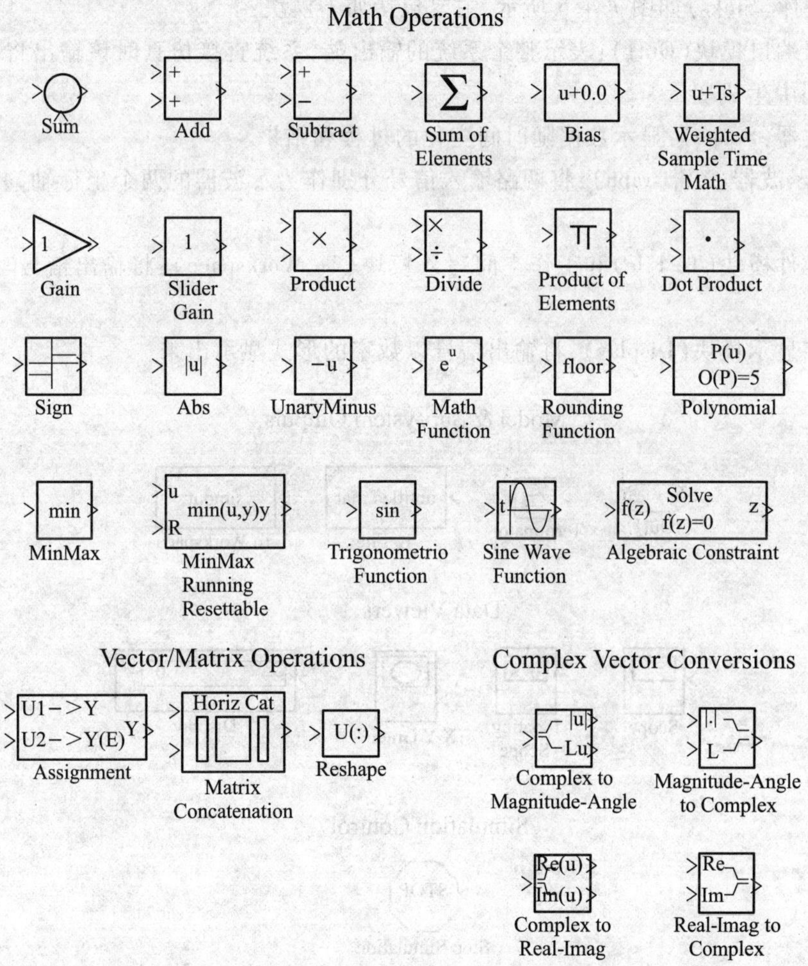

图 7.4.4 Math Operations 模块库

（1）增益（Gain）：输出为输入与增益的乘积。

（2）加法模块（Sum）：对输入进行求代数和，在组建反馈控制系统方框图时必须采用此模块，反馈的极性（+或-）可自行设置。

（3）数字逻辑模块：逻辑运算模块（Logical Operator），组合逻辑模块（Combinatorial Logic）和位逻辑运算模块（Bitwise Logical Operator），可以用这些模块很容易地组建数字逻辑电路。

（4）数学函数模块：绝对值函数（Abs），三角函数（Trigonometric），数学运算函数（Math Function），复数的实部、虚部提取函数（Complex to Real-Imag），取整函数（Rounding Function）等。

7.4.5　输出模块库

输出模块库（Sinks）如图 7.4.5 所示，主要包括如下模块：

（1）输出端口模块（Out1）：表示整个系统的输出端，系统直接仿真时该输出将自动在 MATLAB 工作空间中生成变量。

（2）示波器（Scope）：显示数据随时间变化的过程和结果。

（3）XY 示波器（XY Graph）：将两路输入信号分别作为示波器的两个坐标轴，并将信号的轨迹显示出来。

（4）写文件模块（To File）和工作空间写入模块（To Workspace）：将输出信号写到文件或工作空间中。

（5）数字显示模块（Display）：将输出信号以数字的形式显示出来。

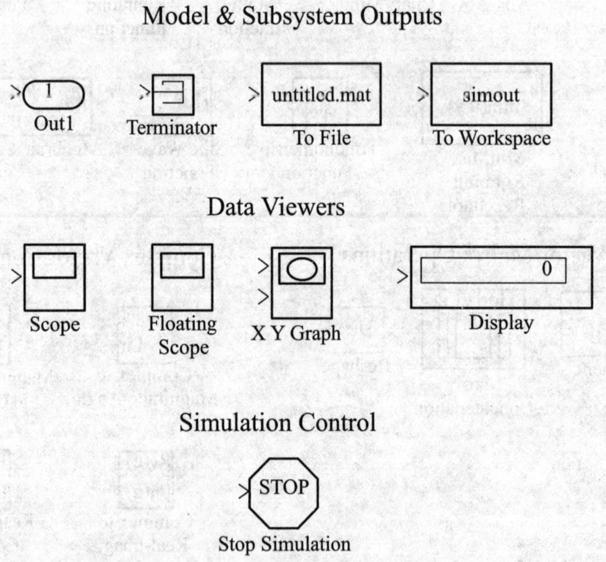

图 7.4.5　Sinks 模块库

(6) 仿真终止模块(Stop Simulation):强行终止正在进行的仿真过程。

7.4.6 非线性系统模块库

非线性系统模块库(Discontinuities)如图 7.4.6 所示,主要包括如下模块:

(1) 黏性摩擦(Coulomb & Viscous Friction):在原点不连续,在原点外具有线性增益。

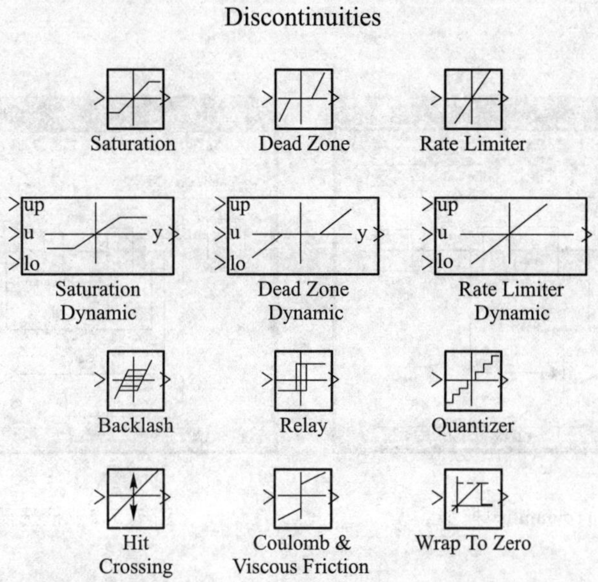

图 7.4.6 Discontinuities 模块库

(2) 滞环非线性模块(Backlash):该模块具有滞环非线性特性。

(3) 死区非线性模块(Dead Zone):该模块具有死区非线性特性。

(4) 饱和非线性模块(Saturation):该模块具有饱和非线性特性。

7.5 Simulink 子系统

7.5.1 Simulink 子系统简介

Simulink 提供的子系统功能可以大大地增强 Simulink 系统框图的可读性,可以不必了解系统中每个模块的功能就能够了解整个系统的框架。子系统可以理解为一种“容器”,可以将一组相关的模块封装到子系统模块中,并且等效于原系统模块群的功能,而对其中的模块可以暂时不去了解。组合后的子系统可以进行类似模块的设置,在模型的仿真过程中可作为一个模块。建立子系统有以下两种方法。

1. 在已有的系统模型中建立子系统

设已有 Simulink 模型图如图 7.5.1 所示,选择需要封装的模块区域(用 Shift 键和鼠标左键配合可以达到同样的目的),框选如图 7.5.2 所示区域,然后右击,弹出快捷菜单,选择【Creat subsystem】,如图 7.5.3 所示。创建子系统的结果如图 7.5.4 所示。然后双击 Subsystem 模块,弹出子模块如图 7.5.5 所示。

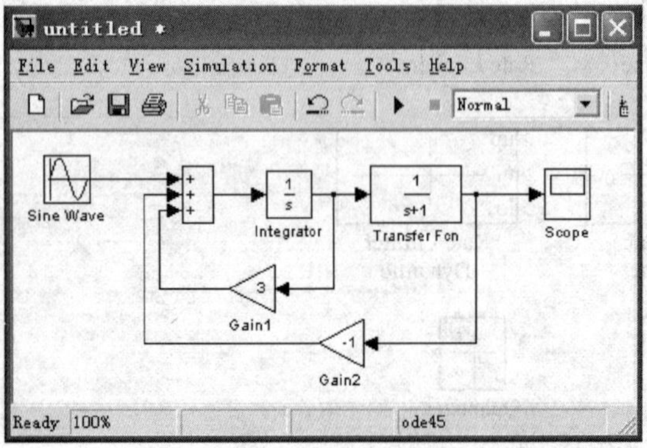

图 7.5.1 简单的 Simulink 模型

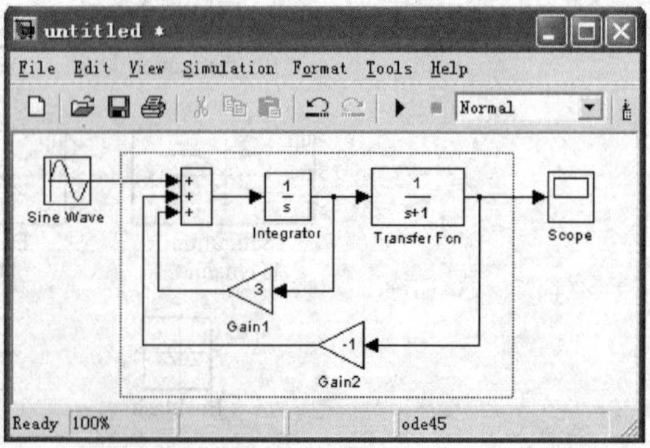

图 7.5.2 框选需要封装的模块

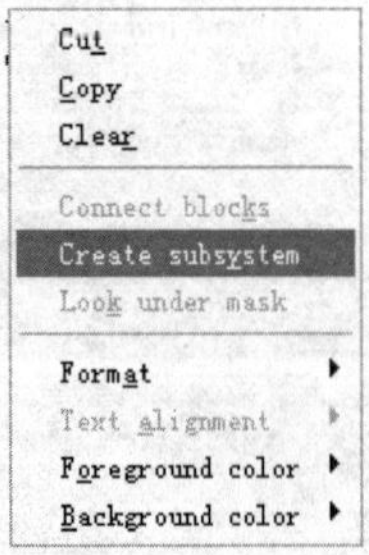

图 7.5.3 快捷菜单

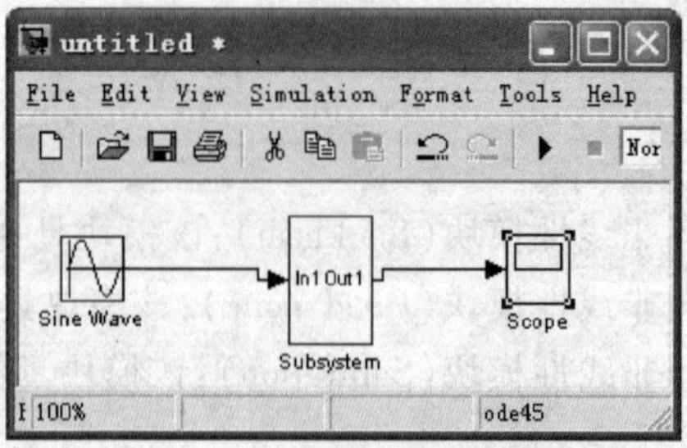

图 7.5.4 创建子系统后的模型

子系统的功能就是把相关模块集中起来,并没有删除。系统的结构仍然没有改变。

2. 在已有的系统模型中新建子系统

简单建立模型如图 7.5.6 所示,双击 Subsystem 模块,在弹出的窗口中建立如图 7.5.7 所示模型。

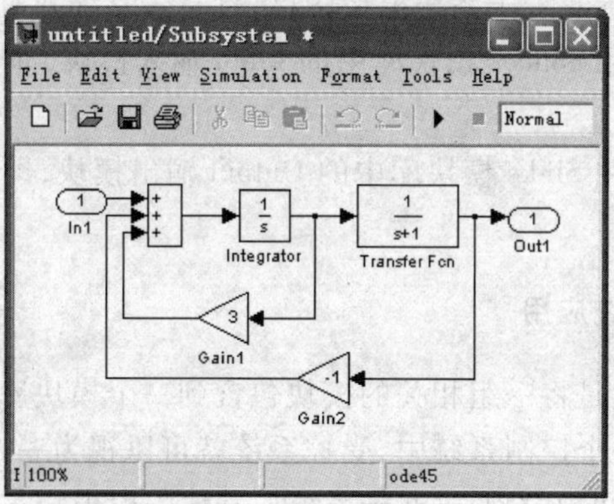

图 7.5.5 子系统模型图

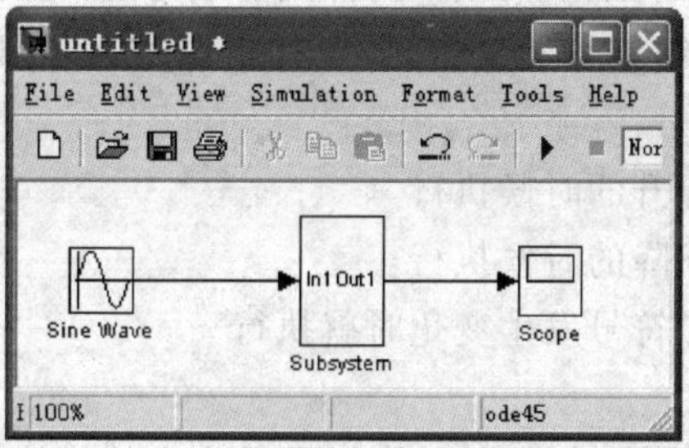

图 7.5.6 含有子系统的模型

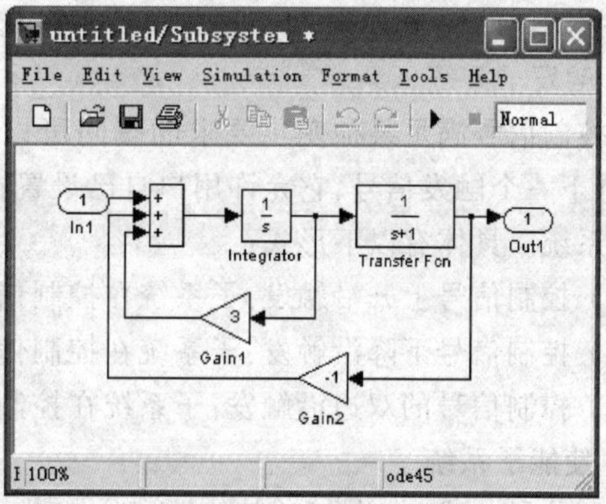

图 7.5.7 子系统模型结构

这两种方法创建的子系统最后实现的功能是一模一样的，只不过操作顺序不同。前者是先将这个结构搭建起来，然后将相关的模块封装起来；后者则是先做一个封装容器，然后在封装容器中添加模块。

对于一个相对简单的模型采用第一种，这种操作一般不会出错，能够顺利搭建模型。而对于非常复杂的系统，先将模型分成若干个子系统，然后再采用第二种方法进行建模：

在使用 Simulink 子系统建立模型时，有如下几个常用的操作：

(1) 子系统命名:命名方法与模块命名方法类似,是用有代表意义的文字来对子系统进行命名,有利于增强模块的可读性。

(2) 子系统编辑:用鼠标双击子系统模块图标,打开子系统并对其进行编辑。

(3) 子系统的输入:使用 Souces 模块库中的 Input 输入模块,即 In1 模块,作为子系统的输入端口。

(4) 子系统的输出:使用 Sinks 模块库中的 Output 输出模块,即 Out1 模块,作为子系统的输出端口。

7.5.2 Simulink 高级子系统应用

子系统的最基本目的就是将一组相关的模块包含到一个模块库中,用以简化系统,使得系统的分析更加容易。例如在一个控制系统中,受控系统就可以视为一个子系统,控制器也可以作为一个子系统。从前面的介绍可以发现,这些子系统如其他一般模块一样,都是具有特定输入、输出的模块。对于子系统输入的信号,会产生一个特定的输出信号。但是对于某些特殊的情况,并不是对所有的输入信号都要产生输出信号,只有在某些特定的条件下才会产生输出信号,这就需要输入一个控制信号,控制信号由子系统模块的特定端口输入,这样的子系统称为条件执行子系统。在条件执行子系统中,输出信号取决于输入信号和控制信号。

根据不同的控制信号,可将条件执行子系统分为如下几类。

1. 触发子系统

在控制信号满足某种变化要求的瞬间可以触发(激活)子系统,然后保持子系统的输出状态,等待下一个触发信号,它允许用户自己设置在控制信号的上升沿、下降沿或控制信号变化时触发子系统。具体有以下形式:

(1) 控制信号上升沿触发:子系统在控制信号上升的时候执行。

(2) 控制信号下降沿触发:子系统在控制信号下降的时候执行。

(3) 控制信号的双边沿触发:子系统在控制信号符号发生变化时就执行。

2. 使能子系统

控制信号分成"允许"和"禁止"两种,在允许信号控制下,可以执行子系统中的模块,否则将禁止其功能。为保证整个系统的连贯性,在禁止状态下子系统仍然有输出信号,用户可以选择继续保持禁止前的信号,或复位子系统,强制使其输出零信号。

3. 使能触发子系统

在使能状态下被触发时将激活该子系统,否则将禁止子系统。

7.5.3 封装子系统

在这里要分清楚封装子系统和建立子系统是两个不同的概念,分别介绍如下。

建立子系统是将一组完成相关功能的模块包含到一个子系统当中,用一个模块来表示,主要是为了简化 Simulink 模型,增强 Simulink 模型的可读性,便于仿真和分析。在仿真前,需要打开子系统模型窗口,对其中的每个模块分别进行参数设置。虽然增加了 Simulink 模型的可读性,但并没有简化模型的参数设置。当模型中用到多个这样的子系统,但是每个子系统中模块的参数设置都不相同时,这就显得很不方便,而且容易出错。

为了解决简单建立子系统的不足,可以对子系统进行封装。将完成特定功能的相关模块集合到一起,对其中经常要设置的参数设置为变量,然后封装,使得其中变量可以在封装系统的参数设置对话框中统一进行设置,这就大大简化了参数的设置,而且不容易出错,这非常有利于进行复杂的大系统仿真。

封装后的子系统可以作为用户的自定义模块,作为普通模块一样添加到 Simulink 模型中应用,也可以添加到模块库中以供调用。封装后的子系统可以定义自己的图标、参数和帮助文档,完全与 Simulink 其他普通模块一样。双击封装子系统模块,弹出对话框,可进行参数设置,如果有任何问题,可以单击 Help 按钮,不过这些帮助是创建者自己进行编写的。

下面对 Simulink 封装子系统的几个特点进行总结:

(1) 可以自定义封装子系统的图标。

(2) 双击封装后的子系统,弹出参数对话框,其中对话框是自定义的。

(3) 封装子系统的帮助文档都是自定义编写的。

(4) 封装子系统有自己的工作区域。

以上特点为模型设计带来了很大的方便,具体如下:将子系统作为一个黑匣子,用户不必了解其中的具体细节而直接使用;将子系统中模块的参数设置统一到一个参数对话框,大大方便了系统的参数设置;保护知识产权,防止篡改。

图 7.5.8 是一个 PID 控制器的 Simulink 模型,下面将其封装,以便使图形更简单。

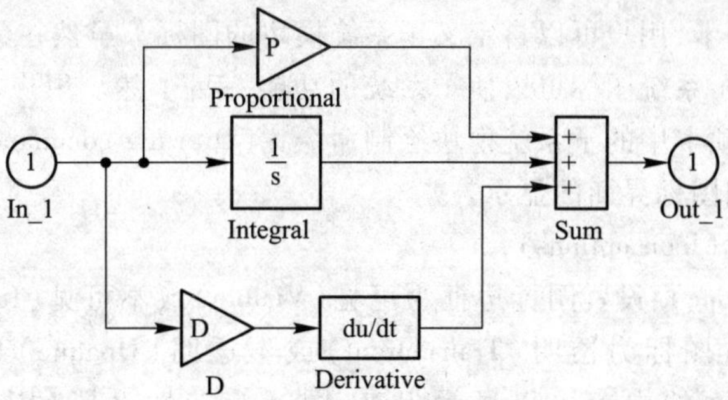

图 7.5.8 PID 控制器模型

首先选中所有模块,右击在弹出的菜单中选择 Create Subsystem,生成 Subsystem 模块,然后选中 Subsystem 功能模块,将模块下 Subsystem 名字改为 PID Controller,右击在弹出的菜单中选择 Mask Subsystem 进入 Mask 编辑窗口,就会出现如图 7.5.9 所示的封装编辑器(图 7.5.9 是一编辑好的 Icon 选项卡)。使用此编辑器可以实现对封装子系统的各种编辑。封装编辑器中共有 4 个选项卡。

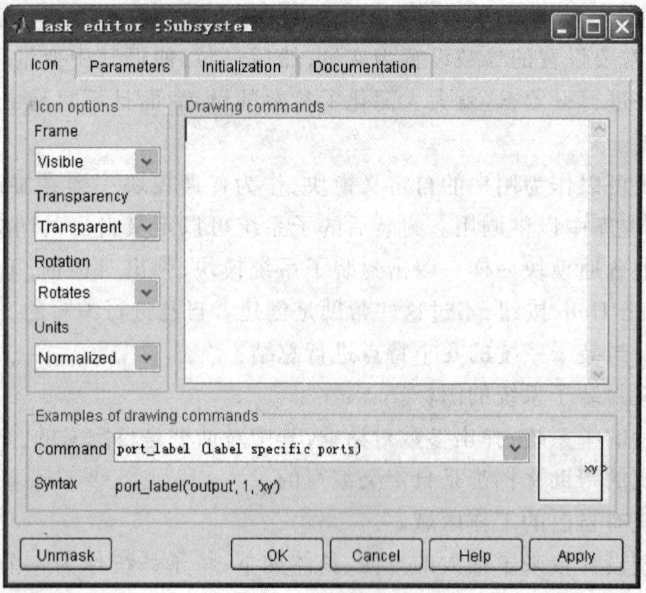

图 7.5.9 封装编辑器

1. 封装编辑器的图标编辑选项卡(Icon)

使用图标编辑选项卡,用户可以自定义子系统模块的图标。虽然在默认状态下,封装子系统不使用图标,但友好的子系统图标可以使子系统的功能一目了然。用户自定义子系统模块的图标,只需在图标编辑选项卡中的子系统模块绘制命令栏(Drawing commands)中使用绘图命令,并可设置不同的参数控制图标界面的显示。

(1) 图标显示设置(Icon options)

图标边框设置(Frame):设置图标边框为可见(Visible)或不可见(Invisible);图标透明性设置(Transparency):设置图标为透明(Transparent)或不透明(Opaque)显示,图标透明性设置 Transparent 时,图标后面的内容可以显示出来;图标旋转性设置(Rotation):设置图标固定(Fixed)或可旋转(Rotates)。图标单位设置(Units):设置图标绘制命令所使用的坐标系单位,仅对 Plot 和 Text 命令有效。其他选项分别为自动缩放(Autoscale),像素(Pixels)以及归一化表示(Normalized),其中,Autoscale 表示图标自动适合模块大小,与其成比例缩放;Pixels 表示图标绘制用像素作为单位;Normalized 表示模块大小为单位长度,绘制命令中的坐标值不得超过单位值 1。

(2) 图标绘制命令栏(Drawing commands)

封装后的子系统模块的图标均是在图标绘制命令栏中完成绘制的。使用不同的绘制命令可以生成不同的图标。生成的图标可以是描述性文本、子系统数学模型图标、图像或图形等，如果在此栏中键入多个绘制命令，则图标的显示按照绘制命令的顺序显示。

① 描述性文本图标。

使用下列命令可以在模块图标上显示文本：

```
disp('text')                                 % 图标上显示 text 成文本字样
disp(variablename)                           % variablename 为工作空间中的字符串变量名
text(x,y,'text')                             % 在图标上特定位置显示 text 成文本字样
text(x,y,stringvariablename)                 % stringvariablename 为已存在的字符串变量名
fprintf('text')
fprintf ('format' variablename)              % format 表示文本的格式
port_label(port_type,port_number,lable)      % 此命令可以显示模块的端口名称，其中 port_
                                               type 为端口类型，取值为'input'或'output'，
                                               port_number 为端口数目，label 为端口文本
```

如果需要显示多行文本，可以使用\n 换行。这时封装后的子系统图标为描述性文本。

② 子系统数学模型图标。

使用 dpoly 命令可以将封装的子系统模块的图标设置为系统的传递函数，使用 droots 命令可以设置为零、极点传递函数，其命令格式为

```
dpoly(num,den)
dpoly(num,den,'character')
droots(z,p,k)
```

其中，num，den 分别是传递函数的分子和分母多项式；'character'(取 s 或 z)为系统的频率变量；z，p，k 分别是传递函数的零点、极点和系统增益。需要注意的是，参数 num，den，z，p，k 必须是工作空间中已经存在的变量，否则绘制命令的执行将出现错误。

③ 图像或图形图标。

使用 plot 或 image 命令可以将子系统模块的图标设置为图形或图像。其命令为

```
plot(x,y)
image(imread('photoname'))
```

(3) 图标绘图命令示例(Examples of drawing commands)

该选项组说明了不同的 Simulink 支持的图标绘图命令。为了能够了解其中命令的语法，可以从命令菜单中选择相应的命令，Simulink 就会显示所选择命令的实例，并会在右下角产生一个图标。

本例中设置参数如图 7.5.10 所示，在绘制命令窗口中键入 disp('PID')，其他参数设置如图 7.5.10 所示。

2. 封装编辑器的参数设置选项卡(Parameters)

子系统封装的目的之一是提供一个友好的参数设置界面，通常用户不需要了解系统内部的

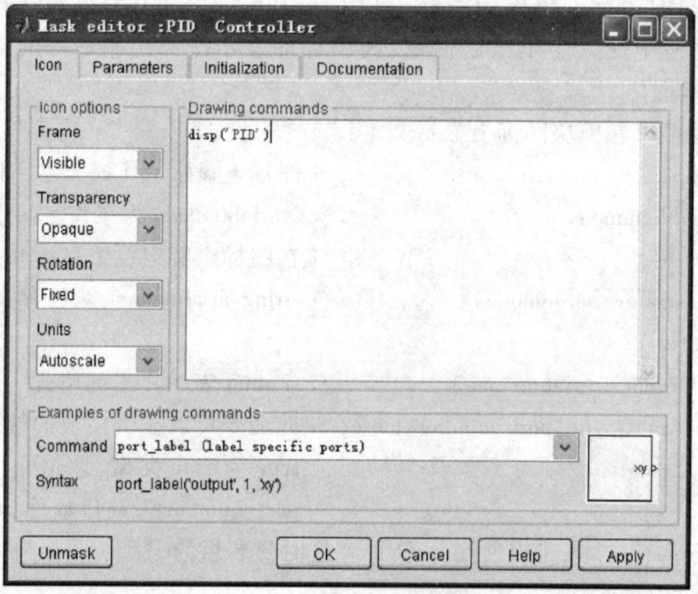

图 7.5.10 封装编辑器(Icon)选项卡

细节,只需要提供正确的模块参数即可完成对系统的设计与仿真。只有使用了子系统封装编辑器中提供的参数选项卡(Mask Editor 下的 Parameters 选项卡)进行子系统参数设置,才可以说是真正完成了子系统的封装,从而使用户设计出与 Simulink 模块库中同样直观的参数设置界面。

不同于通常的子系统,封装的子系统具有独立的工作空间,这是由于在没有对子系统进行封装之前,子系统中的模块可以直接使用 MATLAB 工作空间的变量,通常的子系统可以看作是图形化的 MATLAB 脚本,即子系统只是将一些由模块实现的命令以图形化的方式组合而成的。而封装的子系统的内部参数对系统模型中的其他系统不可见,而且只能使用参数设置选项卡输入。

参数设置选项卡中包括如下几种设置内容:

(1) 参数设置控制。

参数设置控制包括添加(Add)、删除(Delete)、上移(Move up)和下移(Move Down),分别表示在即将生成的参数设置界面中添加、删除、上移与下移模块需要的输入参数。

(2) 参数描述。

参数描述是对模块输入的参数作简要的说明,在子系统参数设置界面中用来区别不同的参数,因而其取值最好能够说明参数的意义或作用。

(3) 变量。

用来指定键入的参数值将要传递给的封装子系统工作空间的相应变量，此处使用的变量必须与子系统中所使用的变量相同。

(4) 参数设置描述。

参数设置描述包括参数控制类型(Type)、是否为求值字符串(Evaluate)、是否可调整(Tunable)复选框，其中控制类型包括 Edit(需要用户在参数设置界面中键入参数值，适合多数情况)、Checkbox(复选框，表示逻辑值)和 Popup(在参数设置界面中弹出参数选项以便选择参数，弹出的参数选项值在 Popup 栏中输入)。

在本例中，对 PID 控制器进行封装，这里针对该例说明如何对封装后的子系统的参数设置选项卡进行设置。在封装子系统模块的参数设置界面中，应该提供控制律所需的 P、I、D 参数，如图 7.5.11 所示。

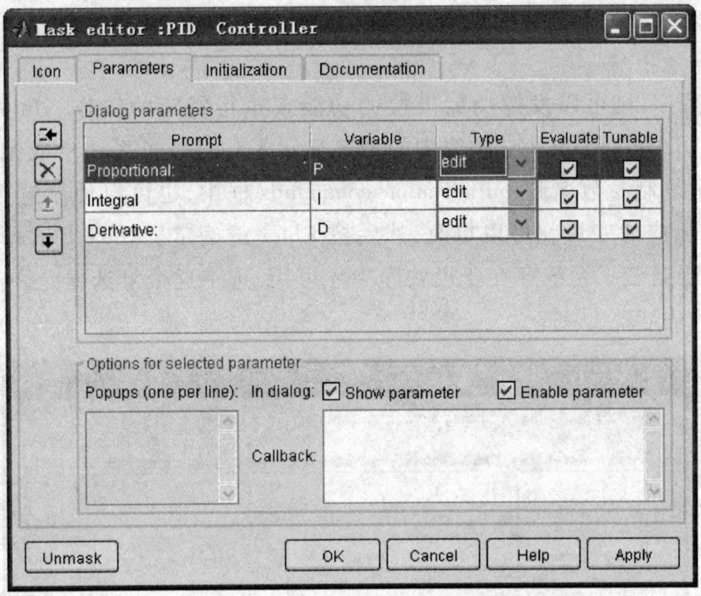

图 7.5.11 封装子系统模块系统设置选项卡

如图 7.5.11 所示，对封装子系统进行参数设置后，双击封装的子系统即可打开子系统的参数设置界面如图 7.5.12 所示，用户只需输入正确的参数即可进行系统的仿真、设计和分析。

3. 封装编辑器的初始化设置选项卡(Initialization)

初始化设置选项卡中的对话变量表是用户设置了参数设置选项卡后自动生成的。初始化命令一般为 MATLAB 命令，在初始化命令栏中可以定义封装后子系统工作空间中的各种变量，这些变量可以被封装子系统模块图标绘制命令、其他初始化命令或子系统中的模块使用。初始化命令要用分号来结尾，避免在 MATLAB 命令窗口中出现回调结果。如果配合在 Initialization

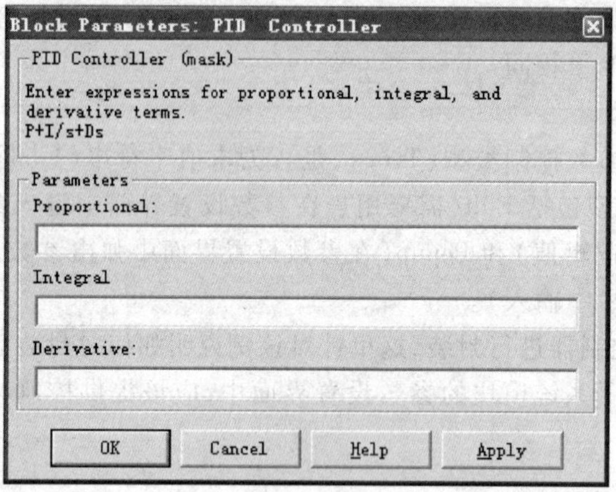

图 7.5.12 封装后子系统的参数设置界面

commands 内编辑程序,则可以发挥功能模块的功能来执行特定的操作。Initialization 选项卡如图 7.5.13 所示。Dialog variables 选项组中的列表显示了与封装子系统参数相关的变量名,用户可以从这个列表中复制参数名到 Initialization commands 框中,也可以使用这个列表来更改参数变量,用鼠标双击相应的变量就可以更改,然后按 Enter 键确定。Allow library block to modify its contents 复选框仅当封装子系统存在于模块库中才可用,选中这个复选框允许模块的初始化代码修改封装子系统的内容。

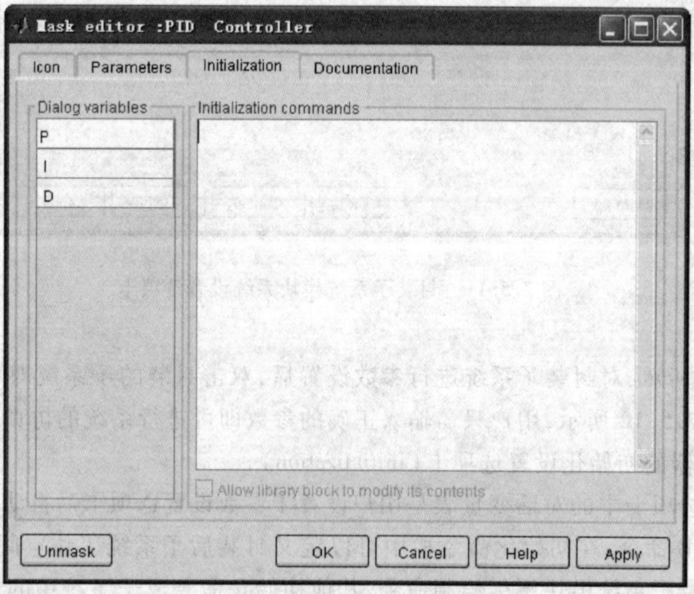

图 7.5.13 封装编辑器的初始化设置选项卡

4. 封装编辑器的文档编辑选项卡(Documentation)

Simulink 模型库中的模块均提供了模块的简单描述和详细的帮助文档,方便用户的使用和理解,对于用户封装的子系统模块,封装编辑器的文档编辑选项卡可以使用户建立被封装子系统的所有帮助文档。Documentation 选项卡如图 7.5.14 所示。

(1) Mask type:为封装子系统模块参数对话框设置说明的标题,仅供用户来对文档进行分类,它出现在模块参数对话框中和所有的模块封装编辑窗口中,用户可以选择喜欢的名字,当 Simulink 创建模块对话框时,它会自动在后面添加 mask,以区别系统内建的模块。

(2) Mask description:对封装子系统模块的工作进行说明,可以在说明中使用 Enter 和 Space 键,此参数中要尽量对模型进行描述,以便用于其他模型当中。

(3) Mask help:该模块的帮助文档,可以单击封装子系统中的 Help 按钮进行查看,这可以讲述如何对模块的参数进行设置,以便用于其他模型当中。

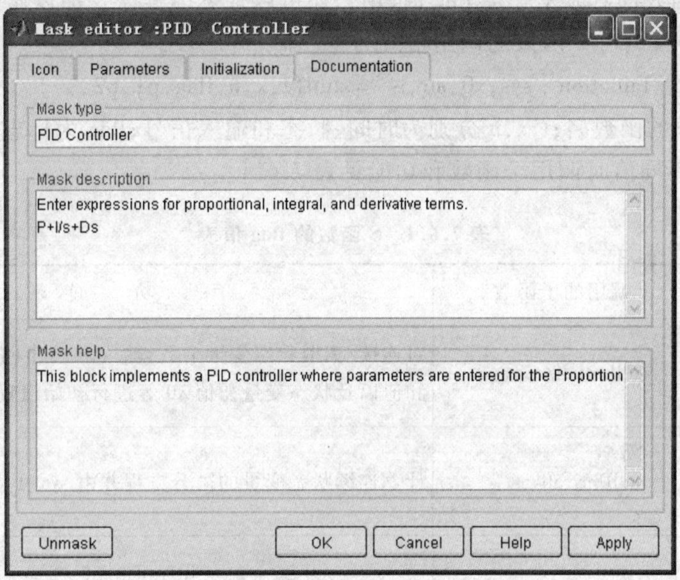

图 7.5.14 封装编辑器的文档编辑选项卡

按照上述步骤对 PID 模型进行封装后得到如图 7.5.15 所示模型。

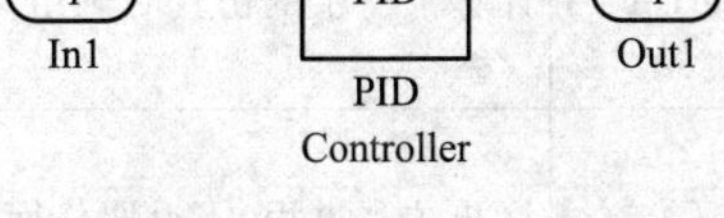

图 7.5.15 封装后的模型

7.6 S 函数的建立

S 函数就是 S-Functions,是 System-Functions 的缩写。当 MATLAB 所提供的模型不能完全满足要求时,就可以通过 S 函数提供给用户编写程序来满足要求模型的接口。S 函数使用有固定格式,只能用于基于 Simulink 的仿真,并不能将其转换成独立于 MATLAB 的程序。S 函数功能非常全面,适用于连续、离散以及混合系统。

7.6.1 S 函数的调用格式

MATLAB 提供了编写 S 函数的模板文件,该模板文件位于 MATLAB 根目录 toolbox \Simulink \blocks 下,文件名为 sfunmpl. m,该文件给出了 S 函数完整的框架结构,包含一个主函数和若干子函数,每一个子函数都对应于一个 flag 值,用户还可以根据编程需要加以修正。

用 MATLAB 语言编写 S 函数的调用格式为

Function [sys,x0,str,ts] = sfun(t,x,u,flag,p1,p2,…)

其中,sfun 是 S 函数的函数名;t,x,u 分别为时间、状态和输入信号;flag 为标志位;p1,p2 为参数。

flag 标志位为不同值时调用子函数和功能见表 7.6.1。

表 7.6.1 S 函数的 flag 值表

flag 值	仿真过程	调用的子函数	功　　能
0	初始化	mdlInitializeSize()	对连续/离散状态变量个数、输入和输出的路数、采样周期个数和值以及状态变量初值 x0 等进行初始设置
1	连续状态变量更新	mdlDerivatives ()	计算连续状态变量的微分方程并由 sys 变量返回
2	离散状态变量更新	mdlUpdate()	更新离散状态变量并由 sys 变量返回
3	计算输出	mdlOutputs()	计算输出信号由 sys 变量返回
4	计算下一仿真时刻	mdlGetTimeNextVarHit ()	计算下一步的仿真时刻由 sys 变量返回
9	终止	mdlTerminate()	终止仿真过程,不返回任何变量

7.6.2　S函数的模板格式

S函数的模板格式为：

```
function [sys,x0,str,ts]=sfuntmpl(t,x,u,flag)
switch flag,
    case 0,
        [sys,x0,str,ts]=mdlInitializeSizes;         % 调用初始化子函数
    case 1,
        sys=mdlDerivatives(t,x,u);                  % 调用计算导数子函数
    case 2,
        sys=mdlUpdate(t,x,u);                       % 调用离散状态变量更新子函数
    case 3,
        sys=mdlOutputs(t,x,u);                      % 计算输出子函数
    case 4,
        sys=mdlGetTimeNextVarHit(t,x,u);            % 计算下一仿真时刻子函数
    case 9,
        sys=mdlTerminate(t,x,u);                    % 终止仿真子函数
    otherwise
        error(['Unhandled flag=',num2str(flag)]);   % flags为其他值提示错误信息
end
```

1. 初始化子函数

```
function [sys,x0,str,ts]=mdlInitializeSizes
sizes=simsizes;
sizes.NumContStates= 0;          % 设置连续状态变量个数，默认值为0
sizes.NumDiscStates= 0;          % 设置离散状态变量个数，默认值为0
sizes.NumOutputs= 0;             % 设置输出变量的个数，默认值为0
sizes.NumInputs= 0;              % 设置输入变量的个数，默认值为0
sizes.DirFeedthrough=1;          % 输入信号是否直接在输出端出现，取值为0或1
sizes.NumSampleTimes=1;          % 设置采样周期的个数，默认值为1
sys=simsizes(sizes);
x0 =[];                          % 设定初始值，默认值为[]
str=[];
ts =[0 0];                       % [0 0]用于连续系统，[-1 0]表示继承其前的采样时间
                                   设置
```

2. 计算导数子函数

```
function sys=mdlDerivatives(t,x,u)
sys=[];                          %计算结果由 sys 变量返回
```

3. 离散状态变量更新子函数

```
function sys=mdlUpdate(t,x,u)
sys=[];                          %更新后的离散状态变量由 sys 变量返回
```

4. 计算输出子函数

```
function sys=mdlOutputs(t,x,u)
sys=[];                          %计算的输出向量由 sys 变量返回
```

5. 计算下一仿真时刻子函数

```
function sys=mdlGetTimeOfNextVarHit(t,x,u)
sampleTime=1;                    %设置本函数的调用时间
sys=t + sampleTime;              %计算下一采样时刻由 sys 变量返回
```

6. 终止仿真子函数

```
function sys=mdlTerminate(t,x,u)
sys=[];
```

【说明】:在实际运用时,并不是都要调用所有的子函数,用户可根据实际需要去掉某些值;输入参量的设置可在调用此 S 函数时给定。

例 7.6.1 应用 S 函数实现增益,使 $y=4*u$。

解:(1) 用 M 文件建立文件名为 sfunl.m 的 S 函数

```
function [sys,x0,str,ts]=sfunl(t,x,u,flag)
switch flag,
    case 0                       %初始化
[sys,x0,str,ts]=mdlInitializeSizes;
    case 3                       %计算输出
sys=mdlOutputs(t,x,u);
    case {1,2,4,9}               %非执行的 flags 值
sys=[ ] ;
    otherwise                    %错误处理
    error (['Unhandled flag=',num2str(flag)]);
end
function [sys,x0,str,ts]=mdlInitializeSizes()
sizes=simsizes;
sizes.NumContStates=0;
sizes.NumDiscStates=0;
sizes.NumOutputs=-1;
```

```
sizes.NumInputs=-1;
sizes.DirFeedthrough=1;
sizes.NumSampleTimes=1
sys=simsizes(sizes);
str=[ ];
x0=[ ];
ts=[-1 0];
function sys=mdlOutputs(t,x,u)
sys=4*u;
```

（2）在 Simulink 环境下建立名为 smodel.mdl 的模型，模型仿真图如图 7.6.1 所示。其中，S-Functions 模块参数设置如图 7.6.2 所示，Sine Wave 模块中将 Frequency 设置为 2。

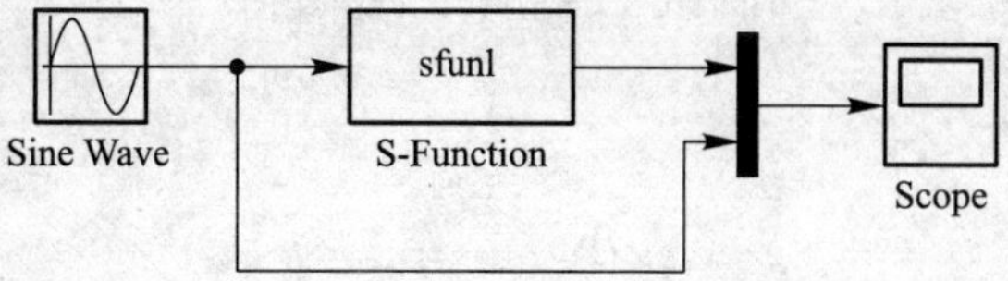

图 7.6.1 smodel.mdl 模型仿真图

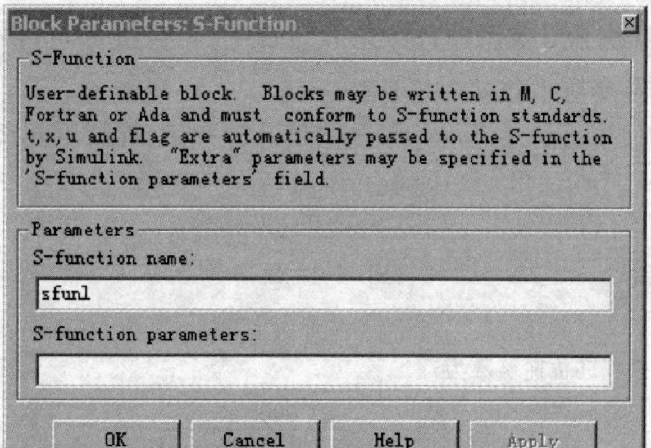

图 7.6.2 S 函数参数设置对话框

（3）运行 smodel 模型，得到如图 7.6.3 所示的仿真曲线。

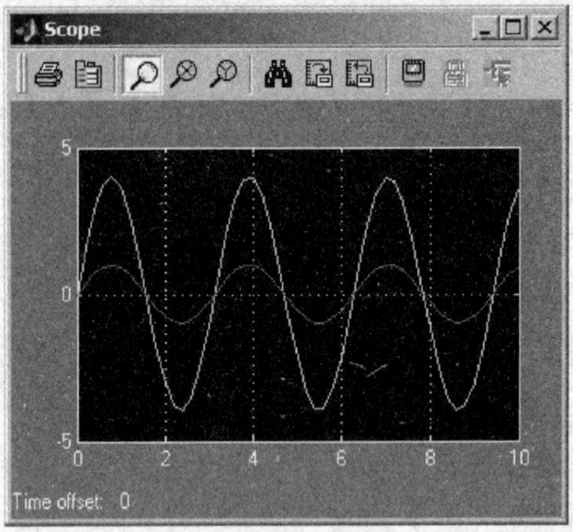

图 7.6.3 S 函数运行曲线图

小 结

作为 MATLAB 的重要组成部分,Simulink 具有相对独立的功能和使用方法,确切地说它是对基于信号流图的动态系统进行仿真、建模和分析的软件包,它不但支持连续、线性系统仿真,而且也支持离散、非线性系统仿真。

Simulink 提供了对系统信号流图进行组态的仿真平台,通过 Simulink 模块库建立系统的仿真模型,可直观、方便地对系统进行动态仿真。

子系统和 S 函数的使用扩展了 Simulink 系统仿真的功能,提高了其使用性能,使 Simulink 仿真的优势得以充分发挥。

习 题

7.1 单位负反馈系统的开环传递函数为

$$G(s)=\frac{1\,000}{s(0.1s+1)(0.001s+1)}$$

应用 Simulink 仿真系统构建其阶跃响应曲线。

7.2 系统的微分方程为$\begin{cases}x'_1=x_2t\\x'_2=x_2\mathrm{e}^{-0.5t}\end{cases}$,试建立系统 Simulink 仿真模型。

7.3 利用 Simulink 构建函数曲线 $y=5t^2+16$。

7.4 利用 Simulink 仿真 $I=\int_0^1 x\ln(1+x)\,\mathrm{d}x$。

7.5 PID 控制器在工程应用中的数学模型为

$$U(s)=K_{\mathrm{p}}\left(1+\frac{1}{T_{\mathrm{i}}s}+\frac{T_{\mathrm{d}}s}{1+\dfrac{T_{\mathrm{d}}s}{N}}\right)E(s)$$

其中采用了一阶惯性环节来近似纯微分动作，为保证有良好的微分近似效果，一般选 $N\geqslant 10$。试建立 PID 控制器的 Simulink 模型并建立子系统。

7.6 利用使能子系统构成一个正弦半波整流器。

7.7 用 S 函数创建二阶系统 $\ddot{y}+0.2\dot{y}+0.4y=0.2u(t)$，$\dot{y}=y=0$，$u(t)$ 为单位阶跃信号，使用 Simulink 创建和仿真系统的模型。

第八章　控制系统的数学模型

8.1　线性定常系统的数学模型

8.1.1　传递函数模型

1. SISO 系统的 TF 数学模型

MATLAB 中用 tf 函数来建立控制原理中的传递函数模型，称之为 TF 模型。

【调用格式】：

```
sys=tf(num,den)        %建立以 num 为分子多项式、den 为分母多项式的 TF 模型
sys=tf(num,den,'Property1',V1,…,'PropertyN',VN)  %初始化 TF 模型的其他属性
sys=tf('s')            %建立拉普拉斯变换的自变量 s 的 TF 模型
```

【说明】：

(1) num 和 den 分别是传递函数的分子多项式系数和分母多项式系数，按 s 的降幂排列，是细胞数组。

(2) tf 函数的返回值是一个对象，称之为 TF 对象，num 和 den 是 TF 对象的属性。

例 8.1.1　设某 SISO 系统的传递函数为

$$G(s)=\frac{s}{s^2+2s+10}$$

试建立系统的 TF 模型。

解：方法 1　直接用分子和分母多项式系数建立 TF 模型。

```
>>num=[1,0]; den=[1,2,10];
>>sys=tf(num,den)        %建立系统的 TF 模型
Transfer function:
    s
---------
s^2+2 s+10
>>sys.den{1}       %对 SISO 系统，den{1}表示传递函数的分母多项式系数向量
ans=
```

```
    1     2     10
```

方法 2 用 s 因子和数学运算符建立 TF 模型。

```
>>s=tf('s');                  %建立 s 的 TF 模型
>>H=s/(s^2+2*s+10);           %用数学运算符建立系统的 TF 模型
```

2. MIMO 系统的 TF 模型

在 MATLAB 中,num{i,j}和 den{i,j}分别表示传递函数矩阵 $G(s)$ 的第 i 行第 j 列的传递函数的分子多项式系数和分母多项式系数。

例 8.1.2 设某 MIMO 系统的传递函数矩阵

$$G(s)=\begin{bmatrix}\dfrac{s-1}{s+1}\\[2mm] \dfrac{s+2}{s^2+4s+5}\end{bmatrix}$$

试建立系统的 TF 模型。

解:方法 1 直接用分子和分母多项式系数建立 TF 模型。

```
>>N={[1 -1];[1 2]};D= {[1 1];[1 4 5]};
>>sys=tf(N,D)                 %建立系统的 TF 模型
Transfer function from input to output…

       s - 1
#1:  ------
       s + 1

          s + 2
#2:   ---------
       s^2+4 s+5
```

【说明】:#1 为第 1 输出对第 1 输入的传递函数,#2 为第 2 输出对第 1 输入的传递函数。

方法 2 用 s 因子和数学运算符建立 TF 模型。

```
>>s=tf('s')
>>h11=(s-1)/(s+1);
>>h21=(s+2)/(s^2+4*s+5);
>>H=[h11; h21]
```

8.1.2 零极点模型

控制系统的数学模型可以用零点、极点和增益来描述,MATLAB 称这种数学模型为零极点增益模型,即 ZPK 模型,并用 zpk 函数来建立这种数学模型。

【调用格式】:

```
    sys=zpk(z,p,k)        %建立以 z 为零点,p 为极点,k 为增益的 ZPK 模型
```

```
sys = zpk(z,p,k,'Property1',V1,…,'PropertyN',VN)   %初始化 ZPK 模型的其他属性
sys=zpk('s')                                       %建立拉普拉斯变换的自变量 s 的 ZPK 模型
```

【说明】:

(1) z、p、k 分别为系统的零点、极点和增益。z、p、k 是细胞数组,对 MIMO 系统来说 z{i,j},p{i,j},k{i,j}分别表示传递函数矩阵 $G(s)$ 的第 i 行第 j 列的传递函数的零点、极点、增益。

(2) zpk 函数的返回值是一个对象,称之为 ZPK 对象,z、p 和 k 是 ZPK 对象的属性。

(3) 如果没有零点,则 z 为空数组。

例 8.1.3　设某 SISO 系统的传递函数为

$$G(s)=\frac{5(s+2)}{s(s^2+2s+2)}$$

试建立系统的 ZPK 模型。

解:方法 1　直接用零点、极点、增益向量来建立 ZPK 模型。

```
>>k=5; z=[-2]; p=[0, -1+j, -1-j];
>>sys = zpk(z,p,k)          %建立系统的 ZPK 模型
Zero/pole/gain:
  5 (s+2)
-----------
s(s^2 +2s+2)
```

方法 2　用 s 因子和数学运算符建立 TF 模型。

```
>>s=zpk('s');                              %建立 s 的 ZPK 模型
>>H=5*(s+2)/(s*(s^2 +2*s+10));   %用数学运算符建立系统的 ZPK 模型
```

例 8.1.4　设某 MIMO 系统的传递函数矩阵

$$G(s)=\begin{bmatrix}\dfrac{-1}{s} & \dfrac{3(s+5)}{(s+1)^2}\\ \dfrac{2(s^2-2s+2)}{(s-1)(s-2)(s-3)} & 0\end{bmatrix}$$

试建立系统的 ZPK 模型。

解:

```
>> Z={[],[-5];[1-i 1+i],[]};P={0,[-1 -1];[1 2 3],[]};K=[-1,3;2,0];
>> H = zpk(Z,P,K)          %建立系统的 ZPK 模型
Zero/pole/gain from input 1 to output…
     -1
#1: ---
     s
```

```
      2(s^2 -2s+2)
#2: ----------------
      (s-1) (s-2) (s-3)
Zero/pole/gain from input 2 to output…
      3(s+5)
#1:------
      (s+1)^2
#2: 0
```

8.1.3 状态空间模型

现代控制理论用状态空间模型来描述系统的运动规律,在 MATLAB 中用 ss 函数来建立控制系统的状态空间模型,称之为 SS 模型。

【调用格式】:

```
sys=ss(a,b,c,d)                                    %建立状态空间模型
sys=ss(a,b,c,d,'Property1',V1,…,'PropertyN',VN)   %初始化模型的其他属性
sys=ss(d)                                          %建立静态增益矩阵 d 的状态空间模型
```

【说明】:

(1) a,b,c,d 分别表示状态方程的系统矩阵、输入矩阵,输出矩阵和传输矩阵。

(2) ss 函数的返回值是一个对象,称之为 SS 对象,a,b,c 和 d 是 SS 对象的属性。

(3) 如果 d=0,ss 函数可以直接用标量 0 作为输入变量,忽略了对 d 的维数要求。

例 8.1.5 已知系统的状态空间描述为

$$\begin{bmatrix} \dot{x}_1 \\ \dot{x}_2 \\ \dot{x}_3 \end{bmatrix} = \begin{bmatrix} 0 & 1 & 0 \\ 0 & -1 & -1 \\ 0 & 0 & -3 \end{bmatrix} \begin{bmatrix} x_1 \\ x_2 \\ x_3 \end{bmatrix} + \begin{bmatrix} 0 \\ 1 \\ 1 \end{bmatrix} u$$

$$y = \begin{bmatrix} 1 & 0 & 0 \end{bmatrix} \begin{bmatrix} x_1 \\ x_2 \\ x_3 \end{bmatrix}$$

试建立系统的 SS 模型传递函数。

解:

```
>>A=[0 1 0;0 -1 -1;0 0 -3];B=[0;1;1];C=[1 0 0];D=0;
>> ss(A,B,C,D)
   a=
            x1  x2  x3
      x1    0   1   0
```

```
      x2   0   -1   -1
      x3   0    0   -3
  b =
           u1
      x1   0
      x2   1
      x3   1
  c =
           x1   x2   x3
      y1   1    0    0
  d =
           u1
      y1   0
  Continuous-time model.
```

8.1.4 频率响应数据模型

MATLAB 提供了频率响应数据模型来描述这类系统，这种数学模型称为 FRD 模型，frd 函数用来创建频率响应数据模型。

【调用格式】：

```
sys = frd(response,frequency)          % 建立频率响应数据模型
```

【说明】：

(1) frequency 为测试或者计算频率特性所选取的角频率向量 ω，其每一个元素为一个角频率值。

(2) response 为频率响应数据 $G(\mathrm{j}\omega)$。对于 SISO 系统，response 是一个向量，response(i)表示系统角频率为 frequency(i)的正弦信号的频率响应数据。对于 MIMO 系统，response 是一个三维矩阵，response(i,j,:)表示系统的第 i 个输出对第 j 个输入的频率响应数据；response(i,j,k)表示系统的第 i 个输出在 frequency(k)频率点上，对第 j 个输入的频率响应数据。

(3) frd 函数的返回值是一个对象，称之为 FRD 对象，frequency 和 response 是 FRD 对象的属性。

例 8.1.6 运行下列语句，观察运算结果，分析 FRD 对象的数据结构。

```
>> freq=logspace(1,2);
>> resp=0.05*(freq).*exp(i*2*freq);
>> sys=frd(resp,freq)
```

8.1.5 离散系统的数学模型

1. 脉冲传递函数模型

离散系统的脉冲传递函数可以用 tf 函数和 zpk 函数建立其 TF 模型和 ZPK 模型。

【调用格式】:

```
sys=tf(num,den,Ts)          % 建立离散系统的 TF 模型
sys=zpk(z,p,k,Ts)           % 建立离散系统的 ZPK 模型
```

【说明】:

(1) num 和 den 是离散系统脉冲传递函数的分子和分母多项式系数。

(2) z,p,k 是离散系统脉冲传递函数的零点、极点和增益。

(3) Ts 是离散系统的采样周期。

2. 状态空间模型

离散系统的状态空间模型用差分方程组来描述,ss 函数可以建立离散系统的状态空间模型。

【调用格式】:

```
sys=ss(a,b,c,d,Ts)          % 建立离散系统的 SS 模型
```

【说明】:

(1) a,b,c,d 是离散系统状态空间差分方程组的系统矩阵、输入矩阵、输出矩阵和直接传输矩阵。

(2) Ts 是离散系统的采样周期。

8.1.6 随机生成稳定的控制系统

MATLAB 提供了用于测试的随机生成一些系统模型的函数。

【调用格式】:

```
sys=rss(n,p,m)        % 随机生成稳定的 n 阶连续系统,具有 p 个输出和 m 个输入
sys = drss(n,p,m)     % 随机生成稳定的 n 阶离散系统,具有 p 个输出和 m 个输入
```

【说明】:函数返回的是 SS 模型。

8.2 LTI 模型的属性

在 MATLAB 中,数学模型的数据结构为对象,本节介绍 LTI(线性时不变)模型对象的属性数据,包括 LTI 对象的共有属性和各种 LTI 对象的专有属性以及对属性数据的访问。

8.2.1 LTI 模型的属性描述

1. LTI 模型的共有属性

LTI 模型中有多个类,包括 TF 类、ZPK 类、SS 类等,这些类有共有的属性。表 8.2.1 列举了 LTI 对象的共有属性。

表 8.2.1 LTI 对象的共有属性

属性名	属性描述	属性的数据类
ioDelay	输入通道对输出通道的滞后时间矩阵	矩阵
InputDelay	输入信号的滞后时间	向量
InputGroup	输入通道分组	结构体
InputName	输入通道名称	字符串细胞数组
Notes	注解	字符串
OutputDelay	输出信号的滞后时间	向量
OutputGroup	输出通道分组	结构体
OutputName	输出通道名字	字符串细胞数组
Ts	离散系统的采样周期	标量
Userdata	附加数据	任意数据类系

对共有属性的说明如下所述。

MATLAB 支持带有纯滞后的控制系统模型,将纯滞后分为:输入通道对输出通道的滞后、输入通道滞后和输出通道滞后 3 种类型,分别用 LTI 对象的 ioDelay、InputDelay 和 OutputDelay 属性来表示。

(1) ioDelay 属性。

设某系统的传递函数矩阵为

$$G(s)=\begin{bmatrix} e^{-s\tau_{11}}h_{11}(s) & \cdots & e^{-s\tau_{1m}}h_{1m}(s) \\ \cdots & \cdots & \cdots \\ e^{-s\tau_{p1}}h_{p1}(s) & \cdots & e^{-s\tau_{pm}}h_{pm}(s) \end{bmatrix}=[\exp(-s\tau_{ij})h_{ij}(s)]$$

其中,τ_{ij}为第 i 个输出对第 j 个输入的纯滞后时间;$h_{ij}(s)$为 s 的有理分式。可以用如下 MATLAB 语句建立 $G(s)$的 TF 模型和 ZPK 模型。

```
G=tf(num,den,'ioDelay',Tau)
G=zpk(z,p,k,'ioDelay',Tau)
```

其中,num 和 den 为$[h_{ij}(s)]$传递函数矩阵的分子系数和分母系数;Tau 为$[\tau_{ij}]$矩阵。

(2) InputDelay 属性和 OutputDelay 属性。

在状态空间模型中,ioDclay 方式无法精确地描述滞后是发生在输入端还是输出端,MATLAB 提供了 InputDelay 属性和 OutputDelay 属性来描述 SS 模型的纯滞后,可以用下面的语句来描述系统 M1 和 M2。

```
M1=ss(-1,1,1,0,'inputdelay',0.1)
M2=ss(-1,1,1,0,'outputdelay',0.1)
```

例 8.2.1 设某系统的传递函数矩阵

$$G(s)=\begin{bmatrix}\dfrac{1}{s}\\[2mm]\dfrac{2}{s+1}\end{bmatrix}e^{-0.1s}$$

试建立该系统的 TF 模型。

解:方法 1 用 InputDelay 属性。

```
>>s=tf('s');
>>H=[1/s; 2/(s+1)];
>>H.inputdelay=0.1
Transfer function from input to output…
                          1
#1: exp(-0.1*s) * ---
                          s
                          2
#2: exp(-0.1*s) * ---
                          s+1
```

方法 2 用 ioDelay 属性。

```
>>s=tf('s');
>>H =[1/s;2/(s+1)];
>>H.iodelay=[0.1; 0.1];
```

(3) 离散系统的滞后。

离散系统的纯滞后通常用采样周期的整数倍来描述。

例 8.2.2 设某离散系统的脉冲传递函数为

$$G(z)=\frac{z^{-2}}{z-1}$$

采样周期 $T_s=0.1$ s。试建立该系统的带有 0.2s 纯滞后时间的数学模型。

解:系统的纯滞后时间为 0.2 s,为 2 个采样周期。

```
>>Ts=0.1;
>>G=tf(1,[1 -1],Ts,'inputdelay',2)
```

(4) 用 Pade 近似法处理纯滞后环节。

1892 年法国数学家提出了一种用有理分式近似表示纯滞后环节 e^{-Ts} 的方法,称为 Pade 近似法,其数学表达式为

$$e^{-Ts}=\frac{1-Ts/2+p_1(Ts)^2-p_2(Ts)^3+p_3(Ts)^4-\cdots+\cdots}{1+Ts/2+p_1(Ts)^2+p_2(Ts)^3+p_3(Ts)^4+\cdots}$$

MATLAB 中调用 pade 函数,用 pade 的某阶展开式取代纯滞后环节,这样的处理可以降低系统分析和设计的计算量。Pade 有理式的阶次越高(一般 4 次即可)、纯滞后时间越小,近似效果越好。

【调用格式】:

[num,den]=pade(T,N)　%求纯滞后时间为 T 的 N 阶 Pade 有理分式

sysx=pade(sys,N)　%将系统 sys 中的所有纯滞后环节用 N 阶 Pade 展开式近似

2. LTI 模型的专有属性

LTI 模型的 ZF 类、ZPK 类、SS 类,每个类都具有各自的专有属性。表 8.2.2 ~ 表 8.2.5 列举了 LTI 对象的专有属性。

表 8.2.2　TF 对象的专有属性

属性名	属性描述	属性的数据类系
den	传递函数的分母多项式	行向量实数细胞数组
num	传递函数的分子多项式	行向量实数细胞数组
Variable	传递函数的自变量	's','p','z','q','z^-1'

表 8.2.3　ZPK 对象的专有属性

属性名	属性描述	属性的数据类系
Z	传递函数的零点	列向量复数细胞数组
P	传递函数的极点	列向量复数细胞数组
K	传递函数的增益	实矩阵
Variable	传递函数的自变量	's','p','z','q','z^-1'

表 8.2.4　SS 对象的专有属性

属性名	属性描述	属性的数据类系
A	系统矩阵	实数矩阵
B	输入矩阵	实数矩阵
C	输出矩阵	实数矩阵
D	直接传递矩阵	实数矩阵
E	描述矩阵	实数矩阵
Nx	状态数目	整数标量
StateName	状态名称	字符串构成的列细胞数组

表 8.2.5　FRD 对象的专有属性

属性名	属性描述	属性的数据类系
Frequency	频率点	实数向量
ResponseData	频率响应数据	多维数值数组
Units	频率单位	'rad/s' 'Hz'

8.2.2 访问 LTI 模型的属性

对控制系统的 LTI 模型的属性的访问包括属性设置和属性读取,可以采用如下方法:

(1) 创建数学模型对象的时候,用带有属性的输入变量来设置相关属性。

(2) 用 get 和 set 函数来设置和读取模型对象的属性。

(3) 将模型对象的属性当作普通变量来访问,通过成员运算符“.”访问对象的属性。

(4) 可以通过模型的专用函数获取系统模型的专有属性。

```
[a,b,c,d]=ssdata(sys)
[num,den]=tfdata(sys)        [num,den]=tfdata(sys,'v')
[z,p,k]=zpkdata(sys)         [z,p,k]=zpkdata(sys,'v')
```

例 8.2.3 读下列程序,理解模型对象属性的访问方法。

```
>>sys=tf(1,[1 1],'Inputdelay',0.3);               % 用带有属性输入变量的方法调用 tf
>>set(sys,'inputname','energy','outputname','temperature','notes','A simple model');
                                                  % 用 set 函数设置 TF 对象的属性值
>>NoteValue=get(sys,'notes');                     % 用 get 函数访问 TF 对象的 notes 属性
>>sys.num{1}=2;                                   % 直接通过属性名访问属性值
>>sys.den{1}(2)=2;
>>sys.InputName='Hz';
>>get(sys)                                        % 显示 TF 对象的所有属性值
            num:{[0 2]}
            den:{[1 2]}
       Variable:'s'
             Ts:0
        ioDelay:0
     InputDelay:0.3
    OutputDelay:   0
      InputName:{'Hz'}
     OutputName:{'temperature'}
     InputGroup:[1x1 struct]
    OutputGroup:[1x1 struct]
          Notes:{'A simple model'}
       UserData:[]
>> sys
Transfer function from input "Hz" to output "temperature":
```

```
                    2
exp(-0.3 * s)  *  ----
                  s + 2
```

8.3 数学模型之间的转换

8.3.1 LTI 对象之间的转换

LTI 各类对象之间可以进行相互转换,下面列出这些转换函数的调用格式。

```
sys=tf(sys)                     % 将 sys 对象转换为 TF 模型
sys=zpk(sys)                    % 转换为 ZPK 模型
sys=ss(sys)                     % 转换为 SS 模型
sys = frd(sys,frequency)        % 转换为 FRD 模型
```

8.3.2 LTI 对象属性之间的转换

可以转换 LTI 对象之间的专有属性数据,下面列出这些转换函数的调用格式。

【调用格式】:

```
[z,p,k]=tf2zp(num, den)          % 将 TF 对象的属性转换为 ZPK 对象的属性
[A,B,C,D]=tf2ss(num,den)         % 将 TF 对象的属性转换为 SS 对象的属性
[num,den ]=zp2tf(z,p,k)          % 将 ZPK 对象的属性转换为 TF 对象的属性
[A,B,C,D]=zp2ss(z,p,k)           % 将 ZPK 对象的属性转换为 SS 对象的属性
[z,p,k]=ss2zp(A,B,C,D,iu)        % 将 SS 对象的属性转换为 ZPK 对象的属性
[num,den]=ss2tf(A,B,C,D,iu)      % 将 SS 对象的属性转换为 TF 对象的属性
```

【说明】:iu 是输入变量的序号(端口号),即转换是输出对哪一个输入变量进行的。

例 8.3.1 已知系统 $\Sigma(A,B,C,D)$ 的系数矩阵为

$$A=\begin{bmatrix}2&0&0\\0&4&1\\0&0&4\end{bmatrix},B=\begin{bmatrix}1\\0\\1\end{bmatrix},C=\begin{bmatrix}1&1&0\end{bmatrix},D=0$$

求取该系统相应的 TF 模型和 ZPK 模型。

解:用下面的语句实现模型转换。

```
>>A=[2, 0, 0;0, 4, 1;0, 0, 4]; B=[1, 0, 1]'; C=[1, 1, 0];D=0;
>>[num den]=ss2tf(A,B,C,D);
>>G1=tf(num,den)
Transfer function:
```

```
    s^2 - 7 s + 14
---------------
s^3-10 s^2+32 s-32
>>[z,p,k]=tf2zp(num,den);
>> G2=zpk(z,p,k)
Zero/pole/gain:
(s^2 -7s+14)
------------
(s-4)^2 (s-2)
```

也可以用下面的方法实现模型转换。

```
>>A=[2,0,0;0,4,1;0,0,4];B=[1,0,1]';C=[1,1,0];D=0;
>>gss=ss(A,B,C,D);
>>gtf=tf(gss);
>>gzpk=zpk(gss);
```

8.3.3 连续系统和离散系统之间的转换

对系统进行分析和设计时,经常涉及将连续环节和离散环节之间相互转换的问题,MATLAB提供了相应的连续系统和离散系统的转换函数。

【调用格式】:

```
sysd=c2d(sysc,Ts)                    %将连续系统转换为采样周期为Ts的离散系统
sysd=c2d(sysc,Ts,'method')           %指定连续系统的离散化方法method
[sysd,G]=c2d(sysc,Ts,'method')       %对于SS模型,同时求得初始条件的转换阵G
[Ad,Bd,Cd,Dd]=c2dm(A,B,C,D,Ts,'method')  %用于连续SS模型的离散化
sysc=d2c(sysd)                       %将离散系统转换为连续系统
sysc=d2c(sysd,'method')              %指定离散系统的连续化方法method
[Ac,Bc,Cc,Dc]=d2cm(A,B,C,D,Ts,'method')  %用于离散SS模型的连续化
sysd1 = d2d(sysd,Ts)                 %改变离散系统的采样周期,生成新的离散系统
```

【说明】:

(1) sysc表示连续系统的数学模型,sysd表示离散系统的数学模型。

(2) method为转换方法(离散化、连续化),可能的取值和含义为:

'zoh'	零阶保持器法,这是默认的转换方法
'foh'	一阶保持器法
'imp'	冲激响应不变法
'tustin'	双线性变换法
'prewarp'	预扭曲的双线性变换法

'matched' 零极点映射匹配法(仅用于 SISO 系统)

例 8.3.2 已知系统的被控对象传递函数为

$$G(s)=\frac{10}{(s+2)(s+5)}$$

如果选择采样周期 $T_s=0.1$ s,试将其进行离散化处理。

解:运行下面的程序,用零阶保持器法将连续系统转换成离散系统。

```
>>num=10;  den=[1,7,10];  ts=0.1;
>>sysc=tf(num,den);                 % [n_zoh,d_zoh]=c2dm(num,den,ts) ;
>>sysd=c2d(sysc,ts)                 % tf(n_zoh,d_zoh,ts)
Transfer function:
  0.0398 z + 0.03152
 ------------------
 z^2 - 1.425 z+0.4966
  Sampling time: 0.1
```

例 8.3.3 已知某离散系统的脉冲传递函数为 $G(z)=\dfrac{z+0.4}{z-0.7}$,系统的采样周期 $T_s=0.1$ s。如果重新改变系统的采样周期为 $T_s=0.25$ s,试求采样周期改变前后系统的单位阶跃响应。

解:运行下面的程序,运行结果如图 8.3.1 所示。

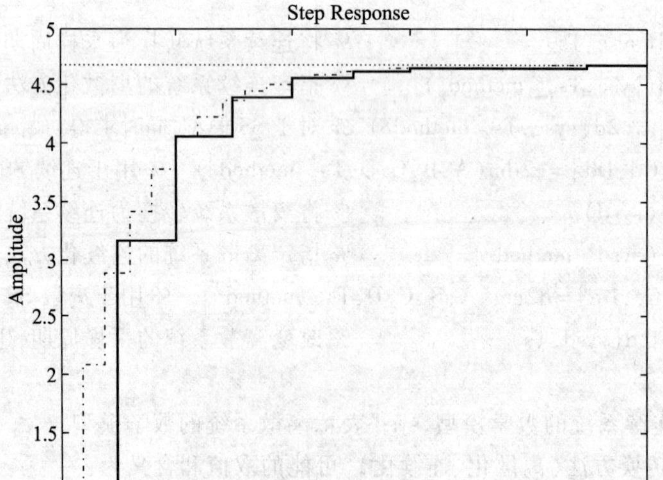

图 8.3.1 离散系统采样周期改变前后的单位阶跃响应曲线

```
>>h1=tf([1 0.4],[1 -0.7],0.1);
```

```
>>h2 = d2d(h1,0.25);
>>step(h1,'-.',h2,'-')
```

8.4 系统模型的运算

MATLAB 用对象这种数据结构来表示控制系统的数学模型，支持面向对象的程序设计，因此重载了一些运算符，用来实现对数学模型的运算。另外还提供了一些函数，用来支持数学模型的连接。

8.4.1 子系统

系统的运动规律可以用其输入、输出关系来描述。对于 MIMO 系统来说，子系统是由其一部分输入变量和一部分输出变量构成的系统，并且子系统的输入、输出关系和原系统的关系相同。

(1) LTI 系统的数学模型为 sys，子系统的含义是：

sys(i,j)	第 i 个输出对第 j 个输入的子系统
sys(3,1:4)	第 3 个输出对第 1 个到第 4 个输入的子系统
sys(:,1)	所有输出对第 1 个输入的子系统
sys([1,3],1)	第 1 个输出和第 3 个输出对第 1 个输入的子系统

(2) sys 为状态空间模型，其模型数据为 A,B,C,D，则子系统 sys(i,j) 表示的状态空间模型数据为 A,B(:,j),C(i,:),D(i,j)。

(3) 如果 sys 是传递函数矩阵，则 sys(i,j) 表示传递函数矩阵的第 i 行第 j 列的传递函数。

8.4.2 数学运算符

1. 加法和减法 + -

加减法运算表示系统并联，加法运算如图 8.4.1 所示，减法运算如图 8.4.2 所示。

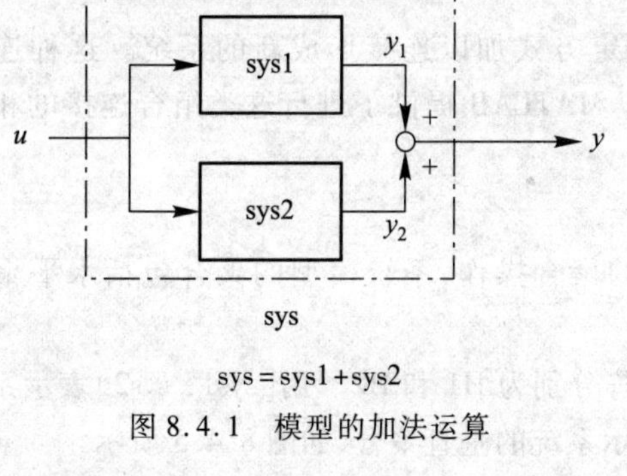

图 8.4.1 模型的加法运算

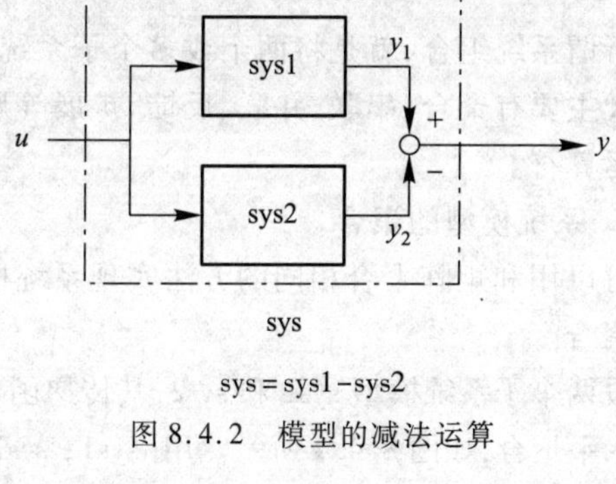

图 8.4.2 模型的减法运算

2. 乘法 *

乘法运算表示系统串联，乘法运算如图 8.4.3 所示，注意乘法运算通常不满足交换律。

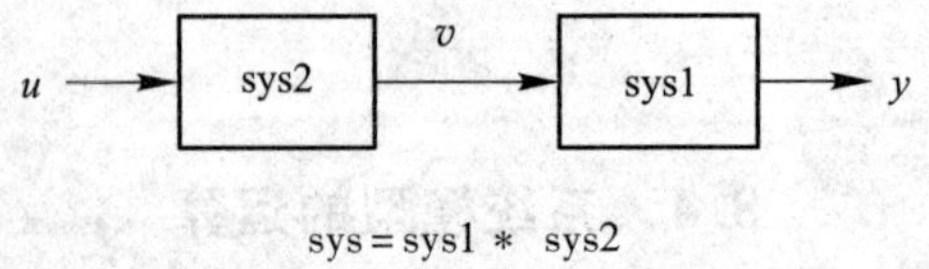

图 8.4.3 模型的乘法运算

3. 求逆 inv(sys)

系统模型的求逆运算相当于把原系统的输入、输出关系对调过来，即原系统的输入作为求逆后系统的输出，原系统的输出作为求逆后系统的输入。

如果 sys 系统的数学描述为 $y=Hu$，其求逆后的系统 sysn 的数学描述就为 $u=H^{-1}y$，记为 sysn = inv(sys)。需要注意的是当 sys 为状态空间模型时，要求 D 阵为可逆方阵。

4. 除法 \ /

sys1\sys2 相当于 inv(sys1) * sys2。

sys1/sys2 相当于 sys1 * inv(sys2)。

5. 转置 sys.'

sys.'表示 LTI 系统 sys 的转置，其具体含义为：

(1) TF 模型的转置相当于将细胞数组 num 和 den 转置。

(2) ZPK 模型的转置相当于将细胞数组 z,p 和 k 转置。

(3) SS 模型的转置相当于将(A,B,C,D)都转置为(A.',B.',C.',D.')。

(4) FRD 模型的转置相当于将频率响应数据矩阵在每个频率点上都转置。

6. 共轭复转置 sys'

连续系统的传递函数为 $G(s)$，其共轭复转置系统的传递函数为$[G(-s)]^{T}$；离散系统的脉冲传递函数为 $G(z)$，其共轭复转置系统的脉冲传递函数为$[G(z^{-1})]^{T}$。

8.4.3 系统组合

所谓系统组合，就是将两个或多个子系统按一定方式加以连接形成新的系统。这种连接组合方式主要有聚合、串联、并联、反馈、扩展等形式。MATLAB 提供了进行这类组合连接的相关函数和运算符。

1. 系统模型的聚合

可以用和矩阵聚合相同的方法实现系统模型的聚合操作，系统模型的聚合包括水平聚合和垂直聚合。

设两个子系统模型 sys1 和 sys2，其传递函数矩阵分别为 H1 和 H2。用[sys1, sys2]表示系统模型的水平聚合，如图 8.4.4 所示。用[sys1; sys2]表示系统的垂直聚合，如图 8.4.5 所示。

2. 系统模型的串联

【调用格式】:

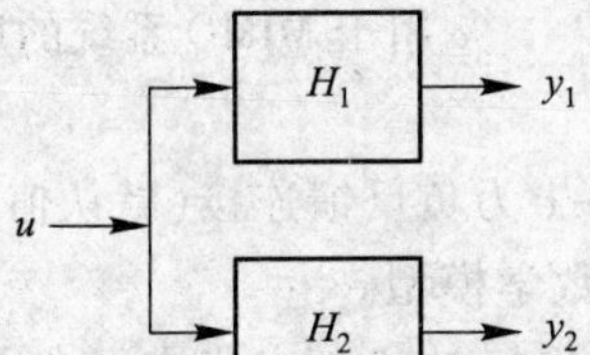

$$\boldsymbol{y}=[H_1,\quad H_2]\begin{bmatrix}u_1\\u_2\end{bmatrix}$$

[sys1, sys2]

图 8.4.4 系统模型的水平聚合

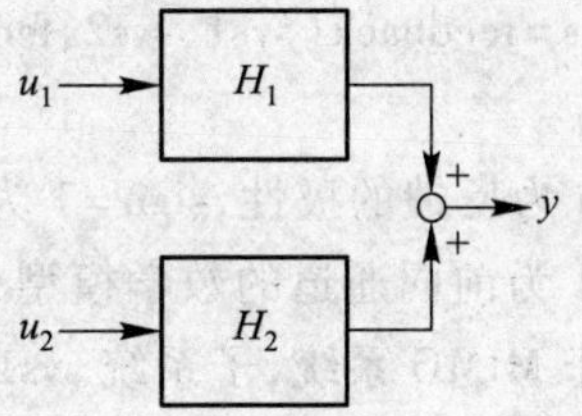

$$\begin{bmatrix}y_1\\y_2\end{bmatrix}=\begin{bmatrix}H_1\\H_2\end{bmatrix}\boldsymbol{u}$$

[sys1; sys2]

图 8.4.5 系统模型的垂直聚合

sys=series(sys1,sys2) %用于 SISO 系统的串联

sys=series(sys1,sys2,outputs1,inputs2) %用于 MIMO 系统的串联

【说明】:对于 MIMO 系统,子系统 sys1 和子系统 sys2 串联时,将 sys1 的端口号为 output1 的输出通道和 sys2 的端口号为 input2 的输入通道相连接,如图 8.4.6 所示。

3. 系统模型的并联

【调用格式】:

sys=parallel(sys1,sys2) %用于 SISO 系统的并联

sys=parallel(sys1,sys2,in1,in2,out1,out2) %用于 MIMO 系统的并联

【说明】:对于 MIMO 系统,子系统 sys1 和子系统 sys2 并联时,将 sys1 的端口号为 in1 的输入通道和 sys2 的端口号为 in2 的输入通道相连接,将 sys1 的端口号为 out1 的输出通道和 sys2 的端口号为 out2 的输出通道相连接,如图 8.4.7 所示。

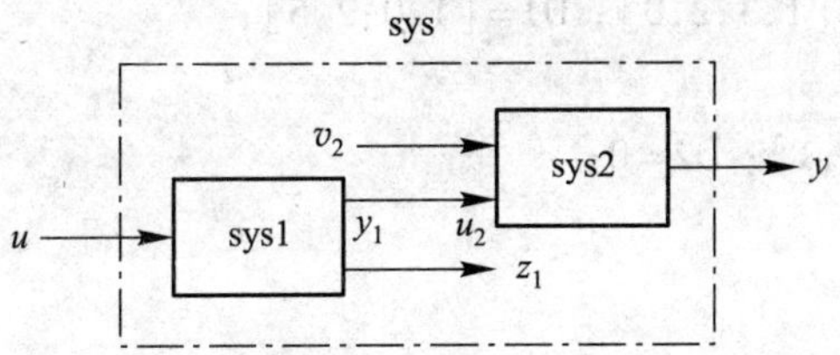

图 8.4.6 MIMO 系统的串联

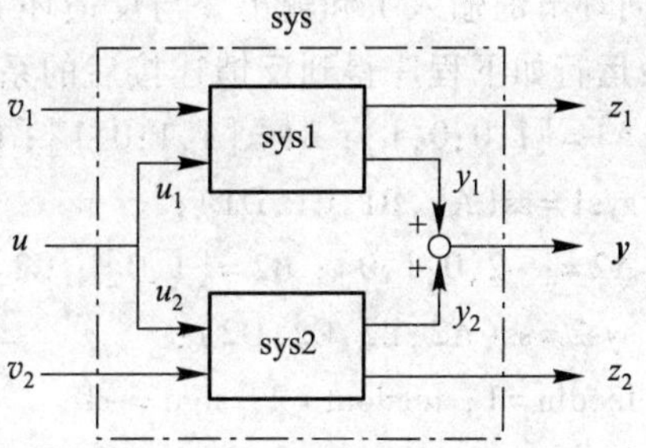

图 8.4.7 MIMO 系统的并联

4. 系统模型的反馈连接

【调用格式】:

```
sys=feedback(sys1,sys2,sign)                              %用于 SISO 系统的反馈连接
sys=feedback(sys1,sys2,feedin,feedout,sign)               %用于 MIMO 系统的反馈连接
```

【说明】:

(1) sign 为反馈的极性,sign=1 为正反馈连接,sign=-1 为负反馈连接(默认值)。

(2) sys1 为前向通道的数学模型,sys2 为反馈通道的数学模型。

(3) 对于 MIMO 系统,子系统 sys1 和子系统 sys2 反馈连接时,feedin 指定了 sys1 中接受反馈的输入端口号,feedout 指定了 sys1 中用于反馈的输出端口号,最终实现的反馈系统与 sys1 具有相同的输入、输出端,如图 8.4.8 所示。

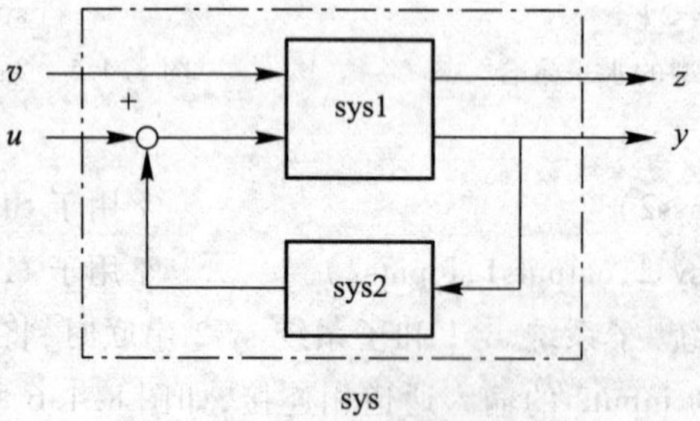

图 8.4.8 MIMO 系统的反馈连接

例 8.4.1 已知前向环节和反馈环节的状态空间表达式的系数阵分别为:

$$A_1=\begin{bmatrix}1&0\\0&1\end{bmatrix},B_1=\begin{bmatrix}1&1\\0&1\end{bmatrix},C_1=\begin{bmatrix}1&3\\2&0\end{bmatrix},D_1=\begin{bmatrix}1&0\\2&5\end{bmatrix},$$

$$A_2=\begin{bmatrix}-2&0\\1&0\end{bmatrix},B_2=\begin{bmatrix}1\\0\end{bmatrix},C_2=[0\quad 1],D_2=0$$

试将前向环节的输入 1 和输出 2 与反馈环节构成负反馈系统。

解:运行如下程序得到反馈连接后的系统模型。

```
>> A1=[1,0;0,1]; B1=[1,1;0,1]; C1=[1,3;2,0]; D1=[1,0;2,5];
>> sys1=ss(A1,B1,C1,D1);
>> A2=[-2,0;1,0]; B2=[1,0]'; C2=[0,1]; D2=0;
>> sys2=ss(A2,B2,C2,D2);
>> feedin=1; feedout=2; sign=-1;
>> sys=feedback(sys1,sys2,feedin,feedout,sign);
```

例 8.4.2 典型反馈控制系统结构如图 8.4.9 所示。其中,$G(s)=\dfrac{4}{s^3+2s^2+3s+4}$,$G_c(s)=\dfrac{s-3}{s+3}$,$H(s)=\dfrac{1}{0.01s+1}$,求系统的闭环传递函数。

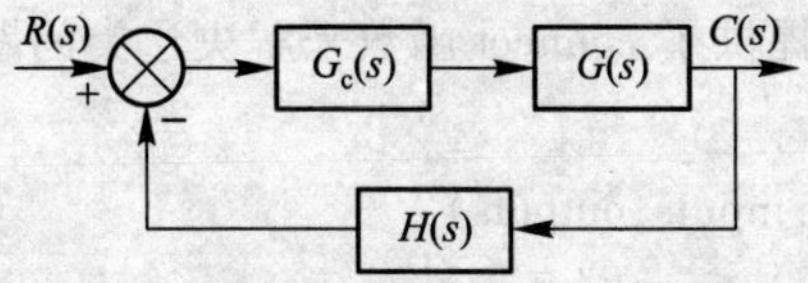

图 8.4.9 反馈系统结构图

解:通过下面的语句求出闭环系统的传递函数。

```
>>G=tf(4,[1,2,3,4]); Gc=tf([1,-3],[1,3]); H=tf(1,[0.01,1]);
>>G_o=Gc*G;                        %系统前向通道的传递函数
>>G_c=feedback(G_o,H);    %系统的闭环传递函数
```

5. 系统模型的扩展

【调用格式】:

sys=append(sys1,sys2,…,sysN)

【说明】:将子系统 sys1,sys2,…,sysN 的所有输入作为系统的输入,所有输出作为系统输出,且各子系统间没有信号连接,从而扩展为一个系统。图 8.4.10 所示为多个系统的结构图扩展和传递函数模型扩展,图 8.4.11 所示为 2 个状态空间模型的扩展。

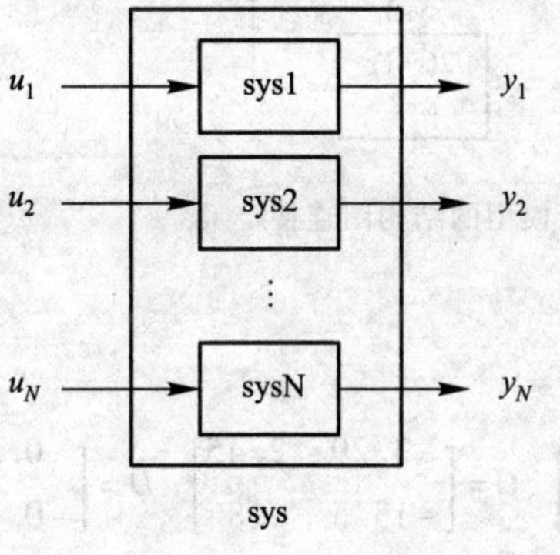

$$sys=\begin{bmatrix} sys1 & 0 & 0 & 0 \\ 0 & sys2 & 0 & 0 \\ 0 & 0 & sys3 & 0 \\ 0 & 0 & 0 & sysN \end{bmatrix}$$

图 8.4.10 系统结构图扩展和传递函数模型扩展

$$\begin{bmatrix} \dot{x}_1 \\ \dot{x}_2 \end{bmatrix}=\begin{bmatrix} A_1 & 0 \\ 0 & A_2 \end{bmatrix}\begin{bmatrix} x_1 \\ x_2 \end{bmatrix}+\begin{bmatrix} B_1 & 0 \\ 0 & B_2 \end{bmatrix}\begin{bmatrix} u_1 \\ u_2 \end{bmatrix}$$

$$\begin{bmatrix} y_1 \\ y_2 \end{bmatrix}=\begin{bmatrix} C_1 & 0 \\ 0 & C_2 \end{bmatrix}\begin{bmatrix} x_1 \\ x_2 \end{bmatrix}+\begin{bmatrix} D_1 & 0 \\ 0 & D_2 \end{bmatrix}\begin{bmatrix} u_1 \\ u_2 \end{bmatrix}$$

图 8.4.11 两个状态空间子系统的扩展

6. 系统模型的结构图连接

我们经常把多个子系统用结构图连接起来构成整个控制系统,这就涉及从结构图描述中获取系统模型的问题。MATLAB 提供了 connect 函数来解决这类问题。

【调用格式】:

sysc = connect(sys, Q, inputs, outputs)

【说明】:

(1) connect 函数的功能是将多个子系统按照一定的连接方式构成一个系统。

(2) sys 是待连接的子系统被 append 函数扩展后的系统。

(3) Q 矩阵声明了子系统的连接方式。Q 矩阵的行向量声明了 sys 输入信号的连接方式,每个行向量的第 1 个元素为 sys 系统的输入端口号,其他元素为与该输入信号相连接的 sys 端口号。

(4) inputs 声明了整个系统的输入信号是由 sys 系统的哪些输入端口号构成的。

(5) outputs 声明了整个系统的输出信号是由 sys 系统的哪些输出端口号构成的。

例 8.4.3 已知系统的结构图如图 8.4.12 所示,试求整个系统的状态空间模型。

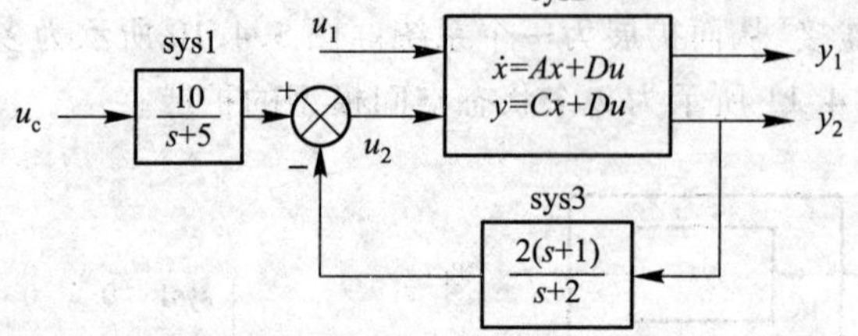

图 8.4.12 系统模型的结构图连接

其中,子系统 sys2 的状态空间模型数据为

$$A=\begin{bmatrix}-9.0 & 17.7\\ -1.69 & 3.21\end{bmatrix},B=\begin{bmatrix}-0.51 & 0.53\\ -0.002 & -1.85\end{bmatrix},C=\begin{bmatrix}-3.29 & 2.45\\ -13.5 & 18\end{bmatrix},D=\begin{bmatrix}-0.55 & -0.14\\ -0.65 & 0.3\end{bmatrix}$$

解:如果把 sys1(1 入 1 出)、sys2(2 入 2 出)和 sys3(1 入 1 出)用 append 扩展为系统 sys,则 sys 有 4 个输入和 4 个输出,它们依次为 sys1、sys2 和 sys3 的输入和输出,其编号为1 ~4,具体编号如下:

sys 的 1 号输入为 sys1 的 1 号输入 uc;

sys 的 2 号输入和 3 号输入为 sys2 的 1 号输入 u1 和 2 号输入 u2;

sys 的 4 号输入为 sys3 的 1 号输入;

sys 的 1 号输出为 sys1 的 1 号输出;

sys 的 2 号输出和 3 号输出为 sys2 的 1 号输出 y1 和 2 号输出 y2;

sys 的 4 号输出为 sys3 的 1 号输出。

从图 8.4.12 中的连接方式可知,sys 的 3 号输入 u2 由其 1 号输出和 4 号输出构成,sys 的 4 号输入由其 3 号输出构成,因此 $Q=[3,1,-4;4,3,0]$。

系统的输入由 sys 的 1 号输入 uc 和 2 号输入 u1 构成,因此 inputs=[1, 2]。

系统的输出由 sys 的 2 号输出 y1 和 3 号输出 y2 构成,因此 outputs=[2, 3]。

运行下面程序,查看运行结果。

```
>>A=[-9.0,17.7;-1.69,3.21]; B=[-0.51,0.53;-0.002 -1.85];
>>C=[-3.29,2.45;-13.5,18];D=[-0.55,-0.14;-0.65,0.3];
>>sys1=tf(10,[1 5],'inputname','uc');
>>sys2=ss(A,B,C,D,'inputname',{'u1''u2'},'outputname',{'y1''y2'});
>>sys3=zpk(-1,-2,2);
>>sys=append(sys1,sys2,sys3)
>>Q=[3,1,-4;4,3,0];outputs=[2, 3];inputs=[1, 2];
>>sysc=connect(sys,Q,inputs,outputs)
```

8.5　数学模型的分析函数

8.5.1　模型分析函数

模型的特征分析函数、动态分析函数以及状态空间的实现函数名称及功能分别见表 8.5.1、表 8.5.2 和表 8.5.3。

表 8.5.1　模型的特征分析

函数名	函数功能
class	返回模型的类型名称,'tf','zpk','ss'或者'frd'
hasdelay	如果 LTI 模型有任何类型的滞后时间,则返回 1
isa	判断 LTI 模型是否是指定的类型
isct	判断模型是否为连续系统模型
isdt	判断模型是否为离散系统模型
isempty	判断 LTI 模型是否为空
isproper	判断模型是否为正则系统(传递函数分母阶次大于等于分子的阶次)
issiso	判断模型是否为 MIMO 系统
ndims	返回 LTI 数组的维数
reshape	改变 LTI 数组的形状
size	返回输入、输出状态的维数

表 8.5.2 模型的动态分析

函数名	函数功能
cover	计算输出的协方差和状态的协方差
damp	求取系统特征根的无阻尼自振频率和阻尼比
dcgain	返回系统的低频增益
dsort	离散系统的极点按幅值排序
esort	连续系统的极点按实部排序
norm	LTI 模型的范数
pole, eig	求系统的极点
pzmap	求取系统的零极点分布
zero	LIT 系统的传输零点

表 8.5.3 状态空间的实现

函数名	函数功能
canon	约当标准型的实现
ctrb	能控矩阵
ctrbf	能控标准型的实现
gram	计算系统的能控 Gram 矩阵和能观 Gram 矩阵
obsv	能观矩阵
obsvf	能观标准型的实现
ssbal	基于坐标变换方法的状态空间均衡实现
ss2ss	状态空间的坐标变换
minreal	状态空间的最小实现
modred	系统降阶
balreal	基于 Gram 矩阵的状态空间均衡实现

8.5.2 模型分析举例

1. 系统的能观与能控性分析

例 8.5.1 考虑系统的状态方程模型

$$\dot{x}=\begin{bmatrix}0&1&0&0\\0&0&-1&0\\0&0&0&1\\0&0&5&0\end{bmatrix}x+\begin{bmatrix}0\\1\\0\\-2\end{bmatrix}u$$

$$y=\begin{bmatrix}1&0&0&0\end{bmatrix}x$$

判断系统的能控性和能观性。

解:运行下面的语句分析系统能控性和能观性。

```
>>A=[0,1,0,0;0,0,-1,0;0,0,0,1;0,0,5,0]; B=[0;1;0;-2];C=[1,0,0,0]; D=0;
>>Tc=ctrb(A,B);
>>rank(Tc)
ans=
     4
>>To=obsv(A,C);
>>rank(To)
ans=
     4
```

可见能控矩阵和能观矩阵都满秩,所以系统是能控的,也是能观的。

2. 系统模型的降阶

在系统的研究中,模型降阶技术有很重要的作用,其目的是将高阶系统用一个低阶模型近似,这样高阶系统可按低阶系统处理,为分析设计高阶系统带来方便。

模型降阶技术是系统分析、设计和仿真中不可缺少的一环,其基本思想是使原始系统的系数矩阵的阶次降低,并保留原系统的主导特征值和一些重要的状态。

在 MATLAB 控制系统工具箱中提供了基于平衡实现降阶函数 balreal 和 modred。函数 balreal 计算可控及可观测的 Gram 矩阵,并对原系统进行等价变换,将原系统分成两部分,其中一部分包含原系统矩阵较大奇异值,而另一部分包含较小奇异值。如果截取对应于小奇异值的子系统,则可实现模型的降阶,用 modred 函数来实现。

例 8.5.2 设系统的传递函数为

$$G(s)=\frac{(s+10)(s+20.01)}{(s+0.5)(s+9.9)(s+20.1)}$$

试求系统的降阶模型。

解:运行下列程序,绘制降阶前后的伯德图和单位阶跃响应曲线,说明降阶后的近似程度。

```
>>sys=zpk([-10 -20.01],[-0.5 -9.9 -20.1],1);
>>[sysb,g]=balreal(sys);                   %状态空间的平衡实现
>>g'                                        %关联系数
ans=
```

```
    0.1006       0.0001       0.0000
>>sysr = modred(sysb,[2 3],'del');        %第 2 个和第 3 个状态关联系数小,可以忽略
>>zpk(sysr)                               %降阶后系统的 ZPK 模型,由 3 阶降为 1 阶
Zero/pole/gain:
1.0001
-------
(s+4.97)
>>bode(sys,'-',sysr,'x');                 %降阶前后的伯德图
>>figure,step(sys, '-',sysr, 'x')         %降阶前后的单位阶跃响应曲线
```

从图 8.5.1 和图 8.5.2 可以看出,系统降阶后其时域响应和频率响应特性几乎完全一致。

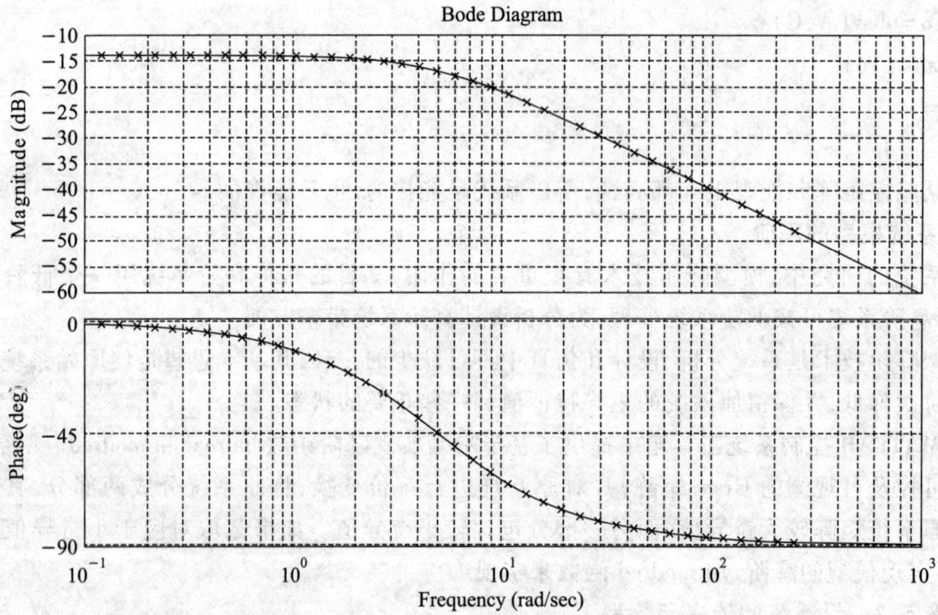

图 8.5.1　系统降阶前后伯德图的对比

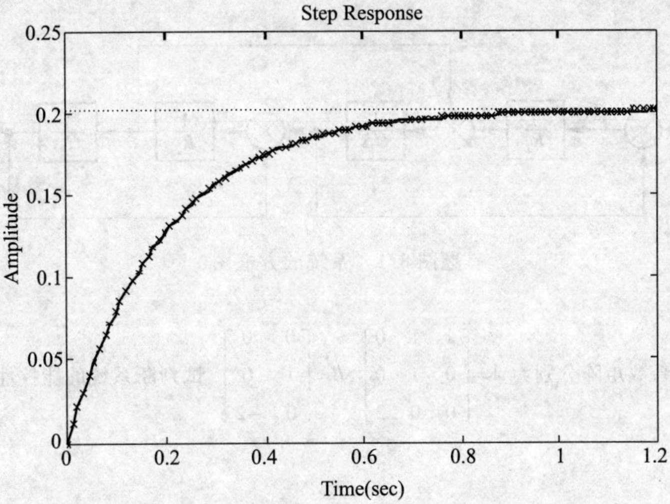

图 8.5.2　系统降阶前后单位阶跃响应曲线的对比

小　结

控制系统的数学模型在系统的分析和设计中起着重要的作用,建立了系统的数学模型,就可以对控制系统进行定性分析和定量计算。本章介绍如何在 MATLAB 中建立控制系统的数学模型,以及控制系统的各种数学模型之间的转换。

习　题

8.1　创建连续二阶系统和离散系统的传递函数模型。

(1) $G(s)=\dfrac{5}{s^2+2s+2}$　(2) $G(s)=\dfrac{5}{s^2+2s+2}e^{-2s}$　(3) $G(z)=\dfrac{0.5z}{z^2-1.5z+0.5}$

8.2　已知系统的传递函数为

$$G(s)=\frac{2(s+0.5)}{(s+0.1)^2+1}$$

建立系统的传递函数模型,并转换为零极点模型和状态空间模型。

8.3　已知系统的传递函数为

$$G(s)=\frac{s+5}{s^3+6s^2+5s+1}$$

采用双线性变换法建立其脉冲传递函数。

8.4　已知系统的方框图如题图 8.1 所示。其中 $R_1=1,R_2=2,C_1=3,C_2=4$,计算系统的 $\Phi(s)=\dfrac{C(s)}{R(s)}$。

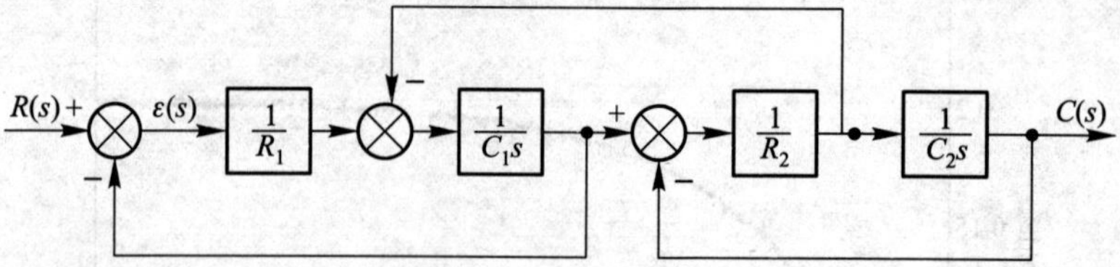

题图 8.1　系统的方框图

8.5　已知系统的系数矩阵分别为 $A=\begin{bmatrix}1 & 1 & 0\\0 & 1 & 0\\0 & 0 & 2\end{bmatrix}$,$B=\begin{bmatrix}0 & 0\\1 & 0\\0 & -2\end{bmatrix}$,试判断系统的能控性。

第九章　控制系统的分析

控制系统的分析是系统设计的重要步骤之一,主要表现在以下两个方面:

(1) 在设计控制器前要分析系统的不可变部分,确定原系统在哪些方面的性能指标不满足设计要求,有针对性的设计控制器。

(2) 控制器设计完成后要验证整个闭环系统的性能指标是否满足设计要求。

9.1　线性系统的时域响应

控制系统最常用的分析方法是,当输入信号为单位阶跃和单位脉冲函数时,求出系统的响应函数。系统的响应函数是时间 t 的函数,称为时域响应。从时域响应可以获得系统从初始时刻开始的任意时刻的响应值,因此时域分析法最能直观地体现系统各个方面的性能。本节详细介绍与系统时域分析相关函数的用法。

9.1.1　单位阶跃响应

单位阶跃信号是控制系统最常用的典型输入信号。根据系统单位阶跃响应的特征量可以定量地描述系统的快速性、阻尼性和稳定性等性能指标。MATLAB 中求取连续系统的单位阶跃响应的函数为 step,其使用方法如下。

【调用格式】:

```
step(sys)                    % 绘制系统 sys 的单位阶跃响应曲线,自动选取时间 t
step(sys,t)                  % 绘制系统 sys 在时间 t 范围内的单位阶跃响应曲线
step(sys1,sys2,...,sysN)     % 绘制多个系统 sys1,…,sysN 的单位阶跃响应曲线
step(sys1,sys2,...,sysN,t)
step(sys1,'PlotStyle1')      % 可以指定绘制单位阶跃响应曲线的绘图格式
[y,t]=step(sys)              % 带有输出变量的调用格式
[y,t,x]=step(sys)            % 仅适用于状态空间模型
y=step(sys,t)
step(A,B,C,D)                % 输入变量为状态空间模型
step(A,B,C,D,iu)             % 输出对第 iu 个输入的响应
step(A,B,C,D,iu,t)
```

```
step(num,den)                % 输入变量为传递函数模型
step(num,den,t)
```

【说明】:

(1) 输入可以是 LTI 数学模型,也可以是 LTI 数学模型的属性值。输入变量 sys 为任意 LTI 数学模型,a,b,c,d 和 num,den 为模型的属性值。

(2) t 为一维向量,其元素是单调递增的离散时间;也可以不指定绘图时间区间,此时 MATLAB系统自动选取绘图时间自变量 t 的区间。

(3) 可以指定绘图的格式字符串,格式串的定义同 plot 函数。

(4) 当采用无输出变量的调用方式时,将绘制函数的响应曲线;当采用带输出变量的调用方式时,不绘制响应曲线,只将响应数据放入输出变量。

(5) 当 sys 是单输入、单输出(SISO)系统时,y 是一个列向量;当 sys 是多输入多输出(MIMO)系统时,y 是一个三维数组,y(:,i,j)表示的是第 i 个输出分量对第 j 个输入分量的单位阶跃响应。

(6) x 为系统的状态值,当 sys 是 SISO 系统时,x 是一个列向量,当 sys 是 MIMO 系统时,x 是一个三维数组,x(:,i,j)表示的是第 i 个状态分量对第 j 个输入分量的单位阶跃响应过程中的状态值。

例 9.1.1　典型二阶系统传递函数为 $G_c(s)=\dfrac{\omega_n^2}{s^2+2\zeta\omega_n s+\omega_n^2}$。试分析不同参数下的系统单位阶跃响应。

解:(1) 假设将自然频率固定为 $\omega_n=1,\zeta=0,0.1,0.2,0.3,\cdots,1,2,3,5$。运行下面的程序,得到闭环系统的单位阶跃响应曲线如图 9.1.1 所示。

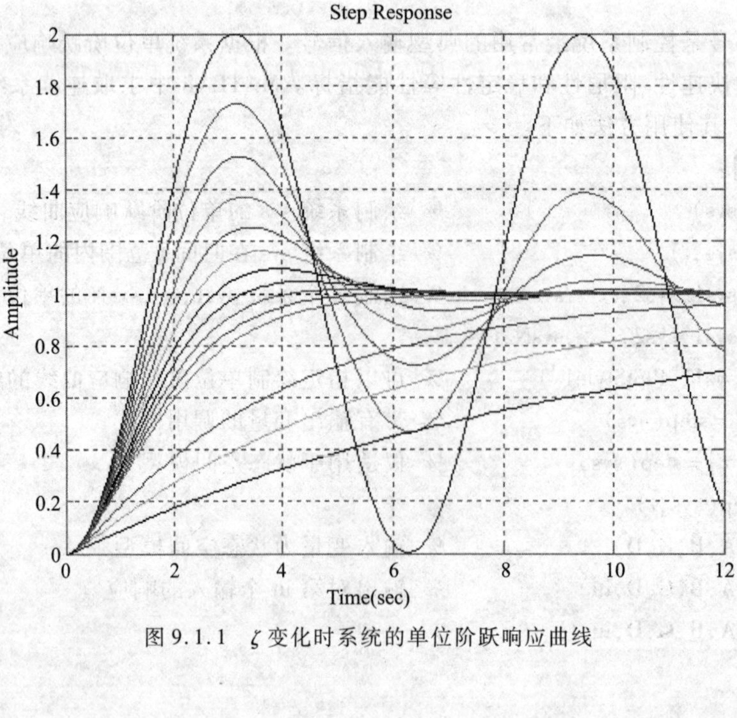

图 9.1.1

图 9.1.1　ζ 变化时系统的单位阶跃响应曲线

```
wn=1;zetas=[0:0.1:1,2,3,5];t=0:0.1:12;
hold on
for i=1:length(zetas)
    Gc=tf(wn^2,[1,2*zetas(i)*wn,wn^2]);
    step(Gc,t)
end
grid on, hold off
```

由图 9.1.1 可知,当阻尼比增加时,系统的振荡程度会减弱;当阻尼比大于等于 1 时,系统响应曲线为单调曲线,已经没有了振荡。

(2) 将阻尼比 ζ 的值固定在 $\zeta=0.55$,则可以通过下面程序绘制出在各个自然频率 ω_n 下的单位阶跃响应曲线,如图 9.1.2 所示。

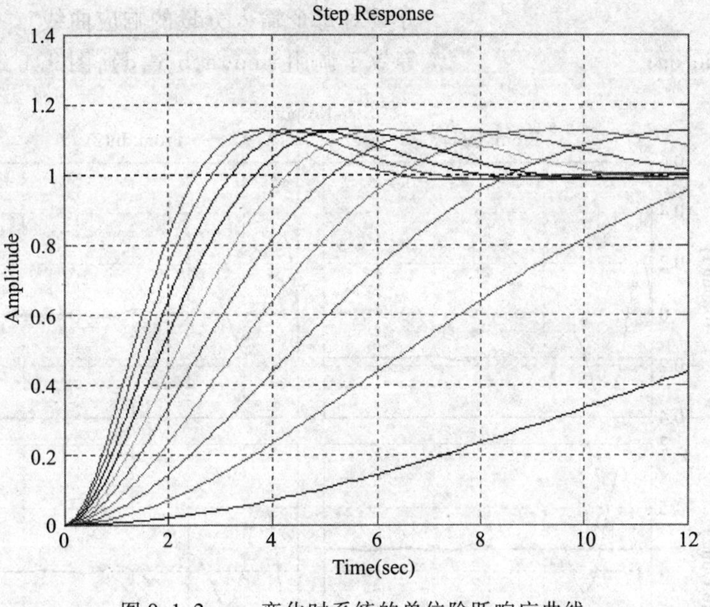

图 9.1.2

图 9.1.2　ω_n 变化时系统的单位阶跃响应曲线

```
wn=[0.1:0.1:1]; z=0.55; t=0:0.1:12;
hold on
for i=1:length(wn)
    Gc=tf(wn(i)^2,[1,2*z*wn(i),wn(i)^2]);
    step(Gc,t)
end
grid on, hold off
```

由图 9.1.2 可知,当自然频率增加时,系统的响应速度将加快,而响应曲线的峰值将保持不变,对其他的阻尼比也可以得出相同的结论。

例 9.1.2　控制系统的状态空间模型为

$$\begin{bmatrix} \dot{x}_1 \\ \dot{x}_2 \end{bmatrix} = \begin{bmatrix} -1 & -1 \\ 6 & 0 \end{bmatrix} \begin{bmatrix} x_1 \\ x_2 \end{bmatrix} + \begin{bmatrix} 1 & 1 \\ 1 & 0 \end{bmatrix} \begin{bmatrix} u_1 \\ u_2 \end{bmatrix}$$

$$\begin{bmatrix} y_1 \\ y_2 \end{bmatrix} = \begin{bmatrix} 1 & 0 \\ 0 & 1 \end{bmatrix} \begin{bmatrix} x_1 \\ x_2 \end{bmatrix}$$

试采用不同的 step 调用方法,绘制系统的单位阶跃响应曲线。

解:运行下列程序语句,仿真得到的响应曲线如图 9.1.3 ~ 图 9.1.5 所示。

```
a=[-1,-1;6,0];b=[1,1;1,0];c=[1,0;0,1];d=[0,0;0,0];
sys=ss(a,b,c,d);
                                  %在一个图像窗口绘制的4个子图中分别绘制每个输出
                                   分量对每个输入分量的响应曲线
step(sys),grid on;                %等效于调用 step(a,b,c,d),图 9.1.3
```

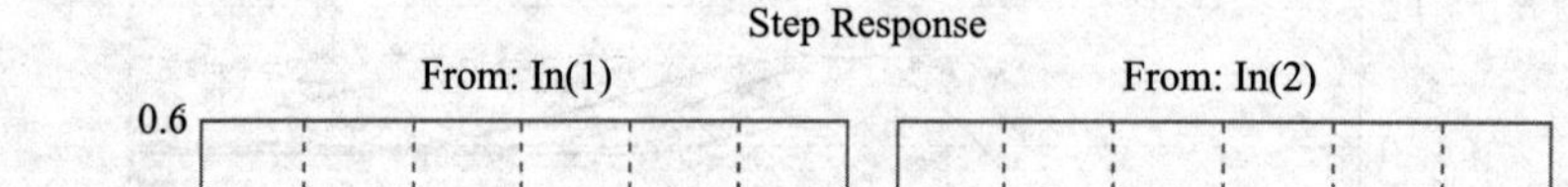

图 9.1.3　MIMO 系统的单位阶跃响应曲线 1

```
                                  %绘制输出对第1个输入分量的响应曲线
figure,step(sys(:,1)),grid on;   %等效于调用 step(a,b,c,d,1),图 9.1.4
                                  %绘制第1个输出分量对第2个输入分量的响应曲线
figure,step(sys(1,2)),grid on;   %图 9.1.5
```

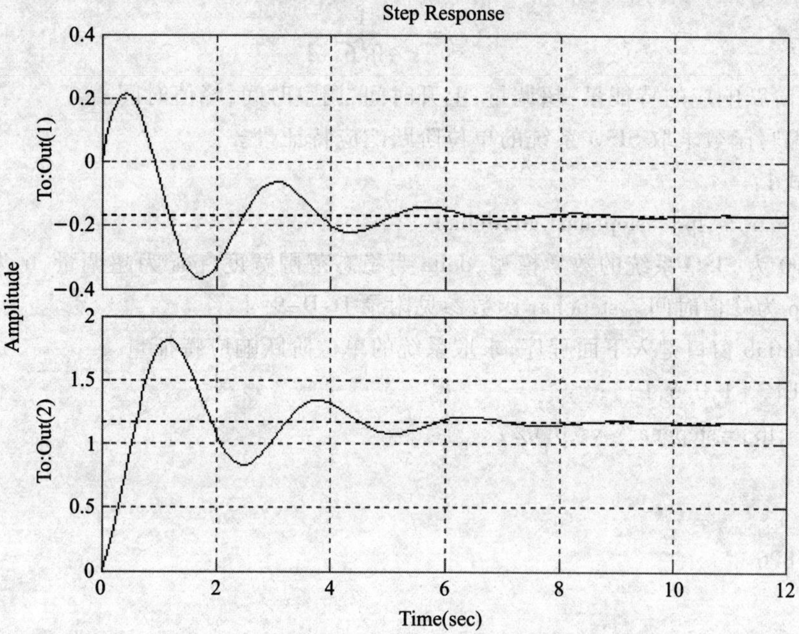

图 9.1.4　MIMO 系统的单位阶跃响应曲线 2

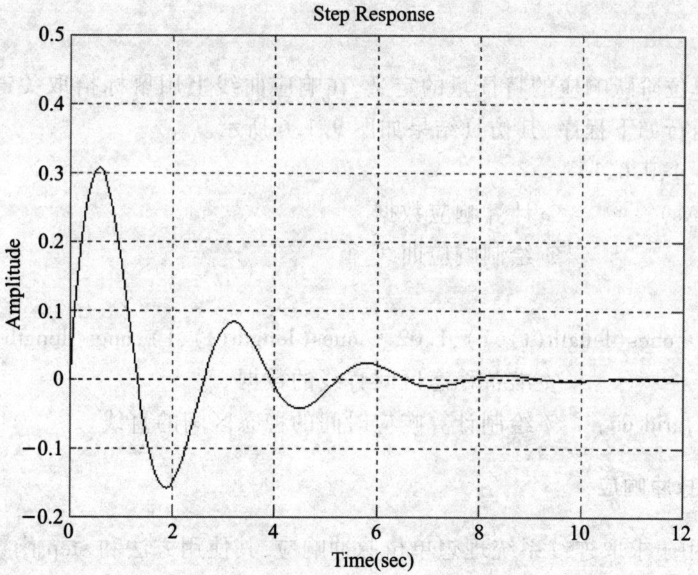

图 9.1.5　MIMO 系统的单位阶跃响应曲线 3

例 9.1.3 系统的传递函数为

$$G(s)=\frac{1}{s^2+0.6s+1}$$

试求取其单位阶跃响应的特征量:超调量,上升时间,调整时间,峰值时间。

解:(1) 编写函数求取 SISO 系统的单位阶跃响应特征量。

【调用格式】:

```
[pos,tr,ts,tp]=stepchar(g0,delta)
```

【说明】:g0 为 SISO 系统的数学模型,delta 为稳态范围宽度,pos 为超调量,tr 为上升时间,ts 为调整时间,tp 为峰值时间。stepchar 函数参见附录 D:D-9-1。

(2) 在 Matlab 窗口键入下面程序,求取系统的单位阶跃响应特征量。

```
sys=tf([1], [1,0.6,1]);
[pos,tr,ts,tp]=stepchar(sys,0.02)
```

运行结果:

```
pos =
    37.5896
tr =
    2.0245
ts =
    11.2270
tp =
    3.3129
```

还可以根据单位阶跃响应的特征量的定义,在响应曲线上用鼠标拾取关键点的方法来确定它们的值。可以运行如下程序,其仿真结果如图 9.1.6 所示。

```
sys=tf([1], [1,0.6,1]);
[y,t]=step(sys);          %计算响应数据
plot(t,y);                %绘制响应曲线
hold on
range=[0.98*ones(length(t),1),1.02* ones(length(t),1),ones(length(t),1)];
                          %准备稳态区间直线的数据
plot(t,range),grid on;    %绘制计算响应时间的稳态区间的直线
```

9.1.2 理想单位脉冲响应

impulse 函数用于求取连续系统理想单位脉冲响应,其使用方法和 step 函数相同。

【调用格式】:

```
impulse (sys)
```

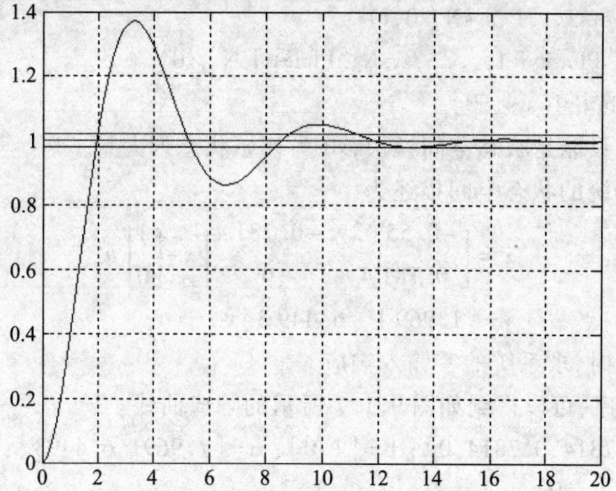

图 9.1.6 在单位阶跃响应曲线上求取性能指标

图 9.1.6

```
impulse (sys,t)
impulse (sys1,sys2,...,sysN)
impulse (sys1,sys2,...,sysN,t)
impulse (sys1,'PlotStyle1')
[y,t] = impulse (sys)
[y,t,x] =impulse (sys)
y = impulse (sys,t)
impulse (A,B,C,D)
impulse (A,B,C,D,iu)
impulse (A,B,C,D,iu,t)
impulse (num,den)
impulse (num,den,t)
```

9.1.3 零输入响应

initial 函数用于求取连续 LTI 系统对初始条件的响应(零输入响应),其使用方法和 step 函数基本相同。

【调用格式】:

```
initial(sys,x0)
initial(sys,x0,t)
initial(sys1,sys2,...,sysN,x0)
```

initial(sys1,sys2,...,sysN,x0,t)

initial(sys1,'PlotStyle1',...,sysN,'PlotStyleN',x0)

[y,t,x] = initial(sys,x0)

【说明】:输入变量只能是状态空间模型,x0 为初始状态列向量。

例 9.1.4　二阶系统的状态空间描述为

$$\dot{x}=\begin{bmatrix}-0.5572 & -0.7814\\ 0.7814 & 0\end{bmatrix}x+\begin{bmatrix}1\\0\end{bmatrix}u$$

$$y=[1.9691 \quad 6.4493]x$$

当初始状态 $x0=[1;0]$时,求系统的零输入响应。

解:运行下面的程序,可以得到如图 9.1.7 所示的响应曲线。

```
a=[-0.5572,-0.7814;0.7814,0]; b=[1;0]; c=[1.9691,6.4493]; d=[0];
x0=[1;0];t=0:0.1:20;
initial(a,b,c,d,x0,t),grid on
```

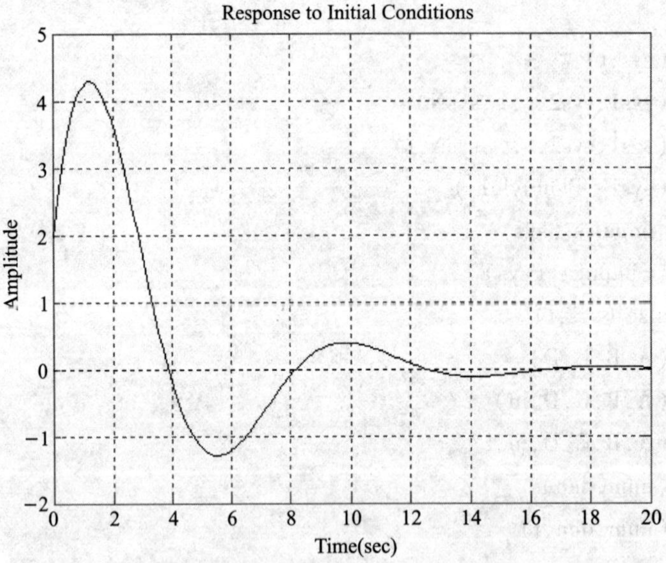

图 9.1.7　系统的零输入响应曲线

9.1.4　任意输入响应

当系统的输入信号不是典型信号时,可以使用 lism 函数求取系统对任意输入信号的响应,其使用方法和参数定义与 step 函数基本相同。

【调用格式】:

```
lsim(sys,u,t)
lsim(sys,u,t,x0)                          % 带有初始条件 x0
lsim(sys1,sys2,...,sysN,u,t)
lsim(sys1,sys2,...,sysN,u,t,x0)
lsim(sys1,'PlotStyle1',...,sysN,'PlotStyleN',u,t)
[y,t] = lsim(sys,u,t)
[y,t,x] = lsim(sys,u,t)                   % 仅适用于状态空间模型
[y,t,x] = lsim(sys,u,t,x0)                % 仅适用于状态空间模型
```

【说明】:

(1) 输入可以是 LTI 数学模型,也可以是 LTI 数学模型的属性值,但是当带有初始条件的时候,只能为状态空间模型。

(2) 要构造输入信号的离散值,其中 t 为离散的时间值,u 为和 t 一一对应的输入信号幅值。

例 9.1.5　二阶系统的传递函数为

$$G(s)=\frac{16}{s^2+3s+16}$$

当系统的输入信号是幅值为 1,周期为 8 s 的方波时,绘制系统的输出响应曲线。

解:运行下面的程序,可以得到如图 9.1.8 所示的响应曲线。

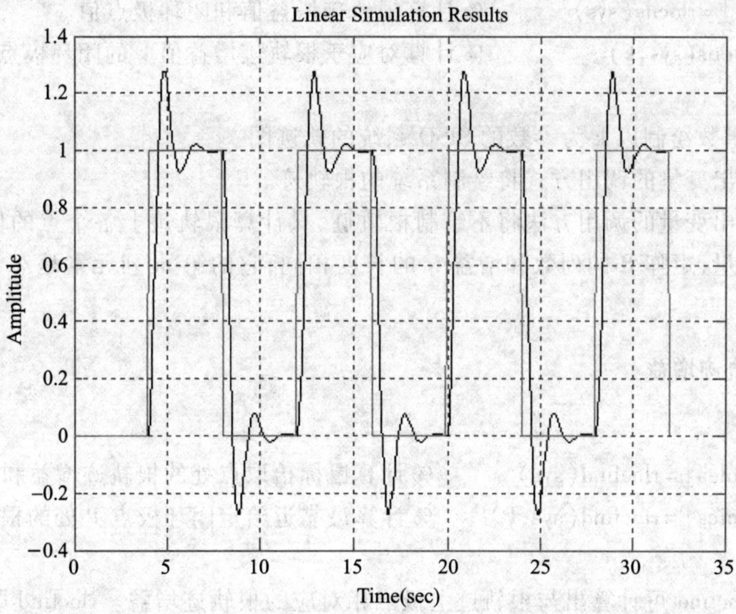

图 9.1.8　二阶系统的方波响应曲线

```
sys=tf([16],[1,3,16]);
```

```
[u,t] = gensig('square',8,32,0.1);
lsim(sys,u,t),grid on
```

9.2　线性系统的根轨迹

根轨迹是以 $K(0\sim+\infty)$ 为可变参数,根据开环系统的零极点绘制出来的,因而它能反映出开环系统零极点与闭环系统极点(特征根)之间的关系。利用根轨迹可以分析系统参数和结构已定的系统的时域响应特性,以及参数变化对时域响应特性的影响,而且还可以根据对时域响应特性的要求确定可变参数及调整开环系统零极点的位置,并改变它们的个数,也就是说根轨迹法可用于解决线性系统的分析与综合问题。

MATLAB 专门提供了绘制根轨迹的函数:rlocfind,pzmap 等,使绘制根轨迹变得轻松自如。

9.2.1　根轨迹绘制

【调用格式】:

```
rlocus(sys)                 %绘制系统的根轨迹
rlocus(sys,k)               %使用用户指定的根轨迹增益 k 值来绘制系统的根轨迹
rlocus(sys1,sys2,...)       %绘制多个系统的根轨迹
[R,K]=rlocus(sys)           %计算根轨迹增益值和闭环极点值
R=rlocus(sys,k)             %计算对应于根轨迹增益值 k 的闭环极点值
```

【说明】:

(1) rlocus 函数绘制以 k 为参数的 SISO 系统的轨迹图。

(2) 不带输出变量的调用方式将绘制系统的根轨迹。

(3) 带有输出变量的调用方法将不绘制根轨迹,只计算根轨迹上各个点的值。K 中存放的是根轨迹增益向量;矩阵 R 的列数和增益 K 的长度相同,它的第 m 列元素是对于增益 K(m)的闭环极点。

9.2.2　计算根轨迹增益

【调用格式】:

```
[K,poles]=rlocfind(sys)        %计算鼠标拾取点处的根轨迹增益和闭环极点
[K,poles]=rlocfind(sys,P)      %计算最靠近给定闭环极点 P 处的根轨迹增益
```

【说明】:

(1) 函数 rlocfind 可计算出与根轨迹上极点相对应的根轨迹增益。rlocfind 既适用于连续系统,也适用于离散时间系统。

(2) P 为给定的闭环极点,可以给定多个闭环极点,此时 P 为列向量。向量 K 的第 m 项是根据极点位置 P(m)计算的增益,矩阵 poles 的第 m 列 poles(m)是相应的闭环极点。

例 9.2.1 负反馈系统的开环传递函数为

$$G(s)=\frac{K}{s(s^{2}+4s+5)}$$

绘制系统的根轨迹图,并求使系统稳定的 K 值范围和使系统无超调的 K 值范围。

解:下面的程序可以计算并绘制根轨迹图,如图 9.2.1 所示,然后用 ginput(3)函数在图中选择 3 个极点位置,2 个实轴上的交点,1 个虚轴上的交点,再调用 rlocfind 函数求这 3 个闭环极点处的增益值 K。

```
sys=tf(1,[1,4,5,0])
rlocus(sys)
[x,y]=ginput(3);
p= x+i*y
K=rlocfind(s,p)
```

运行结果:

```
K=
    1.8518    2.0000    19.9899
```

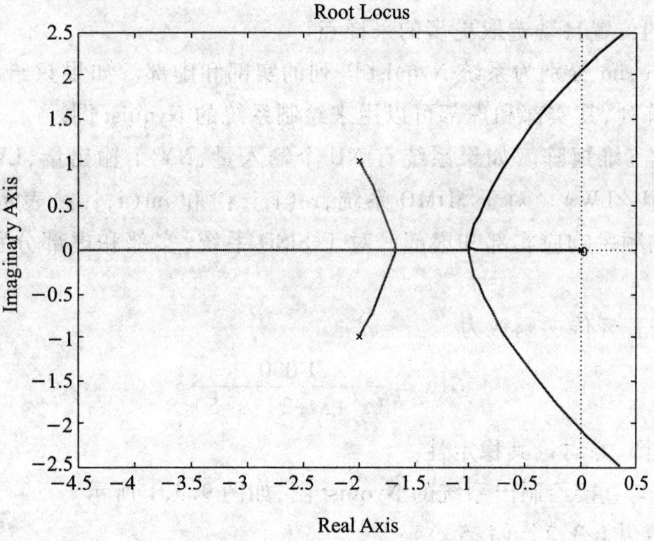

图 9.2.1 系统的根轨迹图形

图 9.2.1

从图 9.2.1 可知,当 $0<K<20$ 时,系统稳定;$1.85<K<2$ 时,系统的根轨迹都位于实轴上,即闭环系统无超调。

9.3 线性系统的频域响应

频域分析法是利用频率特性研究线性系统的一种经典方法,频域分析法是一种图解方法,用开环系统的奈奎斯特图、伯德图、尼柯尔斯图分析闭环系统的性能,如系统的稳态性能、动态性能。

9.3.1 奈奎斯特(Nyquist)图

nyquist 函数可计算连续时间 LTI 系统的 Nyquist 频率曲线。

【调用格式】:

```
[re,im,w]=nyquist(sys)              %自动确定频率区间 w,计算频率响应
[re,im]=nyquist(sys,w)              %求取指定频率区间 w 内的频率响应
[re,im]=nyquist(A,B,C,D,iu,w)      %系统对第 iu 个输入分量的频率响应
```

【说明】:

(1) 当不带输出变量时,nyquist 函数会在当前图形窗口中直接绘制出 Nyquist 曲线。

(2) 如果输入变量中没有指定频率范围,其频率范围由函数自动选取并用 w 变量返回,而且在响应快速变化的位置自动选取更多的采样点。

(3) 输出变量 re,im 分别为系统 Nyquist 阵列的实部和虚部。如果只给出一个返回变量,则返回的变量为复数阵列,其实部和虚部可以用来绘制系统的 Nyquist 图。

(4) re 和 im 是三维矩阵。如果系统有 NU 个输入量,NY 个输出量,LW=length(w),re 和 im 的维数为(NY×NU×LW)。对于 MIMO 系统,re(i,j,:)和 im(i,j,:)表示第 i 个输出变量针对第 j 个输入变量的频率响应实部和虚部。对于 SISO 系统,实部和虚部分别由 re(:)和 im(:)给出。

例 9.3.1 系统开环传递函数为

$$G(s)=\frac{1\,000}{(s^2+3s+2)(s+5)}$$

绘制系统的 Nyquist 图,并讨论其稳定性。

解:用下面的语句直接绘制出系统的 Nyquist 图,如图 9.3.1 所示。

```
G=tf(1000,conv([1,3,2],[1,5]));
nyquist(G);axis('square')
```

图 9.3.1 中,(-1,j0)点附近 Nyquist 图的情况不是很清楚,(选择图形窗口中的放大按钮),从局部放大的图形可以看出,Nyquist 图逆时针包围(-1,j0)点 2 次,而原开环系统中没有不稳定极点,从而可以得出结论,闭环系统有 2 个不稳定极点。这也可以由下面的 MATLAB 语句来进一步验证。

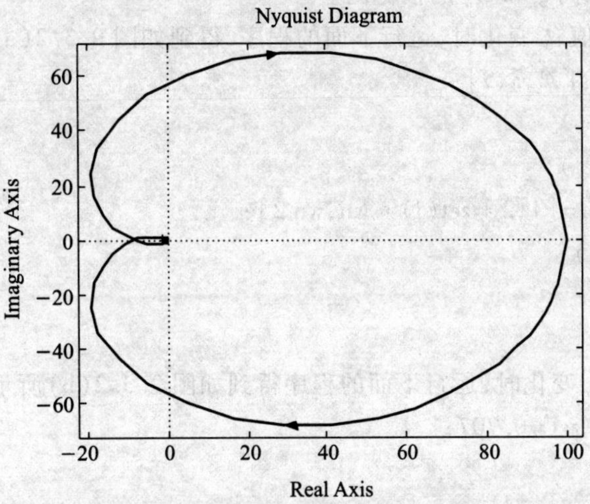

图 9.3.1 系统的 Nyquist 图

```
G_close=feedback(G,1);
roots(G_close.den{1})
ans =
    -12.8196
      2.4098 + 8.5427i
      2.4098 - 8.5427i
```

由运行结果可知,系统有三个根,其中有两个根位于右半 s 平面,由此可见该系统是不稳定的。

9.3.2 伯德(Bode)图

bode 函数可计算连续时间 LTI 系统的幅频和相频曲线(即伯德图),其使用方法与 nyquist 函数相同。

【调用格式】:

```
[mag,phase,w]=bode (sys)
[mag,phase]= bode (sys,w)
[mag,phase]= bode (A,B,C,D,iu,w)
```

【说明】:bode 函数返回的输出变量 mag,phase 分别为系统伯德图数据阵列的幅值(dB)和相角(degrees)。

例 9.3.2 二阶系统传递函数为

$$G(s)=\frac{\omega_n^2}{s^2+2\zeta\omega_n s+\omega_n^2}$$

试用 MATLAB 绘制出不同 ζ 和 ω_n 的伯德图。

解:(1) ω_n 为固定值,ζ 变化时,运行下面的程序,得到如图 9.3.2(a)所示的伯德图。

```
wn=1;zet=[0:0.1:1,2,3,5];
hold on
  for i=1:length(zet)
     num=wn^2;den=[1,2*zet(i)*wn,wn^2];
     bode(num,den);
  end
grid on, hold off
```

(2) ζ 为固定值,ω_n 变化时,运行下面的程序得到如图 9.3.2(b)所示的伯德图。

```
wn=[0.1:0.1:1]; zet=0.707;
hold on
for i=1:length(wn)
  num=wn(i)^2; den=[1,2*zet*wn(i),wn(i)^2];
  bode(num,den);
end
grid on, hold off
```

从图 9.3.2(a)可以看出,当阻尼比 ζ 比较小时,则系统的频域响应在自然频率 ω_n 附近将表现出较强的振荡,该现象称为谐振。在图 9.3.2(b)中,当自然频率 ω_n 的值增加时,伯德图的带宽将增加,该现象使得系统的时域响应速度变快。

9.3.3 幅值和相角裕度计算

margin 函数可从频率响应数据中计算出幅值裕度、相角裕度和剪切频率。

【调用格式】:

```
[Gm,Pm, Wcg , Wcp]=margin(mag,phase,w)
[Gm,Pm, Wcg, Wcp]=margin(sys)
```

【说明】:

(1) 函数的输出变量 Gm 为幅值裕度,Wcg 为幅值裕度处的频率值,Pm 为相角裕度,Wcp 为剪切频率。当不带输出参数时,margin 可在当前图形窗口中绘制出伯德图,并在伯德图上标出幅值裕度和相角裕度的值。

(2) mag,phasc 和 w 为由 bode 函数得到的频率响应的幅值、相角及频率采样值。

例 9.3.3 系统的开环传递函数为

$$G(s)=\frac{3.5}{s^3+2s^2+3s+2}$$

求系统的幅值裕度和相角裕度,并求其闭环阶跃响应。

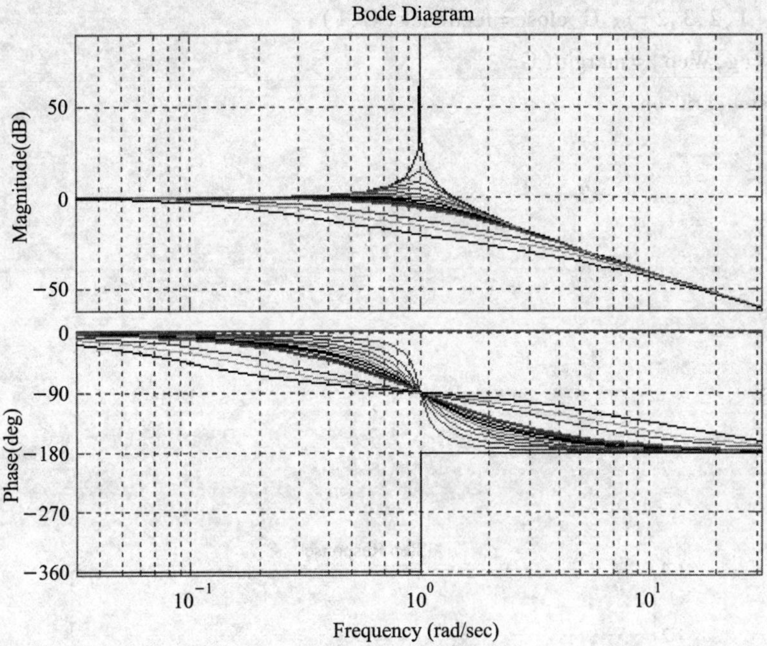

(a) ζ变化时的伯德图

图 9.3.2(a)

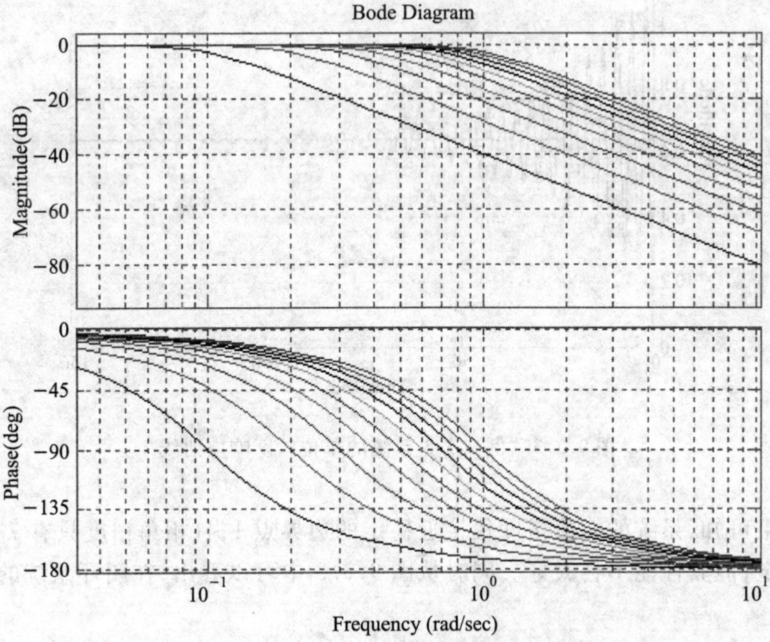

(b) ω_n变化时的伯德图

图 9.3.2(b)

图 9.3.2　不同参数下的二阶系统的伯德图

解:运行下面的程序,并得到系统的单位阶跃响应曲线如图 9.3.3 所示。

```
G=tf(3.5,[1,2,3,2]); G_close=feedback(G,1);
[Gm,Pm,Wcg,Wcp]=margin(G)
step(G_close),grid on
```

运行结果:

```
Gm=
    1.1433
Pm =
    7.1688
Wcg =
    1.7323
Wcp =
    1.6541
```

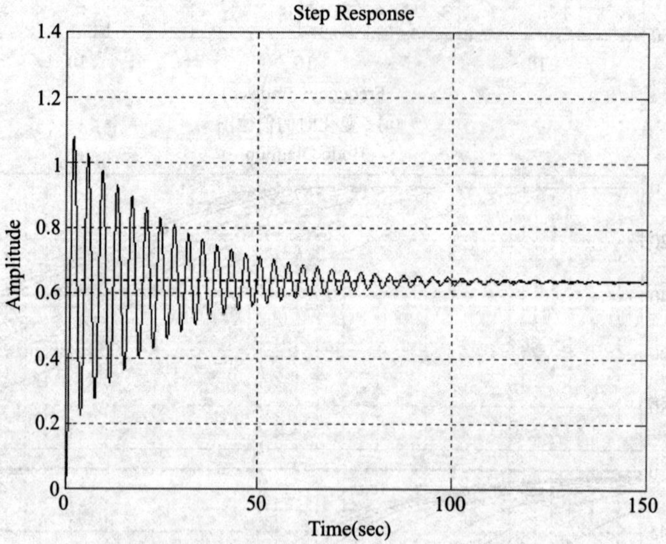

图 9.3.3 例 9.3.3 系统的单位阶跃响应曲线

从运行结果可知,系统的幅值裕度很接近稳定的边界点 1,且相角裕度只有 7.1688°,所以尽管闭环系统稳定,但其性能不会太好。同时从图 9.3.3 中可以看出,在闭环系统的响应中有较强的振荡。

例 9.3.4 系统的开环传递函数为

$$G(s)=\frac{100(s+5)^2}{(s+1)(s^2+s+9)}$$

求系统的幅值裕度与相角裕度。

解:运行下面的程序,并得到系统的单位阶跃响应曲线如图 9.3.4 所示。

```
G=tf(100*conv([1,5],[1,5]),conv([1,1],[1,1,9]));
[Gm,Pm,Wcg,Wcp]=margin(G)
G_close=feedback(G,1);
step(G_close) ,grid on
```

运行结果:

```
Gm =
    Inf
Pm =
    85.4365
Wcg =
    NaN
Wcp =
    100.3285
```

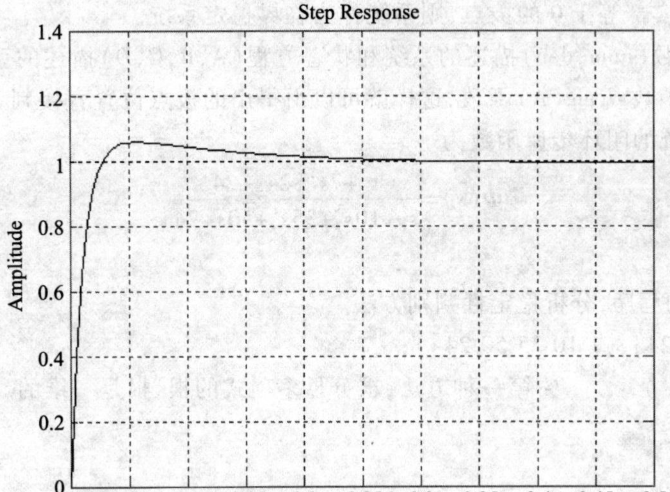

图 9.3.4　例 9.3.4 系统的单位阶跃响应曲线

从运行结果可以看出,该系统有无穷大的幅值裕度,且相位裕度高达 85.436 5°,所以图 9.3.4 所示系统的闭环响应是较理想的。

9.3.4 尼柯尔斯(Nichols)图

Nichols 曲线用于分析开环和闭环系统的特性，nichols 函数用于求连续系统的频率响应曲线，其使用方法同 nyquist 函数。

【调用格式】：

```
[mag,phase,w]=nichols(sys)
[mag,phase]=nichols(sys,w)
[mag,phase,w]=nichols(A,B,C,D,iu)
[mag,phase]=nichols(A,B,C,D,iu,w)
```

9.4 线性系统的稳定性分析

9.4.1 直接判定方法

求解线性系统稳定性问题最简单的方法是求出该系统的所有极点，并观察是否含有实部大于 0 的极点(不稳定极点)。如果有这样的极点，则系统称为不稳定系统，否则称为稳定系统。若稳定系统中存在实部等于 0 的极点，则系统称为临界稳定系统。

要得出传递函数(num,den)描述的系统和状态方程(A,B,C,D)描述的系统的所有极点，只需调用 roots(den)函数或 eig(A)函数，这样就可以由得出的极点位置直接判定系统的稳定性了。

例 9.4.1 系统的闭环传递函数为

$$\Phi(s)=\frac{s^3+7s^2+24s+24}{s^4+10s^3+35s^2+50s+24}$$

判断系统的稳定性。

解:运行下面的程序，分析稳定性判别方法。

```
G=tf([1 7 24 24],[1 10 35 50 24]);
roots(G.den{1})          %第一种方法,求分母多项式的根,根是一维的
```

运行结果：

```
ans =
    -4.0000
    -3.0000
    -2.0000
    -1.0000
G1=zpk(G);               %第二种方法,求极点
G1.p{1};
G2=ss(G);                %第三种方法,求矩阵 a 的特征值
```

```
eig(G2.a);
```

闭环系统的特征根分别为-4,-3,-2,-1,系统的特征根都具有负实部,因此闭环系统是稳定的。

9.4.2 间接判定方法

本节介绍三种判定给定系统稳定性的间接方法,即 Routh 判据、Hurwitz 判据和 Lyapunov 判定法,它们分别适用于传递函数模型和状态空间模型。

1. hurwitz 函数

hurwitz 函数用于构造 Hurwitz 矩阵。

【调用格式】:

```
H=hurwitz(den)
```

【说明】:H 为构造的 Hurwitz 矩阵,den 为系统的分母多项式,hurwitz 函数参见附录 D:D-9-2。

2. routh 函数

routh 函数用于构造 Routh 阵列表。

【调用格式】:

```
[rtab,msg]=routh(den)
```

【说明】:其中 den 是系统的分母多项式向量,rtab 是构造的 Routh 表矩阵,msg 为字符串型变量,返回有关信息,routh 函数参见附录 D:D-9-3。

3. Lyap 函数

Lyap 函数用于求解李亚普诺夫(Lyapunov)方程。

【调用格式】:

```
X=lyap(A,B,C)
```

【说明】:lyap(A,B,C)求解方程 AX+XB=-C 的解 X;lyap(A,C)求解方程 AX+XA'=-C 的解 X。

4. posdef 函数

posdef 函数判定矩阵的正定性。

【调用格式】:

```
[key,sdet]=posdef(A)
```

【说明】:其中 key 返回矩阵 A 正定性的标记,若 key=1 则表示该矩阵 A 为正定矩阵,否则矩阵 A 为非正定矩阵。sdet 返回各个左上角子矩阵的行列式值。posdef 函数参见附录 D:D-9-4。

例 9.4.2 考虑例 9.4.1 中的系统模型使用 Hurwitz 判据判定系统的稳定性。

解:运行下面的程序,应用 Hurwitz 判据判定系统的稳定性。

```
den=[1,10,35,50,24];
```

```
H=hurwitz(den)
[key,sdet]=posdef(H)
```

运行结果:

```
H =
   10   50    0    0
    1   35   24    0
    0   10   50    0
    0    1   35   24
key=
    1
sdet =
   10   300   12600   302400
```

由运行结果可知 Hurwitz 阵是正定的,因此系统稳定。

例 9.4.3 同例 9.4.1 中给出系统,应用 Routh 阵列表判断系统的稳定性。

解:运行下面的程序,应用 Routh 阵列表判定系统的稳定性。

```
den=[1,10,35,50,24];
[rtab,msg]=routh(den)
```

运行结果:

```
rtab =
    1   35   24
   10   50    0
   30   24    0
   42    0    0
   24    0    0
msg=   []
```

从运行结果可知 Routh 表第一列没有符号的变化,所以系统是稳定的。

例 9.4.4 系统的状态方程为

$$\dot{x}=\begin{bmatrix}-4.1053 & 6.6842 & -2.3158 & 20\\ -0.5789 & -0.7368 & 0.4632 & 4.2\\ -0.0526 & -1.1579 & 0.6421 & 1.8\\ -1.2632 & -1.1228 & 1.0772 & 7.2\end{bmatrix}x+\begin{bmatrix}1\\ 0.2\\ 0.1\\ 0.4\end{bmatrix}u$$

$$y=[0\quad 0\quad 8\quad -2]x$$

利用 Lyapunov 判据判定出系统的稳定性。

解:选定一个正定的对角矩阵 $W=\mathrm{diag}(1,2,3,4)$,并运行下面的程序。

```
A=[-4.1053,6.6842,-2.3158,20;
```

```
    -0.5789,-0.7368,0.4632,4.2;
    -0.0526,-1.1579,0.6421,1.8;
    -1.2632,-1.1228,1.0772,7.2];
B=[1;0.2;0.1;0.4]; C=[0,0,8,-2];D=0;
G=ss(A,B,C,D);
W=diag([1,2,3,4]); V=lyap(G.a,-W)
[key,sdet]=posdef(V)
```

运行结果：

```
key=
    -1
sdet=1.0e+006 *
    -0.0026   -0.2570   -1.7222   -1.6593
```

由运行结果可以看出，Lyapunov 方程的解 V 不是正定矩阵，系统不稳定。

9.5 离散系统的分析

MATLAB 中离散系统的分析方法和连续系统的分析方法十分类似，需要注意以下两点：

(1) MATLAB 的控制工具箱提供了分析离散系统的相关函数，这些函数的函数名是在具有同样功能的分析连续系统的函数名前加一个字母“d”，其使用方法和输入、输出变量的定义和分析连续系统的函数基本相同。但是调用这些函数的时候，其输入的数学模型变量均为离散系统的数学模型。常用的离散系统分析函数有：

dstep dimpulse dinitial dlsim dlyap staris

dbode dnyquist dnichols margin

rlocus rlocfind zgrid

(2) 若系统为纯数字系统，则直接利用以“d”开头的函数进行分析计算；若系统中存在连续环节，会涉及连续系统数学模型离散化问题，要将连续系统数学模型转换为离散系统数学模型，然后再分析计算。

例 9.5.1 已知系统如图 9.5.1 所示，采样周期 $T=0.25$ s，PID 控制器的参数为 $K_p=1.0468$，$K_d=0.2134$，$K_i=1.2836$，试绘制离散系统的根轨迹图和阶跃响应曲线。

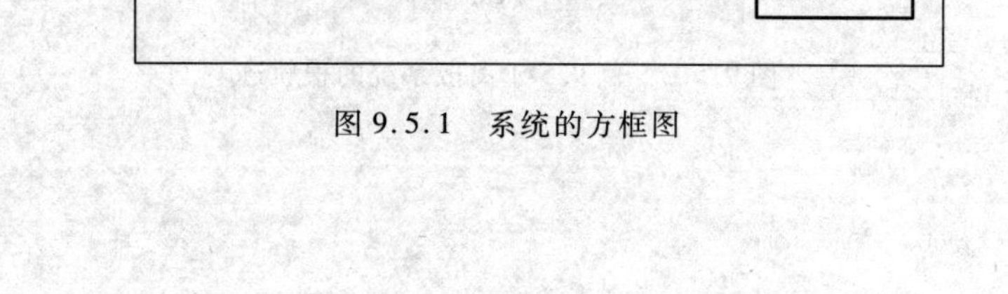

图 9.5.1 系统的方框图

解:首先用零阶保持器将连续系统离散化,然后计算 PID 控制器的脉冲传递函数,最后绘制出带 PID 控制器及零阶保持器的离散系统阶跃响应曲线如图 9.5.2 所示和根轨迹如图 9.5.3 所示。

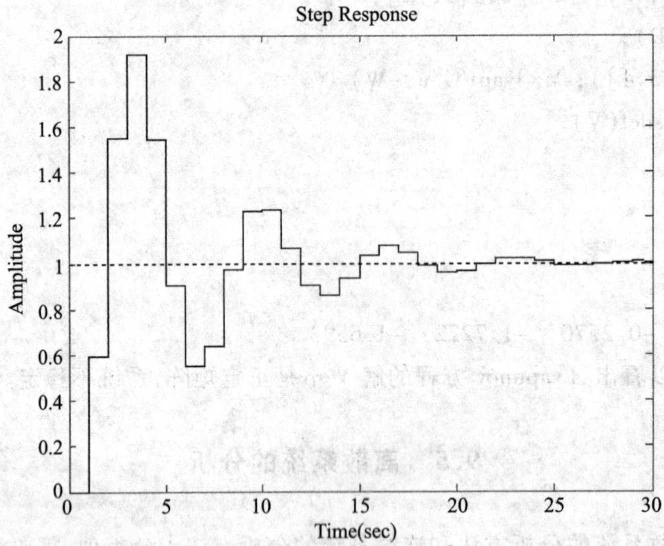

图 9.5.2　例 9.5.1 离散系统阶跃响应曲线

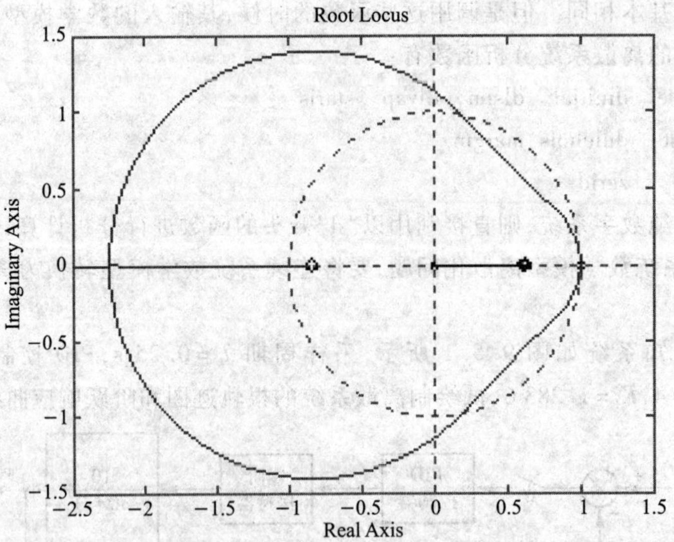

图 9.5.3　例 9.5.1 离散系统的根轨迹

图 9.5.3

```
nc=10; dc=[1,2,0]; ts=0.25;
kp=1.0468; kd=0.2134; ki=1.2836;
[nz1,dz1]=c2dm(nc,dc,ts);
nz2=[kp*ts+kd+ki*ts*ts,-(kp*ts+2*kd),kd];dz2=[ts,-ts,0];
[nzk,dzk]=series(nz2,dz2,nz1,dz1);
[nt,dt]=cloop(nzk,dzk,-1);
dstep(nt,dt)
figure; zgrid('new');hold on
rlocus(nzk,dzk);
```

小　结

本章是在介绍控制系统基本理论和控制系统工具箱函数的基础上,利用 MATLAB 语言及其工具箱来解决控制系统的分析问题,包括线性系统的时域分析、频域分析、根轨迹分析和系统的稳定性分析,为系统的仿真和设计做准备。

习　题

9.1　系统的传递函数为

$$G(s)=\frac{2s^2+5s+1}{s^2+2s+3}$$

绘制出其根轨迹、伯德图和奈奎斯特图。

9.2　系统的传递函数为

$$G(s)=\frac{5(s^2+5s+6)}{s^3+6s^2+10s+8}$$

绘制系统的单位阶跃响应和单位冲激响应曲线。

9.3　典型二阶系统的传递函数为

$$G(s)=\frac{\omega_n^2}{s^2+2\zeta\omega_n s+\omega_n^2}$$

试绘制当 $\zeta=0.7,\omega_n=6$ 时系统的单位冲激响应和阶跃响应曲线。

9.4　系统的特征方程为 $s^6+2s^5+8s^4+12s^3+20s^2+16s+16=0$,试应用 Routh 稳定判据判定该系统的稳定性。

9.5　系统的开环传递函数为

$$G(s)H(s)=\frac{7(s+5)}{s^2(s+10)(s+1)}$$

计算系统的幅值裕度和相角裕度。

第十章　基于传递函数模型的控制系统设计

10.1　概　　述

本章主要介绍基于传递函数模型的线性定常连续的单输入单输出反馈系统的设计。设计的目的是将控制器和被控对象适当地组合起来，使之能满足控制系统的性能指标（如控制精度、阻尼程度和响应速度等）。一般来说，反馈控制系统具有良好的性能是指：

(1) 在输出端按要求能准确复现给定信号。

(2) 具有良好的稳定性。

(3) 对扰动信号具有充分的抑制能力。

为使系统满足预期的性能指标而有目的增添的元件或装置，称为控制系统的校正装置。在控制系统中，经常采用两种校正方案：串联校正和反馈校正，其结构分别如图 10.1.1、图 10.1.2 所示。校正方案的选择主要取决于系统的结构、系统各点功率的大小、可供选择的元件、设计者的经验及经济条件等因素。

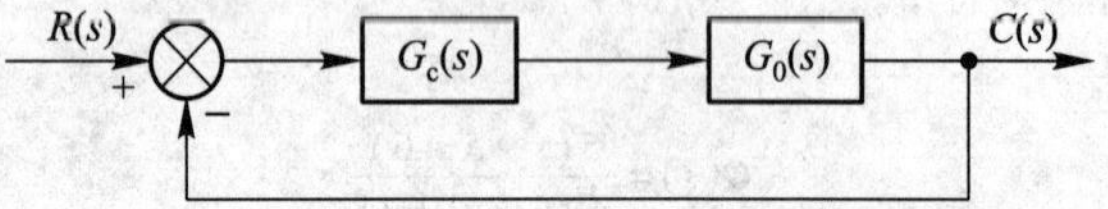

图 10.1.1　串联校正结构图

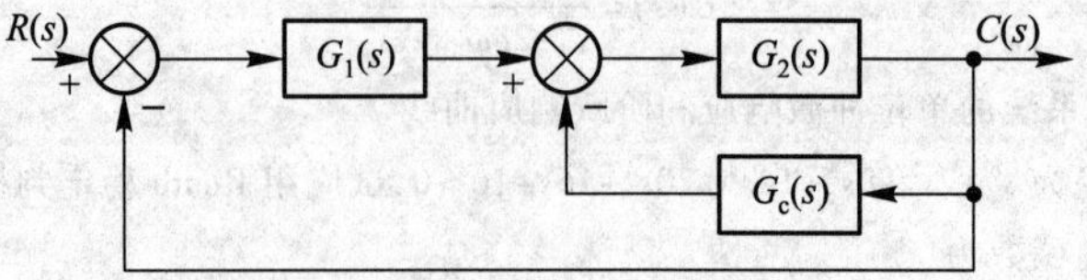

图 10.1.2　反馈校正结构图

在控制工程实践中，解决系统的校正问题，采用的设计方法一般依性能指标而定。性能指标以时域量（闭环主导极点、超调量 σ_p、上升时间 t_r 和调整时间 t_s 等）的形式给出时，采用根轨迹法进行设计是比较方便的。性能指标以频域量（相角裕度 γ、幅值裕度 K_g、谐振峰值 M_r、剪切频率 ω_c、谐振频率 ω_r、带宽 ω_b 及反映稳态指标的开环增益 K、稳态误差 e_{ss} 或误差系数 c_i 等）的形式给出时，采用伯德图法进行设计比较方便。采用伯德图法设计时，如果给定的是时域指标 σ_p、t_s，则必须先将其换算成频域指标 γ 和 ω_c，方可进行相应的运算和设计。

10.2　根轨迹法

根轨迹法是一种图解法，它是当系统的某一参数（通常为增益）从零到无穷大变化时，根据开环极点和开环零点的位置信息确定全部闭环极点位置的方法。在应用根轨迹法进行设计时，实质上是通过采用校正装置改变系统的根轨迹形状，从而将一对闭环主导极点配置到期望的位置上。

在开环传递函数中增加极点，可以使根轨迹向右移动，从而降低系统的稳定性，增加系统响应的调整时间。而在开环传递函数中增加零点，可以导致根轨迹向左移动，从而增加系统的稳定性，减少系统响应的调整时间。因此，掌握了在系统中增加极点和（或）零点对根轨迹的影响，就能容易地确定校正装置的零、极点位置，从而将根轨迹改变成所需要的形状。下面分别讨论基于根轨迹法的串联超前、滞后校正及其 MATLAB 实现。

设原系统的开环传递函数为

$$G_0(s)=k\frac{\prod\limits_{i=1}^{m}(s-z_i)}{s^v\cdot\prod\limits_{i=1}^{n-v}(s-p_i)}$$

而校正装置的传递函数记为 $G_c(s)$，未校正系统的开环传递函数为

$$G_0'(s)=K'\cdot G_0(s),\ K'=\frac{K\cdot\prod\limits_{i=1}^{n-v}(-p_i)}{k\cdot\prod\limits_{i=1}^{m}(-z_i)}$$

其中，K 为期望的开环增益值（由给定的稳态误差 e_{ss} 可以求出），K' 是为了使原系统具有期望的开环增益值 K 而需要把原来的增益提高的倍数，K 与 K'、e_{ss} 的关系为：$K=s^vK'G_0(s)\Big|_{s=0}=\dfrac{1}{e_{ss}}$。

则校正后系统的开环传递函数为：$G(s)=G_0'(s)\cdot G_c(s)$。

用根轨迹法设计系统控制器时，一般给定的时域指标是 σ_p、t_s 和 K 或 e_{ss}。

10.2.1　串联超前校正

原系统可能对于所有的增益值都不稳定，也可能虽属稳定，但不具有理想的瞬态响应特性。

为了校正这些问题,可以在前向通道中串联一个或几个适当的超前校正装置,使闭环主导极点位于复平面内希望的位置上,这样即保证了闭环系统具有较好的稳定程度,又能使整个闭环系统达到预期的瞬态响应特性。

1. 根轨迹的几何设计方法

采用这种方法设计串联超前校正装置的步骤如下所述。

(1) 根据动态性能指标要求确定闭环主导极点的希望位置。

由给定的 σ_p、t_s,通过 $\zeta=\sqrt{1-\dfrac{1}{1+\left(\dfrac{1}{\pi}\ln\dfrac{1}{\sigma_p}\right)^2}}$,$\omega_n=\dfrac{1}{\zeta\cdot t_s}\ln\dfrac{1}{\Delta\cdot\sqrt{1-\zeta^2}}$($\Delta=0.02$ 或 0.05),可求出闭环主导极点的 ζ 和 ω_n,$s_1=-\zeta\omega_n+j\omega_n\sqrt{1-\zeta^2}$ 是闭环主导极点。

(2) 计算出校正装置需要提供的补偿相角 $\phi=180°+i360°-\angle G_0(s_1)$,$i=0,1,2,\cdots$,其中 $\angle G_0(s_1)=\sum\limits_{i=1}^{m}\angle(s_1-z_i)-\sum\limits_{i=1}^{n-v}\angle(s_1-p_i)-v\cdot\angle s_1$。若 $\phi=0$,则说明根轨迹的辐角条件已经满足,只需调整系统增益就可使闭环主导极点满足幅值条件,从而达到设计的目的,否则未校正系统就需要超前校正装置来补偿相角。

注意:若未给出 k 的具体值,则默认为1。若 $\phi>90°$,那么可以考虑采用两个PD控制器串联的多级串联校正方案。

(3) 确定校正装置的参数。

① 采用PD控制器,即

$$G_c(s)=\tau s+1=\tau(s-z_c)$$

其中 $z_c=-1/\tau$,由 $\angle(s_1-z_c)=\phi$ 可以求出实数 z_c,进而确定微分时间常数 $\tau=-1/z_c$。

② 采用带惯性的PD控制器,即

$$G_c(s)=\frac{aTs+1}{Ts+1}=a\,\frac{s-z_c}{s-p_c}$$

其中 $z_c=-1/(aT)$,$p_c=-1/T$,$a=\dfrac{|p_c|}{|z_c|}>1$。在选择 z_c,p_c 的位置方面存在多种方案,这里介绍的是求 a 的最大可能值的方案。

首先画一条连接坐标原点 O 至 P(对应于闭环主导极点 s_1)的直线 OP,再过点 P 画一条水平线 PA。作 PA 与 PO 间夹角等分线 PB,然后作 PC 和 PD 两条直线,它们与等分线 PB 构成夹角 $\pm\varphi_c/2$。PC 和 PD 与负实轴的交点就是 p_c,z_c 所必需的位置。

由图10.2.1可知 $\theta_p=(\varphi-\varphi_c)/2$ 和 $\theta_z=(\varphi+\varphi_c)/2$,由 $p_c=\mathrm{Re}(s_1)-\dfrac{\mathrm{Im}(s_1)}{\tan\theta_p}$ 求得极点位置,由 $z_c=\mathrm{Re}(s_1)-\dfrac{\mathrm{Im}(s_1)}{\tan\theta_z}$ 求得零点位置。

(4) 验算性能指标。

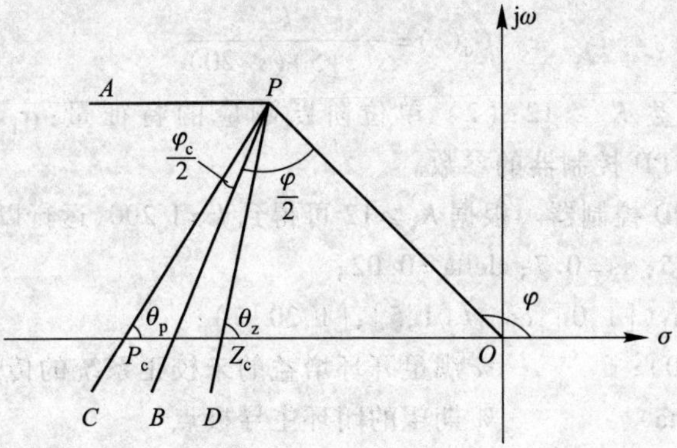

图 10.2.1　确定超前校正的极点和零点

按 $G(s)=G_0'(s)\cdot G_c(s)$ 的开环增益要求值 K 找出全部闭环极点和闭环零点。若 s_1 确实是校正系统的闭环主导极点且满足动态指标的要求,则设计过程完毕。否则调整 s_1 的位置重复上述的设计过程,直至所有的性能指标得到满足为止。

(5) rg_lead 函数

编写了 rg_lead 函数实现上述两种情况的根轨迹几何法超前校正。

【调用格式】:

[ngc, dgc]=rg_lead(ng0, dg0, s1)　　根轨迹几何法求带惯性的 PD 控制器

ngc=rg_lead(ng0, dg0, s1)　　根轨迹几何法求 PD 控制器

【说明】:

(1) ng0,dg0 分别为原系统的开环传递函数的分子、分母系数向量。

(2) s1 是满足性能指标的闭环主导极点。

(3) ngc,dgc 为超前校正装置传递函数的分子、分母系数向量。

(4) rg_lead 函数参见附录 D:D-10-1。

下面介绍几个常用的设计函数。

s=bpts2s(bp,ts, delta)

根据超调量 bp、响应时间 ts、响应时间误差宽度 delta,求解闭环主导极点 s,函数 bpts2s()参见附录 D:D-10-2。

s=kw2s(kosi,wn)

根据阻尼比 kosi、无阻尼自振频率 wn,求解闭环主导极点 s,函数 kw2s()参见附录 D:D-10-3。

[kosi,wn]=s2kw(s)

根据闭环极点 s,求解阻尼比 kosi 和无阻尼自振频率 wn,函数 s2kw()参见附录 D:D-10-4。

例 10.2.1 设单位负反馈系统的开环传递函数为

$$G_0(s)=\frac{k}{s(s+5)(s+20)}$$

指标要求:(1) 开环增益 $K_v \geqslant 12$;(2) 单位阶跃响应的特征量:$\sigma_p \leqslant 25\%$, $t_s \leqslant 0.7s$ ($\Delta = 0.02$),试确定带惯性的 PD 控制器的参数。

解:(1) 带惯性的 PD 控制器。根据 $K_v \geqslant 12$ 可得到 $k=1\ 200$,运行以下程序。

```
KK=1200; bp=0.25; ts=0.7; delta=0.02;
ng0=[1]; dg0=conv([1,0],conv([1,5],[1,20]));
g0=tf(KK*ng0,dg0);              %满足开环增益的未校正系统的传递函数
s=bpts2s(bp,ts,delta)           %期望的闭环主导极点
```

运行结果:

```
s =
    -5.7157 +12.9528i
[ngc,dgc]=rg_lead(KK*ng0,dg0,s);        %(a)
gc=tf(ngc,dgc)                          %(b)
```

运行结果:

```
Transfer function:
6.93 s + 37.27
-------------
  s + 37.27
g0c=tf(g0*gc);
b1=feedback(g0,1);              %未校正系统的闭环传递函数
b2=feedback(g0c,1);             %校正后系统的闭环传递函数
step(b1,'r--',b2,'b'); axis([0,1.2,0,1.8]); grid on  %绘制校正前后系统的单位阶跃
                                                      响应曲线
[pos,tr,ts,tp]=stepchar(b2,delta)                     %验算时域性能指标
```

运行结果:

```
pos = 21.4824,tr = 0.1932,ts = 0.6347,tp = 0.2852
```

从验算结果可知,系统的性能指标完全达到设计要求,$\sigma_p \approx 21.5\% < 25\%$, $t_s = 0.6347s < 0.7s$,系统校正前后的单位阶跃响应曲线如图 10.2.2 所示,其中,未校正系统用虚线表示,校正后系统用实线表示,本书均采用此方法进行曲线绘制。

(2) PD 控制器。

将(1)中的(a)语句改为

```
ngc=rg_lead(KK*ng0,dg0,s)
```

将(b)语句改为

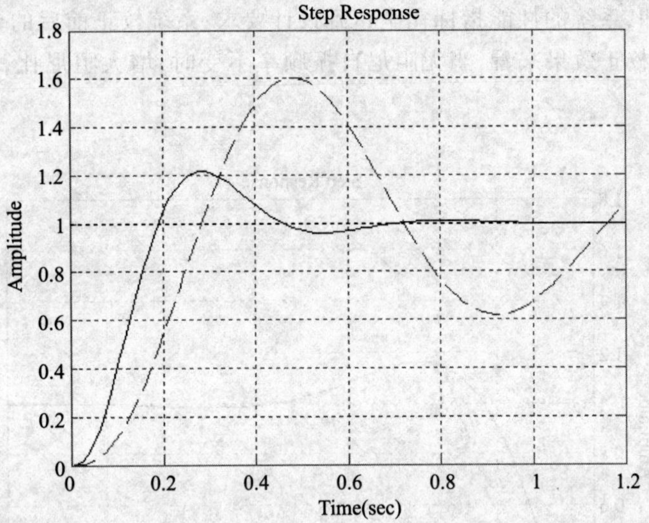

图 10.2.2 系统校正前后的单位阶跃响应曲线

gc = tf(ngc ,1)

重新运行程序,其结果为

Transfer function:

0.09396 s + 1

pos= 20.9191 ,tr= 0.2474 ,ts= 0.9374 ,tp=0.3776

可见,校正后的系统在调整时间上不满足设计要求,需要调整闭环主导极点的位置。

>> [kosi, wn] = s2kw(s) % 初选时,预设的主导极点的阻尼比和无阻尼自振频率

kosi =

  0.4037

wn =

  14.1578

提高阻尼比 kosi=0.5,并保留原闭环主导极点的无阻尼自振频率 wn,重新校正。

>> s = kw2s(0.5, wn)

s =

-7.0789 +12.2610i

重新运行 PD 控制器设计程序得

Transfer function:

0.1169 s + 1

pos = 16.6020, tr = 0.2297, ts = 0.6093, tp = 0.3596

由验算结果可知,系统的性能指标完全达到设计要求,系统校正前后的单位阶跃响应曲线如图 10.2.3 所示。从校正效果来看,当无阻尼自振频率不变时,增大阻尼比,系统的超调量减小,调整时间缩短。

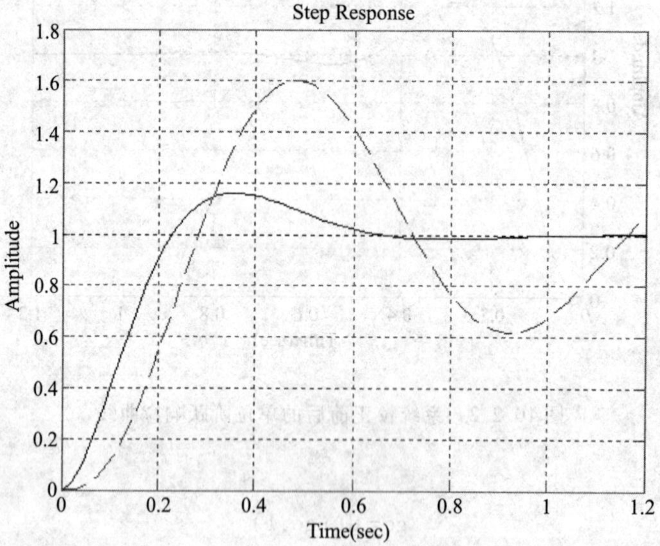

图 10.2.3 系统校正前后的单位阶跃响应曲线

2. 根轨迹的解析设计方法

校正后,控制器和被控对象串联,系统的根轨迹应该经过期望的闭环主导极点。因此校正后的系统在期望闭环主导极点上的幅值为 1,辐角为 180°。可以根据根轨迹的幅值辐角条件列出方程,并求解其中的控制器参数。采用这种方法既可以设计超前校正装置,也可以设计滞后校正装置。

设串联校正装置的传递函数为

$$G_c(s)=\frac{aTs+1}{Ts+1}$$

其中,$a>1$ 为串联超前校正控制器;$a<1$ 为串联滞后校正控制器。根轨迹解析法的设计步骤为:

(1) 根据稳态性能和动态特性要求,确定 K'和希望的 s_1 在 s 平面上的位置。

(2) 确定所求的 a、T 需满足的方程,即校正系统的根轨迹为

$$G_0(s)\cdot G_c(s)=\frac{aTs_1+1}{Ts_1+1}M_0\mathrm{e}^{\mathrm{j}\theta_0}=1\cdot\mathrm{e}^{\mathrm{j}\pi},G_0(s_1)=M_0\mathrm{e}^{\mathrm{j}\theta_0}$$

若 $s_1=M_1\mathrm{e}^{\mathrm{j}\theta_1}$,则

$$a \cdot T \cdot M_1 e^{j\theta_1}+1=\frac{1 \cdot e^{j\pi}}{M_0 e^{j\theta_0}}(T \cdot M_1 e^{j\theta_1}+1)$$

(3) 利用上述方程可分为实部、虚部，通过方程组求解来确定未知数 a, T

$$aT=\frac{\sin\theta_1+M_0\sin(\theta_1-\theta_0)}{M_1 M_0\sin\theta_0},\quad T=-\frac{\sin(\theta_1+\theta_0)+M_0\sin\theta_1}{M_1\sin\theta_0}$$

编写函数 ra_lead 实现上述根轨迹解析法超前校正。

【调用格式】:

[ngc, dgc] = ra_lead(ng0, dg0, s1)　　根轨迹解析法求带惯性的 PD 控制器

【说明】:其输入变量和输出变量的定义与 rg_lead 函数相同，ra_lead 函数参见附录 D: D-10-5。

例 10.2.2　同例 10.2.1，将例 10.2.1 程序中的超前校正调用函数 rg_lead (KK * ng0,dg0, s)改为 ra_lead(KK * ng0,dg0,s)。

解:运行程序得到如下结果。

```
Transfer function:
0.208 s + 1
-----------
0.02967 s + 1
pos = 23.0654 tr = 0.1835 ts = 0.6086 tp = 0.2705
```

经校验可见，系统的性能指标也满足了设计要求。

10.2.2 串联滞后校正

如果原系统具有满意的动态响应特性，但是其稳态特性不能令人满意，可以通过在前向通道中串联一个适当的滞后校正装置来解决，这种滞后校正方法既增大了开环增益，又使动态响应特性不发生明显变化。

为了避免根轨迹的显著变化，滞后校正产生的相角应当限制在 0°～5°的范围内，为此应将滞后校正装置的零极点配置得相距很近，并靠近 s 平面上的原点。这样，校正后系统的闭环极点将稍稍偏离原来的位置(准确地说，稍偏右下侧)，动态特性变化很小。

下面讨论采用根轨迹法设计近似 PI 控制器的问题，校正装置的传递函数为

$$G_c(s)=\frac{aTs+1}{Ts+1}=a\,\frac{s-z_c}{s-p_c}$$

其中 $z_c=-1/(aT)$，$p_c=-1/T$，$a=\dfrac{|p_c|}{|z_c|}<1$。

1. 根轨迹的几何设计方法

这种方法设计滞后校正装置的步骤为:

(1) 根据动态指标要求，确定闭环主导极点的希望位置。

(2) 求取未校正系统根轨迹上的对应于闭环主导极点 s_1 的开环增益 K_1。

$$K_1=k\frac{\prod_{i=1}^{m}(-z_i)}{\prod_{i=1}^{n-v}(-p_i)};k=\frac{|s_1^v|\cdot\prod_{i=1}^{n-v}|s_1-p_i|}{\prod_{i=1}^{m}|s_1-z_i|}$$

(3) 根据给定的稳态要求计算校正系统应具有的开环增益 K,并求取 $a=K_1/K$。

(4) 确定滞后校正装置的参数 z_c 和 p_c。

首先,令 $s_1'=-\zeta\omega_n\cdot c_1+j\omega_n\cdot c_2\sqrt{1-\zeta^2}=-\zeta'\omega_n'+j\omega_n'\sqrt{1-\zeta'^2}$,$c_1,c_2$ 取小于 1 的正数。并验证 $\sigma_p'=e^{-\frac{\zeta'\pi}{\sqrt{1-\zeta'^2}}}\leqslant\sigma_p,t_s'=\frac{-1}{\zeta'\omega_n'}\ln(\Delta\cdot\sqrt{1-\zeta'^2})\leqslant t_s$,否则重新选择 s_1'。

其次,求取 z_c 的值:$z_c=\dfrac{-\omega_n'\sin\varepsilon}{\sin\left(180°-\varepsilon-\tan^{-1}\dfrac{\sqrt{1-\zeta'^2}}{\zeta'}\right)}$,$\varepsilon=(0°\sim5°)$,$p_c=-a|z_c|$,则 $T=-1/p_c$,$a=K_1/K$。

(5) 验算性能指标。

验算系统的相对稳定性、动态性能和稳态性能。

编写函数 rg_lag 实现上述根轨迹几何法滞后校正。

【调用格式】:

[ngc, dgc, k]=rg_lag(ng0, dg0, KK, s1, a)　根轨迹几何法求串联滞后校正控制器

【说明】:

(1) ng0,dg0 分别为原系统的开环传递函数的分子、分母系数向量。

(2) KK 是为了要达到期望的开环增益,原系统开环增益需要提高的倍数。

(3) s1 是满足性能指标的闭环主导极点,a 为调整的辐角余量(0°~5°)。

(4) ngc,dgc 为超前校正装置传递函数的分子、分母系数向量,k 为满足动态性能要求的未校正系统的根轨迹增益。

(5) rg_lag 函数参见附录 D:D-10-6。

例 10.2.3　设单位负反馈系统的开环传递函数为

$$G_0(s)=\frac{800k}{s(s+4)(s+10)(s+20)}$$

指标要求:(1) 开环增益 $K_v\geqslant12s^{-1}$;(2) 单位阶跃响应的特征量:$\sigma_p\leqslant20\%$,$t_s\leqslant2.6$ s ($\Delta=0.05$),试确定串联滞后校正装置的参数 z_c 和 p_c。

解:(1) 根据开环增益 $K_v\geqslant12s^{-1}$ 可得到 $KK=12$。

KK=12;

(2) 初选闭环主导极点。

bp=0.15; ts=2.6; delta=0.05;

```
s=bpts2s(bp,ts,delta);
[kosi,wn]=s2kw(s)
```

运行结果：

```
kosi =
    0.4559
wn =
    2.6253
```

初选 kosi=0.5,wn=2.5,$\varepsilon=2°$,从而得到闭环主导极点的希望位置。

```
kosi=0.5; wn=2.5; a=2;
s1=kw2s(kosi,wn)                        %重新选取闭环主导极点
```

运行结果：

```
s1 =
  -1.2500 + 2.1651i
```

(3) 运行下列程序求取惯性 PI 控制器。

```
ng0=[800];dg0=conv([1,0],conv([1,4],conv([1,10],[1,20])));
g0=tf(ng0,dg0);
[ngc,dgc,k]=rg_lag(ng0,dg0,KK,s1,a);      %(c)
gc=tf(ngc,dgc)
```

运行结果：

```
Transfer function:
0.1551 s + 0.01532
-----------------
    s + 0.01532
```

```
g0c=tf(KK*g0*gc);
b1=feedback(k*g0,1);                      %(d)
b2=feedback(g0c,1);
step(b1,'r--',b2,'b'); axis([0,4,0,1.4]);grid on
[pos,tr,ts,tp]=stepchar(b2,delta)
```

运行结果：

```
pos=19.6762,tr=1.0800,ts= 2.4400,tp=1.6000
```

由验算结果可知,系统的性能指标完全达到设计要求,即 $\sigma_p=19.676\,2\%<20\%$,$t_s=2.440\,0<2.6$ s,系统校正前后的单位阶跃响应曲线如图 10.2.4 所示。若对系统的性能指标仍不满意,应不断调整 ε 或闭环主导极点 s_1 的值,并重新运行上述程序,直到性能指标完全达到设计要求为止。

【说明】:

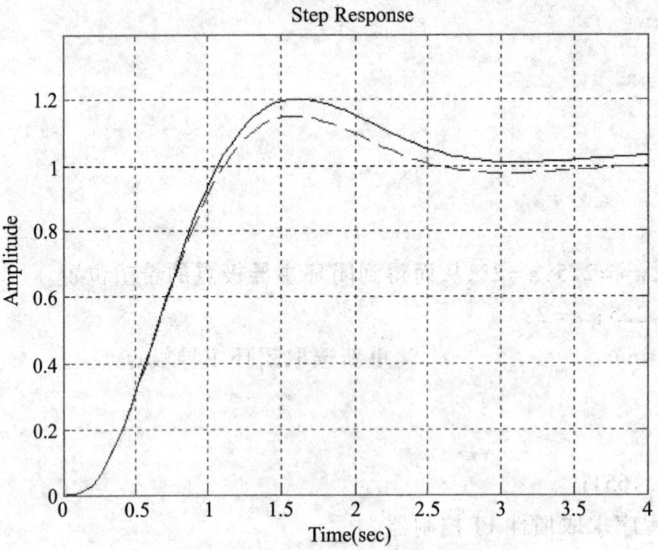

图 10.2.4

图 10.2.4　例 10.2.3 系统校正前后的单位阶跃响应曲线

(1) 从图 10.2.4 可见,校正后的系统比未校正系统的阻尼程度和响应速度都变差了一些,不过变化幅度很小,基本可以忽略,即基本保持原系统的动态特性不变。

(2) 所谓原系统的动态特性,是指原系统满足期望主导极点处的动态特性,此时原系统的开环增益小于设计要求。所以,原系统满足期望的动态特性时,其开环传递函数应为 k * g0 (k 为期望闭环主导极点处原系统的根轨迹增益),参见程序中的(d)语句,而不是 KK * g0。KK * g0 能满足系统的开环增益要求,但是无法满足系统的动态性能要求。

2. 根轨迹的解析设计方法

采用根轨迹的解析设计方法设计滞后校正装置与超前校正装置的方法相同。

例 10.2.4　同例 10.2.3,试采用解析方法确定串联滞后校正器的传递函数。

解:根据性能指标,选择 kosi = 0.5, wn = 2.5,并将例 10.2.3 中的(c)语句改为

```
[ngc,dgc] = ra_lead(KK * ng0,dg0,s1)
```

(d) 语句改为

```
b1 = feedback(g0,1)
```

重新运行例 10.2.3 程序,得到如下结果。

```
Transfer function:
13.08 s + 1
---------
83.26 s + 1
```

pos = 19.0178, tr = 1.1096, ts = 2.3968, tp = 1.5979

经验算,校正后系统的性能指标完全达到设计要求。

10.3 伯德图法

伯德图描述的是开环系统的对数频率特性,其低频区表征了闭环系统的稳态特性,中频区表征了系统的相对稳定性,而高频区表征了系统的抗干扰能力。在大多数实际情况中,校正问题实质上是一个在稳态精度和相对稳定性之间取折衷的问题。为了获得比较高的开环增益及满意的相对稳定性,必须改变开环频率特性响应曲线的形状,这主要体现为:在低频区和中频区增益应该足够大,且中频区的对数幅频特性的斜率应为-20 dB/dec,并有足够的带宽,以保证适当的相角裕度;而在高频区,要使增益尽可能地衰减下来,以便使高频噪声的影响达到最小。

下面分别讨论基于伯德图法的串联超前、滞后、滞后-超前校正及反馈校正的方法及其MATLAB实现。系统中各个环节的定义和描述方法与根轨迹法相同,只是伯德图设计方法的频域指标为γ,ω_c,K。

10.3.1 串联超前校正

超前校正装置的主要作用是改变伯德图中曲线的形状来产生足够大的超前相角,以补偿原系统中的元件造成的过大滞后相角。

1. 伯德图的几何设计方法

用这种方法设计超前校正装置的步骤为:

(1) 根据稳态指标要求确定未校正系统的型别和开环增益K,并绘制其伯德图。

(2) 根据动态指标要求确定超前校正装置的参数,分两种情形加以讨论。

① 给出了ω_c的要求值。

确定超前校正装置所应提供的最大超前相角$\phi_m=\gamma-\left[180°+\angle G_0'(j\omega_c)\right]+5°$。

根据$a=\dfrac{1+\sin\phi_m}{1-\sin\phi_m}$求出$a$的值,再根据$20\lg|G_0'(j\omega_m)|+10\lg a=0$(剪切频率处原系统的对数幅值和校正装置的对数幅值的和为零)确定ω_m的值;假如$\omega_m\approx\omega_c$,则说明可以确保相角裕度的指标要求,如果二者相差很大时,采用如下的方法设计:令$\omega_m=\omega_c$,根据$20\lg|G_0'(j\omega_c)|+10\lg a=0$求出$a$的值$a=\dfrac{1}{|G_0'(j\omega_c)|^2}$,并求出其所提供的最大超前相角$\phi_m'=\arcsin\dfrac{a-1}{a+1}$,再判断$\phi_m'\geqslant\phi_m$是否成立?若成立,则求出的$a$值满足相角裕度$\gamma$的要求,否则需重新调整$a$值(增大$a$的值)。

由$\omega_m=\omega_c=\dfrac{1}{\sqrt{a}\,T}$求出$T$的值,$T=\dfrac{1}{\sqrt{a}\,\omega_m}$。

② 未给出ω_c的要求值。

确定串联超前校正装置所应提供的最大超前相角 $\phi_m=\gamma-[180°+\angle G_0(j\omega_c')]+5°$,其中 ω_c' 为未校正系统的剪切频率。

根据 $a=\dfrac{1+\sin\phi_m}{1-\sin\phi_m}$ 求出 a 的值;根据 $20\lg|G_0'(j\omega_c)|+10\lg a=0$ 求出 ω_c;根据 $\omega_m=\omega_c=\dfrac{1}{\sqrt{a}T}$ 求出 T 的值。

(3) 验算性能指标

① 对于三阶及其以上的高阶系统应该验证 20lg Kg,以评价系统抑制干扰的能力。即:当 $\omega\geqslant\omega_g$ 时,$Kg>2$ 或 20lg $Kg>6$ dB 及在此频段内对数幅频特性的斜率均小于等于-40 dB/dec。

② 以上所讨论的校正装置的传递函数都采用 $G_c(s)=\dfrac{aTs+1}{Ts+1}$,其中 $a>1$。假如采用 $G_c(s)=\tau s+1$,那么设计将简单得多,可直接求解。

编写下列 MATLAB 函数来实现上述伯德图几何法超前校正。

【调用格式】:

[ngc,dgc] = fg_lead_pm(ng0,dg0,Pm,w)	伯德图几何法求带惯性的 PD 控制器(ω_c 未知)
[ngc,dgc] = fg_lead_pm_wc(ng0,dg0,Pm,wc,w)	伯德图几何法求带惯性的 PD 控制器(ω_c 已知)
[ngc,dgc] = fg_lead_pd(ng0,dg0,wc)	伯德图几何法求 PD 控制器

【说明】:

(1) ng0,dg0 分别为原系统的开环传递函数的分子、分母系数向量(满足开环增益要求)。

(2) Pm 为期望的相角裕度,wc 为期望的剪切频率,w 为指定的伯德图频率范围。

(3) 返回值 ngc,dgc 为超前校正装置传递函数的分子、分母系数向量。

(4) fg_lead_pm 函数参见附录 D:D-10-7,fg_lead_pm_wc 函数参见附录 D:D-10-8,fg_lead_pd 函数参见附录 D:D-10-9。

例 10.3.1　设被控对象的传递函数为

$$G_0(s)=\frac{K}{s(0.001s+1)(0.1s+1)}$$

其设计要求:$K_v=1\,000$,$\gamma=45°$,$\omega_c=165$ rad/s,20log $Kg\geqslant15$ dB,试确定超前校正控制器的参数。

解:根据速度误差常数要求可得 $KK=1\,000$,并运行以下程序。

```
KK=1000; Pm=45; wc=165;
ng0= KK *[1]; dg0=conv([1,0],conv([0.001,1],[0.1,1]));
g0=tf(ng0,dg0) ;
t=[0:0.001:0.07]; w=logspace(0,4);
[ngc,dgc]= fg_lead_pm_wc (ng0,dg0,Pm,wc,w);                %(e)
```

```
gc=tf(ngc,dgc),
```

运行结果：

```
Transfer function:
0.01824 s +1
------------
0.001705 s +1
g0c=tf(g0 * gc);
b1=feedback(g0,1); b2=feedback(g0c,1);
step(b1,'r--', b2,'b'); grid on
figure, bode(g0,'r--',g0c,'b',w), grid on,
[gm,pm,wcg,wcp]=margin(g0c), Km=20 * log10(gm)
```

运行结果：

```
gm =7.6360,pm =49.0278,wcg=717.9149,wcp =179.2904,Km =17.6574
```

经验算可知系统的性能指标完全达到设计要求，即 $\gamma=49.0278°>45°$，$\omega_c=179$ rad/s ≈ 165 rad/s，$20\lg Kg=17.6574$ dB>15 dB，系统校正前后的伯德图与单位阶跃响应曲线分别如图 10.3.1 和图 10.3.2 所示。

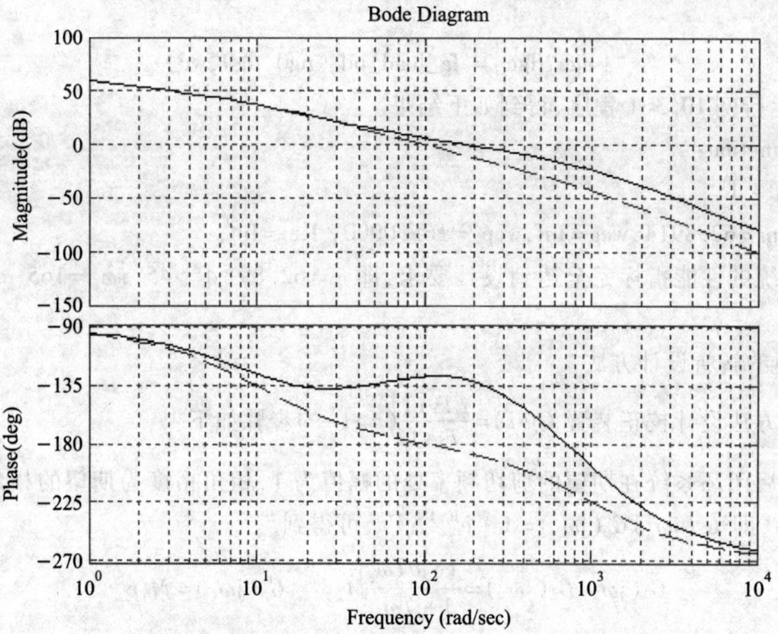

图 10.3.1

图 10.3.1 例 10.3.1 系统校正前后的伯德图

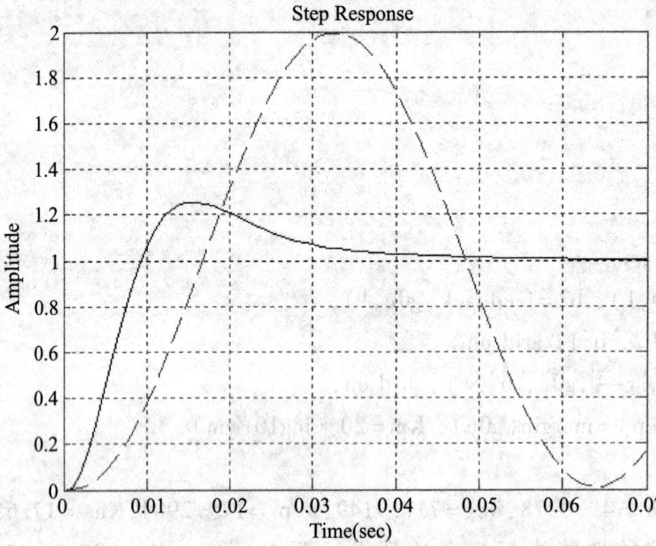

图 10.3.2 例 10.3.1 系统校正前后的单位阶跃响应曲线

例 10.3.2 同例 10.3.1，若采用 $G_c(s)=\tau s+1$ 形式的串联滞后校正器，例 10.3.1 中的(e)语句改为

[ngc,dgc] = fg_lead_pd (ng0,dg0,wc)

解：重新运行例 10.3.1 程序，得到如下结果。

Transfer function:

0.01562 s + 1

gm = Inf, pm = 62.8914, wcg = Inf, wcp = 165.0000, Km = Inf

经校验系统的性能指标完全达到设计要求，即 $\gamma=62.8914°>45°$，$\omega_c=165$ rad/s，幅值裕度为无穷大。

2. 伯德图的解析设计方法

采用这种方法设计校正装置 $G_c(s)=\dfrac{aTs+1}{Ts+1}(a>1)$ 的步骤如下：

(1) 校正后闭环系统在期望的剪切频率处的幅值为 1，相角裕度为期望的相角裕度值 γ（相角为 $-180°+\gamma$），即 $G_c(j\omega_c)G_0(j\omega_c)=1\cdot e^{j(-180°+\gamma)}$，可得到

$$G_c(j\omega_c)G_0(j\omega_c)=\frac{1+jaT\omega_c}{1+jT\omega_c}M_1e^{j\theta_1},\ G_0(j\omega_c)=M_1e^{j\theta_1}$$

(2) 利用该方程可分为实部、虚部两个方程，求出两个未知数 a、T 的值

$$T=\frac{M_1+\cos(\gamma-\theta_1)}{\omega_c\sin(\gamma-\theta_1)},\quad aT=-\frac{M_1\cos(\gamma-\theta_1)+1}{M_1\omega_c\sin(\gamma-\theta_1)}$$

我们编写了 fa_lead 函数用来实现上述伯德图解析法。

【调用格式】:

[ngc,dgc] = fa_lead(ng0,dg0,Pm,wc,w)　　伯德图解析法求带惯性的PD控制器

【说明】:输入变量和输出变量的定义与 fg_lead_pm_wc 函数相同,fa_lead 函数参见附录 D:D-10-10。

例 10.3.3 设被控对象的传递函数为

$$G_0(s)=\frac{400}{s(s^2+30s+200)}$$

设计要求:$K_v=10$,$\gamma=45°$,$\omega_c=14$ rad/s,试确定 PD 控制器的参数。

解:用超前校正函数 fa_lead,运行如下程序。

```
t=[0:0.01:2]; w=logspace(-1,2);
KK=5; Pm=45; wc=14;
ng0=KK*[400]; dg0=[1,30,200,0]; g0=tf(ng0,dg0);
[ngc,dgc]= fa_lead(ng0,dg0, Pm,wc,w);
gc=tf(ngc,dgc)
```

运行结果:

```
Transfer function:
0.2271 s + 1
------------
0.03811 s + 1
```

```
g0c=tf(g0*gc);
b1=feedback(g0,1); b2=feedback(g0c,1);
step(b1,'r--', b2,'b',t); grid on
figure, bode(g0,'r--',g0c,'b',w); grid on,
[gm,pm,wcg,wcp]=margin(g0c)
```

运行结果:

```
gm=3.1914,pm=45.0000,wcg=27.7398,wcp=14.0000
```

经验算可知系统的性能指标完全达到设计要求,即 $\gamma=45°$,$\omega_c=14$ rad/s,系统校正前后的伯德图与单位阶跃响应曲线分别如图 10.3.3 和图 10.3.4 所示。

10.3.2 串联滞后校正

串联滞后校正的主要作用在不改变系统动态特性的前提下,提高系统的开环放大倍数,使系统的稳态误差减小,并保证一定的相对稳定性。

设滞后校正装置的传递函数为

$$G_c(s)=\frac{aTs+1}{Ts+1}(a<1)$$

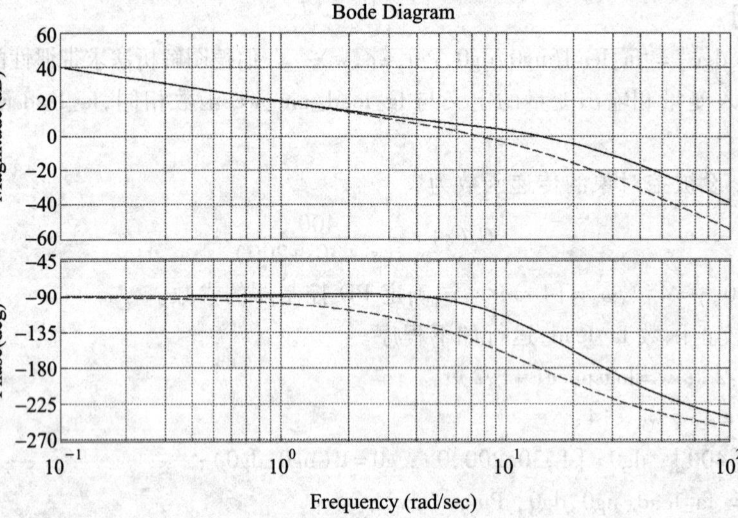

图 10. 3. 3

图 10. 3. 3　例 10. 3. 3 系统校正前后的伯德图

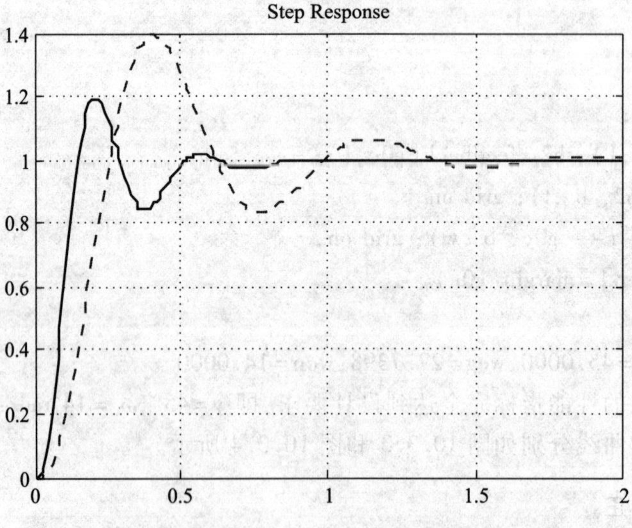

图 10. 3. 4

图 10. 3. 4　例 10. 3. 3 系统校正前后的单位阶跃响应曲线

1. 伯德图的几何设计方法

用这种方法设计滞后校正装置的步骤为：

(1) 根据稳态指标确定未校正系统 $G_0'(s)$ 的型别和开环增益 K,并绘制其伯德图。

(2) 根据动态指标要求确定滞后校正装置的参数，分两种情形加以讨论。

① 给出了 ω_c 的要求值。

根据 $20\lg|G_0'(j\omega_c)|+20\lg a=0$ 求出 a 的值：$a=\dfrac{1}{|G_0'(j\omega_c)|}$。

为了减少滞后校正对系统 γ 的影响，通常取 $1/(aT)\approx(1/5\sim1/10)\omega_c$，并求出 $T=10/(a\omega_c)$。

② 未给出 ω_c 的要求值。

若相角裕度 γ 不足，找出满足 γ（可加 5°～12°的裕量）的频率点 ω_c 作为校正系统的剪切频率，然后按第一种情形的步骤处理。

(3) 验算性能指标。

我们编写了相应函数来实现上述伯德图几何法求滞后校正。

【调用格式】：

[ngc,dgc] = fg_lag_pm(ng0,dg0,w,Pm)　伯德图几何法求滞后校正控制器（ω_c 未知）

[ngc,dgc] = fg_lag_wc(ng0,dg0,w, wc)　伯德图几何法求滞后校正控制器（ω_c 已知）

【说明】：参数定义与 fg_lead_pm_wc 函数相同，fg_lag_pm 函数参见附录 D：D-10-11，fg_lag_wc 函数参见附录 D：D-10-12。

例 10.3.4　设被控对象的传递函数为

$$G_0(s)=\frac{10}{s(s+5)}$$

其设计要求：$K_v=20$，$\gamma=70°$。设计滞后校正控制器。

解：根据稳态误差可求出 $KK=10$，运行下面的程序。

```
KK=10; Pm=70;
ng0=KK*[10]; dg0=[1,5,0]; g0=tf(ng0,dg0);
[gm,pm,wcg,wcp]=margin(g0)
```

运行结果：

```
gm = Inf   pm = 28.0243   wcg = Inf   wcp = 9.3940
```

未校正系统的 $\gamma=28°$，不满足要求。

```
t=[0:0.01:3]; w=logspace(-2,2);
[ngc,dgc]= fg_lag_pm(ng0,dg0,w,Pm);
gc=tf(ngc,dgc)
```

运行结果：

```
Transfer function:
13.4 s + 1
---------
193.2 s + 1
g0c=tf(g0*gc);
```

```
b1=feedback(g0,1); b2=feedback(g0c,1);
step(b1,'r--', b2,'b',t); grid on
figure, bode(g0,'r--',g0c,'b',w); grid on,
[gm,pm,wcg,wcp]=margin(g0c)
```

运行结果:

```
gm=Inf,pm= 72.0162,wcg=NaN,wcp= 1.3417
```

经校验可见,系统的性能指标完全达到设计要求,即 $\gamma=72.0162°>70°$,系统校正前后的伯德图与单位阶跃响应曲线分别如图 10.3.5 和图 10.3.6 所示。

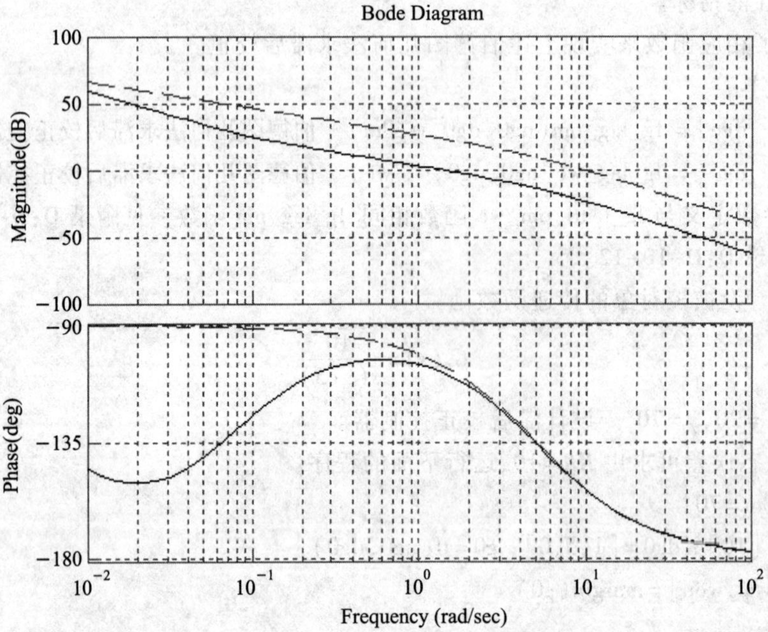

图 10.3.5

图 10.3.5 例 10.3.4 系统校正前后的伯德图

例 10.3.5 设被控对象的传递函数为

$$G_0(s)=\frac{K}{s(0.1s+1)(0.2s+1)}$$

其设计要求:$K_v=25$,$\omega_c=2.5$ rad/s,$\gamma\geqslant40°$。设计滞后校正控制器。

解:根据稳态误差可求出 $KK=25$,并运行以下程序。

```
KK=25; Pm=40; wc=2.5;
ng0=KK*[1]; dg0=conv([1,0],conv([0.1,1],[0.2,1]));g0=tf(ng0,dg0);
t=[0:0.01:5]; w=logspace(-2,2);
[ngc,dgc]= fg_lag_wc (ng0,dg0,w, wc)
```

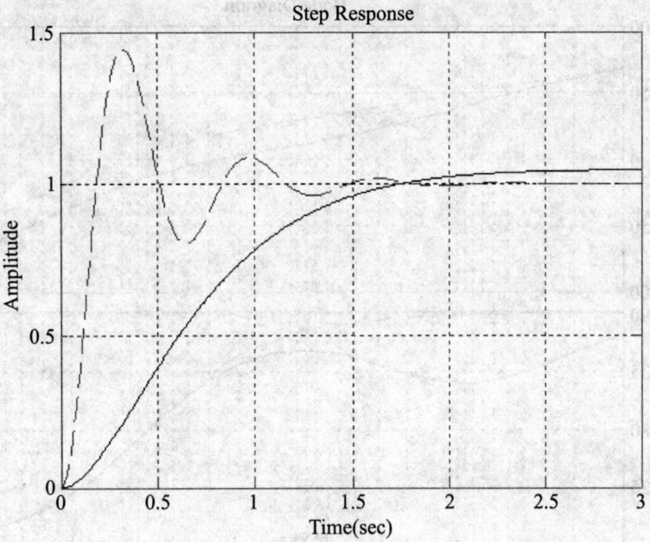

图 10.3.6 例 10.3.4 系统校正前后的单位阶跃响应曲线

```
gc=tf(ngc,dgc)
```

运行结果：

```
Transfer function:
  4 s + 1
---------
34.71 s + 1
g0c=tf(g0*gc);
b1=feedback(g0,1); b2=feedback(g0c,1);
step(b1,'r--', b2,'b',t); axis([0,5,-1,1.8]); grid on
figure, bode(g0,'r--',g0c,'b',w); grid on,
[gm,pm,wcg,wcp]=margin(g0c)
```

运行结果：

```
gm =4.8601,pm=44.2272,wcg = 6.8324,wcp =2.5097
```

经验算，系统的性能指标完全达到设计要求，即 $\gamma=44.2272°>40°$，$\omega_c\approx2.5$ rad/s，系统校正前后的伯德图与单位阶跃响应曲线分别如图 10.3.7 和图 10.3.8 所示。可见校正前系统是不稳定的（满足开环增益的前提下），校正后系统变为稳定的系统。

2. 伯德图的解析设计方法

伯德图解析法滞后校正和超前校正的原理完全相同，可以采用 fa_lead 求取校正装置的参数。

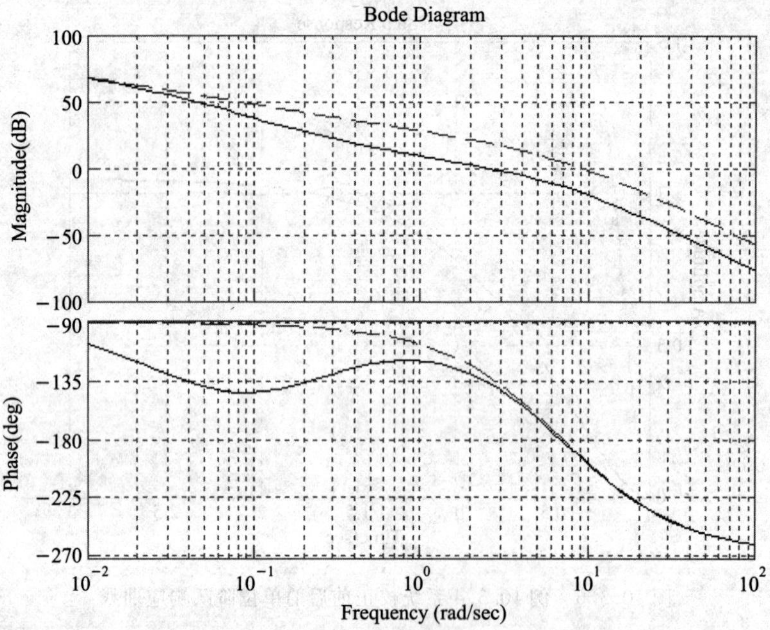

图 10.3.7

图 10.3.7　例 10.3.5 系统校正前后的伯德图

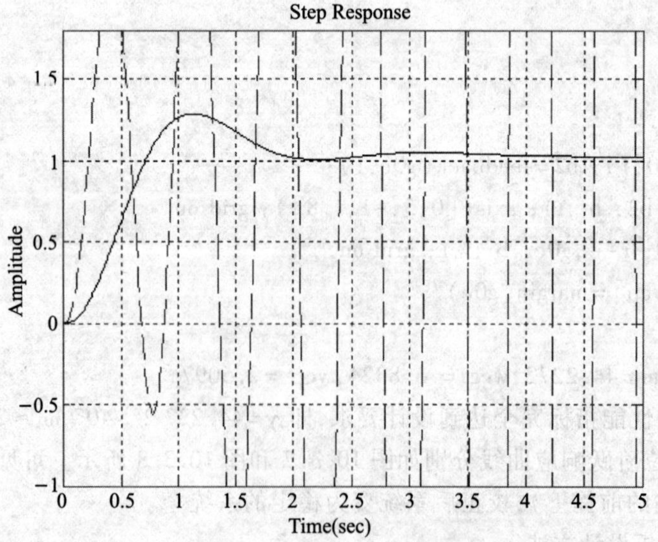

图 10.3.8　例 10.3.5 系统校正前后的单位阶跃响应曲线

例 10.3.6 同例 10.3.4,且 $\omega_c=1.5$ rad/s。

解:令 wc=1.5,并将校正函数变为

fa_lead(ng0,dg0,Pm,wc,w)

重新运行例 10.3.4 的程序,得到如下结果。

```
Transfer function:
10.65 s + 1
---------
136.3 s + 1
gm=Inf,pm=70.0000,wcg=NaN,wcp =1.5000
```

经验算可知,系统的性能指标完全达到设计要求,即 $\gamma=70°$,$\omega_c=1.5$ rad/s。

10.3.3 串联超前-滞后校正

有些系统的动态特性和稳态特性都无法满足性能指标要求,因此单独使用超前校正或者滞后校正都无法达到设计要求。对这类系统通常采用串联超前-滞后校正,先用超前校正使系统满足动态特性(忽略开环增益),然后用滞后校正来提高系统的开环增益。

串联超前-滞后校正装置的传递函数为

$$G_c(s)=K'\cdot\frac{T_1s+1}{\alpha T_1s+1}\cdot\frac{T_2s+1}{\beta T_2s+1},\text{其中 }\alpha<1,\beta>1$$

采用伯德图法设计串联超前-滞后校正装置的基本步骤如下:

(1) 根据给定的动态指标,确定串联超前校正部分的参数。为了保证相角裕度,确定超前校正提供的超前角时,应为滞后校正留出 5°~10°的裕量。通常滞后校正会使原系统的剪切频率减小,因此确定超前校正的剪切频率时应比预定的指标大一些。

$$G_{c1}(s)=\frac{T_1s+1}{\alpha T_1s+1},\text{其中}:20\lg|G_0'(j\omega_c)|=-10\lg a,T_1=\frac{1}{\sqrt{\alpha}\omega_c}$$

(2) 根据给定的稳态指标,确定串联滞后校正部分的参数。

(3) 验算性能指标。如果不满足预期指标,视具体情况适当调整校正环节的参数。

例 10.3.7 设被控对象的开环传递函数为

$$G_0(s)=\frac{k}{s(s+1)(s+2)}$$

其设计要求:$K_v=10\ s^{-1}$,$\gamma\geqslant45°$,$\omega_c\geqslant1.5$ rad/s,$\sigma_p\leqslant25\%$,$t_p\leqslant2$ s,$t_s\leqslant6$ s($\Delta=0.05$),试确定串联超前-滞后校正控制器的参数。

解:(1) 根据稳态误差系数 $K_v=10\ s^{-1}$,求出 $KK=20$。

(2) 绘制未校正系统的伯德图,检查是否满足设计要求,并确定校正方案。

```
KK=20;delta=0.05;
ng0=[1]; dg0=conv([1,0],conv([1,1],[1,2]));
```

```
t=[0:0.01:5]; w=logspace(-2,2);
g0=tf(ng0,dg0); b1=feedback(KK*g0,1);
[gm,pm,wcg,wcp]=margin(KK*g0)
```

运行结果：

```
gm=0.3000,pm=-28.0814,wcg=1.4142,wcp=2.4253
roots(b1.den{1})
```

运行结果：

```
ans =
    -3.8371
    0.4186 + 2.2443i
    0.4186 - 2.2443i
```

可见系统的幅值裕度和相角裕度不满足要求，而且系统是不稳定的，采用串联超前-滞后校正方案。

(3) 确定超前校正控制器的传递函数，先使原系统满足动态特性，忽略稳态特性要求 *KK*。

```
Pm=45;wc=1.5+0.2;
[ng1,dg1]=fg_lead_pm_wc(ng0,dg0,Pm,wc,w);
gc1=tf(ng1,dg1)                         %超前校正控制器
```

运行结果：

```
Transfer function:
3.393 s + 1
----------
0.2436 s + 1
```

(4) 确定滞后控制器的传递函数，基本不改变动态特性，提高开环增益使之满足稳态要求。

```
g01=KK*g0*gc1;
[ng2,dg2]=fg_lag_pm(g01.num{1},g01.den{1},w,Pm);
gc2=tf(ng2,dg2)                         %滞后校正控制器
```

运行结果：

```
Transfer function:
16.61 s + 1
---------
210.5 s + 1
```

(5) 验算性能指标。

```
g02=g01*gc2; b2=feedback(g02,1);
bode(KK*g0,'r--',g02,'b',w); grid on;
[gm,pm,wcg,wcp]=margin(g02)
```

运行结果：

```
gm = 3.5319, pm = 47.3050, wcg = 3.4737, wcp = 1.6619
step(b1,'r--', b2,'b',t); grid on;
[pos,tr,ts,tp] = stepchar(b2,delta)
```

运行结果：

```
pos = 15.0500, tr = 1.3835, ts = 4.0441, tp =  1.7028
gc = zpk(KK * gc1 * gc2)                %控制器的传递函数
```

运行结果：

```
Zero/pole/gain:
21.9778 (s+0.2947) (s+0.0602)
----------------------------
    (s+4.105) (s+0.00475)
```

由验算结果可知，系统的频域性能指标和时域性能指标完全达到设计要求，系统校正前后的伯德图与单位阶跃响应曲线分别如图 10.3.9 和图 10.3.10 所示。

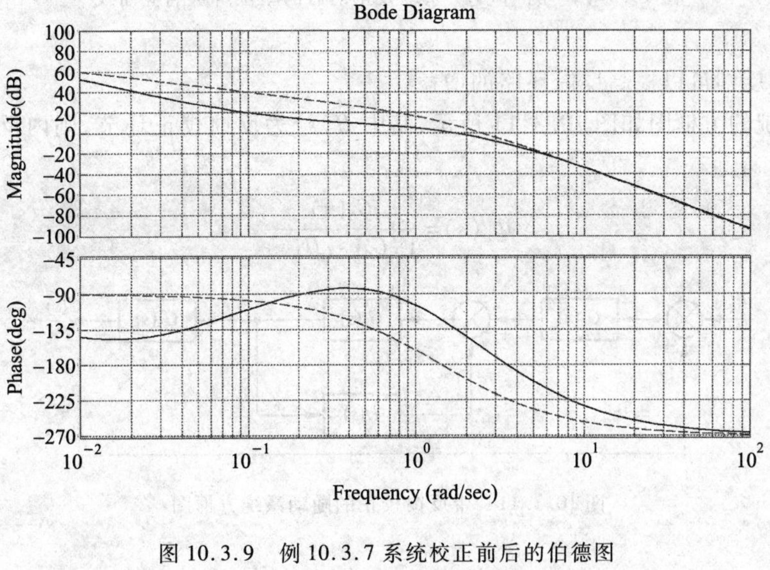

图 10.3.9

图 10.3.9　例 10.3.7 系统校正前后的伯德图

10.3.4　反馈校正

在位置随动系统中，常常采用速度反馈这种形式来提高系统的性能。反馈校正的功能主要有：比例负反馈可以减弱为其包围环节的惯性，从而将扩展该环节的带宽；负反馈可以减弱参数变化对系统性能的影响；负反馈可以消除系统不可变部分中不希望具有的特性；负反馈可以削弱

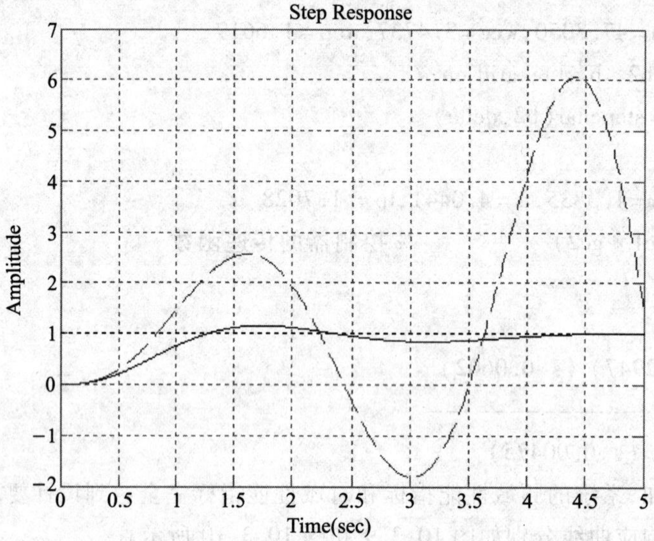

图 10.3.10　例 10.3.7 系统校正前后的单位阶跃响应曲线

非线性影响；正反馈可以提高反馈环路的增益。

设控制系统的方框图如图 10.3.11 所示，其中 $H(s)$ 为反馈校正环节，则内反馈闭环传递函数为

$$\Phi_0(s)=\frac{G_0(s)}{1+G_0(s)H(s)}$$

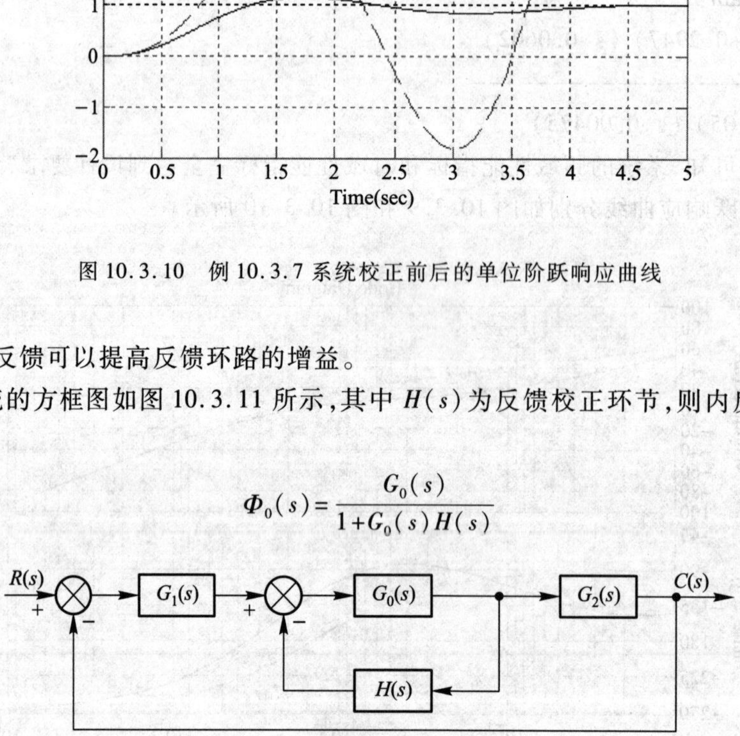

图 10.3.11　带反馈校正的随动系统方框图

当 $|G_0(j\omega)H(j\omega)|\gg 1$ 时，$|\Phi_0(j\omega)|\approx\dfrac{1}{|H(j\omega)|}$。即在 $|G_0(j\omega)H(j\omega)|\gg 1$ 的频段内，内环系统的闭环幅频特性近似为反馈控制器幅频特性的倒数。我们希望，内环闭环后的系统开环幅频特性与期望特性尽可能一致，此时系统开环幅频特性在 $|G_0(j\omega)H(j\omega)|\gg 1$ 频段内近似为 $G(j\omega)\approx\left|\dfrac{G_1(j\omega)\cdot G_2(j\omega)}{H(j\omega)}\right|$，因此设计 $H(s)$ 的基本出发点是使上式的中频段幅频特性与期望特性一致。

设 $H(s)=\dfrac{K_h s^p(T_2s+1)}{T_1s+1}$,其中:$K_h$ 为反馈增益,$p=0,1,2$ 为微分的阶次。同时假定系统开环对数幅频期望特性如图 10.3.12 所示,ω_1,ω_2 为转折频率,h 为中频带宽度,ω_c 为剪切频率。

在随动系统中,$G_1(s)$ 为放大环节,$G_2(s)$ 为积分环节,其开环传递函数可构造为

$$G(s)=\frac{K(T_1s+1)}{s^2(T_2s+1)}$$

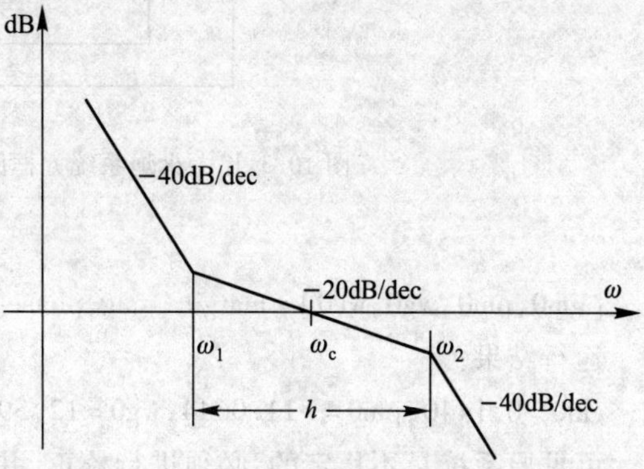

图 10.3.12 系统开环对数幅频期望特性

因此,可得反馈校正装置的设计步骤如下:

(1) 根据给定期望闭环的时域指标 σ_p,t_s,由经验公式及近似公式

$$\sigma_p=0.16+0.4(M_r-1),(1\leqslant M_r\leqslant 1.8)$$

$$\gamma\approx\sin^{-1}\frac{1}{M_r}(\text{需留有裕量})$$

$$h\geqslant\frac{1+\sin\gamma}{1-\sin\gamma}=\frac{M_r+1}{M_r-1}$$

$$t_s=\frac{\pi}{\omega_c}[2+1.5(M_r-1)+2.5(M_r-1)^2]$$

可方便地将时域指标转换成频域指标,并求出 h、ω_c。

(2) 根据开环期望频率特性的中频带的宽度 h、剪切频率 ω_c,可由

$$\frac{1}{T_2}=\omega_2=\frac{2h}{h+1}\omega_c,\quad \frac{1}{T_1}=\omega_1=\frac{2}{h+1}\omega_c$$

求出 T_1,T_2 的值。

(3) 由于 $G(j\omega)$ 的对数幅频特性的中频区在 ω_c 穿越 0 dB 线,所以由

$$\left|\frac{K(j\omega_cT_1+1)}{(j\omega_c)^2(j\omega_cT_2+1)}\right|=1$$

求得 K 的值。

(4) $G_1(s),G_2(s),G(s)$ 已知,就可求出反馈结构的传递函数 $H(s)$。

例 10.3.8 火炮系统方框图如图 10.3.13 所示。试设计反馈校正环节 $H_c(s)$,以满足下列要求:$K_v=1\ 000\ s^{-1}$,$\sigma_p\leqslant 30\%$,$t_s\leqslant 2.5\ s(\Delta=0.05)$。

解:(1) 确定系统的开环增益,可得 $KK=50$,绘制未校正系统的伯德图,并计算其幅值裕度和相角裕度,需运行下面的程序。

```
KK=50; bp=0.3; ts=2.5; delta=0.05;
ng0=[20];dg0=conv([1,0],conv([0.9,1],[0.007,1]));
g0=tf(ng0,dg0);
w=logspace(-4,3);t=[0:0.1:3];
[mag,phase]=bode(KK*g0,w);
```

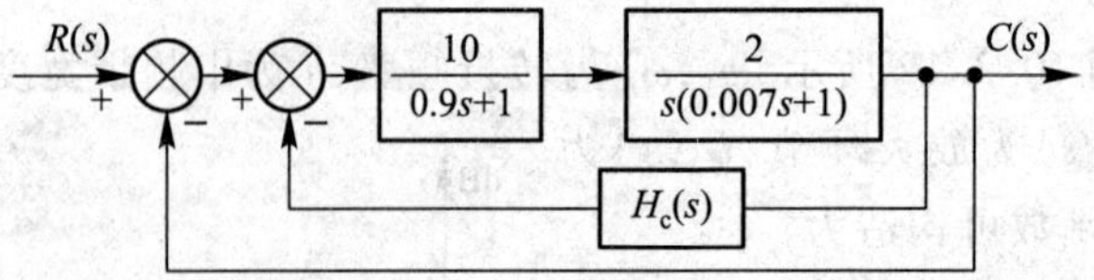

图 10.3.13 火炮系统方框图(图中 $H_c(s)$ 为反馈校正环节)

[gm0,pm0,wg0,wc0] = margin(mag,phase,w),gm0 = 20 * log10(gm0)

运行结果:

gm0 = 0.1440,pm0 = -11.0644,wg0 = 12.5985,wc0 = 32.8907,gm = -16.8324

可见原系统是不稳定的,必须进行校正,并采取反馈校正方案。

(2) 确定期望的开环传递函数。

根据时域指标,运行以下程序,可求得相应频域指标。

```
mr = 0.6+2.5 * bp;
wc = ceil((2+1.5 * (mr-1)+2.5 * (mr-1)^2) * pi/ts), h = (mr+1)/(mr-1)
w1 = 2 * wc/(h+1), w2 = h * w1
```

运行结果:

wc = 4 h = 6.7143 w1 = 1.0370 w2 = 6.9630

按滞后校正对相角裕度的最小影响,一般 w1 = (0.05 ~ 0.2)wc,因此取 w1 = wc/10,同时取 w2 = 9,并运行下面的程序。

```
w1 = wc/10; w2 = 9;
ng1 = [1/w1,1]; dg1 = conv([1/w2,1],conv([1,0],[1,0]));
g1 = tf(ng1,dg1);
g = polyval(ng1,j * wc)/polyval(dg1,j * wc); K = abs(1/g); %剪切频率处幅值为1,求K值
g1 = tf(K * g1)
```

运行结果:

```
Transfer function:
4.356 s + 1.742
--------------
0.1111 s^3 + s^2
```

(3) 确定反馈环节传递函数。

```
h = tf(dg1,ng1); Kh = 1/K;h = tf(Kh * h)          %期望频率特性的倒特性
```

运行结果:

```
Transfer function:
0.06378 s^3 + 0.574 s^2
------------------
      2.5 s + 1
```

(4) 验算性能指标。

```
g2=feedback(KK*g0,h);                              %校正后,系统的开环传递函数
b1=feedback(g0,1); b2=feedback(g2,1);
bode(KK*g0,'r--',g2,'b',h,'g',w);grid on
step(b1, 'r--',b2, 'b',t); grid on,
[pos,tr,ts,tp]=stepchar(b2,delta)
```

运行结果:

```
pos=12.6459    tr=0.5270    ts=1.6468    tp=0.7246
```

由验算结果可知,系统的时域性能指标完全达到设计要求,即 $t_s=1.646\ 8\ \text{s}\leqslant 2.5\ \text{s}(\Delta=0.05)$,$\sigma_p=12.645\ 9\%<30\%$,系统校正前后的伯德图与单位阶跃响应曲线分别如图 10.3.14 和图 10.3.15 所示。从图 10.3.14 可见,校正前后的伯德图低频段是重合的,且低频增益都为 1 000,满足了开环增益要求,中频段形状是期望幅频特性形状,也是校正环节的倒特性。图 10.3.15 中虚线所示的曲线是原系统没有改变开环增益时候的单位阶跃响应曲线,如果把原系统开环增益提高到 1 000,则系统会发散。

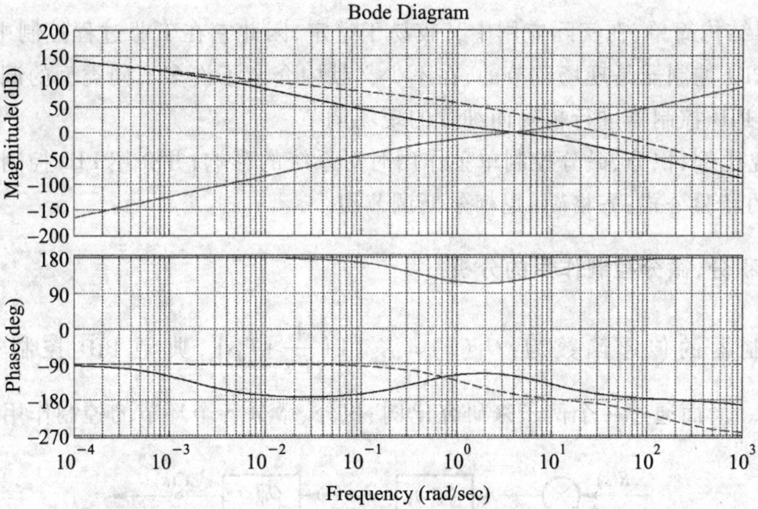

图 10.3.14

图 10.3.14　例 10.3.8 系统校正前后的伯德图

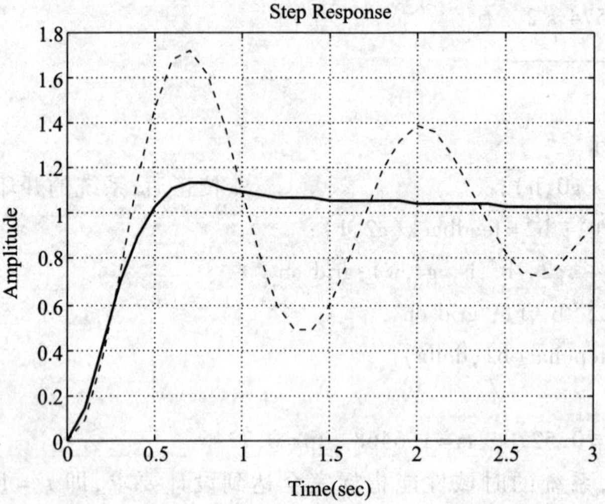

图 10.3.15　例 10.3.8 系统校正前后的单位阶跃响应曲线

10.4　PID 控制

PID 控制器结构简单，在实际应用中又较易于整定，因此它在工业过程控制中有着最广泛的应用。大多数 PID 控制器是现场调节的，在不少文献中介绍了许多不同类型的调节律，利用这些调节律，可以对 PID 控制器进行精确而细致的现场调节。

本节先研究比例、积分、微分控制单独作用时对系统的影响，并介绍 PID 控制器的变形，然后介绍 PID 设计的经验公式：齐格勒-尼柯尔斯调节律。

10.4.1　比例、积分、微分控制作用的分析

设 PID 控制器的传递函数为：$G_c(s)=K_p\left(1+\dfrac{1}{T_i s}+T_d s\right)$，典型 PID 控制系统结构图如图 10.4.1 所示。下面通过一个例子来研究比例、积分、微分各个环节的控制作用。

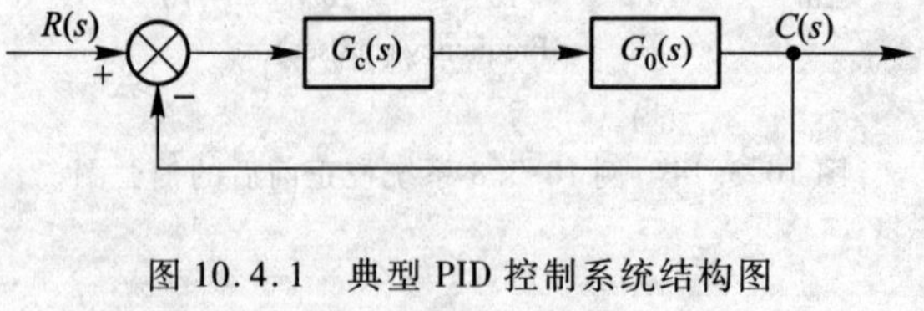

图 10.4.1　典型 PID 控制系统结构图

例 10.4.1 设系统被控对象的传递函数为

$$G_0(s)=\frac{1}{(s+1)^3}$$

分析比例、微分、积分控制对系统性能的影响。

解:(1) 分析比例控制作用。通过下面的程序研究在不同的 K_p 值下,闭环系统的单位阶跃响应曲线及根轨迹图,分别如图 10.4.2 和图 10.4.3 所示。

```
G0=tf(1,[1,3,3,1]);
P=[0.1 0.3 0.5 1 2 3];
figure, hold on
for i=1:length(P)
    G=feedback(P(i)*G0,1);
    step(G)
end
axis([0,12,0,1.3]),grid on, hold off
figure
rlocus(G0), axis([-2,0.2,-2,2])
k=rlocfind(G0)          %用鼠标选择根轨迹与虚轴的交点,返回临界稳定的根轨迹增益
```

运行结果:

```
Select a point in the graphics window
selected_point =-0.0000 + 1.7357i
    k =8.0380
```

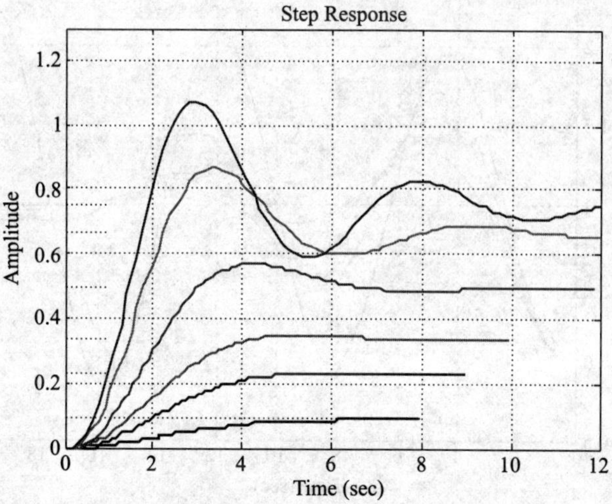

图 10.4.2

图 10.4.2 比例控制时系统的单位阶跃响应曲线

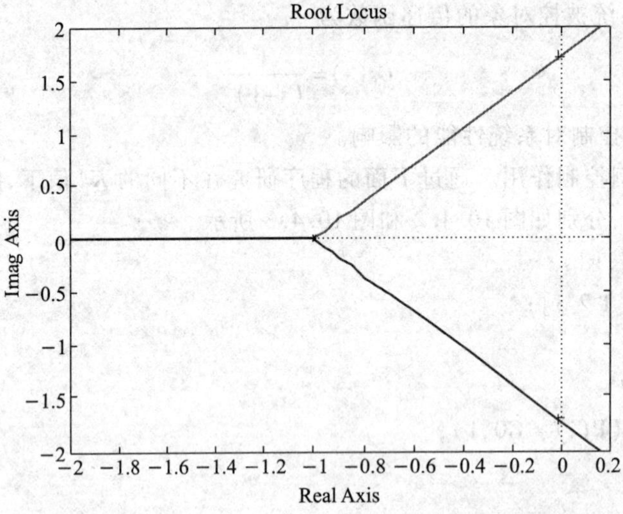

图 10.4.3

图 10.4.3 闭环系统的根轨迹图

从图中可以看出,当 K_p 的值增大时,闭环系统响应的灵敏度增大,稳态误差减小,响应的振荡增强,当达到某个 K_p 的值,则闭环系统将趋于不稳定,即当 K_p 超出了 $K_p \in (0,8.0380)$的限制范围时,闭环系统将不稳定。

(2) 研究积分控制作用。将 K_p 的值固定在 $K_p=1$,并采用 PI 控制策略,则可以通过下面的程序绘制不同 T_i 值下闭环系统的单位阶跃响应曲线,如图 10.4.4 所示。

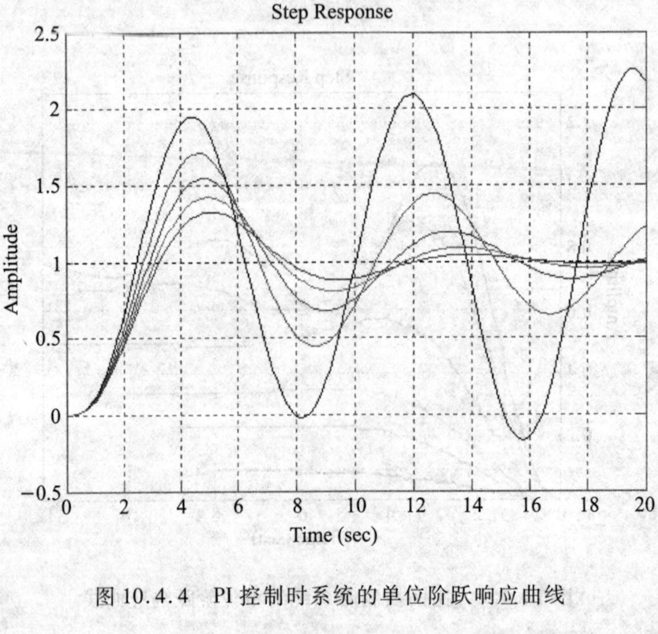

图 10.4.4

图 10.4.4 PI 控制时系统的单位阶跃响应曲线

```
G0=tf(1,[1,3,3,1]);
Kp=1; Ti=[0.6:0.2:1.4]; t=0:0.1:20;
figure;hold on
for i=1:length(Ti);
    Gc=tf(Kp*[1,1/Ti(i)],[1,0]); G=feedback(G0*Gc,1);
    step(G,t)
end
grid on
axis([0,20,-0.5,2.5])
```

PI 控制最主要的特点是可以使稳定的闭环系统由有差系统变为无差系统,以改善系统的稳态性能,但是积分作用不能太强(T_i 不能太小),否则系统容易变得不稳定。对于此例来说,如果选择了小于 0.6 的 T_i 值,则闭环系统将趋于不稳定。当增加 T_i 的值时,系统的超调量将变小,而系统的响应速度将加快。

(3) 研究微分控制作用。将 K_p 和 T_i 的值固定在 $K_p=T_i=1$,则可以通过下面的程序得出在不同的 T_d 值下闭环系统的单位阶跃响应曲线,如图 10.4.5 所示。

```
G0=tf(1,[1,3,3,1]);
Kp=1; Ti=1; Td=[0.2:0.3:1.4]; t=0:0.1:20;
figure; hold on
for i=1:length(Td)
```

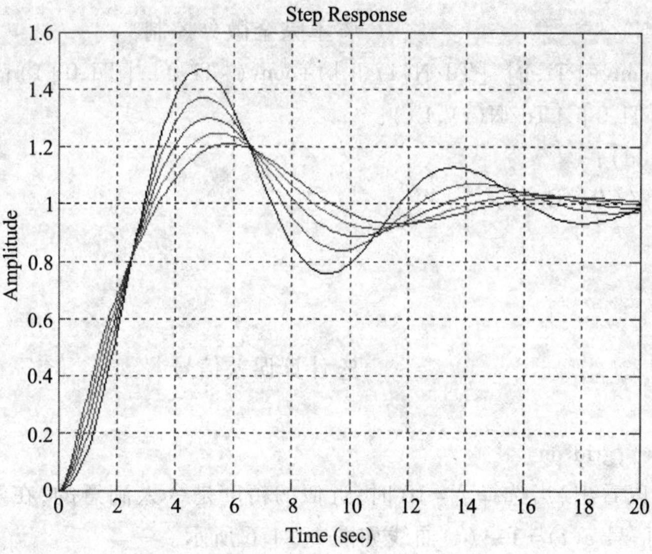

图 10.4.5

图 10.4.5 PID 控制时系统的单位阶跃响应曲线

```
    Gc=tf(Kp*[Ti*Td(i),Ti,1],[Ti,0]); G=feedback(G0*Gc,1);
    step(G,t)
end
grid on
axis([0,20,0,1.6])
```

可以看出,当 T_d 的值增大时,系统的响应速度也将加快,同时系统响应的超调量减小,这是由于微分的预报作用所致。

当输入信号为单位阶跃信号时,纯微分控制在理论上会于阶跃时刻输出幅值为无穷大的控制作用,这对执行机构是很大的冲击。在实际应用中不可能实现纯微分动作,也不需要这样的效果,所以经常将纯微分动作近似成一个带有惯性的微分环节,进而得到近似 PID 控制器的传递函数为

$$G_c(s)=K_p\left(1+\frac{1}{T_i s}+\frac{T_d s}{1+T_d s/N}\right)$$

其中,N 为一个较大的数值。通过下面的程序来观测在不同的 N 值下的响应结果,当 $N\to\infty$ 时,近似微分动作将趋于纯微分动作。

```
G0=tf(1,[1,3,3,1]); Ti=1; Td=1; N=[100,1000,10000,1,10];
Gc=tf(Kp*[Ti*Td,Ti,1]/Ti,[1,0]);
G=feedback(G0*Gc,1);                       % 完全微分控制
figure; hold on
step(G)
for i=1:length(N)                          % 不完全微分控制
    nn=Kp*(conv([Ti,1],[Td/N(i),1])+conv([Ti,0],[Td,0]));
    dd=conv([Ti,0],[Td/N(i),1]);
    Gc=tf(nn,dd);
    G=feedback(G0*Gc,1);
    step(G),
end
grid on
[y,t]=step(G);                             % 计算误差信号
err=1-y;
figure,plot(t,err);grid on
```

从图 10.4.6 可以看出,当选择 $N=10$ 时,近似的精度是令人满意的,在实际应用中常取 $N=10$,$N=10$ 时的误差信号 $e(t)=1-y(t)$ 曲线如图 10.4.6 所示。

(4) 研究微分动作在反馈回路的 PID 控制。从图 10.4.7 可以看到,误差信号在 $t=0$ 处有一个跳跃,如果对误差在 $t=0$ 时刻取微分,则微分作用将输出一个很大的阶跃,会对系统的执行机

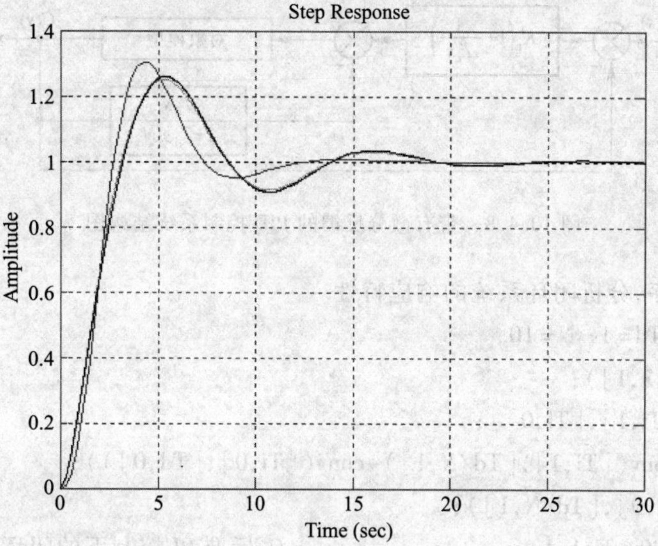

图 10.4.6

图 10.4.6 近似 PID 控制时系统的单位阶跃响应曲线

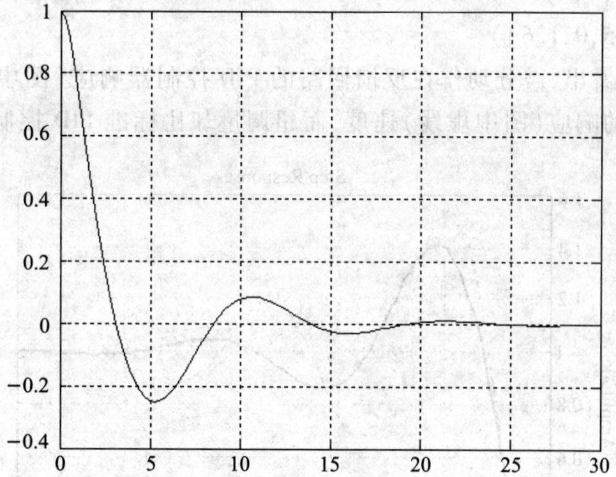

图 10.4.7 近似 PID 控制时的误差信号响应曲线

构造成冲击，所以在控制中常常不希望这样的微分动作。在实际应用中，经常把微分动作放置在反馈路径中，这时微分作用的输出信号是相当平滑的，而不是像在前向通道中有跳跃的现象。这样的 PID 控制策略及其等效的结构如图 10.4.8 所示，其中，$G_c(s)=K_p\left(1+\frac{1}{T_i s}\right)$。

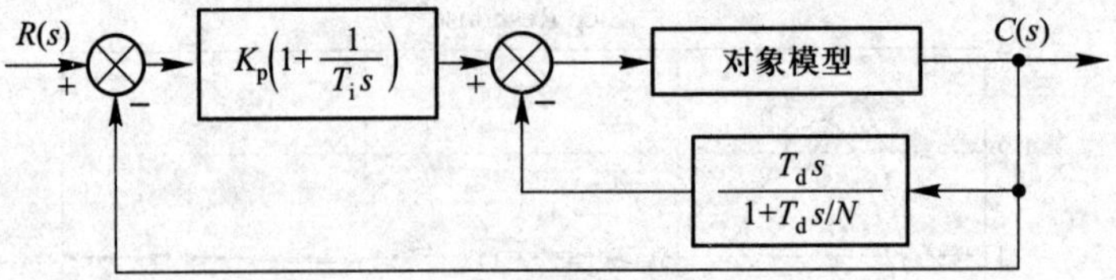

图 10.4.8　带有微分反馈的 PID 控制系统结构图

运行下面的程序，分析闭环系统的响应特性。

```
Kp=1; Ti=1; Td=1; N=10;
G0=tf(1,[1,3,3,1]);
Gc1=tf(Kp*[Ti,1],[Ti,0]);
num1=Kp*(conv([Ti,1],[Td/N,1])+conv([Ti,0],[Td,0]));
den1=conv([Ti,0],[Td/N,1]);
G1=feedback(G0*Gc1,1);                    %标准 PI 控制下的闭环传递函数
G3=feedback(G0,tf([Td,0],[Td/N,1]));      %内环等效传递函数
G2=feedback(Gc1*G3,1);                    %带有微分反馈控制器的闭环传递函数
step(G1,'r--',G2,'b')
grid on,axis([0,25,0,1.6])
```

由图 10.4.9 可以看出，微分动作在反馈回路的 PID 控制器响应（图中实线）的速度明显低于正常 PID 控制策略的响应（图中虚线）速度，而超调量却比标准 PID 控制的小。事实上，若对

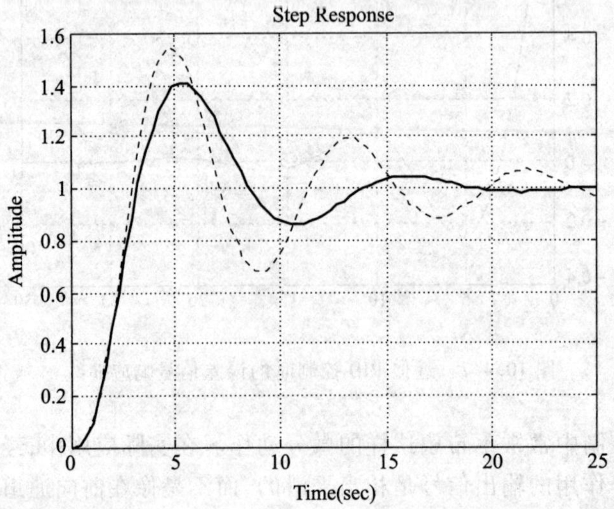

图 10.4.9　带有微分反馈的 PID 控制系统单位阶跃响应曲线

这个系统用这种结构设计 PID 控制器,其控制效果会得到改善。

10.4.2 齐格勒-尼柯尔斯(Ziegler-Nichols)整定法则

齐格勒-尼柯尔斯整定法则是在实验阶跃响应的基础上,或者是在仅采用比例控制作用的条件下,根据临界稳定性中的 K_p 值建立起来的。当控制对象的数学模型未知时,采用齐格勒-尼柯尔斯整定法则是很方便的。齐格勒-尼柯尔斯调节律有两种方法,其目标都是要在阶跃响应中,达到25%的最大超调量。

第一种方法:通过实验或通过控制对象的动态仿真得到其单位阶跃响应曲线。如果控制对象中既不包括积分器,又不包括主导共轭复数极点,此时曲线呈 S 形,如图 10.4.10 所示(若曲线不为 S 形,则不能应用此方法)。S 形曲线可以用延迟时间 L 和时间常数 T 描述,通过 S 形曲线的转折点画一条切线,确定切线与时间轴和直线 $C(t)=K$ 的交点,就可以求得延迟时间和时间常数。

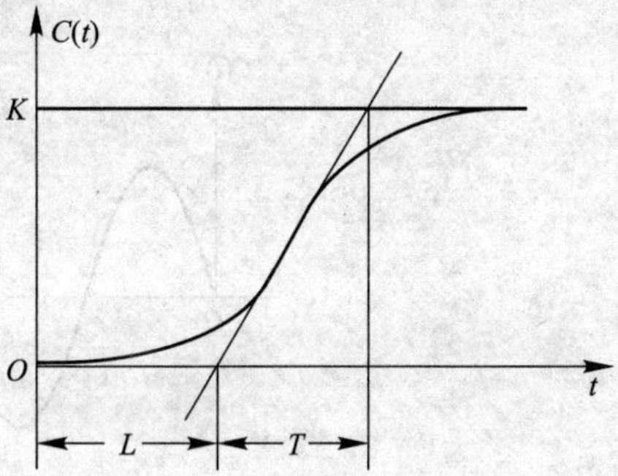

图 10.4.10 S 形单位阶跃响应曲线

因此被控对象的传递函数可以近似为带延迟的一阶系统 $G_0(s)=\dfrac{Ke^{-Ls}}{Ts+1}$,齐格勒-尼柯尔斯整定法则给出了用表 10.4.1 中的公式确定 K_p, T_i, T_d 的值的方法。

表 10.4.1 基于对象阶跃响应的齐格勒-尼柯尔斯整定法则(第一种方法)

控制器类型	K_p	T_i	T_d
P	T/L	∞	0
PI	$0.9T/L$	$L/0.3$	0
PID	$1.2T/L$	$2L$	$0.5L$

用齐格勒-尼柯尔斯整定法则的第一种方法设计 PID 控制器,将给出下列公式

$$G_c(s)=K_p\left(1+\frac{1}{T_i s}+T_d s\right)$$
$$=1.2\frac{T}{L}\left(1+\frac{1}{2Ls}+0.5Ls\right)=0.6T\frac{(s+1/L)^2}{s}$$

第二种方法:设 $T_i=\infty$ 和 $T_d=0$,只采用比例控制作用,如图 10.4.11 所示,使 K_p 从 0 增加到临界值 K_c,其中 K_c 是使系统的输出首次呈现持续振荡的增益值(如果不论怎样选取 K_p 的值,系统的输出都不会呈现持续振荡,则不能应用这种方法)。临界增益 K_c 和相应的周期 P_c 可以通过实验法确定,如图 10.4.12 所示,而参数 K_p、T_i 和 T_d 的值可以根据表 10.4.2 中给出的公式确定。

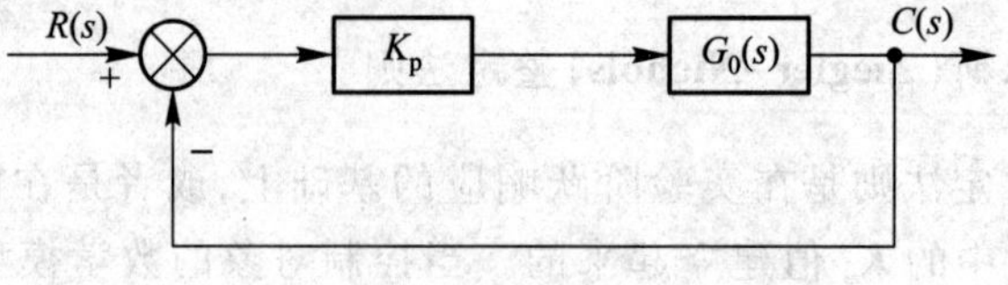

图 10.4.11　带比例控制的闭环系统结构图

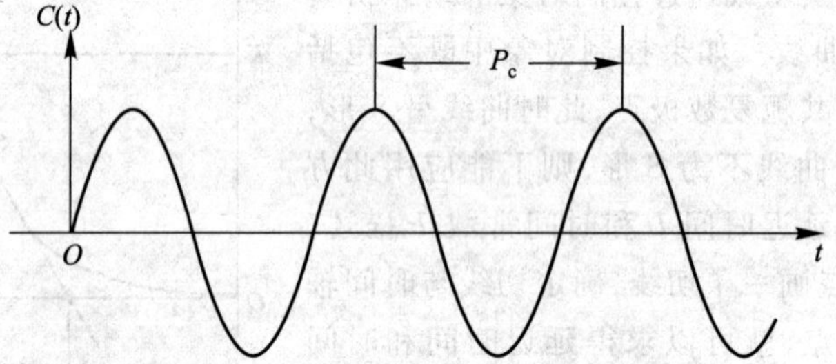

图 10.4.12　具有周期 P_c 的等幅振荡响应

表 10.4.2　基于临界增益 K_c 和临界周期 P_c 的齐格勒–尼柯尔斯调整法则(第二种方法)

控制器类型	K_p	T_i	T_d
P	$0.5K_c$	∞	0
PI	$0.45K_c$	$P_c/1.2$	0
PID	$0.6K_c$	$0.5P_c$	$0.125P_c$

用齐格勒–尼柯尔斯整定法则(第二种方法)设计的 PID 控制器由下列公式给出

$$G_c(s)=K_p\left(1+\frac{1}{T_i s}+T_d s\right)$$

$$=0.6K_c\left(1+\frac{1}{0.5P_c s}+0.125P_c s\right)=0.075K_cP_c\,\frac{(s+4/P_c)^2}{s}$$

例 10.4.2　设被控对象的传递函数为

$$G_0(s)=\frac{1}{s(s+1)(s+5)}$$

串联校正采用 PID 控制器,其形式为 $G_c(s)=K_p\left(1+\frac{1}{T_i s}+T_d s\right)$。试采用齐格勒–尼柯尔斯调节律确定参数 K_p,T_i,T_d 的值。若设计出的系统的超调量等于或大于 40%,则应精确调整,使最大超调量减小到大约 25%。

解:设 $T_i=\infty$ 和 $T_d=0$,则系统的闭环传递函数为

$$\Phi(s)=\frac{K_p}{s(s+1)(s+5)+K_p}$$

(1) 闭环传递函数。

```
delta=0.02;
ng0=[1]; dg0=[1,6,5,0]; g0=tf(ng0,dg0);
```

(2) K_{p1} 从小到大取值,利用特征根为纯虚根时为临界稳定的 K_c,求出临界增益和振荡周期。

```
Kc=-1;
for Kp1=1:0.1:50;                  %Kp1 从 1 开始到 50,步长为 0.1
    gt=feedback(Kp1*g0,1);         %求闭环传递函数
    P=roots(gt.den{1});            %计算特征根
    for i=1:1:length(P);           %若特征根实部小于 10 倍 eps,认为是纯虚根
        if abs(real(P(i)))<=10*eps
            Kc=Kp1
            Pc=2*pi/abs(imag(P(i)))
            break;
        end;
    end;
    if Kc>=0
        break;
    end;
end;
```

运行结果:

```
Kc =
    30
Pc =
    2.8099
```

(3) 初次选择 PID 参数的值,并验证性能指标。

```
Kp=0.6*Kc, Ti=0.5*Pc, Td=0.125*Pc,
```

运行结果:

```
Kp =
    18
Ti =
    1.4050
Td =
```

```
    0.3512
ngc = Kp * [ Ti * Td, Ti, 1 ] ; dgc = [ Ti, 0 ] ;
gc = tf( ngc, dgc) ; zpk( gc ) ,
运行结果:
Zero/pole/gain:
6.3223 (s+1.424)^2
------------------
        s
g = feedback( gc * g0, 1) ;
[ pos, ts ] = stepchar( g, delta)
运行结果:
pos =
   62.2949
ts =
   0.8477
step( g, t) ; grid on
```

可见 PID 控制器具有一个位于原点的极点和两个位于 $s=-1.424$ 的零点,系统响应曲线如图 10.4.13 所示。系统的最大超调量约为 62%,需要调整控制器的参数以减小超调量。

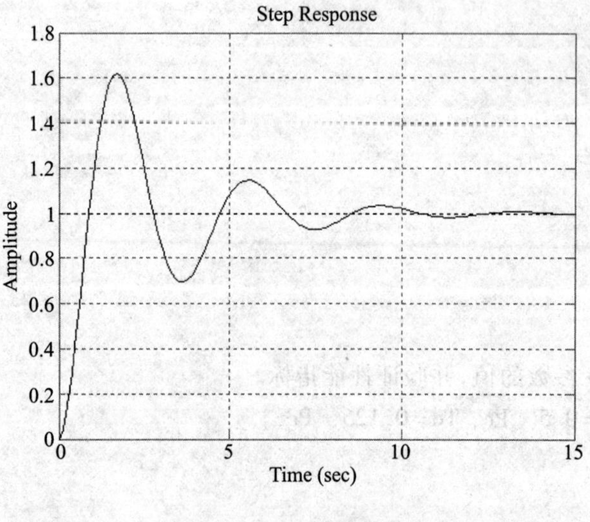

图 10.4.13 例 10.4.2 闭环系统的单位阶跃响应曲线

(4) 如果性能指标不满足要求,进行精确的参数调整。

方案一:保持 $K_p=18$,且将 PID 控制器的一对零点移动到 $s=-0.65$(相当于增大 P_c,T_d 增加)。运行下面程序,求超调量并绘制系统的单位阶跃响应曲线,如图 10.4.14 所示。

```
z1 = -0.65; p1 = 0; Kp1 = 18;
Gc1 = zpk+([z1;z1],[p1],-Kp1/(2 * z1))                    % Zc = -4/Pc,Kp = 0.6Kc
```

运行结果:

```
Zero/pole/gain:
13.8462 (s+0.65)^2
-----------------
        s
g = feedback(Gc1 * g0,1);
[pos,ts] = stepchar(g,delta)
```

运行结果:

```
pos =
    17.9028
ts =
    0.7495
step(g); grid on
```

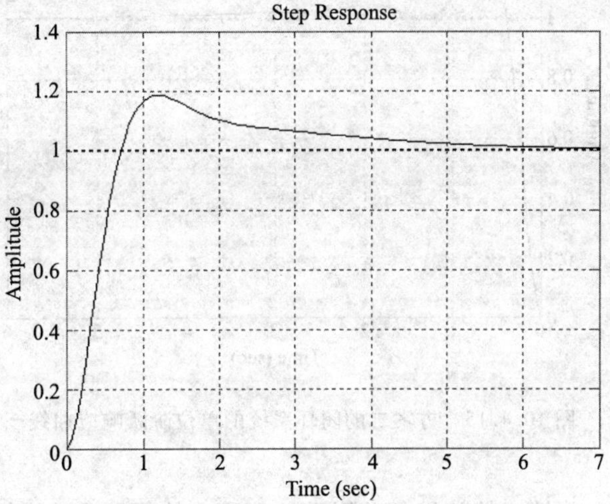

图 10.4.14　方案一的闭环系统的单位阶跃响应曲线

方案二:增加 K_p 到 39.42,且不改变一对零点($s=-0.65$)的位置,运行下面的程序,求超调量并绘制闭环系统的单位阶跃响应曲线,如图 10.4.15 所示。

```
z2 = -0.65; p2 = 0; Kp2 = 39.42;
Gc2 = zpk([z2;z2],[p2],-Kp2/(2 * z2))
```

运行结果：

```
Zero/pole/gain:
30.3231 (s+0.65)^2
----------------
        s
g=feedback(Gc2*g0,1);
[pos,ts]=stepchar(g,delta)
```

运行结果：

```
pos =
    27.3359
ts =
    0.4251
step(g); grid on
```

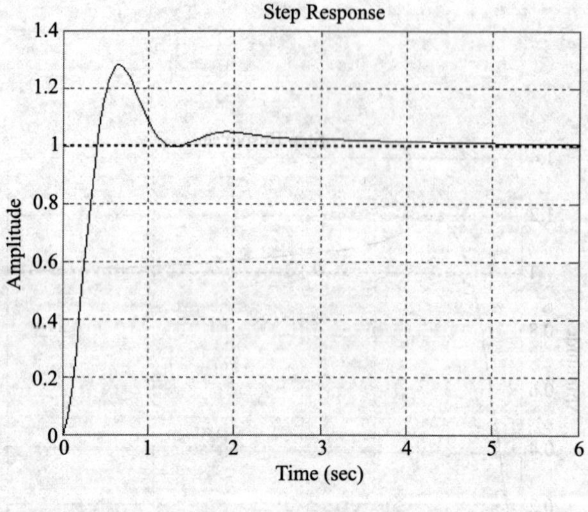

图 10.4.15　方案二的闭环系统的单位阶跃响应曲线

对比方案一和方案二，校正的效果各有侧重。方案一的超调量小，响应速度慢；方案二的超调量大，响应速度快。具体采用哪组控制器参数取决于实际系统的控制要求。采用齐格勒-尼柯尔斯整定法只是给出了调整 PID 控制器参数的基本数据，具体还要根据现场情况详细调整。

小　结

本章讲授基于古典控制理论的系统设计问题，着重介绍了控制系统的经典设计方法，即根轨迹法、伯德图法和 PID 设计法。通过本章的学习，可以初步了解与掌握串联超前、串联滞后、串联超前-滞后和反馈校正的基本方法和设计手段，并能够对控制系统按要求的性能指标进行控制器设计。

习　题

10.1　考虑一个单位负反馈控制系统，其前向通道传递函数为

$$G_0(s)=\frac{1}{10\,000(s^2-1.177\,2)}$$

试应用根轨迹法设计一个比例-微分控制器 $G_c(s)=K_p(1+T_d s)$，使得闭环系统的阻尼比 $\zeta=0.7$，且无阻尼自振频率 $\omega_n=0.5$ rad/s。

10.2　考虑一个单位负反馈控制系统，其前向通道传递函数为

$$G_0(s)=\frac{10}{s(s+4)}$$

试应用根轨迹法设计一个滞后校正装置 $G_c(s)$，使得静态速度误差常数 $K_v=50\ \mathrm{s}^{-1}$，同时又不使原闭环极点位置有明显改变。原闭环极点位于 $s_{1,2}=-2\pm j\sqrt{6}$。

10.3　考虑一个单位负反馈控制系统，其前向通道传递函数为

$$G_0(s)=\frac{10}{s(s+2)(s+8)}$$

试应用根轨迹法设计一个校正装置 $G_c(s)$，使得主导闭环极点位于 $s_{1,2}=-2\pm j2\sqrt{3}$，并且使静态速度误差常数 $K_v=80\ \mathrm{s}^{-1}$。

10.4　考虑一个单位负反馈控制系统，其前向通道传递函数为

$$G_0(s)=\frac{1}{s^2(s+5)}$$

试应用伯德图法设计一个超前校正装置 $G_c(s)=K_c\alpha\left(\frac{Ts+1}{\alpha Ts+1}\right)$，使得校正后系统的相角裕度 $\gamma=50°$，幅值裕度 $K_g\geqslant 10$ dB，带宽 $\omega_b=1\sim 2$ rad/s。其中，$0<\alpha<1$。试问已校正系统的谐振峰值 M_r 和谐振角频率 ω_r 的值各为多少？

10.5　考虑一个单位负反馈控制系统，其前向通道传递函数为

$$G_0(s)=\frac{K}{s(s+1)(s+4)}$$

试应用伯德图法设计一个校正装置 $G_c(s)$，使得校正后系统的静态速度误差常数 $K_v=10\ \mathrm{s}^{-1}$，相角裕度 $\gamma=50°$，幅值裕度 $K_g\geqslant 10$ dB。

10.6　设已知位置随动系统不可变部分的传递函数为

$$G_0(s)=\frac{K_v}{s(0.1s+1)(0.02s+1)(0.01s+1)(0.005s+1)}$$

采用反馈校正方案，要求满足性能指标：(1) 误差系数 $c_0=0$ 及 $c_1=1/200$ s；(2) 单位阶跃响应的超调量 $\sigma_p\leqslant 30\%$，调整时间 $t_s\leqslant 0.7$ s；(3) 幅值裕度 $K_g\geqslant 6$ dB。试应用伯德图法确定反馈校正的参数。

第十一章　基于状态空间模型的控制系统设计

11.1　概　　述

考虑线性、定常、连续控制系统,其状态空间描述为

$$\begin{cases} \dot{x} = A \cdot x + B \cdot u \qquad x(t_0) = x_0 \qquad t \geqslant t_0 \\ y = C \cdot x \end{cases} \tag{11-1}$$

其中,$A \in R^{n\times n}$ 为系统矩阵,$B \in R^{n\times r}$ 为输入矩阵,$C \in R^{m\times n}$ 为输出矩阵,$u \in R^{r\times 1}$ 为输入向量,$x \in R^{n\times 1}$ 为状态向量,$y \in R^{m\times 1}$ 为输出向量。且 A,B,C 为给定的常数阵,其方框图如图 11.1.1 所示。

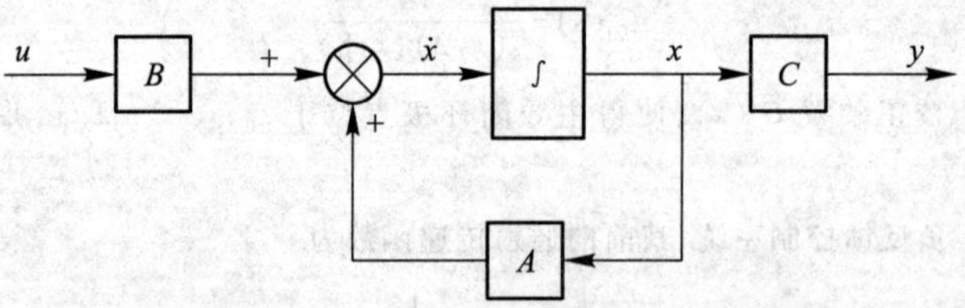

图 11.1.1　受控系统的结构图

系统设计问题就是寻找一个控制作用 $u(t)$,使得在其作用下系统运动的行为满足期望性能指标。

设计问题中的性能指标可分为非优化型性能指标和优化型性能指标两种类型。

非优化型指标是一类不等式型的指标,即只要性能指标值达到或好于期望性能指标就算实现了设计目标,常用的非优化型指标有:

(1) 以一组期望的闭环极点作为性能指标,相应的设计问题称为极点配置问题。

(2) 以使一个多输入-多输出系统实现“一个输入只控制一个输出”作为性能指标,相应的设计问题称为解耦控制问题。

(3) 以使系统的输出 $y(t)$ 跟踪一个外部信号 $y_r(t)$,跟踪误差小于给定值,作为性能指标,相应的设计问题称为跟踪(或伺服)问题。

(4) 以使系统的状态 $x(t)$(或输出 $y(t)$)在外部扰动或其他因素影响下保持其设定值作为

性能指标,相应的设计问题称为调节问题。

优化型指标则是一类极值型的指标,设计目标是要使性能指标在所有可能值中取得极小(或极大)值。

性能指标常取为一个相对于状态 $x(t)$ 和控制 $u(t)$ 的二次型积分性能指标,其形式为

$$J=\frac{1}{2}x^{\mathrm{T}}(t_{\mathrm{f}})\cdot F\cdot x(t_{\mathrm{f}})+\frac{1}{2}\int_{t_0}^{t_{\mathrm{f}}}[x^{\mathrm{T}}(t)\cdot Q\cdot x(t)+u^{\mathrm{T}}(t)\cdot R\cdot u(t)]\,\mathrm{d}t \tag{11-2}$$

其中,$F\in R^{n\times n}$ 为半正定对称常数的终端加权矩阵;$Q\in R^{n\times n}$ 为半正定对称常数的状态加权矩阵;$R\in R^{r\times r}$ 为正定对称常数的控制加权矩阵;t_{f} 为终止时刻,t_0 为初始时刻。

设计的任务是确定一个控制 $u^*(t)$,使得相应的性能指标 $J[u^*(t)]$ 取得极小值。

从线性系统理论可知,许多设计问题所得到的控制规律常具有状态反馈的形式。但是由于状态变量为系统的内部变量,通常并不是每一个状态变量都是可以直接测量的。这一矛盾的解决途径是:利用可测量变量(如:输入 $u(t)$ 和输出 $y(t)$)构造出不能测量的状态,相应的理论问题称为状态重构问题,即状态观测器问题。

11.2 极点配置

对受控系统式(11-1)的控制律的设计而言,有状态反馈极点配置和输出反馈极点配置两种。下面介绍状态反馈极点配置问题,在状态反馈律 $u=-K\cdot x+G\cdot v$ 作用下的闭环系统为

$$\begin{cases}\dot{x}=A_{\mathrm{c}}\cdot x+B_{\mathrm{c}}\cdot v \qquad x(t_0)=x_0 \qquad t\geqslant t_0\\ y=C_{\mathrm{c}}\cdot x\end{cases} \tag{11-3}$$

其中,$A_{\mathrm{c}}=A-B\cdot K$,$B_{\mathrm{c}}=B\cdot G$,$C_{\mathrm{c}}=C$,而 $K\in R^{r\times n}$ 为状态增益阵,$G\in R^{r\times p}$ 为外部输入矩阵,$v\in R^{p\times 1}$ 为外部输入信号,其方框图如图 11.2.1 所示。

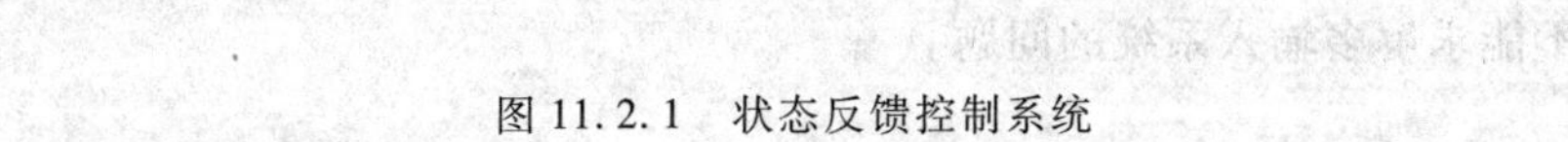

图 11.2.1 状态反馈控制系统

状态反馈极点配置问题就是:通过状态反馈矩阵 K 的选取,使闭环系统式(11-3)的极点,即 $(A-B\cdot K)$ 的特征值恰好处于所希望的一组给定闭环极点 $\mu_i(i=1,2,\cdots,n)$ 的位置上。

线性定常系统可以用状态反馈任意配置极点的充分必要条件是:该系统必须是完全能控的。

所以，在实现极点的任意配置之前，必须判别受控系统的能控性。

11.2.1 单输入系统的极点配置

1. Bass-Gura 算法

设受控系统的闭环特征多项式分别为

$$D(s)=\det(sI_n-A)=s^n+a_1s^{n-1}+\cdots+a_{n-1}s+a_n \tag{11-4}$$

$$\phi(s)=(s-\mu_1)(s-\mu_2)\cdots(s-\mu_n)=s^n+\alpha_1s^{n-1}+\cdots+\alpha_{n-1}s+\alpha_n \tag{11-5}$$

则状态反馈阵 K 为

$$K=[\alpha_n-a_n,\alpha_{n-1}-a_{n-1},\cdots,\alpha_1-a_1]\cdot T^{-1} \tag{11-6}$$

其中

$$T=[b\quad A\cdot b\quad\cdots\quad A^{n-1}\cdot b]\cdot\begin{bmatrix}a_{n-1} & a_{n-2} & \cdots & a_1 & 1\\ a_{n-2} & a_{n-3} & \cdots & 1 & 0\\ \vdots & \vdots & & \vdots & \vdots\\ a_1 & 1 & \cdots & 0 & 0\\ 1 & 0 & \cdots & 0 & 0\end{bmatrix} \tag{11-7}$$

函数 bass_pp( )用于实现上述算法。

【调用格式】：

K=bass_pp(A,b,p)

【说明】：(A,b)为状态方程模型，p 为包含期望闭环极点位置的列向量$[\mu_1,\mu_2,\cdots,\mu_n]^T$，而返回变量 K 为状态反馈行向量，bass_pp( )函数参见附录 D：D-11-1。

2. Ackermann 算法

状态反馈阵为

$$K=[0\quad\cdots\quad 0\quad 1][b\quad A\cdot b\quad\cdots\quad A^{n-1}\cdot b]^{-1}\cdot\phi(A) \tag{11-8}$$

其中，$\phi(s)$如式(11-5)所示，而 $\phi(A)=A^n+\alpha_1A^{n-1}+\cdots+\alpha_{n-1}A+\alpha_nI_n$。

控制系统工具箱中给出了一个 acker( )函数来实现该算法。

【调用格式】：

K=acker(A,b,p)

【说明】：参数定义与 bass_pp( )函数相同，值得指出的是，acker( )函数可以求解多重极点配置的问题，但不能求解多输入系统的问题。

11.2.2 多输入系统的极点配置

当控制信号是向量即多输入系统时，状态反馈增益阵 K 不是惟一的。这样可以较自由地选择多于 n 个的参数，也就是说，除了适当地配置 n 个闭环极点之外，还可以满足诸如良好的鲁棒性、动态性能等其他指标的要求。

疋田算法是一种便于计算的极点配置算法，其具体推导如下：设 $\mu_i, v_i \in C^{n\times1}(i=1,2,\cdots,n)$ 表示闭环系统的极点及其相对应的特征向量。

1. 疋田算法第一种情形

假定 μ_i 与 A 阵的特征值相异，且 $\mu_i \neq \mu_j(i\neq j)\quad i,j=1,2,\cdots,n$。

由
$$\begin{cases}\dot{x}=A\cdot x+B\cdot u\\ u=-K\cdot x\end{cases}$$

有
$$(\mu_i I_n-A+B\cdot K)\cdot v_i=0$$

即
$$(\mu_i I_n-A)\cdot v_i=-B\cdot K\cdot v_i$$

则
$$v_i=(A-\mu_i I_n)^{-1}\cdot B\cdot K\cdot v_i$$

令 $V_i=(A-\mu_i I_n)^{-1}\cdot B, \xi_i=K\cdot v_i$，于是 $v_i=V_i\cdot\xi_i$，对于给定 ξ_i，可以求出 v_i，进而 $[\xi_1\quad\xi_2\quad\cdots\quad\xi_n]=K\cdot[v_1\quad v_2\quad\cdots\quad v_n]$，一般说来 $[v_1\quad v_2\quad\cdots\quad v_n]$ 可逆，否则重新选择 $[\xi_1\quad\xi_2\quad\cdots\quad\xi_n]$。

因此

$$\begin{aligned}K&=[\xi_1\quad\xi_2\quad\cdots\quad\xi_n]\cdot[v_1\quad v_2\quad\cdots\quad v_n]^{-1}\\&=[\xi_1\quad\xi_2\quad\cdots\quad\xi_n]\cdot[V_1\cdot\xi_1\quad V_2\cdot\xi_2\quad\cdots\quad V_n\cdot\xi_n]^{-1}\end{aligned}\tag{11-9}$$

由上面推导可知疋田算法的具体步骤为：

(1) 适当选择 $\xi_i\in R^{r\times1}$，从而计算特征向量 $v_i=(A-\mu_i I_n)^{-1}\cdot B\cdot\xi_i\in C^{n\times1}, i=1,2,\cdots,n$。

(2) 确定状态反馈阵 $K=[\xi_1\quad\xi_2\quad\cdots\quad\xi_n]\cdot[v_1\quad v_2\quad\cdots\quad v_n]^{-1}$。

可以证明，$\xi_i(i=1,2,\cdots,n)$ 的选择有较大的任意性。当然，这也说明了多输入系统极点配置问题中确定状态反馈阵 K 的非惟一性。

2. 疋田算法第二种情形

若假定 μ_i 与 A 的特征值有相同的，或 μ_i 中有重根时，$i=1,2,\cdots,n$，则可以对特征值相同的一个或几个加上一定的微小偏量，使之满足上面第一种情形的条件。然后，再重新进行极点配置。如果效果不够理想，那么还可重新选择 $\xi=[\xi_1\quad\xi_2\quad\cdots\quad\xi_n]$ 阵来进行配置。

pitian( ) 函数针对疋田算法中的第一种情形编写。

【调用格式】：

    K=pitian(A,B,p)

【说明】：其参数定义同 bass_pp( ) 函数，在函数 pitian( ) 中的 $\xi=[\xi_1\quad\xi_2\quad\cdots\quad\xi_n]$ 的选取方法为选取 ξ 中每前 r 列构成 r 阶单位阵，直至到第 n 列，pitian( ) 函数参见附录 D：D-11-2。

控制系统工具箱中提供了 place( ) 函数，该函数是基于鲁棒极点配置的算法编写的，用来求取状态反馈阵 K，使得多输入系统具有指定的闭环极点 p，即 $p=eig(A-B*K)$。

【调用格式】：

    K=place(A,B,p)
    [K,prec,message]=place(A,B,p)

【说明】：若 prec 为闭环系统的实际极点与期望极点 p 的接近程度，prec 中的每个量的值为匹配的位数。如果闭环系统的实际极点偏离期望极点10%以上,那么message将给出警告信息。place( )函数不适用于含有多重期望极点的配置问题。

例 11.2.1
```
A=[0,1,0,0;0,0,-1,0;0,0,0,1;0,0,11,0];
B=[0;1;0;-1];C=[1,2,3,4];
eig(A),
p=[-1;-2;-1+sqrt(-1);-1-sqrt(-1)];
K=place(A,B,p),eig(A-B*K)'
ans =
      0
      0
   3.3166
  -3.3166
K = -0.4000 -1.0000 -21.4000 -6.0000
ans = -1.0000 - 1.0000i -1.0000 + 1.0000i -2.0000 -1.0000
```

可以看出,受控系统的极点位置确定位于0,0,3.316 6,-3.316 6,即该受控系统是不稳定的。应用极点配置技术,可以将系统的闭环极点配置到某些期望的位置上,从而使闭环系统得到稳定,并同时得到较好的动态特性。

11.2.3　用极点配置设计调节系统

例 11.2.2　已知一个倒立摆系统的数学模型如图11.2.2所示。

$$\begin{bmatrix}\dot{x}_1\\ \dot{x}_2\\ \dot{x}_3\\ \dot{x}_4\end{bmatrix}=\begin{bmatrix}0 & 1 & 0 & 0\\ (m+M)\cdot g/(M\cdot l) & 0 & 0 & 0\\ 0 & 0 & 0 & 1\\ -m\cdot g/M & 0 & 0 & 0\end{bmatrix}\cdot\begin{bmatrix}x_1\\ x_2\\ x_3\\ x_4\end{bmatrix}+\begin{bmatrix}0\\ -1/(M\cdot l)\\ 0\\ 1/M\end{bmatrix}\cdot u$$

$$\begin{bmatrix}y_1\\ y_2\end{bmatrix}=\begin{bmatrix}1 & 0 & 0 & 0\\ 0 & 0 & 1 & 0\end{bmatrix}\cdot\begin{bmatrix}x_1\\ x_2\\ x_3\\ x_4\end{bmatrix} \tag{11-10}$$

其中,状态变量为 $x_1=\theta, x_2=\dot{\theta}, x_3=x, x_4=\dot{x}$,输出变量为 $y_1=\theta, y_2=x$,摆的质量 $m=0.1$ kg,小车的质量 $M=2$ kg,摆的长度 $l=0.5$ m。设计要求:对于任意给定的角度 θ 和(或)角速度 $\dot{\theta}$ 的初始条件,设计一个使倒立摆保持在垂直位置的控制律。同时要求在每一控制过程结束时,小车返回到参考位置 $x=0$。而指标要求为:闭环主导极点的阻尼比 $\zeta=0.5$,调整时间 $t_s\approx2$ s。

解:(1) 将给定的 M,m,l 的值代入式(11-10),得到

$$\begin{cases}\dot{x}=A\cdot x+B\cdot u\\ y=C\cdot x\end{cases}$$

其中 $A=\begin{bmatrix}0&1&0&0\\20.601&0&0&0\\0&0&0&1\\-0.4905&0&0&0\end{bmatrix}$，$B=\begin{bmatrix}0\\-1\\0\\0.5\end{bmatrix}$，

$C=\begin{bmatrix}1&0&0&0\\0&0&1&0\end{bmatrix}$

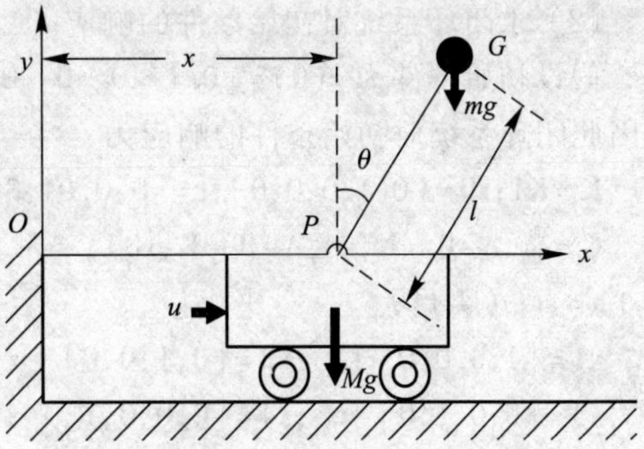

图 11.2.2 倒立摆系统

该系统要对任何初始条件的干扰有效地做出响应。因此，该系统是一个调节系统，采用极点配置的状态反馈方法来设计控制器。

(2) 状态反馈阵 K 的求取。

首先，检验该系统是否状态完全能控。

```
A=[0,1,0,0;20.601,0,0,0;0,0,0,1;-0.4905,0,0,0];
B=[0;-1;0;0.5];C=[1,0,0,0;0,0,1,0];
M=ctrb(A,B);rank(M),
```

运行结果：

```
ans =
    4
```

可看出，该系统是完全能控的。

其次，根据性能指标选择所期望的闭环极点位置。

```
kosi=0.5;deta=0.02;ts=2;
wn=log(1/deta*sqrt(1-kosi.^2))/(kosi*ts);
s1=-kosi*wn+j*wn*sqrt(1-kosi.^2)
```

运行结果：

```
s1 = -2.0000 + 3.4641i
```

因此，选择所期望的闭环极点为：$\mu_1=-2+j2\sqrt{3}$，$\mu_2=-2-j2\sqrt{3}$，$\mu_3=-10$，$\mu_4=-10$，其中 μ_3 和 μ_4 选择位于远离闭环主导极点对的5倍。

```
p=[-2+2*sqrt(-3);-2-2*sqrt(-3);-10;-10];
K1=bass_pp(A,B,p),K2=acker(A,B,p),
```

运行结果：

```
K1 = -298.1504 -60.6972 -163.0989 -73.3945
K2 = -298.1504 -60.6972 -163.0989 -73.3945
```

注意：这是一个调节器系统，所期望的角 θ_d 总为0，且所期望的小车的位置也总为0。因此，参考输入为0。

(3) 求闭环系统对初始条件的响应。

假设初始条件为 $x(0)=[0.1\quad 0\quad 0\quad 0]'$，而闭环系统的状态空间描述为 $\dot{x}=(A-B\cdot K)\cdot x$，因此闭环系统对初始条件的响应为：

```
K=K1;x0=[0.1;0;0;0];t=[0:0.01:3];
G=ss(A-B*K,x0,A-B*K,x0);
x=step(G,t);
x1=[1,0,0,0]*x';x2=[0,1,0,0]*x';
x3=[0,0,1,0]*x';x4=[0,0,0,1]*x';
subplot(2,2,1);plot(t,x1);grid on; title('状态变量 x1 的响应曲线');
subplot(2,2,2);plot(t,x2);grid on; title('状态变量 x2 的响应曲线');
subplot(2,2,3);plot(t,x3);grid on; title('状态变量 x3 的响应曲线');
subplot(2,2,4);plot(t,x4);grid on; title('状态变量 x4 的响应曲线');
```

由图 11.2.3 所示系统对初始条件的响应曲线可以看出：摆将返回到参考位置，其结果是令人满意的。注意：该响应曲线依赖于所期望的闭环极点，对不同的期望闭环极点，即使对相同的初始条件的响应曲线也是不同的。

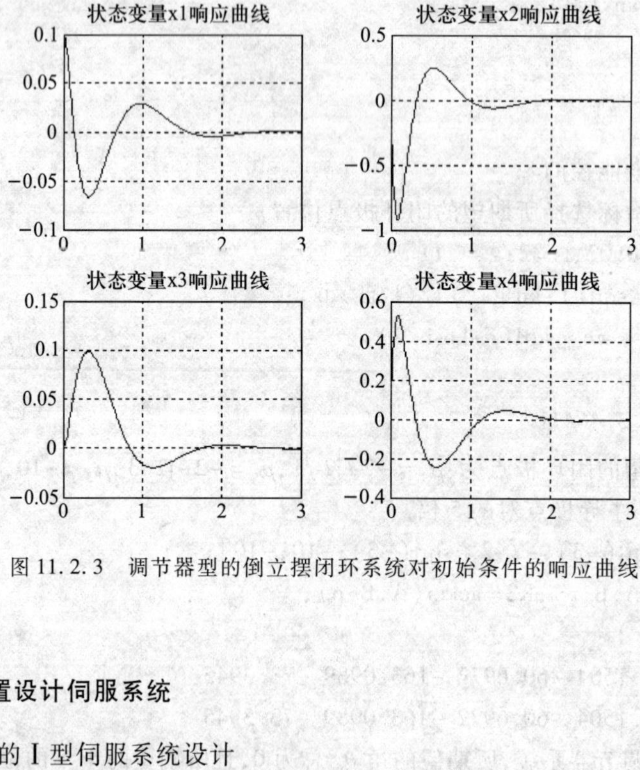

图 11.2.3 调节器型的倒立摆闭环系统对初始条件的响应曲线

11.2.4 用极点配置设计伺服系统

1. 含有积分器的 I 型伺服系统设计

具有一个积分器的系统的 I 型伺服系统如图 11.2.4 所示。

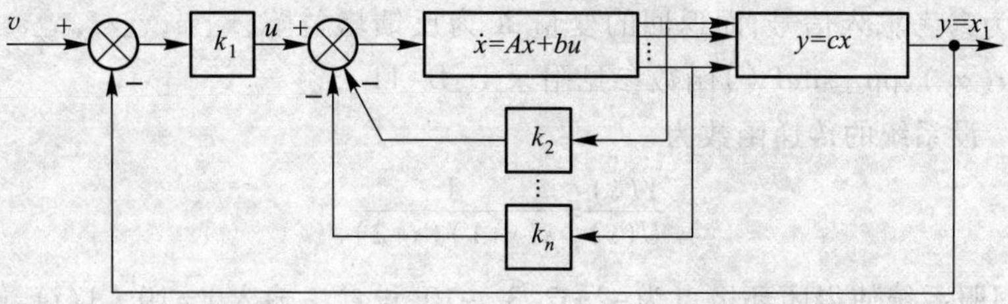

图 11.2.4 具有一个积分器的系统的 I 型伺服系统

考虑受控系统式(11-1),同时假定:$r=m=1$;前馈通道含有一个积分器;受控系统如图 11.2.4 所示是完全能控的。在分析中假设参考输入 v 是阶跃信号,即在 $t=0$ 时施加参考输入。

采用如下的状态反馈控制律

$$u=-K\cdot x+k_1\cdot v \tag{11-11}$$

其中,$K=[k_1,k_2,\cdots,k_n]\in R^{1\times n}$ 为反馈增益阵,$v\in R^{1\times 1}$ 为外部参考输入。那么,在 $t>0$ 时,该闭环系统的动态特性描述为

$$\dot{x}=(A-b\cdot K)\cdot x+b\cdot k_1\cdot v \tag{11-12}$$

设计 I 型伺服系统,使得闭环极点配置到所期望的位置上。所设计的将是一个渐近稳定系统,$y(\infty)$将趋于常值 v,$u(\infty)$将趋于零。

在稳态时有

$$\dot{x}(\infty)=(A-b\cdot K)\cdot x(\infty)+b\cdot k_1\cdot v(\infty) \tag{11-13}$$

因为 $t>0$ 时,有 $v(\infty)=v(t)=v$(常值)。由方程式(11-12)、式(11-13)可得

$$\dot{x}(t)-\dot{x}(\infty)=(A-b\cdot K)[x(t)-x(\infty)] \tag{11-14}$$

定义:$e(t)=x(t)-x(\infty)$,则方程(11-14)变为

$$\dot{e}(t)=(A-b\cdot K)\cdot e(t)$$

I 型伺服系统的设计转化为:对于给定的任意初始条件 $e(0)$,设计一个渐近稳定的调节系统,使得 $e(t)$趋于零。如果受控系统式(11-1)是状态完全能控的,则通过指定的所期望的特征值 $\mu_1,\mu_2,\cdots,\mu_n$,对$(A-b\cdot K)$阵采用极点配置的方法来确定 K 阵。

$x(t)$和 $u(t)$的稳态值求法如下。

在稳态($t=\infty$)时,有

$$\dot{x}(\infty)=0=(A-b\cdot K)\cdot x(\infty)+b\cdot k_1\cdot v$$

因为$(A-b\cdot K)$所期望的特征值均在 s 复平面的左半部,所以$(A-b\cdot K)$阵可逆。从而 $x(\infty)=-(A-b\cdot K)^{-1}\cdot b\cdot k_1\cdot v$,同理 $u(\infty)=-K\cdot x(\infty)+k_1\cdot v=0$。

pp_sifuI ( )函数可实现含有积分器的 I 型伺服系统的上述设计。

【调用格式】:

```
[K,x_ss,y_ss,u_ss]=pp_ sifuI (A,B,C,p,v)
```

【说明】:v 为参考输入信号,而返回的变量 $\boldsymbol{K}$ 为反馈增益阵,x_ss,y_ss,u_ss 分别为稳态值 $x(\infty)$,$y(\infty)$,$u(\infty)$,pp_ sifuI ( )函数参见附录 D:D-11-3。

例 11.2.3 设系统的传递函数为

$$\frac{Y(s)}{U(s)}=\frac{1}{s(s+1)(s+2)}$$

设计一个Ⅰ型伺服系统使得闭环极点为$-2\pm j2\sqrt{3}$,-10,设参考输入 $v=10\cdot 1(t)$。

解:(1) 确定系统的能控规范型。

```
num=[1];den=conv([1,0],conv([1,1],[1,2]));
[A,B,C,D]=tf2ss(num,den);
g=ss(A, B,C,D);
N=fliplr(eye(3));
g=ss2ss(g,N);
[A, B,C,D]=ssdata(g)
```

运行结果:

```
A=
    0     1     0
    0     0     1
    0    -2    -3
B=
    0
    0
    1
C=
    1    0    0
D=
    0
```

(2) 利用极点配置设计伺服系统参数。

```
p=[-10;-2+2*sqrt(-3);-2-2*sqrt(-3)];
v=10;
M=ctrb(A,B);rank(M) ;
[K,x_ss,y_ss,u_ss]=pp_ sifuI (A,B,C,p,v),
```

运行结果:

```
K=
  160    54    11
```

```
x_ss =
        10
         0
         0
y_ss =
     10
u_ss =
     0
```

2. 不含积分器的Ⅰ型伺服系统设计

如果系统是0型系统,则Ⅰ型伺服系统设计的基本原则是在误差比较器和系统间的前馈通道中插入一个积分器,如图11.2.5所示。

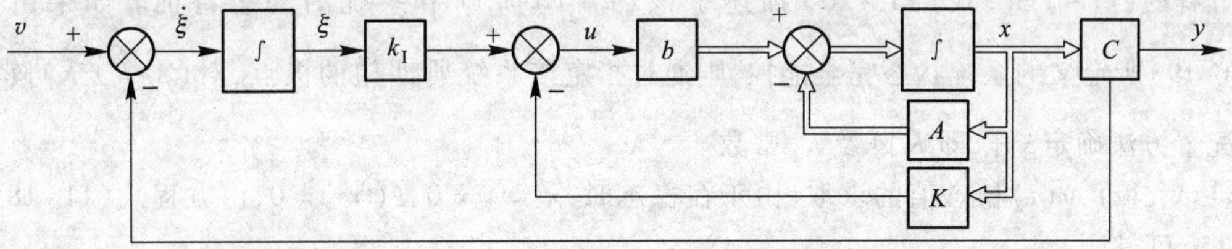

图11.2.5 不含积分器的系统的Ⅰ型伺服系统

考虑受控系统式(11-1),同时假定:$r=m=1$;前馈通道不含积分器;受控系统是完全能控的,传递函数在原点处没有零点,则 $\operatorname{rank}\begin{bmatrix} A & b \\ -C & 0 \end{bmatrix}=n+1$。

采用如下的状态反馈控制方案

$$u=-K\cdot x+k_I\cdot\xi \tag{11-15}$$

$$\dot{\xi}=v-y=v-C\cdot x \tag{11-16}$$

其中,$\xi\in R^{1\times1}$ 为积分器的输出,也是系统的状态变量;$v\in R^{1\times1}$ 为外部参考输入;$K=[k_1, k_2,\cdots,k_n]\in R^{1\times n}$,为状态反馈增益阵;$k_I\in R^{1\times1}$ 为积分增益常数。

对于 $t>0$ 时,该系统的动态特性为

$$\begin{bmatrix} \dot{x}(t) \\ \dot{\xi}(t) \end{bmatrix}=\begin{bmatrix} A & 0 \\ -C & 0 \end{bmatrix}\cdot\begin{bmatrix} x(t) \\ \xi(t) \end{bmatrix}+\begin{bmatrix} b \\ 0 \end{bmatrix}\cdot u(t)+\begin{bmatrix} 0 \\ 1 \end{bmatrix}\cdot v(t) \tag{11-17}$$

设计一个渐近稳定系统,使得 $x(\infty)$、$\xi(\infty)$ 和 $u(\infty)$ 分别趋于常值。因此,在稳态时,$\dot{\xi}(t)=0$,并且 $y(\infty)=v$。

注意到,当 $t>0$ 时,$v(\infty)=v(t)=v$(常值),以及当稳态时

$$\begin{bmatrix} \dot{x}(\infty) \\ \dot{\xi}(\infty) \end{bmatrix} = \begin{bmatrix} A & 0 \\ -C & 0 \end{bmatrix} \cdot \begin{bmatrix} x(\infty) \\ \xi(\infty) \end{bmatrix} + \begin{bmatrix} b \\ 0 \end{bmatrix} \cdot u(\infty) + \begin{bmatrix} 0 \\ 1 \end{bmatrix} \cdot v(\infty) \tag{11-18}$$

由定义：$x_e(t)=x(t)-x(\infty)\in R^{n\times 1}$，$\xi_e(t)=\xi(t)-\xi(\infty)\in R^{1\times 1}$，$u_e(t)=u(t)-u(\infty)\in R^{1\times 1}$，$e(t)=\begin{bmatrix} x_e(t) \\ \xi_e(t) \end{bmatrix}\in R^{(n+1)\times 1}$可得

$$\dot{e}(t)=\hat{A}\cdot e(t)+\hat{b}\cdot u_e(t) \tag{11-19}$$

$$u_e(t)=-\hat{K}\cdot e(t) \tag{11-20}$$

其中，$\hat{A}=\begin{bmatrix} A & 0 \\ -C & 0 \end{bmatrix}\in R^{(n+1)\times(n+1)}$，$\hat{b}=\begin{bmatrix} b \\ 0 \end{bmatrix}\in R^{(n+1)\times 1}$，$\hat{K}=[K,-k_I]\in R^{1\times(n+1)}$。

设计Ⅰ型伺服系统的基本思想是设计一个稳定的$(n+1)$阶调节系统，对于给定的任意初始条件$e(0)$，将使$e(t)$趋于零。

方程式(11-19)、式(11-20)描述了该$(n+1)$阶调节系统的动态特征。如果由方程式(11-19)所定义的系统状态完全能控，则通过指定该系统所期望的极点，对$(\hat{A}-\hat{b}\cdot\hat{K})$阵采用极点配置方法确定$\hat{K}$阵，即$K$阵及$k_I$常数。

$x(t)$，$\xi(t)$，$u(t)$稳态值的求取：由于在稳态时，$x(\infty)=0$，$\xi(\infty)=0$，由方程式(11-18)、式(11-15)可得

$$\begin{bmatrix} x(\infty) \\ u(\infty) \end{bmatrix} = \begin{bmatrix} A & b \\ -C & 0 \end{bmatrix}^{-1} \cdot \begin{bmatrix} 0 \\ -v \end{bmatrix} \tag{11-21}$$

而

$$y(\infty)=c\cdot x(\infty)=v \tag{11-22}$$

$$\xi(\infty)=[u(\infty)+K\cdot x(\infty)]/k_I \tag{11-23}$$

注意：如果 $\mathrm{rank}\begin{bmatrix} A & b \\ -C & 0 \end{bmatrix}=n+1$，那么由方程式(11-19)所定义的系统状态就完全能控，该问题的解可采用极点配置方法求得。

在实际设计中，必须考虑几个不同的矩阵$\hat{K}$(对应几组不同期望的特征值)，并且进行计算机仿真，以找出使系统总体性能最好的作为最终选择的矩阵$\hat{K}$。

pp_ sifu0( )函数可实现不含积分器的Ⅰ型伺服系统的上述设计。

【调用格式】：

```
[K,kI,x,y,t,x_ss,y_ss,u_ss,zeta_ss]=pp_sifu0(A,B,C,p,v,t)
```

【说明】：t为时间向量，k_I为积分增益常数，x，y分别为所设计系统的状态与输出响应，zeta_ss为稳态值$\xi(\infty)$，pp_sifu0( ) 函数参见附录 D：D-11-4。

例 11.2.4 考虑例 11.2.2 所示的倒立摆系统，其数学模型见式(11-10)，设计要求：希望尽可能地保持倒立摆垂直，并控制小车的位置。指标要求：在小车的阶跃响应中，有 4～5 s 的调整时间和 15%～16%的最大超调量。

解:为控制小车的位置,需建造一个Ⅰ型伺服系统。由于安装在小车上的倒立摆系统没有积分器,因此将位置信号 x 反馈到输入端,并且在前馈通道中插入一个积分器,并将小车的位置 x 作为系统的输出,即 C=[0,0,1,0]。

(1) 根据指标要求确定闭环主导极点。

```
dp=0.16;deta=0.02;ts=5;
kosi=sqrt(1-(1/(1+((1/pi)*log(1/dp)).^2)));
wn=ceil(log(1/deta*sqrt(1-kosi.^2))/(kosi*ts));
s1=-kosi*wn+j*wn*sqrt(1-kosi.^2)
```

运行结果:

```
s1 =
   -1.0077 + 1.7276i
```

因此,选择期望的闭环极点为:$\mu_1=-1+j\sqrt{3}$,$\mu_2=-1-j\sqrt{3}$,$\mu_3=-5$,$\mu_4=-5$,$\mu_5=-5$。

(2) 确定倒立摆伺服系统的设计参数。

```
A=[0,1,0,0;20.601,0,0,0;0,0,0,1;-0.4905,0,0,0];
B=[0;-1;0;0.5];C=[0,0,1,0];
p=[-1+sqrt(-3);-1-sqrt(-3);-5;-5;-5];
v=1;t=0:0.02:6;
rank(ctrb(A,B)),rank([[A,B];[-C,0]]),
[K,kI,x,y,t,x_ss,y_ss,u_ss,zeta_ss]=pp_sifu0(A,B,C,p,v,t);
```

运行结果:

```
K =
  -157.6336   -35.3733   -56.0652   -36.7466
kI =
  -50.9684
x_ss =
      0
      0
      1
      0
y_ss =
      1
u_ss =
      0
zeta_ss =
     1.1000
```

```
x1=[1,0,0,0,0]*x';x2=[0,1,0,0,0]*x';x3=[0,0,1,0,0]*x';
x4=[0,0,0,1,0]*x';x5=[0,0,0,0,1]*x';
subplot(3,2,1);plot(t,x1);grid on;title('状态变量 x1 响应曲线');
subplot(3,2,2);plot(t,x2);grid on;title('状态变量 x2 响应曲线');
subplot(3,2,3);plot(t,x3);grid on;title('状态变量 x3 响应曲线');
subplot(3,2,4);plot(t,x4);grid on;title('状态变量 x4 响应曲线');
subplot(3,2,5);plot(t,x5);grid on;title('状态变量 x5 响应曲线');
```

x_1,x_2,x_3,x_4,x_5 的响应曲线如图 11.2.6 所示。作用在小车上的输入 $v(t)$ 为单位阶跃信号，即 $v(t)=1$ m，且所有的初始条件均为零。$x_3(t)=x$ 的阶跃响应正如所希望的那样，$t_s\approx 4.5$ s，最大超调量约为11.8%。在位置曲线（$x_3(t)$ 的响应曲线）上有一点很有趣，即最初的0.6 s左右，小车向后移动，使摆向前倾斜。然后，小车在正方向加速运动。$x_3(t)$ 的响应曲线清晰地显示了 $x_3(\infty)$ 趋于 v。同样地 $x_1(\infty)=x_2(\infty)=x_4(\infty)=0,\xi(\infty)=1.1$。

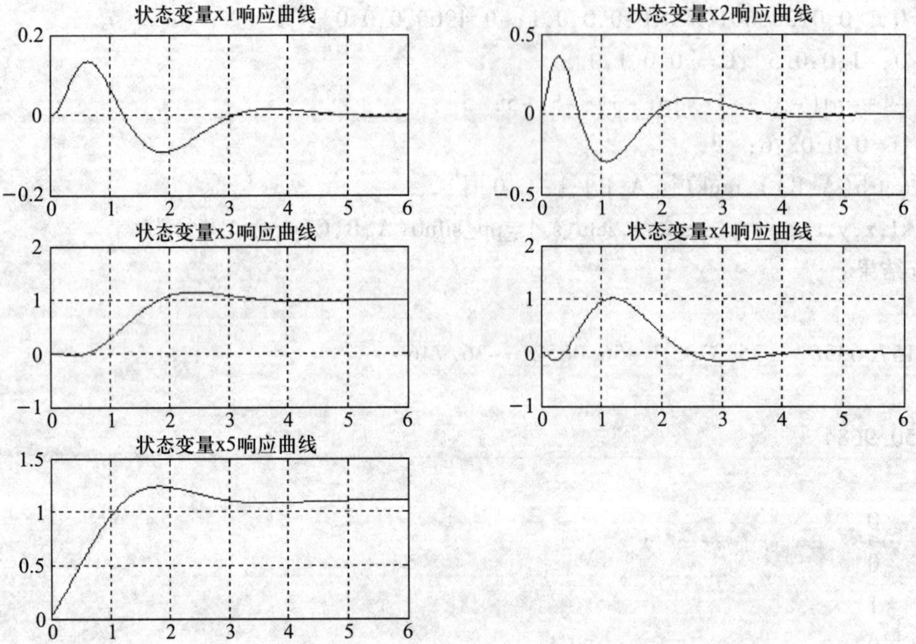

图 11.2.6　x_1,x_2,x_3（=输出 y），x_4 和 x_5（$=\xi$）的响应曲线

应强调的是：在任意的设计问题中，如果响应速度和阻尼不十分满意，则必须修改所期望的闭环极点，并确定一个新的矩阵 $\hat{K}$，同时反复进行计算机仿真，直到获得满意的结果为止。

11.3 线性二次型最优控制

考虑受控系统式(11-1),其性能指标为

$$J=\frac{1}{2}x^{\mathrm{T}}(t_{\mathrm{f}})\cdot F\cdot x(t_{\mathrm{f}})+\frac{1}{2}\int_{t_0}^{t_{\mathrm{f}}}\left[x^{\mathrm{T}}(t)\cdot Q\cdot x(t)+u^{\mathrm{T}}(t)\cdot R\cdot u(t)\right]\mathrm{d}t \tag{11-24}$$

通常,加权阵 F,Q,R 是由设计者事先所选定的。线性二次型最优控制问题,简称为 LQ (Linear Quadratic)问题。就是寻找一个控制 $u^*(t)$,使得系统沿着由指定初态 x_0 出发的相应轨线 $x^*(t)$,其性能指标 J 取得极小值。

LQ 问题分为有限时间 LQ 问题和无限时间 LQ 问题。在有限时间 LQ 问题中,终端时刻 t_{f} 是固定的且为有限值;而在无限时间 LQ 问题中,$t_{\mathrm{f}}=\infty$。

此外,从工程应用的角度,还可把 LQ 最优控制问题分为调节问题和跟踪问题,而调节问题又分为状态调节问题和输出调节问题。所谓状态调节问题,就是设计最优控制 $u^*(t)$,使在其作用下把系统由初始状态 x_0 驱动到零平衡状态 $x_{\mathrm{e}}=0$,同时性能指标 J 取得极小值。而跟踪问题,则要求在使系统的输出 $y(t)$ 跟踪已知的或未知的参考信号 $y_{\mathrm{r}}(t)$ 的同时,使某个相应的二次型性能指标 J 为极小。

11.3.1 无限时间 LQ 状态调节问题

对于受控系统(11-1),其无限时间 LQ 状态调节问题中的性能指标为

$$J=\frac{1}{2}\int_{t_0}^{\infty}\left[x^{\mathrm{T}}(t)\cdot Q\cdot x(t)+u^{\mathrm{T}}(t)\cdot R\cdot u(t)\right]\mathrm{d}t \tag{11-25}$$

并且假定$\{A,B\}$为能控的,$\{A,Q^{\frac{1}{2}}\}$为能观测的(当取 Q 为正定对称阵时,则可去掉$\{A,Q^{\frac{1}{2}}\}$为能观测的相应假设条件)。无限时间最优调节器系统的结构图如图 11.3.1 所示。

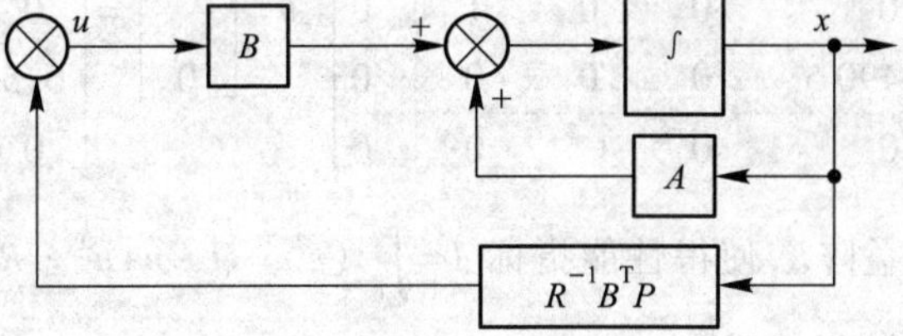

图 11.3.1 无限时间最优调节器系统的结构图

对于无限时间 LQ 状态调节问题,$u^*(t)$为其最优控制的充分必要条件是其具有形式:$u^*(t)=-K^*\cdot x^*(t)$,而 $K^*=R^{-1}\cdot B^{\mathrm{T}}\cdot P\in R^{r\times n}$是惟一的常数阵。

最优轨线 $x^*(t)$ 为 $\dot{x}^*(t)=A\cdot x^*(t)+B\cdot u^*(t),x^*(t_0)=x_0$ 的解，而最优性能指标值为：$J^*=\frac{1}{2}x_0^{\mathrm{T}}\cdot P\cdot x_0,\forall x_0\neq 0$，其中 $P\in R^{n\times n}$ 为下述 Riccati 矩阵代数方程的正定对称解阵

$$P\cdot A+A^{\mathrm{T}}\cdot P+Q-P\cdot B\cdot R^{-1}\cdot B^{\mathrm{T}}\cdot P=0 \tag{11-26}$$

应该指出的是：这种设计所得到的闭环控制系统是渐近稳定的。

关于无限时间 LQ 状态调节问题的鲁棒性有以下结论：对于无限时间定常 LQ 状态调节问题的最优调节系统，取加权阵 $R=diag\{\rho_1,\rho_2,\cdots,\rho_r\},\rho_i>0,i=1,2,\cdots,r$，则系统的每一个反馈控制回路均具有：至少±60°的相角裕度；从 0.5 到无穷大的幅值裕度。

控制系统工具箱提供了求无限时间 LQ 状态调节问题的函数 lqr( )。

【调用格式】：

[K,P,e]=lqr(A,B,Q,R)

[K,P,e]=lqr(A,B,Q,R,N)

【说明】：[K,P,e]=lqr(A,B,Q,R,N)设计线性定常、连续时间系统的最优反馈增益矩阵 K，将受控系统式(11-1)采用反馈律 $u=-K\cdot x$，使性能指标 $J=\int_0^{\infty}(x^{\mathrm{T}}\cdot Q\cdot x+u^{\mathrm{T}}\cdot R\cdot u+2x^{\mathrm{T}}\cdot N\cdot u)\mathrm{d}t$ 达到极小，同时返回 Riccati 矩阵代数方程 $A^{\mathrm{T}}\cdot P+P\cdot A-(P\cdot B+N)\cdot R^{-1}\cdot(B^{\mathrm{T}}\cdot P+N^{\mathrm{T}})+Q=0$ 的解 P 及闭环系统的特征值 e。其中，$K=R^{-1}\cdot(B^{\mathrm{T}}\cdot P+N^{\mathrm{T}})$。默认取$N=0$。

另外，控制系统工具箱还提供了使用 Schur 法的线性二次型调节问题设计的函数 lqr2( )。

例 11.3.1 对于式(11-10)所示的倒立摆伺服系统，按不含积分器的 I 型伺服系统设计的方法，倒立摆系统就变成了一个闭环系统，其误差方程为

$$\dot{e}=\hat{A}\cdot e+\hat{b}\cdot u_{\mathrm{e}} \qquad u_{\mathrm{e}}=-\hat{K}\cdot e$$

式中，$\hat{A}=\left[\begin{array}{c:c}A & 0\\ \hdashline -c & 0\end{array}\right]=\left[\begin{array}{cccc:c}0 & 1 & 0 & 0 & 0\\ 20.601 & 0 & 0 & 0 & 0\\ 0 & 0 & 0 & 1 & 0\\ -0.4905 & 0 & 0 & 0 & 0\\ \hdashline 0 & 0 & -1 & 0 & 0\end{array}\right],\hat{b}=\left[\begin{array}{c}b\\ \hdashline 0\end{array}\right]=\left[\begin{array}{c}0\\ -1\\ 0\\ 0.5\\ \hdashline 0\end{array}\right],d=[0]$

要求：试确定反馈增益阵$\hat{K}$，使得性能指标 $J=\int_0^{\infty}(e^{\mathrm{T}}\cdot Q\cdot e+u^{\mathrm{T}}\cdot R\cdot u)\mathrm{d}t$ 取得极小。式中选取 $Q=diag(100,1,1,1)$，$R=0.01$。

解：运行以下程序，得到如图 11.3.2 所示系统的单位阶跃响应曲线。

```
A=[0,1,0,0;20.601,0,0,0;0,0,0,1;-0.4905,0,0,0];B=[0;-1;0;0.5];
C=[0,0,1,0];D=[0];
AA=[A,zeros(4,1);-C,0];BB=[B;0];
Q=[100,0,0,0,0;0,1,0,0,0;0,0,1,0,0;0,0,0,1,0;0,0,0,0,1];
```

```
R=[0.01];
KK=lqr(AA,BB,Q,R),K=KK(1:4),kI=-KK(5),
运行结果:
KK=
  -188.0799  -37.0738  -26.6767  -30.5824  10.0000
K=
  -188.0799  -37.0738  -26.6767  -30.5824
kI=
  -10.0000
AAA=[A-B*K,B*kI;-C,0];BBB=[zeros(4,1);1];
CCC=[C,0];DDD=D;
t=0:0.01:10; [y,x,t]=step(AAA,BBB,CCC,DDD,1,t);
subplot(3,2,1);x1=[1,0,0,0,0]*x'; plot(t,x1);grid on; title('状态变量 x1 响应曲线');
subplot(3,2,2);x2=[0,1,0,0,0]*x'; plot(t,x2);grid on; title('状态变量 x2 响应曲线');
subplot(3,2,3);x3=[0,0,1,0,0]*x'; plot(t,x3);grid on; title('状态变量 x3 响应曲线');
subplot(3,2,4);x4=[0,0,0,1,0]*x'; plot(t,x4);grid on; title('状态变量 x4 响应曲线');
subplot(3,2,5);x5=[0,0,0,0,1]*x'; plot(t,x5);grid on; title('状态变量 x5 响应曲线');
```

其中,小车的输入 $v(t)=1(t)$(m),且所有的初始条件都为零。注意小车位置 $x_3(t)$ 的变化情况:在最初的 0.6 s 左右,小车向后移动一个很小的量,这是由于小车上的倒立摆系统是一个非最小相位系统。

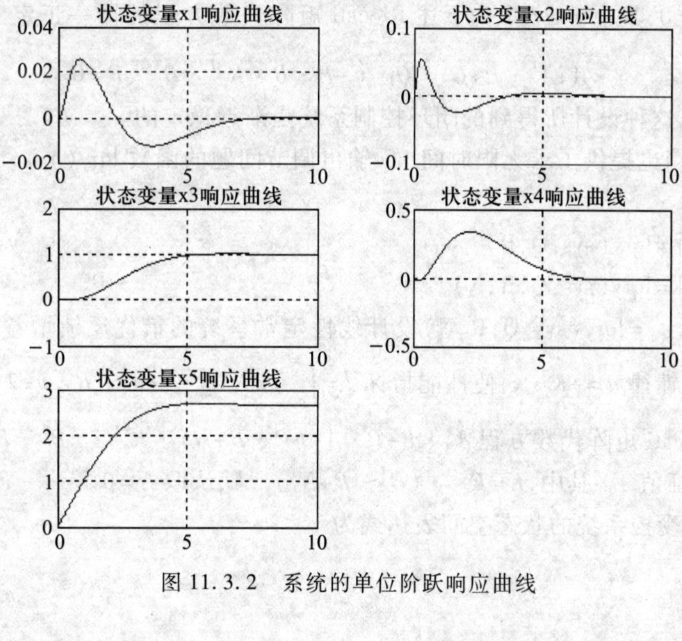

图 11.3.2 系统的单位阶跃响应曲线

11.3.2　无限时间 LQ 输出调节问题

对于受控系统式(11-1)，其无限时间 LQ 输出调节问题中的性能指标为

$$J=\frac{1}{2}\int_{t_0}^{\infty}\left[y^{\mathrm{T}}(t)\cdot Q\cdot y(t)+u^{\mathrm{T}}(t)\cdot R\cdot u(t)\right]\mathrm{d}t \tag{11-27}$$

并且假定$\{A,B\}$为完全能控的，$\{A,C\}$为完全能观测的，$\{A,D,C\}$为完全能观测的，其中，$Q=D^{\mathrm{T}}\cdot D$。图 11.3.3 所示为无限时间最优输出调节器的结构图。

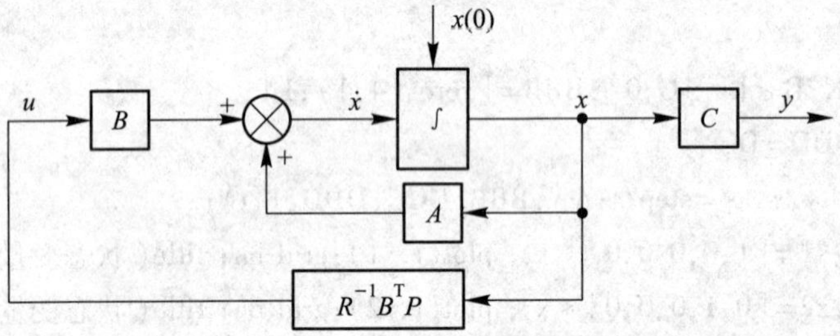

图 11.3.3　无限时间最优输出调节器的结构图

对于此类输出调节问题，$u^*(t)$为其最优控制的条件是其具有形式：$u^*(t)=-K^*\cdot x^*(t)$，而$K^*=R^{-1}\cdot B^{\mathrm{T}}\cdot P\in R^{r\times n}$是惟一的常数阵。

最优轨线$x^*(t)$为$\dot{x}^*(t)=A\cdot x^*(t)+B\cdot u^*(t)$，$x^*(t_0)=x_0$的解，而最优性能指标值为：$J^*=\frac{1}{2}x_0^{\mathrm{T}}\cdot P\cdot x_0$，$\forall x_0\neq 0$，其中$P\in R^{n\times n}$为下述 Riccati 矩阵代数方程的惟一正定对称解阵

$$P\cdot A+A^{\mathrm{T}}\cdot P+C^{\mathrm{T}}\cdot Q\cdot C-P\cdot B\cdot R^{-1}\cdot B^{\mathrm{T}}\cdot P=0 \tag{11-28}$$

应该指出的是，这种设计所得到的闭环控制系统是渐近稳定的。

控制系统工具箱也提供了求无限时间 LQ 输出调节问题的函数 lqry()。

【调用格式】：

```
[K,P,e]=lqry(sys,Q,R)
[K,P,e]=lqry(sys,Q,R,N)
```

【说明】：[K,P,e]=lqry(sys,Q,R,N)设计线性定常系统的最优反馈增益矩阵 K，将受控系统式(11-1)采用反馈律$u=-K\cdot x$，使性能指标$J=\int_0^{\infty}(y^{\mathrm{T}}\cdot Q\cdot y+u^{\mathrm{T}}\cdot R\cdot u+2y^{\mathrm{T}}\cdot N\cdot u)\mathrm{d}t$达到极小，同时返回 Riccati 矩阵代数方程$A^{\mathrm{T}}\cdot P+P\cdot A-(P\cdot B+N)\cdot R^{-1}\cdot(B^{\mathrm{T}}\cdot P+N^{\mathrm{T}})+Q=0$的解$P$及闭环系统的特征值$e$。其中，$K=R^{-1}\cdot(B^{\mathrm{T}}\cdot P+N^{\mathrm{T}})$。默认取$N=0$。

例 11.3.2　设受控系统的状态空间表达式为

$$\begin{cases}\dot{x}(t)=\begin{bmatrix}0 & 1\\0 & 0\end{bmatrix}\cdot x(t)+\begin{bmatrix}0\\1\end{bmatrix}\cdot u(t)\\ y(t)=[1\quad 0]\cdot x(t)\end{cases}$$

而性能指标为：$J=\dfrac{1}{2}\int_0^{\infty}[y^2(t)+4\cdot u^2(t)]\mathrm{d}t$，试求使系统的性能指标 J 为极小值时的最优反馈增益矩阵 K^*。

解：运行以下程序，并得到最优反馈增益矩阵、Riccati 矩阵代数的解 P 及闭环系统的特征值 e。

```
A=[0,1;0,0];B=[0;1];C=[1,0];C=[0];
Q=1;R=4;
rank([B,A*B]),rank([C;C*A]),
运行结果:
ans=
    2
ans=
    2
sys=ss(A,B,C,D);
[K,P,e]=lqry(sys,Q,R),
运行结果:
K=
    0.5000   1.0000
P=
    2.0000   2.0000
    2.0000   4.0000
e=
    -0.5000+0.5000i
    -0.5000-0.5000i
```

11.3.3 最优跟踪问题

对于受控系统式(11-1)，当要求的输出参考信号 $y_r(t)=y_r\in R^{m\times1}$ 为常数向量，终端时间 t_f 极大但不等于无穷大时，可得出一个很有实用价值的近似的最优控制规律。虽然这个近似控制规律对于终端时间 t_f 等于无穷大的情况在理论上并不成立，但对一般工程控制系统已是足够精确的。下面简要介绍一下这种近似算法。

设$\{A,B\}$为完全能控的，$\{A,C\}$为完全能观测的，并定义误差向量为 $e(t)=y_r-y(t)\in R^{m\times1}$。其中，$y_r\in R^{m\times1}$ 为预期输出的常数向量。试寻求一个最优控制 $u^*(t)$，使系统的实际输出向量

$y(t)$跟踪预期的输出常向量 y_r,并使下面的二次型性能指标 J 取得极小

$$J=\frac{1}{2}\int_{t_0}^{t_f}\left[e^{T}(t)\cdot Q\cdot e(t)+u^{T}(t)\cdot R\cdot u(t)\right]dt \tag{11-29}$$

其中,$Q\in R^{m\times m}$是半正定对称常数矩阵,$R\in R^{r\times r}$是正定对称常数矩阵。图 11.3.4 所示为线性定常最优跟踪系统的结构图。

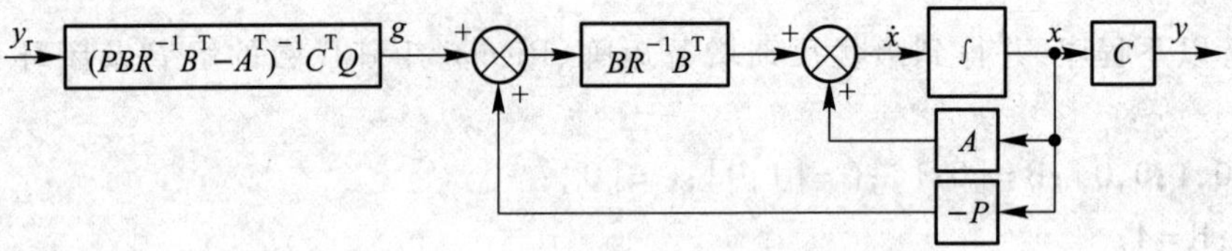

图 11.3.4　线性定常最优跟踪系统的结构图

于是,可得到次最优控制律　$u^*(t)=-R^{-1}\cdot B^T\cdot P\cdot x(t)+R^{-1}\cdot B^T\cdot g\in R^{r\times 1}$

此时,最优轨线 $x^*(t)$应满足　$\dot{x}^*(t)=(A-B\cdot R^{-1}\cdot B^T\cdot P)\cdot x^*(t)+B\cdot R^{-1}\cdot B^T\cdot g$

考虑到 t_f 足够大,此时 $P(t)$趋于常数阵 $P\in R^{n\times n}$,它是 Riccati 矩阵代数方程的正定解阵

$$P\cdot A+A^T\cdot P+C^T\cdot Q\cdot C-P\cdot B\cdot R^{-1}\cdot B^T\cdot P=0 \tag{11-30}$$

而常数向量

$$g\approx(P\cdot B\cdot R^{-1}\cdot B^T-A^T)^{-1}\cdot C^T\cdot Q\cdot y_r\in R^{n\times 1} \tag{11-31}$$

lqr_c( )函数用来实现上述解法。

【调用格式】:

[P,g,K1,K2]=lqr_c(A,B,C,Q,R,yr)

【说明】:{A,B,C}为受控系统的状态空间描述;Q,R 为加权阵,yr 为参考输出向量;P,g 为方程式(11-30)、式(11-31)的解阵;而 K1,K2 使得 $u^*(t)=K_1\cdot x(t)+K_2$。lqr_c( )函数参见附录 D:D-11-4。

例 11.3.3　已知二阶系统的状态空间表达式为

$$\begin{cases}\dot{x}(t)=\begin{bmatrix}0 & 1\\0 & -2\end{bmatrix}\cdot x(t)+\begin{bmatrix}0\\20\end{bmatrix}\cdot u(t)\begin{bmatrix}0\\1\end{bmatrix}\cdot u(t)\\ y(t)=\begin{bmatrix}1 & 0\end{bmatrix}\cdot x(t)\end{cases}$$

而性能指标为:$J=\int_0^{\infty}\{[y_r-y(t)]^2+u^2(t)\}dt$,给定的跟踪信号 $y_r=1(t)$。试确定 J 为极小时的控制律。

解:运行下面的程序,并得到 Riccati 矩阵代数方程的正定解阵 P 和常数向量 g。

```
A=[0,1;0,-2];b=[0;20];c=[1,0];
Q=1;R=1;yr=1;
[P,g,K1,K2]=lqr_c(A,b,c,Q,R,yr),
```

运行结果：

```
P =
       0.3317      0.0500
       0.0500      0.0116

g =
       0.3317
       0.0500

K1 =
    -1.0000     -0.2317

K2 =
       1.0000
```

11.4 解耦控制

考虑受控系统式(11-1)，控制律采用状态反馈结合输入变换，即

$$u=-K\cdot x+L\cdot v \tag{11-32}$$

其中，$K\in R^{m\times n}$为反馈增益阵；$L\in R^{m\times m}$为输入变换阵；$v\in R^{m\times 1}$为外部参考输入。

对于图 11.4.1 所示的包含输入变换的状态反馈系统，可知其状态空间描述为

$$\begin{cases}\dot{x}=(A-B\cdot K)\cdot x+B\cdot L\cdot v\\ y=C\cdot x\end{cases} \tag{11-33}$$

而其传递函数阵 $G_{KL}(s)=C\cdot(sI_n-A+B\cdot K)^{-1}\cdot B\cdot L\in R^{m\times m}$ 是有理分式矩阵。

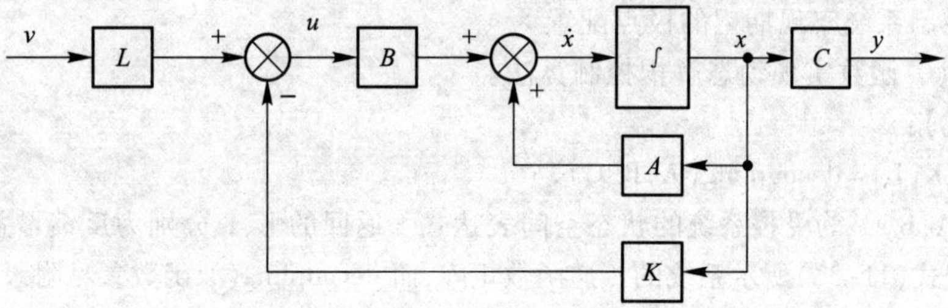

图 11.4.1　包含输入变换的反馈系统

系统的输入-输出解耦有静态与动态之分。所谓动态解耦控制问题就是：对于给定受控系统式(11-1)，寻找一个输入变换和状态反馈矩阵对$\{K,L\}$，使得传递函数矩阵 $G_{KL}(s)$为非奇异对角线有理分式矩阵。若 $G_{KL}(0)$为对角线非奇异常数矩阵，且闭环系统为渐近稳定的，那么称该系统是静态解耦的。

11.4.1 输入-输出动态解耦

假定 $r=m$；$\{A,B\}$ 是完全能控的；L 阵为非奇异的。由线性系统理论可知，受控系统式(11-1)可以采用状态反馈和输入变换，即存在矩阵 $\{K,L\}$ 进行动态解耦的充分必要条件是常数阵 $E=\begin{bmatrix}E_1\\E_2\\\vdots\\E_m\end{bmatrix}\in R^{m\times m}$ 为非奇异的。其中，$E_i=C_i\cdot A^{d_i}\cdot B\in R^{1\times m}$，$C_i$ 为 C 阵的第 i 个行向量，

$$d_i=\begin{cases}\mu & C_i\cdot A^k\cdot B=0,k=0,1,\cdots,\mu-1;C_i\cdot A^{\mu}\cdot B\neq 0\\ n-1 & C_i\cdot A^k\cdot B=0,k=0,1,\cdots,n-1\end{cases},i=1,2,\cdots,m。$$

当选取 $\{K,L\}$：$L=E^{-1}$，$K=E^{-1}\cdot F$。其中，常数阵 $F=\begin{bmatrix}C_1\cdot A^{d_1+1}\\C_2\cdot A^{d_2+1}\\\vdots\\C_m\cdot A^{d_m+1}\end{bmatrix}\in R^{m\times n}$ 时，必能使系统实现解耦，且解耦控制系统的传递函数矩阵为

$$G_{KL}(s)=diag\left(\frac{1}{s^{d_1+1}},\frac{1}{s^{d_2+1}},\cdots,\frac{1}{s^{d_m+1}}\right)$$

从物理上看，解耦后每个单输入-单输出闭环控制系统的传递函数均具有多重积分器的特性，因此常称这类形式的解耦为积分型解耦。

积分型解耦系统虽然因其不能令人满意的动态性能导致其本身没有实用价值，但它常常是设计性能满意的解耦控制系统中的一个中间结果，如可以通过解耦控制来对解耦后的每一个单输入-单输出控制系统实现期望的极点配置。

decoupling( ) 函数实现动态解耦控制算法。

【调用格式】：

[G,K,L]=decoupling(A,B,C)，

【说明】：{A,B,C}为受控系统的状态空间表达式。返回的 K,L 分别为反馈增益阵、输入变换阵，而 G 为方程式(11-33)所示系统的传递函数矩阵，而 decoupling( ) 函数参见附录 D：D-11-6。

例 11.4.1 考虑给出的双输入、双输出系统

$$\dot{x}=\begin{bmatrix}0&1&0&0\\3&0&0&2\\0&0&0&1\\0&-2&0&0\end{bmatrix}\cdot x+\begin{bmatrix}0&0\\1&0\\0&0\\0&1\end{bmatrix}\cdot u\qquad y=\begin{bmatrix}1&0&0&0\\0&0&1&0\end{bmatrix}\cdot x$$

求系统的传递函数矩阵。

解：应用动态解耦控制算法并运行下面的命令，得出系统的传递函数矩阵。

```
A=[0,1,0,0;3,0,0,2;0,0,0,1;0,-2,0,0];
B=[0,0;1,0;0,0;0,1];
C=[1,0,0,0;0,0,1,0];
[G,K,L]= decoupling(A,B,C),
运行结果:
Transfer function from input 1 to output...
     1
#1: ---
    s^2
#2: 0
Transfer function from input 2 to output...
#1: 0
     1
#2: ---
    s^2
K =
    3     0     0     2
    0    -2     0     0
L =
    1     0
    0     1
```

11.4.2 输入-输出静态解耦

假定 $r=m$;令 $\lim\limits_{t\to 0}=diag[\bar{g}_{11}(0),...,\bar{g}_{mm}(0)]$,$\bar{g}_{ii}(0)\neq 0, i=1,2,\cdots,m$。静态解耦只适用于参考输入 v 的各个分量为阶跃信号的情况。

当系统实现静态解耦时,对于分量为阶跃信号的参考输入,可做到稳态下每个输出都只受同序号的一个输入的完全控制。但在过渡过程中,输入和输出的交叉耦合关系并不能消除,这也是静态解耦和动态解耦之间的基本区别。

对受控系统实现静态解耦的算法为:

(1) 判断$\{A,B\}$是否能稳定或能控,并判断是否满足关系式 $rank\begin{bmatrix} A & B \\ C & 0 \end{bmatrix}=n+m$。

(2) 对于满足上一步条件的受控系统,按照极点配置算法确定一个状态反馈增益阵 K,使 $(A-B\cdot K)$的特征值均具有负实部。

(3) 按照静态解耦后每一个单输入-单输出自治系统的稳态增益要求,确定$\bar{d}_{ii}$($i=1$,

$2,\cdots,m$)的值,并取$\overline{D}=diag[\overline{d}_{11},\cdots,\overline{d}_{mm}]$。

(4) 取输入变换阵 $L=-[C\cdot(A-B\cdot K)^{-1}\cdot B]^{-1}\cdot\overline{D}$,则 $G_{KL}(0)=\overline{D}$,即$\overline{d}_{ii}=\overline{g}_{ii}(0)$,$i=1,2,\cdots,m$,于是,闭环控制系统式(11-33)的稳态输出为

$$\lim_{t\to\infty}y(t)=diag[\overline{d}_{11}\cdot\beta_1,\cdots,\overline{d}_{mm}\cdot\beta_m]$$

其中,$v(t)=[\beta_1\cdot l(t),\cdots,\beta_m\cdot l(t)]^{\mathrm{T}}$。

decoupling_s ( )函数可实现静态解耦控制算法。

【调用格式】:

[vv,K,L] = decoupling_s(A,B,C,p,dd)

【说明】:{A,B,C}为受控系统的状态空间描述,p 为包含方程式(11-33)所示系统的所有极点的列向量,dd 为包含各单输入-单输出自治系统的稳态增益的列向量,返回的 vv 为满足静态解耦的标志(当值为 1 时即满足,反之为 0),K,L 分别为反馈增益阵、输入变换阵。函数 decoupling_s ( )参见附录 D:D-11-7。

例 11.4.2 已知受控系统

$$A=\begin{bmatrix}0&1&0\\0&0&1\\0&0&1\end{bmatrix},B=\begin{bmatrix}0&0\\0&1\\1&0\end{bmatrix},C=\begin{bmatrix}1&0&0\\0&0&1\end{bmatrix}$$

所要求的闭环极点为-1,-2,-3。$dd=[1\quad 1]^{\mathrm{T}}$。

解:应用静态解耦控制算法并运行下面的程序,得到系统的传递函数矩阵。

```
A=[0,1,0;0,0,1;0,0,1];B=[0,0;0,1;1,0];C=[1,0,0;0,0,1];
p=[-1;-2;-3];dd=[1;1];
[vv,K,L]= decoupling_s(A,B,C,p,dd),
```

运行结果:

```
vv =
    1
K =
   -3.6000    -1.8000    3.8000
    2.4000     3.2000    0.8000
L =
   -3.6000     2.8000
    2.4000    -0.2000
```

11.5 状态观测器设计

前面各节对受控系统式(11-1)的极点配置、解耦控制、线性二次型最优控制等设计问题的

讨论中,已经充分显示了状态反馈的优越性。但是,由于不易直接测量或测量设备在经济性和实用性上的限制,使得不可能获得实际受控系统的全部状态变量,从而使状态反馈的物理实现成为不可能。为了解决这个问题,可以通过重构受控系统的状态,并用这个重构状态来代替受控系统的真实状态,从而实现所要求的状态反馈。用以实现状态重构的系统称为观测器。观测器的实质就是重新构造一个系统,利用受控系统中可直接测量的变量,如输出向量和输入向量作为它的输入信号,并使其输出信号$\hat{x}(t)$渐近等价于受控系统的状态$x(t)$,即:$\lim\limits_{t\to\infty}\hat{x}(t)=\lim\limits_{t\to\infty}x(t)$。

观测器按其功能可分为状态观测器和函数观测器,而对于状态观测器,又可按其结构分为全维状态观测器和降维状态观测器两种。下面介绍的是这两种状态观测器。

11.5.1 全维状态观测器设计

考虑受控系统式(11-1),假定状态 $x(t)$不能直接加以测量,输出 $y(t)$和输入 $u(t)$是可以利用的,且$\{A,C\}$为能观测的(或不能观测部分是渐近稳定的,以下算法是针对前者而得出的)。

所谓全维状态观测器,就是以 $y(t)$和 $u(t)$为输入的一个 n 维线性定常系统,且不论该系统和受控系统的初值如何,该系统的状态$\hat{x}(t)$总满足如下关系式

$$\lim_{t\to\infty}\hat{x}(t)=\lim_{t\to\infty}x(t) \tag{11-34}$$

若采用如下线性定常系统作为全维状态观测器

$$\dot{\hat{x}}=A\cdot\hat{x}+B\cdot u+L\cdot(y-C\cdot\hat{x}),\hat{x}(t_0)=\hat{x}_0 \tag{11-35}$$

其中,$\hat{x}\in R^{n\times1}$为 x 的估计状态。那么,必可通过选择增益阵 $L\in R^{n\times m}$来任意配置$(A-L\cdot C)$阵的全部特征值,即不管初值$\hat{x}_0$为何值,当矩阵$(A-L\cdot C)$的特征值均具有负实部时,就可实现渐近重构状态的目的。

设要设计的全维状态观测器的一组期望极点为$\mu_1,\mu_2,\cdots,\mu_n$,则设计算法为:

(1) 利用极点配置算法,由矩阵对$\{A^{\mathrm{T}},C^{\mathrm{T}}\}$来确定使 $\lambda_i(A^{\mathrm{T}}-C^{\mathrm{T}}\cdot K)=\mu_i,i=1,2,\cdots,n$ 的反馈增益阵 $K\in R^{m\times n}$。

(2) 确定增益阵 $L=K^{\mathrm{T}}$ 和所要设计的全维状态观测器

$$\dot{\hat{x}}=(A-L\cdot C)\cdot\hat{x}+B\cdot u+L\cdot y \tag{11-36}$$

其结构图如图 11.5.1 所示。

事实上,极点配置在状态观测器设计上的应用是状态反馈的对偶问题,所以该问题可以由状态反馈极点配置的函数如acker()、place()、bass_pp()、pitian()等加以解决。例如:对于单输入-单输出系统,用极点配置 Ackermann 算法将观测器的极点配置到所期望位置的方法来设计全维状态观测器,利用对偶原理可知,L=acker(A',C',p)。其中 p 为包含观测器期望的极点位置的列向量$[\mu_1,\mu_2,\cdots,\mu_n]^{\mathrm{T}}$。

对于单输入-单输出系统,simobsv()函数仿真受控系统的全维状态观测器所观测到的状态$\hat{x}(t)$。

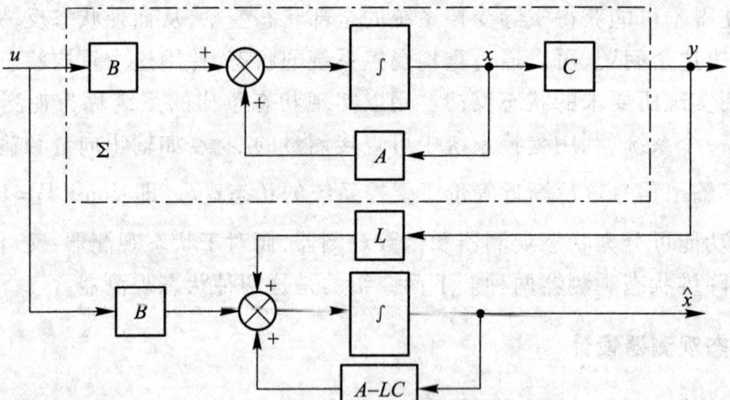

图 11.5.1 全维状态观测器的结构图

【调用格式】:

[xh,x,t]=simobsv(A,B,C,L)

【说明】:{A,B,C}为受控系统的状态空间模型,L为全维观测器设计中的增益列向量,xh和x分别为重构状态和受控系统的阶跃响应矩阵,t为时间向量,simobsv()函数参见附录D:D-11-8。

如果受控系统并不是完全能观测的,将不能自由地配置观测器的全部极点位置,但对于解却可以采用部分极点配置的方法来设计观测器。

例 11.5.1 已知受控系统

$$A=\begin{bmatrix}0&1&0&0\\0&5&0&0\\0&0&-7&0\\0&0&0&-8\end{bmatrix},B=\begin{bmatrix}0\\1\\0\\1\end{bmatrix},C=[1\quad 2\quad 3\quad 4]$$

所要求的闭环极点为-1,-2,设计全维状态观测器。

解:

```
A=[0,1,0,0;0,5,0,0;0,0,-7,0;0,0,0,-8];B=[0;1;0;1];C=[1,2,3,4]; D=0;
p=eig(A)',
```

运行结果:

```
p=
  0    5    -7    -8
p1=p;p1(1:2)=[-1,-2];
L=place(A',C',p1)',
eig(A-L*C)',
```

运行结果:

```
L=
     0.3636
     3.8182
          0
          0
ans =
      -1.0000 -2.0000 -7.0000 -8.0000
[xh,x,t]=simobsv(A,B,C,D,L);
```

状态观测器重构状态的单位阶跃响应如图 11.5.2 所示。

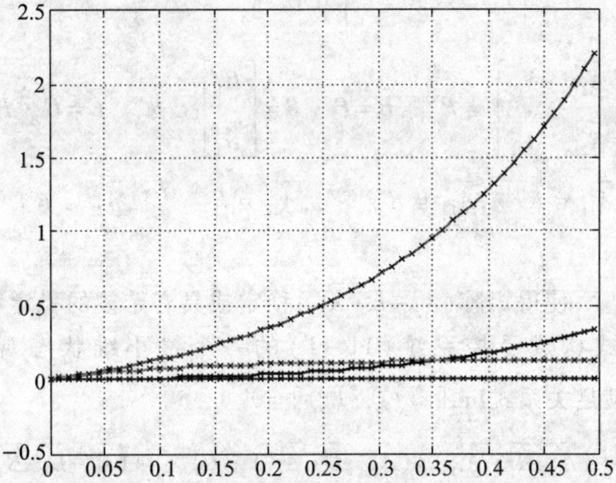

图 11.5.2 状态观测器重构状态的单位阶跃响应

图 11.5.2

可以看出，这个问题实际上是例 11.2.1 的对偶问题。同样不能将位于 $s=-7$ 处的极点通过状态反馈配置到其他地方，因为该极点对应的模态是不可观测的。如果不可观测的模态是不稳定的，则不可能通过状态反馈将其配置到其他地方。

11.5.2 降维状态观测器设计

考虑到受控系统式(11-1)的输出 $y(t)$ 中已包含有状态 $x(t)$ 的部分信息，因此在直接利用这部分信息的基础上再构造出维数低于被估计系统的状态观测器，称为降维状态观测器。

给定受控系统式(11-1)，假定 $\{A,C\}$ 为能观测，C 为满秩阵即 $rankC=m$，那么降维状态观测器的最小维数可为 $n-m$。

下面介绍受控系统式(11-1)的 $n-m$ 维降维状态观测器(也称最小维状态观测器)的戈平纳斯(Gopinath)设计方法：

(1) 选取常数阵 $R \in R^{(n-m)\times n}$，使得矩阵 $P=\begin{bmatrix} C \\ R \end{bmatrix} \in R^{n\times n}$ 为非奇异的，并求取 $Q=P^{-1}=[Q_1 \quad Q_2]$，其中 $Q_1 \in R^{n\times m}$，$Q_2 \in R^{n\times(n-m)}$。

(2) 确定受控系统式(11-1)在非奇异变换 $\bar{x}=P\cdot x$ 下所得的代数等价系统

$$\begin{cases} \begin{bmatrix} \dot{\bar{x}}_1 \\ \dot{\bar{x}}_2 \end{bmatrix} = \begin{bmatrix} \bar{A}_{11} & \bar{A}_{12} \\ \bar{A}_{21} & \bar{A}_{22} \end{bmatrix} \cdot \begin{bmatrix} \bar{x}_1 \\ \bar{x}_2 \end{bmatrix} + \begin{bmatrix} \bar{B}_1 \\ \bar{B}_2 \end{bmatrix} \cdot u \\ y=[I_m \quad 0] \cdot \begin{bmatrix} \bar{x}_1 \\ \bar{x}_2 \end{bmatrix} = \bar{x}_1 \end{cases} \tag{11-37}$$

其中，$\bar{A}=P\cdot A\cdot P^{-1}=\begin{bmatrix} \bar{A}_{11} & \bar{A}_{12} \\ \bar{A}_{21} & \bar{A}_{22} \end{bmatrix} \in R^{n\times n}$，$\bar{B}=P\cdot B=\begin{bmatrix} \bar{B}_1 \\ \bar{B}_2 \end{bmatrix} \in R^{n\times r}$，$\bar{C}=C\cdot P^{-1}=[I_m \quad 0] \in R^{m\times n}$，而 $\bar{x}_1 \in R^{m\times 1}$，$\bar{x}_2 \in R^{(n-m)\times 1}$，$\bar{A}_{11} \in R^{m\times m}$，$\bar{A}_{12} \in R^{m\times(n-m)}$，$\bar{A}_{21} \in R^{(n-m)\times m}$，$\bar{A}_{22} \in R^{(n-m)\times(n-m)}$，$\bar{B}_1 \in R^{m\times r}$，$\bar{B}_2 \in R^{(n-m)\times r}$。

(3) 选取 $\bar{L} \in R^{(n-m)\times m}$，使得矩阵 $(\bar{A}_{22}-\bar{L}\cdot\bar{A}_{12})$ 稳定或具有希望的稳定特征值。

(4) 按照如下形式构成受控系统(11-1)的一个最小维状态观测器，即对于任何的 $x(0)$，$z(0)$ 和 $u(t)$，均满足关系式 $\lim\limits_{t\to\infty}[x(t)-\hat{x}(t)]=0$。

$$\begin{cases} \dot{z}=(\bar{A}_{22}-\bar{L}\cdot\bar{A}_{12})\cdot z+[(\bar{A}_{21}-\bar{L}\cdot\bar{A}_{11})+(\bar{A}_{22}-\bar{L}\cdot\bar{A}_{12})\cdot\bar{L}]\cdot y+(\bar{B}_2-\bar{L}\cdot\bar{B}_1)\cdot u \\ \hat{x}=Q_1\cdot y+Q_2\cdot(z+L\cdot y)=Q_2\cdot z+(Q_1+Q_2\cdot\bar{L})\cdot y \end{cases} \tag{11-38}$$

降维状态观测器的结构图如图 11.5.3 所示。

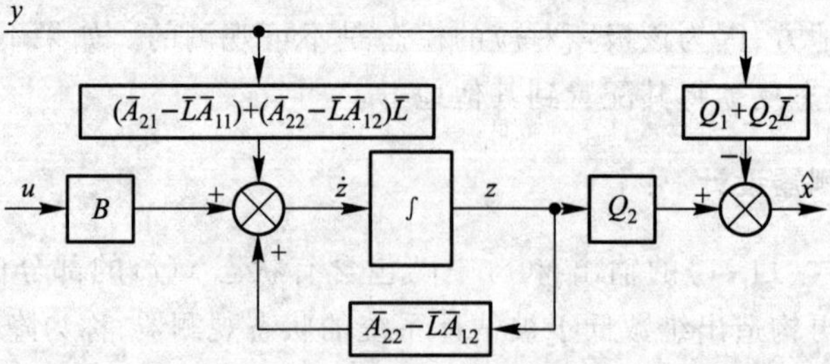

图 11.5.3 降维状态观测器的结构图

jiangweiguanceqi( )函数实现上述降维状态观测器的设计。

【调用格式】:

[L,Az,By,Bu,Cz,Dy]=jiangweiguanceqi(A,B,C,R,p)

【说明】:{A,B,C}为受控系统的状态空间模型,p 为包含降维观测器的所期望的极点位置的列向量,$R\in R^{(n-m)\times n}$为所选的常数矩阵,L 为配置降维观测器期望极点所需的增益阵,而 Az, By,Bu,Cz,Dy 则是方程式(11-38)中的各个常数阵,函数 jiangweiguanceqi()参见附录 D:D-11-9。

例 11.5.2　给定受控系统为

$$A=\begin{bmatrix}4&4&4\\-11&-12&-12\\13&14&13\end{bmatrix},B=\begin{bmatrix}1\\-1\\0\end{bmatrix},C=[1\quad 1\quad 1]$$

确定其降维状态观测器。

解:

```
A=[4,4,4;-11,-12,-12;13,14,13];B=[1;-1;0];C=[1,1,1];
R=[0,1,0;0,0,1];p=[-3;-4];
[m,n]=size(C);
if rank(ctrb(A',C'))==n & rank(C)==m & rank([C;R])==n
    disp('能进行降维状态观测器设计')
else
     disp('不能进行降维状态观测器设计')
end
[L,Az,By,Bu,Cz,Dy]=jiangweiguanceqi(A,B,C,R,p),
```

运行结果:

```
ans =
    能进行降维状态观测器设计
L =
    -5
    -6
Az =
    -1    -6
     1    -6
By=
    60
    80
Bu =
    -1
     0
Cz =
```

```
   -1     -1
    1      0
    0      1
Dy =
        12
        -5
        -6
```

11.6 包含状态观测器的状态反馈控制系统

状态观测器的建立解决了受控系统式(11-1)不能测量的状态的重构问题,使得状态反馈的工程实现成为可能。但是,状态反馈是相对于受控系统的真实状态进行设计的,下面介绍采用重构状态代替真实状态来实现状态反馈的设计方法。

考虑受控系统式(11-1),假定$\{A,B\}$为能控,$\{A,C\}$为能观测,且按照性能指标(如极点配置、二次型最优、解耦等)的要求,可确定出状态反馈控制:$u=-K\cdot x+v$,其中,$K\in R^{r\times n}$为常数阵,$v\in R^{r\times 1}$为参考输入。

为了实现状态反馈,还需要引入状态观测器以重构系统的状态,最后就构成了包含状态观测器的状态反馈控制系统,如图 11.6.1 所示。

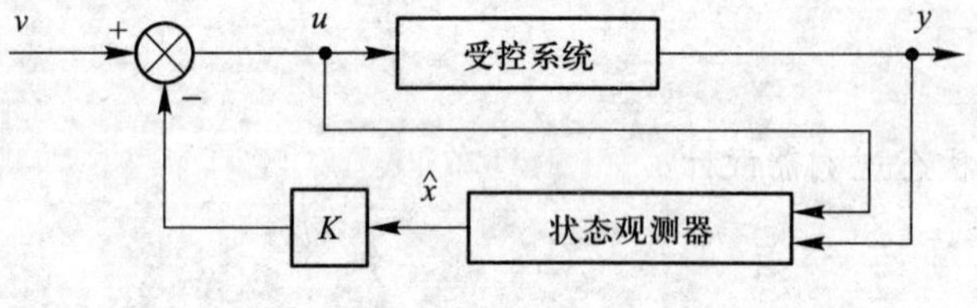

图 11.6.1 包含状态观测器的状态反馈控制系统

于是,该闭环系统的闭环极点由受控系统在状态反馈控制作用下的闭环系统极点$\lambda_i(A-B\cdot K)$和状态观测器的极点$\lambda_j(A-L\cdot C)$(或$\lambda_k(\bar{A}_{22}-\bar{L}\cdot\bar{A}_{12})$)组成。其中,$i,j=1,2,\cdots,n$,$k=1,2,\cdots,n-m$,而各量的定义同前面的几节。

根据分离性原理,即状态反馈控制律的设计和状态观测器的设计可以独立分开进行,所以包含状态观测器的状态反馈控制系统的设计过程分为两个阶段:第一个阶段是确定状态反馈增益阵K,以产生其期望的闭环极点;第二个阶段是不需要考虑状态反馈的存在,而确定状态观测器的增益阵L或$\bar{L}$,以产生所期望的状态观测器的极点。需要注意的是由状态反馈增益阵K的选取所产生的期望闭环极点,应使系统能满足性能指标要求,而状态观测器极点的选取通常使其响应比系统的响应快得多，即状态观测器的极点位于所期望的闭环极点的左边。通常，在考虑状态观测器的极点时，一条可供参考的选择原则是

$$\mathrm{Re}[\lambda_j(A-L\cdot C)]=(2\sim3)\mathrm{Re}[\lambda_i(A-B\cdot K)]$$

或

$$\mathrm{Re}[\lambda_k(\overline{A}_{22}-\overline{L}\cdot\overline{A}_{12})]=(2\sim3)\mathrm{Re}[\lambda_i(A-B\cdot K)]$$

其中

$$i,j=1,2,\cdots,n,k=1,2,\cdots,n-m$$

因此，包含状态观测器的状态反馈控制系统的设计步骤为：

(1) 按照系统性能指标要求（如：极点配置、线性二次型最优控制、解耦控制等要求），有选择地采用前面几节所讨论的各种方法加以设计，从而满足其系统要求。

(2) 在不考虑第一步设计存在的情况下，独立地设计状态观测器（可以采用 11.5 节所介绍的方法加以设计与实现），使之满足其所期望的极点位置要求。

以单输入-单输出系统式(11-1)为例，介绍基于全维状态观测器的状态反馈控制系统。假定$\{A,B\}$为能控，$\{A,C\}$为能观测，包含全维状态观测器的状态反馈控制系统的结构如图 11.6.2(a)所示，其中，$G(s)=C\cdot(sI_n-A)^{-1}\cdot B$ 是受控系统的传递函数，则设计出的全维状态观测器为

$$\dot{\hat{x}}=A\cdot\hat{x}+B\cdot u+L\cdot(y-C\cdot\hat{x}) \tag{11-39}$$

其中，$L\in R^{n\times1}$，$u=-K\cdot\hat{x}+r$，$v=K\cdot\hat{x}\in R^{1\times1}$，$K\in R^{1\times n}$，$r\in R^{1\times1}$ 为外部参考输入。

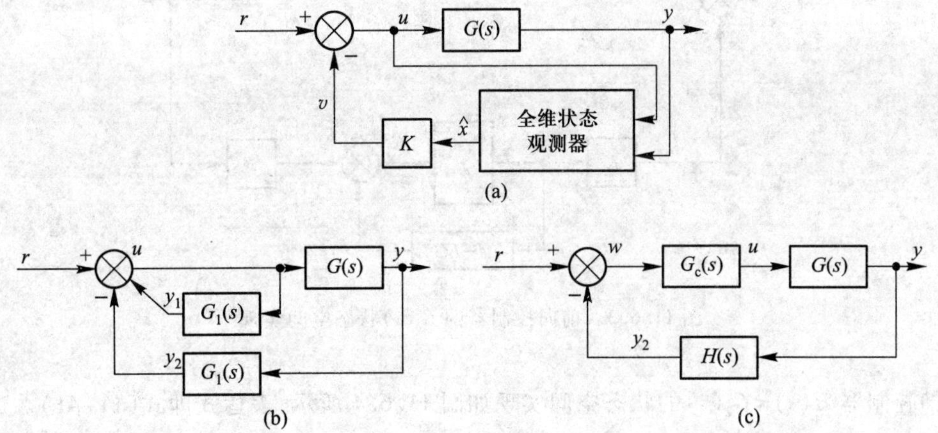

图 11.6.2 包含全维状态观测器的状态反馈控制系统

11.6.1 基于全维状态观测器的控制器

考虑到 $\dot{\hat{x}}=A\cdot\hat{x}+B\cdot u+L\cdot(y-C\cdot\hat{x})=(A-L\cdot C)\cdot\hat{x}+B\cdot u+L\cdot y$，所以可以将状态反馈中

的 $K\cdot\hat{x}$写成两个子系统 $G_1(s)$与 $G_2(s)$的形式，这两个子系统分别由信号 $u(t)$与 $y(t)$单独作用，使得 $G_1(s)$可以写成

$$\begin{cases}\dot{\hat{x}}_1=(A-L\cdot C)\cdot\hat{x}_1+B\cdot u\\ y_1=K\cdot\hat{x}_1\end{cases}\tag{11-40}$$

其中，$\hat{x}_1\in R^{n\times1}$，$y_1\in R^{1\times1}$。而 $G_2(s)$可以写成

$$\begin{cases}\dot{\hat{x}}_2=(A-L\cdot C)\cdot\hat{x}_2+L\cdot y\\ y_2=K\cdot\hat{x}_2\end{cases}\tag{11-41}$$

其中，$\hat{x}_2\in R^{n\times1}$，$y_2\in R^{1\times1}$，$v=y_1+y_2$。

于是，这样系统的闭环模型可以由图 11.6.2(b)中的结构表示，并对图 11.6.2(b)中的方框图进行简化，变成其等价的结构，如图 11.6.2(c)所示。前向控制器 $G_c(s)=\dfrac{1}{1+G_1(s)}$的状态空间实现如图 11.6.3 所示，即

$$\begin{cases}\dot{\hat{x}}_1=(A-L\cdot C)\cdot\hat{x}_1+B\cdot(w-K\cdot\hat{x}_1)=(A-L\cdot C-B\cdot K)\cdot\hat{x}_1+B\cdot w\\ u=w-y_1=-K\cdot\hat{x}_1+w\end{cases}\tag{11-42}$$

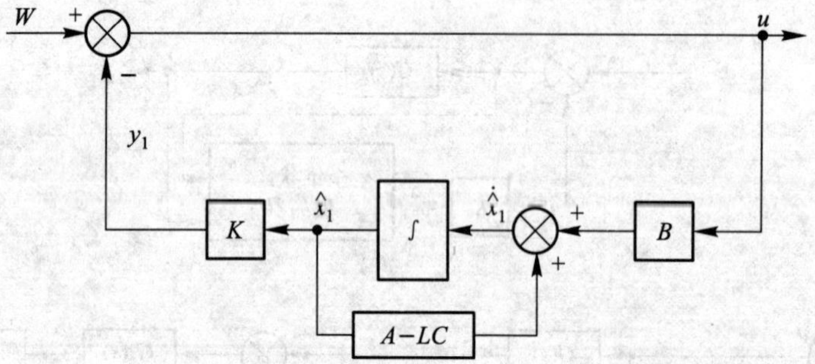

图 11.6.3 前向控制器的 $G_c(s)$状态空间实现

反馈控制器 $H(s)=G_2(s)$的状态空间实现如图 11.6.4 所示，表达式即式(11-41)。

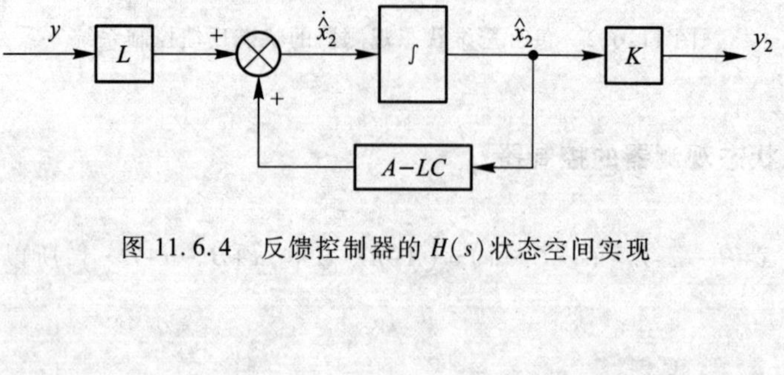

图 11.6.4 反馈控制器的 $H(s)$状态空间实现

可见,图 11.6.2(c)所示的结构又等效于典型的反馈控制结构。因为全维状态观测器的作用已隐含在这种反馈控制的结构之中,所以将这样的结构称为基于全维状态观测器的控制器结构。

11.6.2 基于全维状态观测器的调节器

如果参考输入信号 $r(t)=0$,则图 11.6.2(a)所示的结构可进一步转化为图 11.6.5 所示的结构。$G_c(s)=\dfrac{U(s)}{Y(s)}$为 $r(t)=0$ 时控制器的传递函数,这是因为

$$\begin{aligned}\dot{\hat{x}} &= A\cdot\hat{x}+B\cdot u+L\cdot(y-C\cdot\hat{x})\\ &=(A-L\cdot C)\cdot\hat{x}+B\cdot u+L\cdot y\\ &=(A-L\cdot C)\cdot\hat{x}+B\cdot(-K\cdot\hat{x})+L\cdot y\\ &=(A-L\cdot C-B\cdot k)\cdot\hat{x}+L\cdot y\\ u&=-K\cdot\hat{x}\end{aligned} \tag{11-43}$$

由于在图 11.6.5 所示结构中隐含有全维状态观测器,且此时参考输入信号为零,故称控制器 $G_c(s)$为基于全维状态观测器的调节器,其状态空间实现如图 11.6.6 所示。

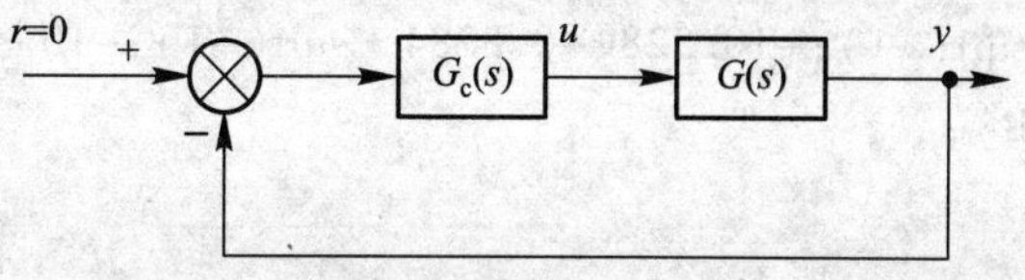

图 11.6.5 全维状态观测器的调节器状态空间实现

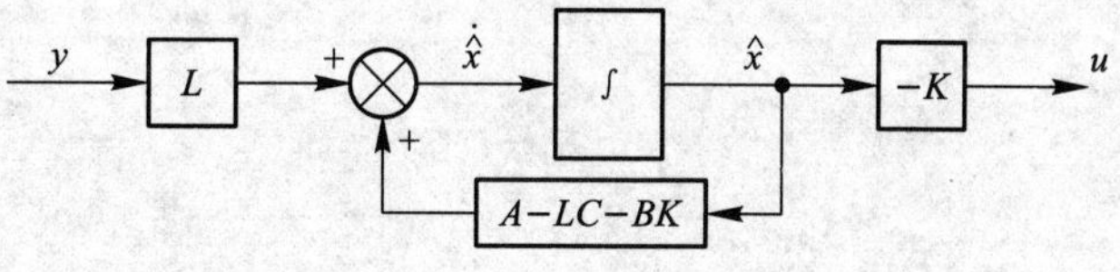

图 11.6.6 全维状态观测器的调节器 $G_c(s)$状态空间实现

控制系统工具箱中提供了一个函数 reg( ),可以用来设计基于全维状态观测器的调节器。

【调用格式】:

```
Gc=reg(G,k,l)
```

【说明】:G 为受控系统的状态空间表示,k,l 分别表示状态反馈的行向量 k 和全维状态观测器的列向量 l。Gc 为基于全维状态观测器的调节器的状态空间表示。事实上,该函数是式

(11-43)的直接实现。要注意的是该函数要求使用正反馈连接结构连接于受控系统。若想使用受控系统负反馈控制的结构,则需将该调节器反号,即$-G_c$连于受控系统。

例 11.6.1 考虑下面的对象模型

$$A=\begin{bmatrix}-0.2 & 0.5 & 0 & 0 & 0\\ 0 & -0.5 & 1.6 & 0 & 0\\ 0 & 0 & -14.3 & 85.8 & 0\\ 0 & 0 & 0 & -33.3 & 100\\ 0 & 0 & 0 & 0 & -10\end{bmatrix},B=\begin{bmatrix}0\\0\\0\\0\\30\end{bmatrix},C=[1\quad 0\quad 0\quad 0\quad 0]$$

设计方案:系统由线性二次型最优状态调节器和全维状态观测器所组成,性能指标为$Q=diag\{1,0,0,0,0\}$,$R=1$,观测器的极点位置为-9.471 6+0.528 4i,-9.471 6-0.528 4i,-10.000 0,-10.528 4+0.528 4i,-10.528 4-0.528 4i。

解:
```
A=[-0.2,0.5,0,0,0;0,-0.5,1.6,0,0;0,0,-14.3,85.8,0;0,0,0,-33.3,100;0,0,0,
0,-10];
b=[0;0;0;0;30];c=[1,0,0,0,0,];d=0;
G=ss(A,B,C,D);
Q=diag([1,0,0,0,0]);R=1;
p=[-9.4716+0.5284*sqrt(-1);-9.4716-0.5284*sqrt(-1);
-10.5284+0.5284*sqrt(-1);-10.5284-0.5284*sqrt(-1);-10];
[k,P]=lqr(A,b,Q,R);
l=(acker(A',c',p))'
Gc=-reg(G,k,l);
zpk(Gc)
eig(Gc.a)
```

运行结果:
```
l=

   1.0e+004 *
  -0.0008
   0.0979
  -1.9368
   0.4294
   0.0000
Zero/pole/gain:
            11.4839 (s+33.34) (s+14.3) (s+10) (s+1.792)
        -------------------------------------------------
          (s+20.92) (s^2 +30.19s+328.1) (s^2+6.845s+120)
```

```
ans =
      -3.4224 +10.4041i
      -3.4224 -10.4041i
     -15.0959 +10.0105i
     -15.0959 -10.0105i
     -20.9216
```

可见,得到的调节器模型为稳定的最小相位系统。下面的程序绘制出在该调节器下闭环系统的极点位置及其单位阶跃响应曲线,如图 11.6.7 所示。

```
t=0:0.05:2;
G_1=feedback(G*Gc,1);
a1=eig(G_1.a),y_1=step(G_1,t);
G_2=ss(A-b*k,b,c,d);
a2=eig(G_2.a),y_2=step(G_2,t);
G_3=feedback((ss(A-b*k-l*c,b,-k,1))*G,ss(A-l*c,l,k,0));
a3=eig(G_3.a),y_3=step(G_3,t);
plot(t,y_1,'--',t,y_2,'-',t,y_3,'x'), grid on
```

运行结果:

```
a1 =
     -33.3006
      -3.7825 + 4.9341i
      -3.7825 - 4.9341i
     -13.7976
      -9.4716 + 0.5284i
      -9.4716 - 0.5284i
     -11.5950
     -10.5284 + 0.5284i
     -10.5284 - 0.5284i
     -10.0000
a2 =
     -33.3006
     -13.7976
     -11.5950
      -3.7825 + 4.9341i
      -3.7825 - 4.9341i
a3 =
```

```
-33.3006
 -3.7825 + 4.9341i
 -3.7825 - 4.9341i
-13.7976
-11.5950
 -9.4755 + 0.5415i
 -9.4755 - 0.5415i
 -9.4666 + 0.5152i
 -9.4666 - 0.5152i
-10.5421 + 0.5381i
-10.5421 - 0.5381i
-10.5132 + 0.5183i
-10.5132 - 0.5183i
-10.0053
-10.0000
```

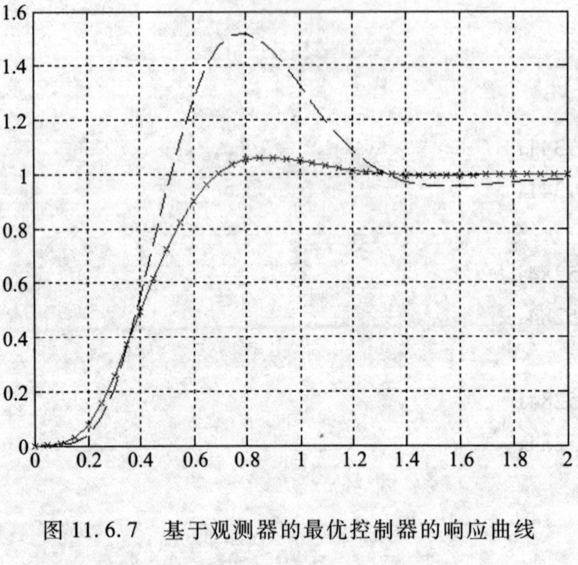

图 11.6.7 基于观测器的最优控制器的响应曲线

从图 11.6.7 中可以看出:基于观测器的控制器的响应和直接状态反馈的响应是完全一致的,而调节器的响应却赶不上直接状态反馈下的控制效果。这里需要指出的是:这样比较是不公平的,因为在推导基于观测器的调节器模型是假定了外部输入信号 $r(t)=0$,而推导基于观测器的控制器时则没有这样的假设。选择不同观测器的极点位置,可以得到不同的基于观测器的控制效果。

例 11.6.2　考虑下面的对象模型

$$A=\begin{bmatrix}-0.3 & 0.1 & -0.05\\ 1 & 0.1 & 0\\ -1.5 & -8.9 & -0.05\end{bmatrix},B=\begin{bmatrix}2\\0\\4\end{bmatrix},C=[1\quad 2\quad 3]$$

设计方案：系统是由极点配置状态反馈和全维状态观测器所组成，性能指标为：闭环系统、状态观测器的极点都配置到-1，-2，-3。

解：可以通过下面的程序来设计出状态反馈阵和观测器的增益阵，从而绘制出闭环系统的单位阶跃响应曲线，如图 11.6.8 所示。

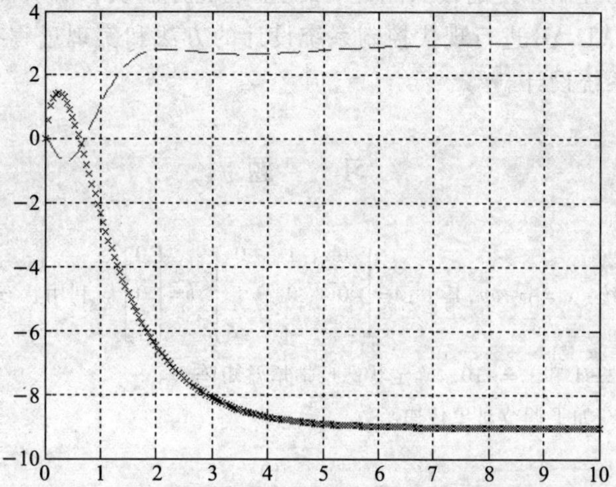

图 11.6.8　基于观测器的极点配置调节器的响应曲线

```
A=[-0.3,0.1,-0.05;1,0.1,0;-1.5,-8.9,-0.05];b=[2;0;4];
c=[1,2,3];d=0;
p=[-1;-2;-3];G=ss(A,b,c,d);t=0:0.05:10;
k=acker(A,b,p),
G_1=ss(A-b*k,b,c,d);y_1=step(G_1,t);
l=(acker(A',c',p))',
Gc=-reg(G,k,l);
G_2=feedback(G*Gc,1);y_2=step(G_2,t);
plot(t,y_1,'x',t,y_2,'--'),
```

运行结果：

```
k=
   3.6496      5.7189      -0.3873
```

```
l=
   -0.1731
   -0.3681
    2.2197
```

小　结

状态空间模型是现代控制理论的基础,它能够完全表达系统的全部状态与性能。本章通过对基于状态空间描述的控制系统的极点配置、二次型最优控制及状态观测器设计等几个问题的阐述,使我们对采用 MATLAB 进行现代控制系统设计的方法和实现过程有比较深入的了解,并能应用这些方法进行系统设计。

习　题

11.1 考虑单输入系统:$\dot{x}=Ax+bu$,其中:$A=\begin{bmatrix}0 & 1 & 0\\ 0 & 0 & 1\\ -1 & -5 & -6\end{bmatrix}$,$b=\begin{bmatrix}0\\0\\1\end{bmatrix}$。利用状态反馈控制 $u=-Kx$,希望该系统的闭环极点为 $s_{1,2}=-2\pm j4$ 和 $s_3=-10$。确定状态反馈增益矩阵 K。

11.2 调节器系统具有如下调节对象传递函数

$$\frac{Y(s)}{U(s)}=\frac{10}{(s+1)(s+2)(s+3)}$$

定义状态变量:$x_1=y, x_2=\dot{x}_1, x_3=\dot{x}_2$,利用状态反馈控制 $u=-Kx$,希望把系统的闭环极点配置为 $s_{1,2}=-2\pm j2\sqrt{3}$ 和 $s=-10$。确定状态反馈增益矩阵 K。

11.3 设计一个状态反馈增益矩阵 $K=[k_1 \quad k_2 \quad k_3 \quad k_4]$ 和一个积分增益常数 k_I,使得倒立摆控制系统的闭环极点配置为 $s_{1,2}=-2.5\pm j2.5$ 和 $s_3=s_4=s_5=-10$。并绘制出当单位阶跃输入作用于小车位置时的阶跃响应曲线。

11.4 设计一个倒立摆控制系统,当 θ 和(或) $\dot{\theta}$ 存在干扰时,能保持摆的位置垂直,并要求系统在每一个控制过程结束时电动车返回到参考位置。该系统的状态空间方程为:$\dot{x}=Ax+bu$,其中 $A=\begin{bmatrix}0 & 1 & 0 & 0\\ 20.601 & 0 & 0 & 0\\ 0 & 0 & 0 & 1\\ -0.4905 & 0 & 0 & 0\end{bmatrix}$,$b=\begin{bmatrix}0\\-1\\0\\0.5\end{bmatrix}$,$x=\begin{bmatrix}\theta\\ \dot{\theta}\\ x\\ \dot{x}\end{bmatrix}$,采用状态反馈控制方案 $u=-Kx$,试确定状态反馈增益矩阵 $K=[k_1 \quad k_2 \quad k_3 \quad k_4]$,使得性能指标 $J=\int_0^{\infty}(x^{\mathrm{T}}Qx+u^{\mathrm{T}}Ru)\mathrm{d}t$ 达到极小。式中 $Q=diag(100,1,1,1)$,$R=1$。然后求

该系统在下列初始条件下的响应：$\begin{bmatrix} x_1(0) \\ x_2(0) \\ x_3(0) \\ x_4(0) \end{bmatrix} = \begin{bmatrix} 0.1 \\ 0 \\ 0 \\ 0 \end{bmatrix}$，画出 θ、$\dot{\theta}$、x 和 $\dot{x}$ 对 t 的响应曲线。

11.5　受控系统 $\ddot{y}(t)=\dot{u}(t)+0.5u(t)$，试求使系统的性能指标 $J=\frac{1}{2}\int_0^{\infty}[y^2(t)+4u^2(t)]\mathrm{d}t$ 为极小值时的最优控制 $u^*(t)$。

11.6　考虑如下的双输入、双输出系统

$$\dot{x}=\begin{bmatrix} -1 & 0 & 0 \\ 0 & -2 & 0 \\ 0 & 0 & -3 \end{bmatrix}x+\begin{bmatrix} 1 & 0 \\ 2 & 3 \\ -3 & -3 \end{bmatrix}u$$

$$y=\begin{bmatrix} 1 & 0 & 0 \\ 1 & 1 & 1 \end{bmatrix}x$$

试对该系统实现动态解耦。

11.7　考虑如下的双输入双输出系统

$$\dot{x}=\begin{bmatrix} -1 & 0 & 0 \\ 0 & -2 & -3 \\ 1 & 0 & 1 \end{bmatrix}x+\begin{bmatrix} 1 & 0 \\ 0 & 1 \\ 0 & -1 \end{bmatrix}u$$

$$y=\begin{bmatrix} 1 & 2 & 0 \\ 0 & 1 & 1 \end{bmatrix}x$$

试判断能否实现静态解耦；若能，再确定输入变换阵和状态反馈阵 $\{L,K\}$。

11.8　考虑系统：$\begin{cases} \dot{x}=Ax+bu \\ y=cx \end{cases}$，其中：$A=\begin{bmatrix} 0 & 20.6 \\ 1 & 0 \end{bmatrix}$，$b=\begin{bmatrix} 0 \\ 1 \end{bmatrix}$，$c=[0\quad 1]$。试设计一个全维状态观测器，使得观测器所期望的特征值为：$s_{1,2}=-1.8\pm\mathrm{j}2.4$。

11.9　考虑系统：$\begin{cases} \dot{x}=Ax+bu \\ y=cx \end{cases}$，其中：$A=\begin{bmatrix} 0 & 1 & 0 \\ 0 & 0 & 1 \\ -6 & -11 & -6 \end{bmatrix}$，$b=\begin{bmatrix} 0 \\ 0 \\ 1 \end{bmatrix}$，$c=[1\quad 0\quad 0]$。假设输出 y 可以准确测量，因此状态变量 x_1（等于 y）不需估计。设计一个降维状态观测器，使得该观测器所期望的特征值为：$s_{1,2}=-2\pm\mathrm{j}2\sqrt{3}$。

第十二章　控制系统仿真

控制系统仿真一般采用如下两种形式进行仿真分析：针对单输入-单输出系统的信号流图形式；面向多输入-多输出系统的状态空间形式。

控制系统仿真的主要研究内容是通过系统的数学模型和计算方法，编写程序运算语句，使之能自动求解各环节变量的动态变化情况，从而得到关于系统输出和所需要的中间各变量的有关数据、曲线等，以实现对控制系统性能指标的分析与设计。

一般地，实现控制系统的仿真有以下几个步骤：

(1) 根据建立的数学模型以及计算机精度和时间等要求，确定采用的数值计算方法。

(2) 将数学模型按算法要求通过分解、综合、等效变换等方法转换成适于在计算机上运行的公式、方程等。

(3) 用合适的开发语言进行算法编程和实现。

(4) 通过上机运行调试，不断加以改进，使之正确反映系统各项动态性能指标，并得到理想的仿真结果。

围绕以上步骤，控制系统仿真近年来不断发展，不断更新，基于 MATLAB 语言开发的专门应用于控制系统分析与设计的工具箱，对控制系统仿真技术的发展及应用起到了巨大的推动作用。

本章主要围绕着控制系统仿真实现的问题，研究仿真的几种常用方法，主要包括：基于状态空间法的系统仿真、非线性系统的仿真以及离散系统的仿真，并重点阐述了 Simulink 动态仿真软件的应用。希望通过本章的学习使大家能够较系统地了解目前控制系统仿真领域的研究方法和实现手段，并从中掌握基本的系统仿真实现的技巧和能力。

12.1　状态空间法仿真

控制系统的动态模型经常是转化成以状态方程的形式给出的，一般采用四阶龙格-库塔数值积分方程算法进行求解与分析仿真，这就是状态空间法仿真的基本方法。

12.1.1　四阶龙格-库塔法

闭环控制系统最常见的两种描述方式为：传递函数法和状态空间法，而且这两种方法之间可以相互转换。如果系统是由传递函数来描述的，则应用第八章的模型转换方法，可以方便地将传递函数表达式转换成状态空间表达式。

已知系统的状态方程为

$$\begin{cases}\dot{x}=Ax+Bu\\ y=Cx\end{cases} \tag{12-1}$$

其中 A、B、C 为系统的系数矩阵。

由式(12-1)可知,系统为一阶微分方程组的矩阵表达式,因此采用四阶龙格-库塔(Rung-Kutta)法进行求解和仿真,其求解步骤和方法如下:

(1) 由 $\dot{x}=Ax+Bu$,可知 $f(t,x)=Ax+Bu$。

(2) 四阶龙格-库塔法的递推公式为

$$\begin{cases}k_1=f(t_n,x_n)\\ k_2=f\left(t_n+\dfrac{h}{2},x_n+\dfrac{h}{2}k_1\right)\\ k_3=f\left(t_n+\dfrac{h}{2},x_n+\dfrac{h}{2}k_2\right)\\ k_4=f(t_n+h,x_n+hk_3)\\ x_{n+1}=x_n+\dfrac{h}{6}(k_1+2k_2+2k_3+k_4)\end{cases} \tag{12-2}$$

其中 k_1,k_2,k_3,k_4 为对应 n 维状态空间变量 $x=[x_1\ x_2\cdots\ x_n]^{\mathrm{T}}$ 在 t_{n+1} 时刻的四组斜率,每组为 n 维列向量。

(3) 由式(12-2)可知 t_{n+1} 时刻的状态为 x_{n+1},并得到

$$y_{n+1}=Cx_{n+1} \tag{12-3}$$

根据式(12-2)和式(12-3),取 $n=0,1,2,\cdots,N$,不断递推,便可得到所需时刻各点的状态变量 $x(t_n)$ 和输出量 $y(t_n)$。

12.1.2　闭环模型的建立

典型闭环控制系统的方框图如图 12.1.1 所示。

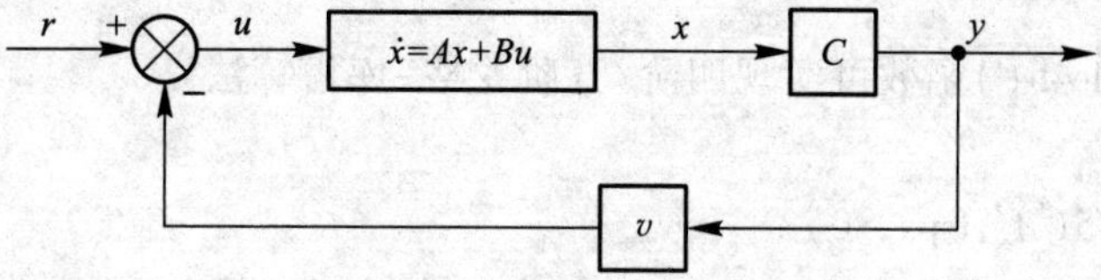

图 12.1.1　典型闭环控制系统的方框图

对单输入、单输出系统 r、u、y、v 均为标量,由图 12.1.1 可知 $u=r-vy$,将其代入式(12-1)得

$$\dot{x}=Ax+B(r-vy)$$

又由

$$y=Cx$$

可得到系统的闭环状态方程

$$\dot{x}=(A-BvC)x+Br=A_{b}x+Br \tag{12-4}$$

其中,$A_b=A-BvC$,称为系统闭环系数矩阵,而输入矩阵 B 和输出矩阵 C 保持不变。

ode4( )函数可实现上述算法,其程序框图如图 12.1.2 所示。

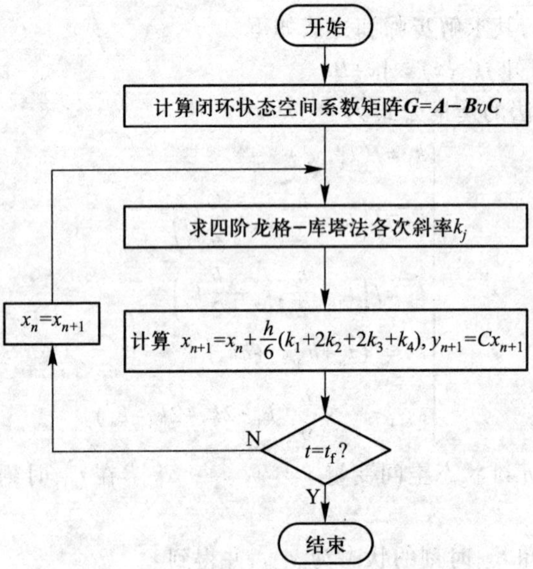

图 12.1.2 四阶龙格-库塔法仿真程序框图

【调用格式】:

[t,y]=ode4(A,B,C,D,x0,h,r,v,t0,tf)

【说明】:{A,B,C,D}为系统的系数矩阵,x0 为状态向量初值,h 为仿真步长,r 为输入信号的幅值,v 为反馈系数,t0 为仿真的起始时间,tf 为终止时间,y 为输出量,ode4( )函数参见附录 D:D-12-1。

MATLAB 中的 ode45( )函数可实现四阶/五阶龙格-库塔算法。

【调用格式】:

[t,y]=ode45('f',tspa,x0)

【说明】:f 为定义的常微分方程函数名,tspa 为起止时间向量,x0 为初始状态向量,y 为输出向量,t 为仿真时间。

例 12.1.1 系统的开环传递函数为

$$G(s)=\frac{k(2s+1)}{s^{2}(0.25s+1)^{2}}$$

在零初始条件下,当输入信号的幅值为 1 时,试绘制单位负反馈系统的仿真曲线。

解:运行如下程序,并得到如图 12.1.3 所示的仿真曲线。

```
k=1;num=[2*k,k];den=conv([1,0,0],conv([0.25,1],[0.25,1]));
[A,B,C,D]=tf2ss(num,den);
x0=[0,0,0,0];v=1;t0=0;tf=10;h=0.25;r=1;
[t,y]=ode4(A,B,C,D,x0,h,r,v,t0,tf);
plot(t,y),grid on
```

若要分析开环放大系数 k、反馈系数 v 的变化对系统的影响作用时,只需分别对 k、v 重新赋值,其余参数不变,再次运行上述程序即可。

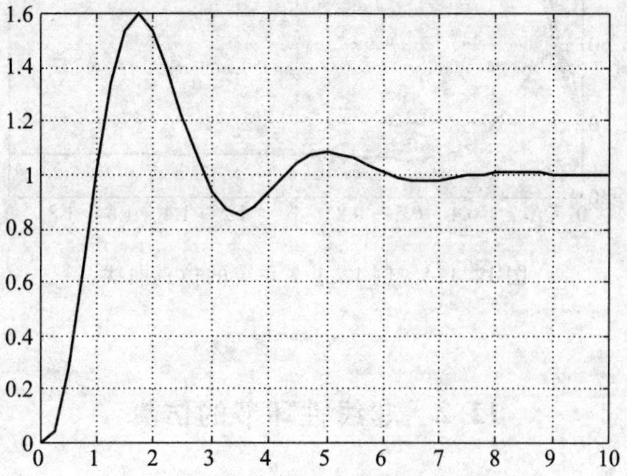

图 12.1.3 例 12.1.1 系统的仿真曲线

例 12.1.2 系统的状态方程为

$$\dot{x}=\begin{bmatrix}-14 & 9 & 10\\ 12 & -9 & 10\\ 24 & -24 & -18\end{bmatrix}x+\begin{bmatrix}3\\ 4\\ 12\end{bmatrix}u$$

在零初始条件下,阶跃信号的输入幅值为 100,试应用状态空间法对系统进行仿真。

解:应用 ode45( )函数,运行下面的程序,可得到仿真曲线如图 12.1.4 所示。

(1) 定义状态方程的函数。

```
function sys=ab(t,x)
u=100;
sys=[-14*x(1)+9*x(2)+10*x(3)+3*u;12*x(1)-9*x(2)+10*x(3)+4*u;…
24*x(1)-24*x(2)-18*x(3)+12*u];
```

(2) 应用四阶/五阶龙格-库塔算法对状态方程求解。

```
x0=[0,0,0]',tspa=[0,2];
[t,y]=ode45('ab',tspa,x0);
```

```
plot(t,y),grid on;
```

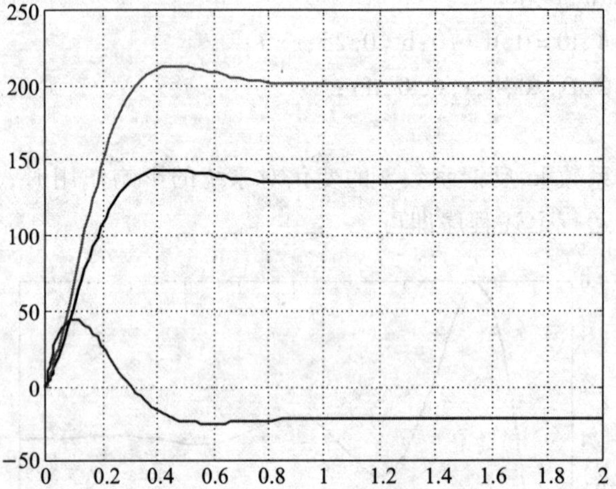

图 12.1.4

图 12.1.4 例 12.1.2 系统的仿真曲线

12.2 非线性环节的仿真

若系统中含有非线性元件,人们为了简化问题,常采用非线性环节线性化的方法将其理想化,并按线性系统理论对其进行分析、设计。然而对于存在明显非线性的系统,则必须按照非线性系统进行研究,因此通过对典型非线性环节的分析,我们给出了其相应的 MATLAB 仿真程序函数,在对非线性系统进行分析与设计时可调用这些函数,从而达到对非线性系统仿真的目的。

12.2.1 饱和非线性环节仿真

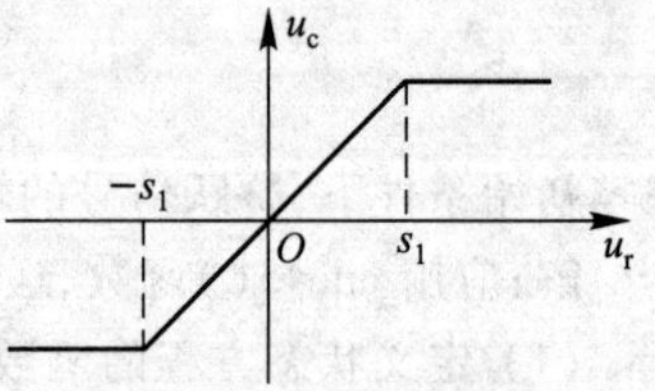

图 12.2.1 饱和非线性环节

由图 12.2.1 所示饱和非线性环节的数学表达式为

$$u_c=\begin{cases}-s_1 & u_r\leqslant -s_1\\ u_r & -s_1<u_r<s_1\\ s_1 & u_r\geqslant s_1\end{cases} \tag{12-5}$$

根据式(12-5)编写相应的 MATLAB 函数,其程序框图如图 12.2.2 所示。

【调用格式】:

```
uc=Saturation(ur,s1)
```

【说明】:ur 为输入向量,s1 为非线性环节的饱和值,uc 为输出向量,Saturation( )函数参见附录 D:D-12-2。

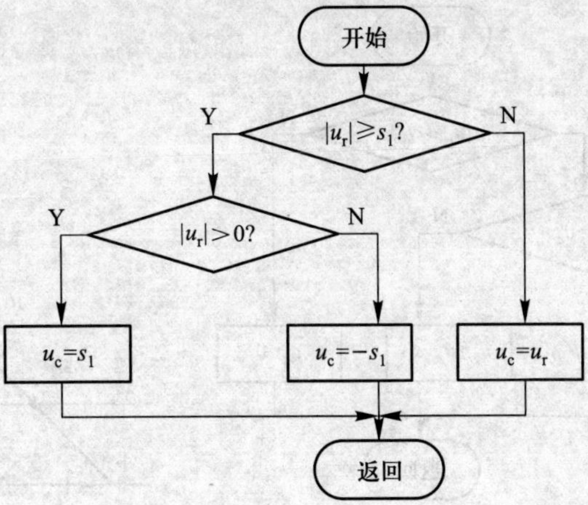

图 12.2.2　饱和非线性环节仿真程序框图

12.2.2　死区非线性环节仿真

由图 12.2.3 所示死区非线性环节的数学表达式为

$$u_c=\begin{cases}u_r+s_1 & u_r\leqslant -s_1\\ 0 & -s_1<u_r<s_1\\ u_r-s_1 & u_r\geqslant s_1\end{cases}\tag{12-6}$$

根据式(12-6)编写相应的 MATLAB 函数,其程序框图如图 12.2.4 所示。

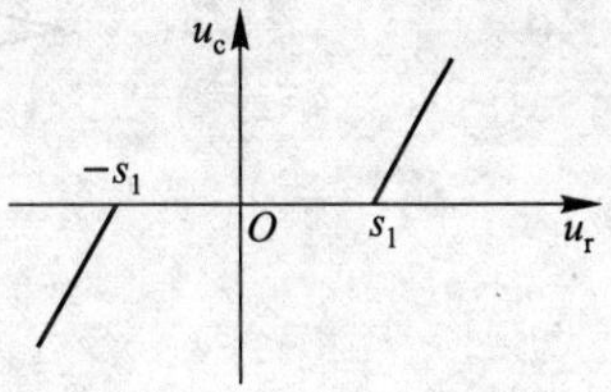

图 12.2.3　死区非线性环节

【调用格式】:

uc = DeadZone(ur, s1)

【说明】:s1 为死区非线环节的死区值,其他参数定义与 Saturation( )函数相同,DeadZone( )函数参见附录 D:D-12-3。

12.2.3　间隙非线性环节仿真

由图 12.2.5 所示间隙非线性环节的数学表达式为

$$u_c=\begin{cases}u_r-s_1 & \dot{u}_r>0\text{ 且 }\dot{u}_c>0\\ u_r+s_1 & \dot{u}_r<0\text{ 且 }\dot{u}_c<0\\ u_{cs} & \dot{u}_r<0\text{ 且 }\dot{u}_c=0\\ u_{cs} & \dot{u}_r>0\text{ 且 }\dot{u}_c=0\end{cases}\tag{12-7}$$

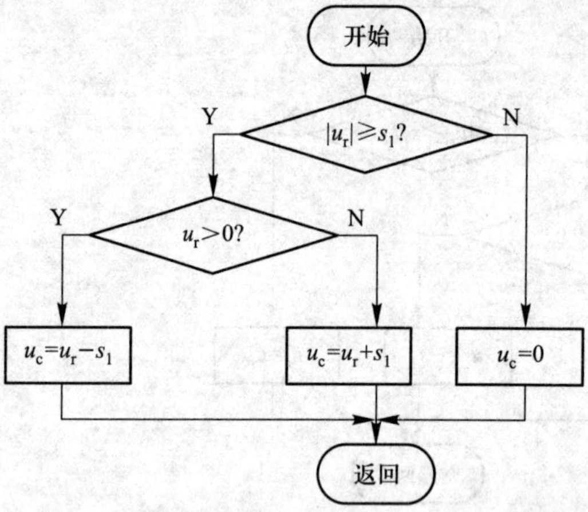

图 12.2.4 死非线性环节仿真程序框图

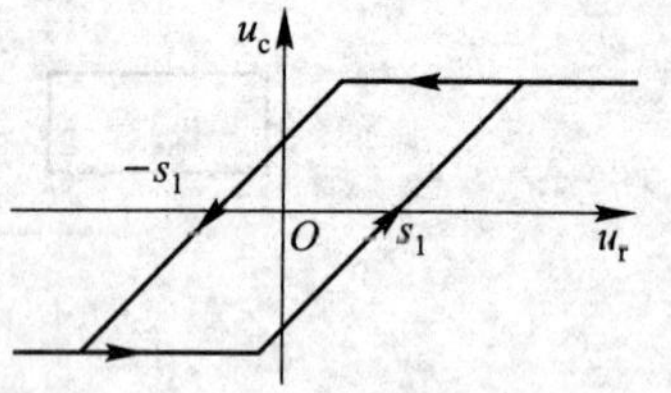

图 12.2.5 间隙非线性环节

根据式(12-7)编写相应的 MATLAB 函数,其程序框图如图 12.2.6 所示。

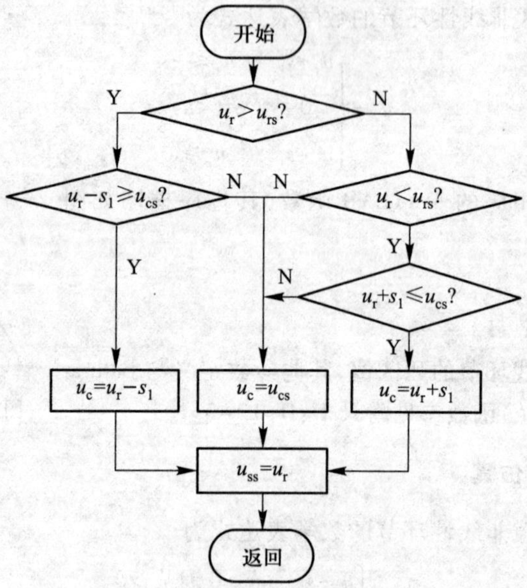

图 12.2.6 间隙非线性环节仿真程序框图

【调用格式】:

[uc,uss]=backlash(urs,ur,ucs,s1)

【说明】:s1 为环节的间隙宽度值,urs,ucs 为 ur,uc 前一时刻的值,uss 为下次运算保留的输入值,其他参数定义与 Saturation( )函数相同,backlash( )函数参见附录 D:D-12-4。

12.3 离散系统仿真

目前,离散系统的最广泛应用形式是以数字计算机为控制器的数字控制系统,其方框图如图 12.3.1(a)所示。模拟信号经过采样开关和 A/D 转换器,按一定的采样周期 T 转换为数字信号,经计算机或其他数字控制器处理后,再经采样保持器和 D/A 转换器将数字信号转换为模拟信号来控制被控对象,以实现数字控制,图 12.3.1(b)是对图 12.3.1(a)的简化。

离散系统的数学模型一般用差分方程和离散状态方程来描述。

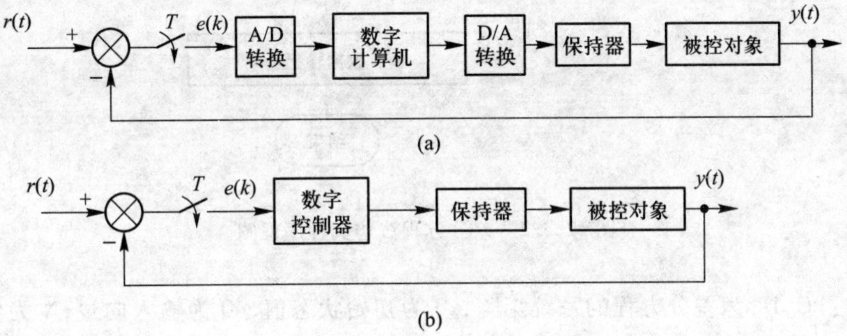

图 12.3.1 数字控制系统方框图

12.3.1 差分方程法

连续系统的动态性能是由微分方程组描述的,而离散控制系统对系统中变量的测量是不连续的,只能测得这些变量在采样时刻 0、T、$2T$、$3T$、…、nT 的数值,因此,离散控制系统的动态性能是用差分方程描述的,其系统仿真的步骤如下:

(1) 根据系统的结构图,在适当位置加设虚拟采样开关和保持器。

(2) 将原系统转换成状态空间形式,并按指定的采样周期,依照离散化方法,将系统离散化,并得到离散化的状态方程,即系统的差分方程

$$\begin{cases} x(k+1)=Gx(k)+Hu(k) \\ y(k)=Cx(k)+Du(k) \end{cases} \quad k=0,1,2,\cdots,N \tag{12-8}$$

(3) 输入系统初始化参数,并根据差分方程编写仿真程序。

根据式(12-8)编写相应的函数,其程序框图如图 12.3.2 所示。

【调用格式】:

```
[t,xx]=diffstate(G,H,x0,u0,N,T)
```

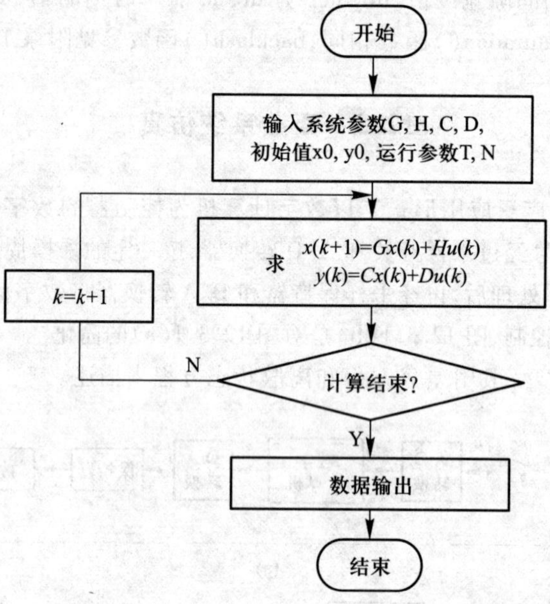

图 12.3.2 差分方程法仿真程序框图

【说明】:{G,H}为差分方程的系统矩阵,x0 为初始状态值,u0 为输入向量,N 为仿真点数,T 为采样周期,t 采样时间序列,xx 为状态向量,diffstate()函数参见附录 D:D-12-5。

例 12.3.1 定常离散系统的状态方程为

$$x(k+1)=\begin{bmatrix}0 & 1\\-0.16 & -1\end{bmatrix}x(k)+\begin{bmatrix}1\\1\end{bmatrix}u(k)$$

给定初始状态为 $u(k)=1, x(0)=\begin{bmatrix}1\\-1\end{bmatrix}$,试求解 $x(k)$,并绘制其仿真曲线。

解:运行下面的程序,并得到离散系统的仿真曲线如图 12.3.3 所示。

```
G=[0,1;-0.16,-1];H=[1,1]';
x0=[1,-1]';u0=1;N=30;T=0.1;
[t,xx]=diffstate(G,H,x0,u0,N,T);xx,
yk1=[1,0]*xx;yk2=[0,1]*xx;
stairs(t,yk1),grid on,
figure,stairs(t,yk2),grid on
```

运行结果为:

```
xx=1.0000      0       2.8400   0.1600   2.3856   0.5888   2.0295…
  -1.0000  1.8400     -0.8400   1.3856   0.4112   1.0295  -0.1237…
```

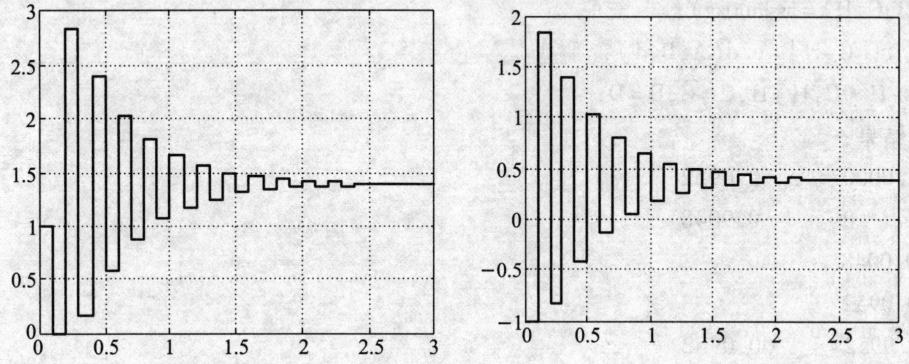

(a) $x_1(k)$的仿真曲线　　(b) $x_2(k)$的仿真曲线

图 12.3.3　离散系统的仿真曲线

12.3.2　z 变换法

z 变换是分析设计离散系统的重要工具之一，它在离散系统中的作用与拉普拉斯变换在连续系统中的作用是相似的。

在控制系统中的大部分 MATLAB 命令，在离散控制系统中都有对应，通常以字母 d 开头，其用法和格式与连续控制系统几乎相同。我们采用前面章节对离散系统分析中介绍的函数，直接应用 z 变换法对离散系统进行仿真。

例 12.3.2　系统如图 12.3.4 所示，试求零初始条件下系统的开环和闭环离散化状态方程，并绘制系统的单位阶跃响应曲线。

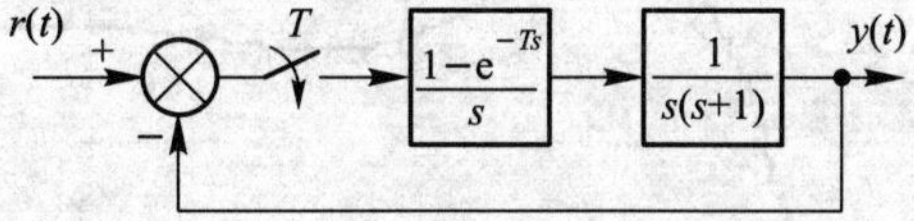

图 12.3.4　离散系统的方框图

解：(1) 求系统开环和闭环离散化状态方程。

```
num=[1];den=conv([1,0],[1,1]);
[A,B,C,D]=tf2ss(num,den);
g=ss(A,B,C,D);
N=fliplr(eye(2));
```

```
g=ss2ss(g,N);
[A,B,C,D]=ssdata(g);
T=0.1;[G,H]=c2d(A,B,T),
G=G-H*C,H=H,C=C,D=D;
```

运行结果:

```
G=1.0000      0.0952
       0      0.9048
H=0.0048
  0.0952
C=0.9952      0.0952
 -0.0952      0.9048
```

即系统的开环离散化状态方程为

$$x(k+1)=\begin{bmatrix}1 & 0.0952\\0 & 0.9048\end{bmatrix}x(k)+\begin{bmatrix}0.0048\\0.0952\end{bmatrix}u(k)$$

系统的闭环离散化状态方程为

$$x(k+1)=\begin{bmatrix}0.9952 & 0.0952\\-0.0952 & 0.9048\end{bmatrix}x(k)+\begin{bmatrix}0.0048\\0.0952\end{bmatrix}u(k)$$

(2) 绘制闭环离散化系统的仿真曲线,如图 12.3.5 所示。

```
dstep(G,H,C,D),grid on
```

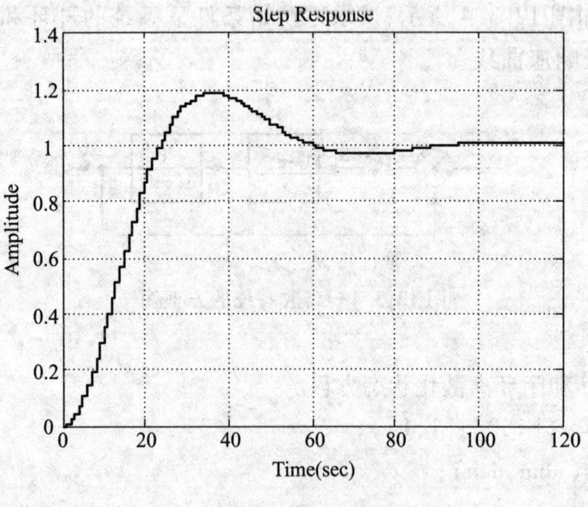

图 12.3.5 离散系统的仿真曲线

12.4 典型环节的 Simulink 仿真

在 MATLAB 环境下,可以直接使用 sim( )函数实现 Simulink 仿真。

【调用格式】:

[t,x,y] = sim('model',timespan,option,ut)

【说明】:'model'为 Simulink 生成的模型文件名;timespan 为仿真时间设置,可指定终止时间和起止时间;其余参数为可选,option 是用于设置初始条件、步长与容许误差等值,ut 为外部输入信号。

在 Simulink 中系统默认采用变步长的四阶/五阶龙格-库塔积分算法,即 ode45( )函数进行仿真。若采用其他算法可在算法设置中进行选择。

12.4.1 带延迟环节系统的 Simulink 仿真

例 12.4.1 系统的 Simulink 结构图(t1241.mdl)如图 12.4.1 所示,其中,延迟环节的延迟时间为 1 s,试绘制系统的仿真曲线。

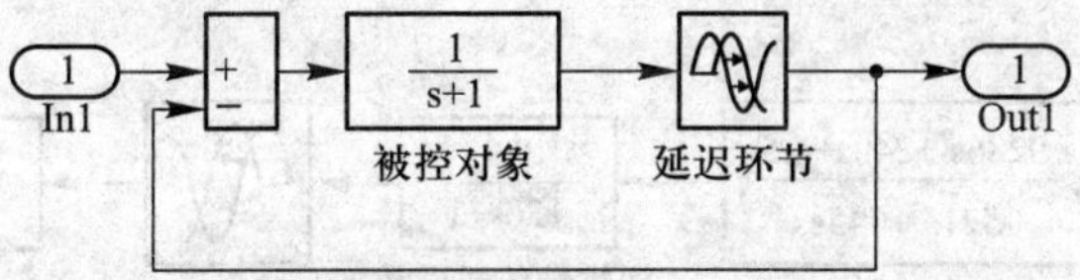

图 12.4.1 带延迟环节的系统 Simulink 结构图

解:运行下面的程序,得到系统的仿真曲线如图 12.4.2 所示。

```
t=[0:0.1:9.9]';ut=[t,ones(size(t))];
[tt,xx,yy]=sim('t1241',8,[],ut);
plot(tt,yy);grid on,
```

例 12.4.2 钢铁厂车间加热炉传递函数与温度传感器及其变送器的传递函数模型分别为

$$G_{01}=\frac{9.9}{120s+1}e^{-80s},G_{02}=\frac{0.107}{10s+1}$$

设定控制所用的 PID 调节器传递函数为

$$G_c=\frac{9\ 286s^2+240s+1.5}{521s^2+145s}$$

试对系统的 PID 控制进行分析、设计与仿真。

解:(1) 在 Simulink 的 Library 窗口中选择【File】|【New】,打开一个新的工作空间。

(2) 分别将信号源库、输出方式库、数学运算库、线性环节库中的 Step、Scope、Transfer Fcn、

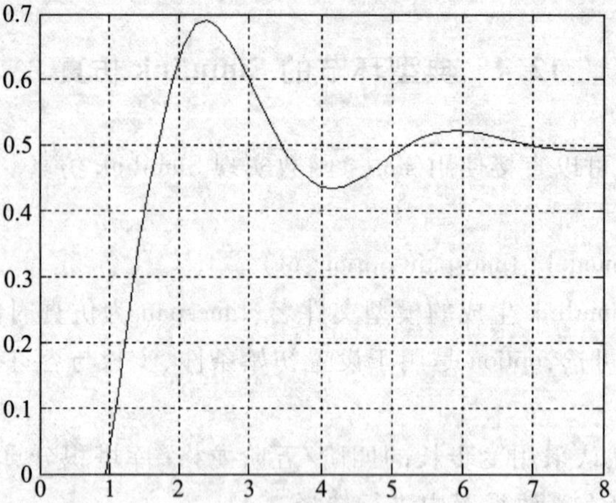

图 12.4.2 例 12.4.1 带延迟环节系统的仿真曲线

Transport Delay 以及 Sum 各功能模块拖至工作平台。

(3) 按系统要求将各模块加以连接,如图 12.4.3 所示,并对各模块进行参数设置,如设置滞后环节的延迟时间为 80 s。

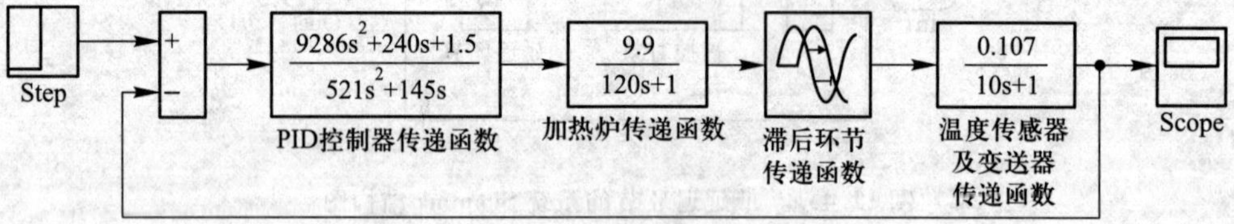

图 12.4.3 PID 系统的 Simulink 结构图

(4) 运行【Simulation】|【Parameters】,对系统的仿真参数进行设置,如仿真时间 2 000 s,算法为变步长 ode45。

(5) 执行【Simulation】|【Start】,双击 Scope 图标可得到系统的仿真曲线如图 12.4.4 所示。

12.4.2 含非线性环节系统的 Simulink 仿真

例 12.4.3 含饱和非线性环节的系统方框图如图 12.4.5 所示,初始状态为零,饱和非线性环节的饱和值 $c=0.5$,试对系统含有饱和非线性环节前后进行仿真,并绘制其单位阶跃响应曲线。

解:(1) 绘制系统含有饱和非线性环节前后的 Simulink 结构图(t1246. mdl 和 t1247. mdl),分别如图 12.4.6、图 12.4.7 所示。

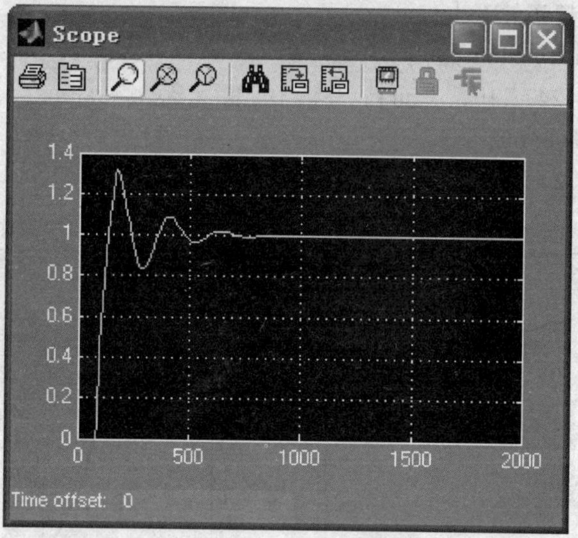

图 12.4.4 PID 系统仿真曲线

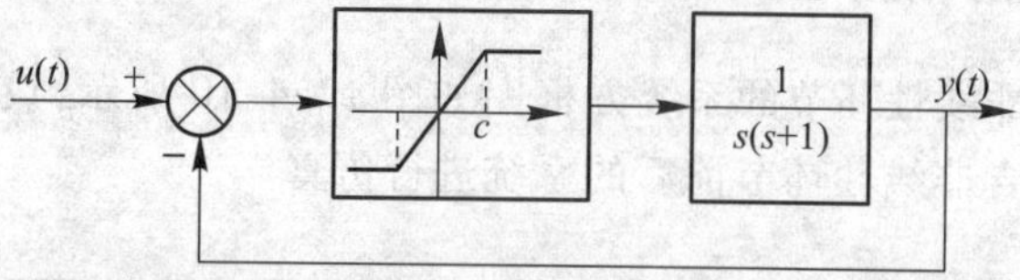

图 12.4.5 含有饱和非线性系统的方框图

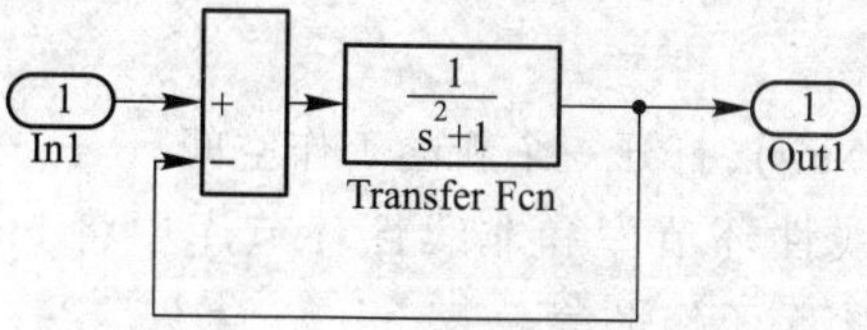

图 12.4.6 原系统的 Simulink 结构图

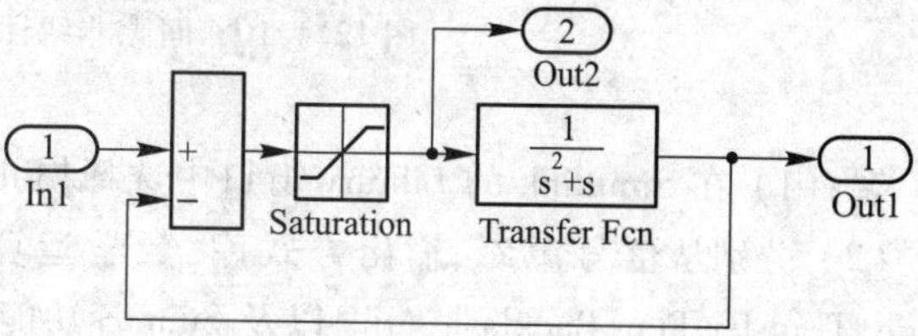

图 12.4.7 含饱和非线性环节系统的 Simulink 结构图

(2) 运行下面的程序,得到系统含有饱和非线性环节前后的单位阶跃响应曲线如图 12.4.8所示,其中虚线表示图 12.4.6 所示单位阶跃响应曲线,实线表示图 12.4.7 所示单位阶跃响应曲线,图 12.4.9 为饱和非线性环节输出仿真曲线。

```
t=[0:0.1:9.9]';ut=[t,ones(size(t))];
```

```
[tt,xx,yy]=sim('t1246',10,[],ut);
plot(tt,yy,'--'),grid,hold on,
[tt,xx,yy]=sim('t1247',10,[],ut);
plot(tt,yy(:,1)),hold off,
figure,plot(tt,yy(:,2)),grid
```

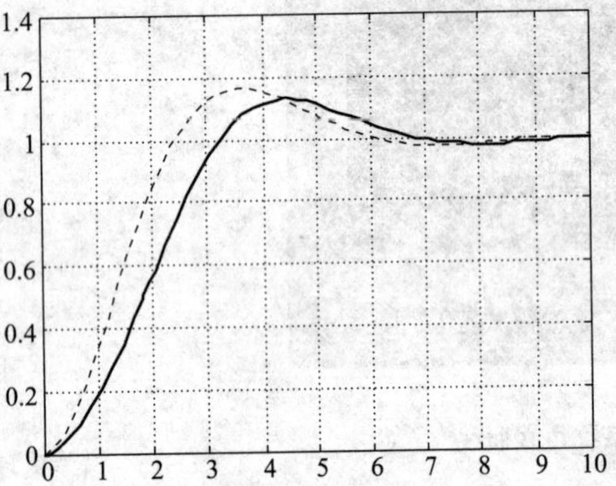

图 12.4.8 含饱和非线性环节的单位阶跃响应曲线

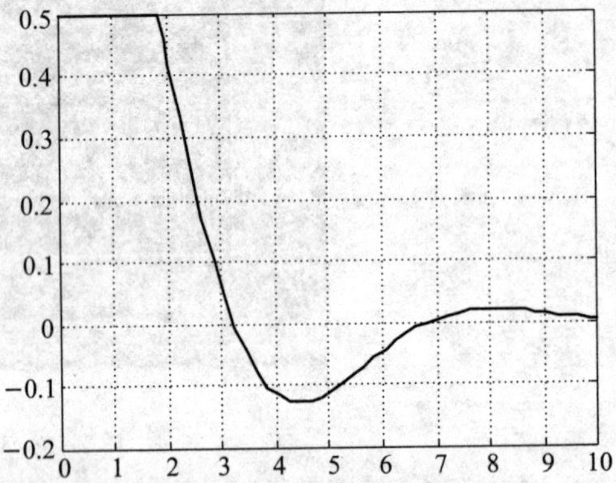

图 12.4.9 饱和非线性环节输出仿真曲线

例 12.4.4 含间隙非线性环节的系统方框图如图 12.4.10 所示，设输入幅值为 10，间隙非线性的宽度为 1，试对包含非线性环节前后的系统进行仿真。

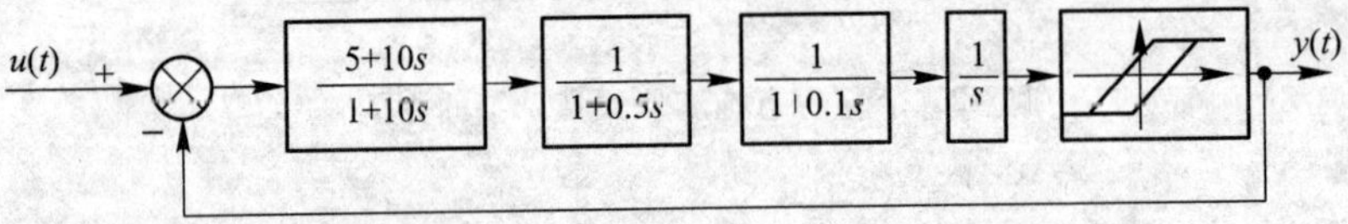

图 12.4.10 间隙非线性环节的系统方框图

解：(1) 在 Simulink 的 Library 窗口中选择【File】|【New】，打开一个新的工作空间；

(2) 分别从信号源库、输出方式库、数学运算库、线性环节库和非线性环节库中将 Step、Scope、Transfer Fcn、Backlash、Mux 以及 Sum 各功能模块拖至工作平台。

(3) 将各模块按系统要求加以连接，并设置各模块的参数，如设置“Backlash”模块的间隙宽度为 1，如图 12.4.11 所示。

(4) 运行【Simulation】|【Parameters】，对系统的仿真参数进行设置，如设仿真时间为 10 s，算法选择默认方式。

(5) 执行【Simulation】|【Start】，双击 Scope 可得到加入间隙非线性环节前后系统的仿真曲线如图 12.4.12 所示。

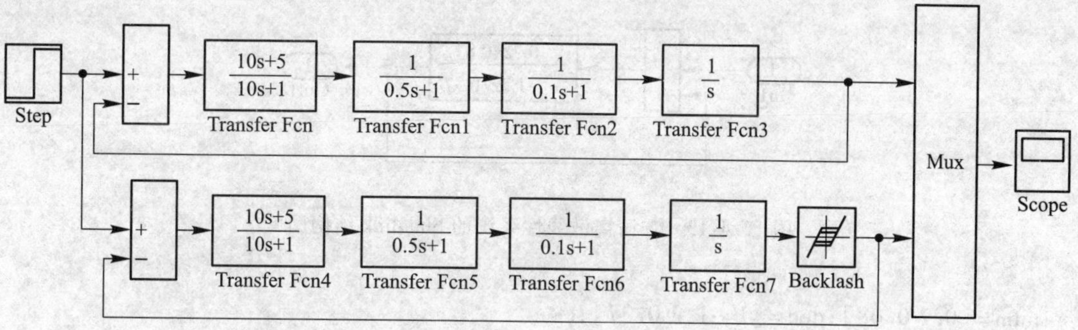

图 12.4.11　系统包含间隙非线性环节前后的 Simulink 的结构图

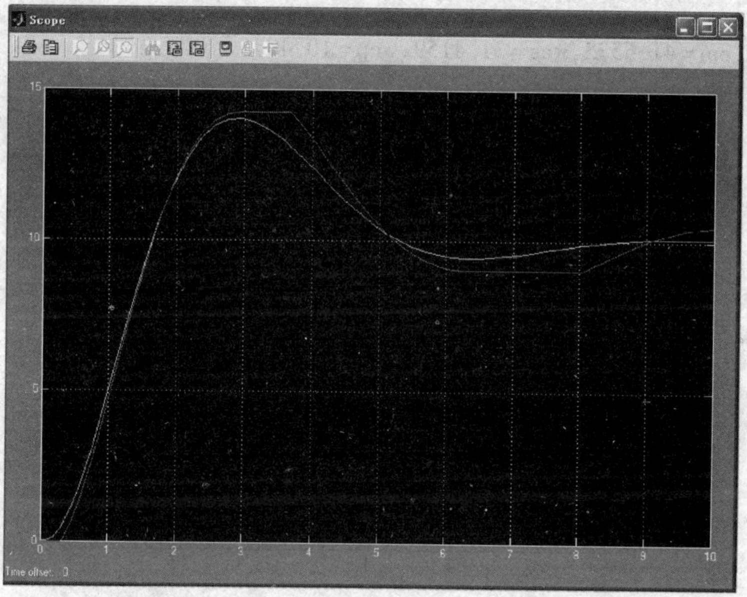

图 12.4.12　包含间隙非线性环节前后系统的仿真曲线

12.4.3　离散系统的 Simulink 仿真

例 12.4.5　系统的 Simulink 结构图如图 12.4.13 所示，文件名为 t12413. mdl，试对离散线性系统进行仿真并求取其频域指标。

解：运行下面的程序，得到离散系统的仿真曲线如图 12.4.14 所示。

```
t=[0:0.1:9.9]';ut=[t,ones(size(t))];
[tt,xx,yy]=sim('t12413',3,[],ut);
stairs(tt,yy),grid,
```

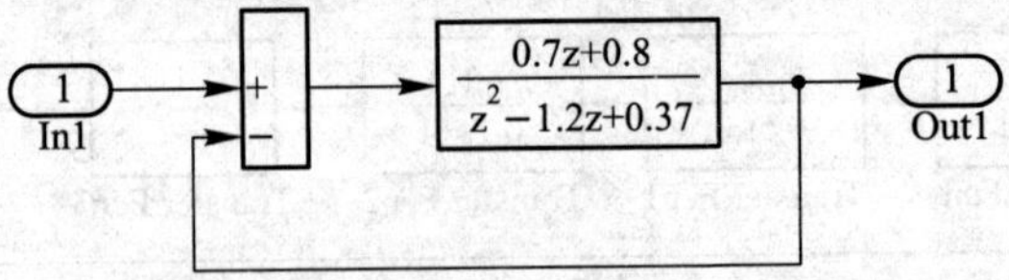

图 12.4.13 二阶离散线性系统的 Simulink 结构图

```
num=[0.7 0.08];den=[1 -1.2 0.37];
[mag,phase,w]=dbode(num,den,0.1);
[gm,pm,wcg,wcp]=margin(mag,phase,w)
```

运行结果：

gm=4.1452,pm=41.6575,wcg=31.4159,wcp=10.4075

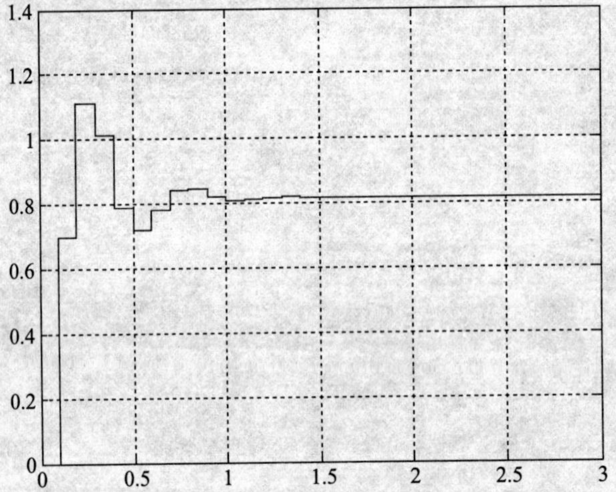

图 12.4.14 二阶离散系统的阶跃响应曲线

小 结

本章从控制系统的仿真形式入手，叙述了对控制系统仿真的常用方法，并给出了相应的 MATLAB 仿真实现的程序。

(1) 系统的数学模型无论是传递函数或是状态空间形式，都可应用状态空间法对系统进行仿真和分析，使用的技巧与认识需要不断应用，才能真正学习和领会控制系统仿真的原理与实质内容。

（2）当系统中含有非线性、离散等环节时，可通过环节定义将它们编写为 MATLAB 函数，这不仅有利于仿真的实现，而且可反复应用。

（3）应用 Simulink 进行系统的动态仿真，不仅适用于连续线性系统，而且使离散系统、非线性系统及多输入-多输出系统的仿真变得简单、方便。

（4）在使用 Simulink 中，需要注意合理地选择仿真方法和步长，如果选择不当，可能导致系统发散或精度过低。

习　题

12.1　系统的状态方程和输出方程为

$$\begin{cases}\dot{x}=\begin{bmatrix}0 & 1 & 0\\ 0 & 0 & 1\\ -800 & -80 & -24\end{bmatrix}x+\begin{bmatrix}0\\0\\1\end{bmatrix}u\\ y=[800\quad 0\quad 0]\,x\end{cases}$$

若系统初始条件为零，试用状态空间法对系统进行仿真。

12.2　单位负反馈系统，其开环传递函数为

$$G(s)=\frac{10}{s(s+2)(s+3)}$$

输入为单位阶跃信号，试应用状态空间法对系统进行仿真。

12.3　系统结构图如题图 12.1 所示。

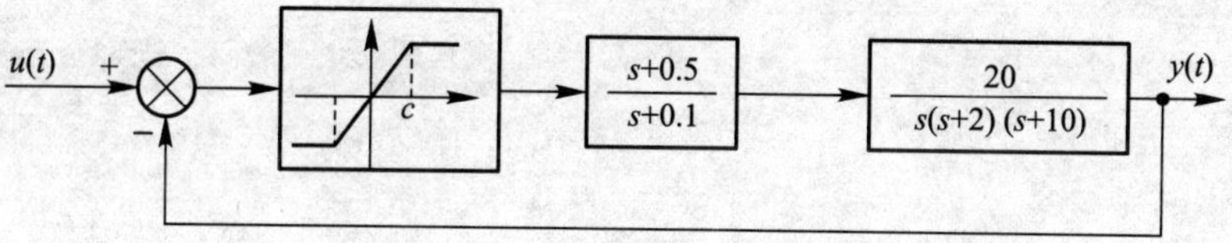

题图 12.1　系统的结构图

系统输入为单位阶跃，非线性环节参数 $c=5$，取步长 $h=0.1$，仿真时间为 2 s，用 Simulink 法对系统进行仿真，并分析饱和非线性对系统的影响。

12.4　离散系统的状态空间方程为

$$\begin{cases}x(k+1)=\begin{bmatrix}-2.8 & -1.4 & 0 & 0\\ 1.4 & 0 & 0 & 0\\ -1.8 & -0.3 & -1.4 & -0.6\\ 0 & 0 & 0.6 & 0\end{bmatrix}x(k)+\begin{bmatrix}1\\0\\1\\0\end{bmatrix}u(k)\\ y(k)=[0\quad 0\quad 0\quad 1]\,x(k)\end{cases}$$

试分析采样周期 $T=0.1$ s 时系统的阶跃响应曲线。

12.5　用 Simulink 法对第十章中有关 PID 控制器设计的系统进行重新仿真，比较应用程序仿真与模块组态

仿真的不同。

12.6 系统结构图如题图 12.2 所示。

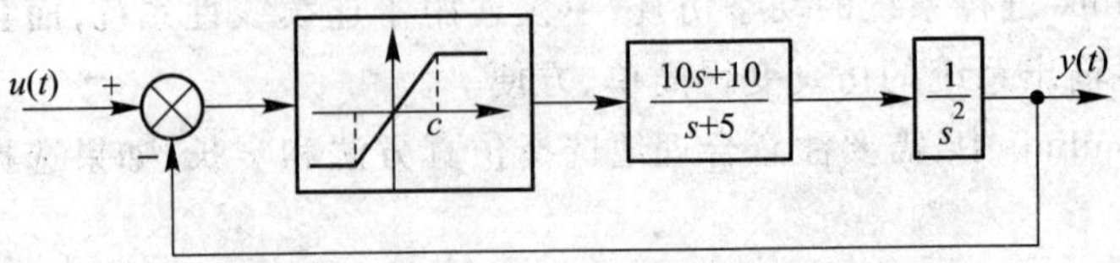

题图 12.2 含饱和非线性环节系统方框图

输入为信号电平从 1 ~ 6,非线性环节的上、下限为±1,取步长 $h=0.1$,仿真时间为 10 s,试绘制系统的响应曲线。

第十三章　控制系统工具箱

控制系统工具箱是建立在 MATLAB 对控制工程提供的设计功能的基础上，为控制系统的建模、分析、仿真提供了丰富的函数与简便的图形用户界面。

在 MATLAB 中，专门提供了面向系统对象模型的系统设计工具：线性时不变系统浏览器（LTI Viewer）和单输入、单输出线性系统设计工具（SISO Design Tool）。利用这些工具，可以更加方便地研究和设计系统。控制系统工具箱允许使用经典控制理论和现代控制理论，对连续控制系统和离散控制系统进行仿真分析。

13.1　线性时不变系统浏览器——LTI Viewer

13.1.1　LTI Viewer 简介

LTI Viewer 可以提供绘制浏览器模型的主要时域和频域响应曲线，可以利用浏览器提供的优良工具，对各种曲线进行观察分析。

在 MATLAB 命令窗口输入命令 ltiview，即可进入 LTI Viewer 窗口。

13.1.2　LTI Viewer 命令菜单及窗口设置

1. File 菜单

【New Viewer】——建立一个新的 LTI Viewer 窗口。

【Import】——导入系统对象模型。

【Expot】——将当前 LTI Viewer 窗口中的指定系统的对象模型保存到工作空间（Workspace）或者以.mat 文件的形式保存在磁盘上。

【Toolbox Preferences】——对新建立或重新启动的 LTI Viewer 窗口属性进行设置，但对当前窗口无效。这些属性包括坐标单位、对系统指示参数的描述（如调节时间的定义、上升时间的定义等）、坐标颜色、坐标字体大小等，Toolbox Preferences 对话框如图 13.1.1 所示。

2. Edit 菜单

【Plot Configurations】——对显示窗口及显示内容进行配置，可以选择 LTI Viewer 所绘制曲线的布局以及不同绘制区域曲线的响应类型，其中响应类型主要有 Step、Impulse、Bode、Nyquist、Nichols、Pole/Zero 等，Plot Configurations 对话框如图 13.1.2 所示。

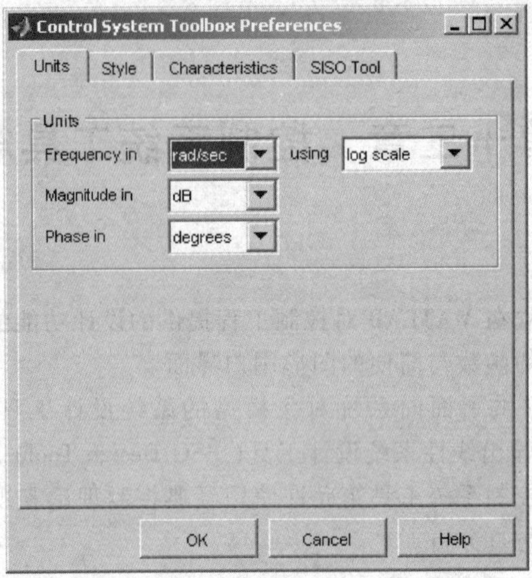

图 13.1.1 Toolbox Preferences 对话框

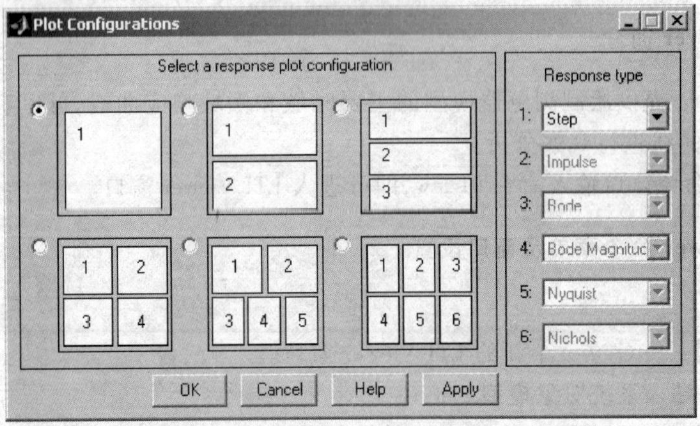

图 13.1.2 Plot Configurations 对话框

【Refresh Systems】——当用 Plot Configurations 命令使 LTI Viewer 窗口的显示配置发生变化后,使用此命令会使各曲线显示区中的曲线处于最佳显示位置。

【Delete Systems】——选择删除当前窗口中的对象模型。

【Line Styles】——对显示曲线的颜色、线形、标记、坐标网格等属性进行设置,Line Styles 对话框如图 13.1.3 所示。

【LTI Viewer Preferences】——对当前窗口的坐标单位、范围、窗口颜色、字体等窗口进行设置，并且该设置对当前 LTI Viewer 窗口内所有曲线显示有效，LTI Viewer Preferences 对话框如图 13.1.4 所示。

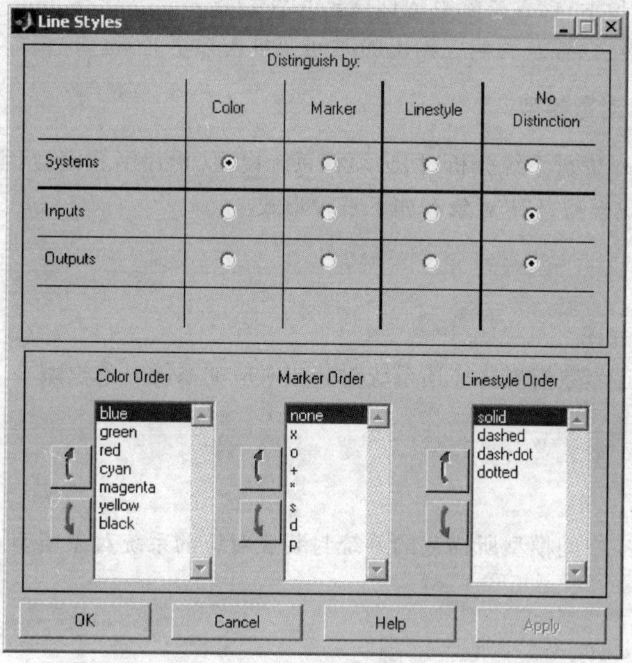

图 13.1.3 Line Styles 对话框

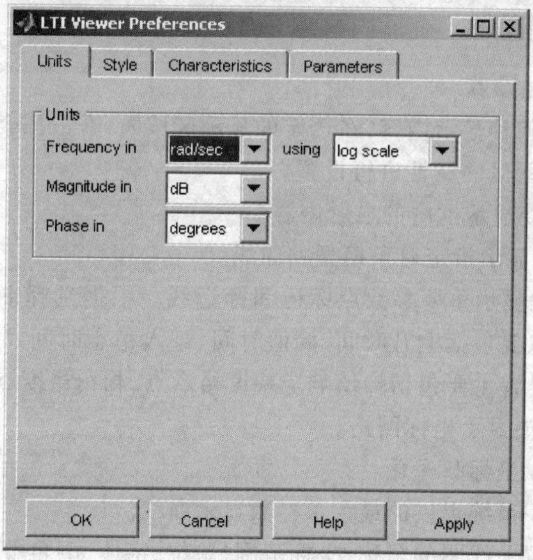

图 13.1.4 LTI Viewer Preference 对话框

Units 选择卡:设置图形显示时的频率、幅值以及相位的单位。

Style 选择卡:设置图形显示时的字体、颜色以及绘图网格。

Characteristics 选择卡:设置系统响应曲线的特性参数。

Parameters 选择卡:设置系统响应输出的时间变量与频率变量。

13.1.3 LTI Viewer 对象模型

在利用 LTI Viewer 进行系统分析时,必须将系统模型(传递函数模型、零极点增益模型、状态空间模型)转换为对象模型,LTI 对象有如下三种形式。

1. tf 对象

【调用格式】:

sys=tf(num,den)

【说明】:将由传递函数模型所描述系统封装成对应的系统对象模型。

2. ss 对象

【调用格式】:

sys=ss(a,b,c,d)

【说明】:将由状态空间模型所描述的系统封装成对应的系统对象模型。

3. zpk 对象

【调用格式】:

sys=zpk(z,p,k)

【说明】:将由零极点增益模型所描述系统封装成对应的系统对象模型。

13.1.4 LTI Viewer 属性设置

1. 曲线显示区的属性设置

无论何种窗口配置、何种显示内容,在选定的显示区域内,右击都会弹出如图 13.1.5 所示菜单,可以对选定的曲线显示区的属性进行设置。

【Plot Types】——改变显示框内的显示内容。

【Systems】——隐藏/显示指定对象模型的曲线。

【Characteristics】——显示重要参数点标记和标记线。根据选择曲线的不同会有不同的设置。对时域曲线的设置主要包括上升时间、峰值时间、进入稳态时间、稳态域标识时间等标记或标记线。对频域曲线的设置主要包括峰值响应幅度裕度点、相角裕度点等标记或标记线。

【Grid】——显示/取消显示坐标网格。

【Normalize】——对纵坐标归一化。

【Full View】——使用系统提供的最大采样数显示曲线。

【Properties】——设置曲线图的名称、坐标范围、单位、字体、颜色等属性,确定重要参数点的范围(如上升时间等)、相位图显示范围等。与双击曲线显示窗口弹出的设置菜单一致。

2. 数据显示框的属性设置

在选定的曲线显示框中单击显示曲线,会出现活动标记点及对应的数据显示框,多处单击会多处出现。当指定的标记点被设置成活动状态时(默认状态),用鼠标指针可拖动标记点沿所在曲线运动,与之对应的数据显示框随同运动并显示所在点的变量和函数值。在曲线或活动标记点上右击,会弹出如图 13.1.6 所示菜单,可以完成对选择标记点及对应的数据显示框属性的设置。

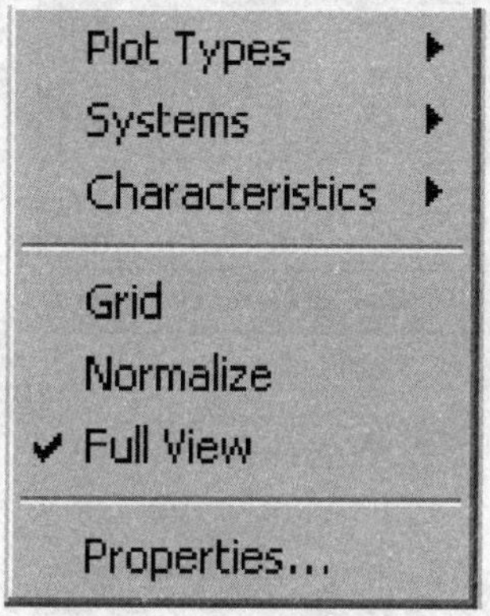

图 13.1.5 曲线显示菜单

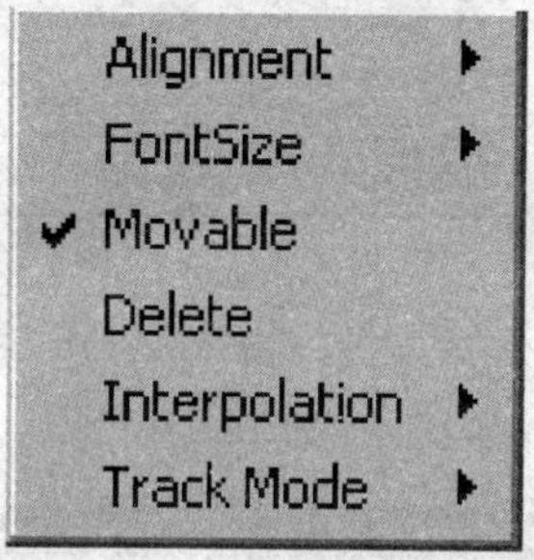

图 13.1.6 数据显示菜单

【Alignment】——设置数据显示框相对于标记点的位置(上右、上左、下右、下左)。

【FontSize】——设置数据显示框显示字符的大小。

【Movable】——将指定的标记点设置成活动的。

【Delete】——删除指定的标记点及对应的数据显示框。

【Interpolation】——标记点被鼠标拖动时的插值方式选择。Nearst——标记点被鼠标拖动时,根据系统给出的采样点运动(运动不连续);Linear——标记点被鼠标拖动时,在两采样点间采用线性插值,根据插值数据运动(连续)。

【Track Mode】——根据对 x,y,xy 三种方式的选择,标记点沿着所选择的方向运动。

例 13.1.1 典型二阶系统的传递函数为

$$G(s)=\frac{0.64}{s^2+0.8s+0.64}$$

应用 LTI Viewer 对系统进行分析。

解:(1) 在 MATLAB 命令窗口输入以下程序。

```
sys=tf([0.64],[1,0.8,0.64])
ltiview
```

进入 LTI Viewer 浏览器,单击【File】|【Import】,进入如图 13.1.7 所示的 Import 对话框,选

择在 Workspace 中的系统模型，显示如图 13.1.8 所示 LTI Viewer 窗口，从图中分析系统的上升

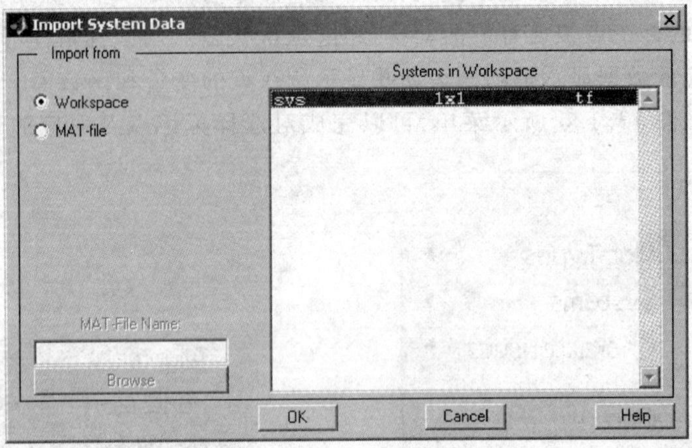

图 13.1.7 Import 对话框

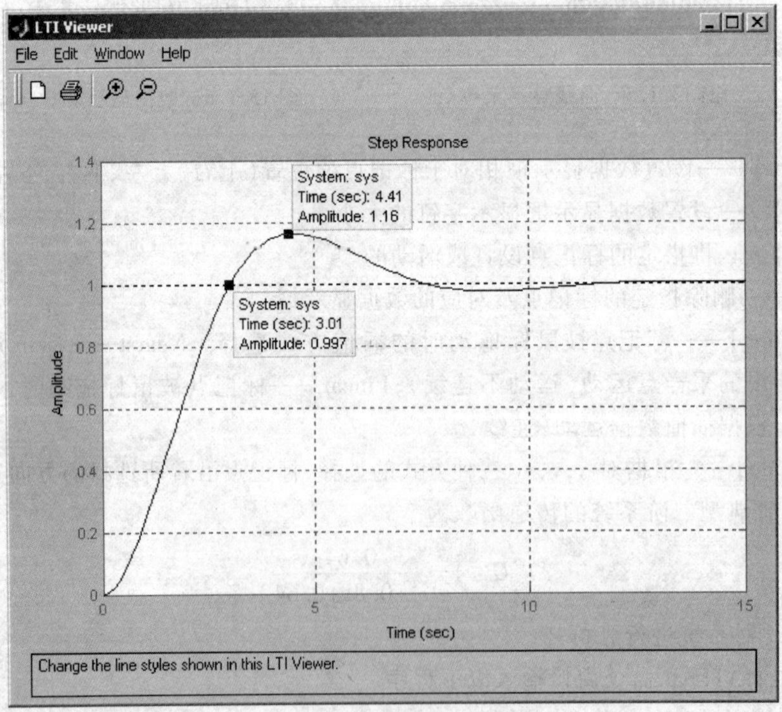

图 13.1.8 LTI Viewer 主窗口

时间 $t_r=3.01s$,峰值时间 $t_p=4.55$ s,超调量 $\delta_p=16.3\%$。

导入系统对象模型时,每次只能导入一个,若要导入多个模型进行比较时,可重复上述操作。

(2) LTI Viewer 窗口设置

单击【Edit】|【Plot Configurations】,选择显示 6 个窗口,并设置每个窗口响应的类型,则显示如图 13.1.9 所示的窗口。

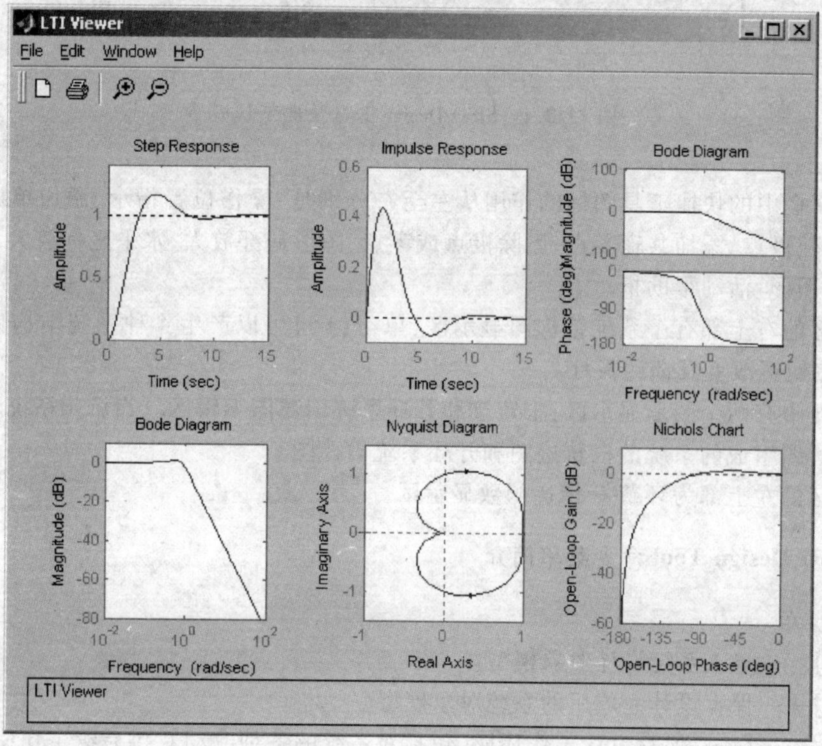

图 13.1.9 系统响应曲线

13.2 单输入、单输出系统设计工具——SISO Design Tool

13.2.1 SISO Design Tool 简介

使用 LTI Viewer 使得用户对系统的线性分析变得简单而直观,但 LTI Viewer 只是控制系统工具箱中所提供的较为简单的工具,主要用来完成系统的分析与线性化处理,而并非系统设计。

SISO Design Tool 设计器是控制系统工具箱所提供的一个非常强大的单输入、单输出线性系统设计器,它为用户提供了非常友好的图形界面。在 SISO 设计器中,用户可以使用根轨迹法与伯德图法,通过修改线性系统零点、极点以及增益等传统设计方法进行 SISO 线性系统设计。

在命令窗口输入命令 sisotool,即可进入 SISO Design Tool 主窗口。

SISO Design Tool 提供的快捷工具栏如图 13.2.1 所示。

图 13.2.1 SISO Design Tool 快捷工具栏

快捷工具栏中的快捷工具图标的作用从左至右分别是:操作位置指示、添加单极点、添加单零点、添加共轭极点、添加共轭零点、删除极点或零点、图形局部放大、水平坐标放大、垂直坐标放大、复原放大图形、活动帮助指示。

在工作区的右上部有一系统结构图显示区,单击【FS】可以产生 4 种系统结构供用户选择,单击【+/-】按钮可改变反馈的极性。

在工作区中有两个图形显示区:根轨迹和开环系统伯德图编辑区。当调入系统对象模型后,显示系统结构图组成的系统的根轨迹图和开环系统伯德图。

在工作区的左上部为环节 C 传递函数显示区。

13.2.2 SISO Design Tool 命令菜单简介

1. File 菜单

【Import】——导入系统设计对象模型。

【Export】——保存设计完成后的系统对象模型。

【Save Session】——保存设计工作环境(包括对系统的各种改动),供后续工作使用。

【Load Session】——调入设计工作环境,恢复保存时的状态。

2. Edit 菜单

【Root Locus】——对根轨迹曲线编辑区进行设置。

【Open-Loop Bode】——对开环伯德图编辑区进行设置。

当窗口中出现前置滤波环节 F 伯德图编辑区和尼柯尔斯图编辑区后,【Edit】菜单中会出现下面两个选项:

【Open-Loop Nichols】——对开环尼柯尔斯图编辑区进行设置。

【Prefilte Bode】——对环节 F 伯德图编辑区进行设置。

上述 4 种设置均与右击弹出菜单一致,主要内容包括增加/删除零极点、设置给定系统参数限制区域(根据所选择曲线的不同,系统参数限制区域也不同)并在对应的曲线图中给出区域标志、网络的显示选择、坐标范围的给定、曲线名称的修改、曲线坐标的放大与缩小。

【SISO Tool Preference】——针对 SISO Design Tool 所涉及的图形属性进行设置,主要内容包括显示曲线的坐标单位、坐标字体、字号、网络、上升时间定义范围数学模型的表示方式等显示属性。

3. View 菜单

【Root Locus】——显示/取消根轨迹图编辑区。

【Open-Loop Bode】——显示/取消伯德图编辑区。

【Open-Loop Nichols】——显示/取消尼柯尔斯图编辑区。

【Prefilter Bode】——显示/取消环节 F(前置滤波器环节)伯德图编辑区。

【System Data】——显示环节 G 和环节 H 的传递函数。

【Closed-Loop Poles】——显示闭环极点列表。

【Design History】——显示设计过程历史纪录。

4. Compensators 菜单

【Edit】——根据选择对环节 C 和环节 F 进行设计或对已有的设计进行编辑(零极点的增加和删除)。

【Store/Retrieve】——保存或使用所设计的环节 C 和环节 F,主要用于多种设计方案的比较。

【Clear】——根据选择将环节 C 和环节 F 的传递函数置为 1。

5. Analysis 菜单

【Response to Step Command】——在弹出的图形窗口中显示系统阶跃响应曲线。

【Rejection of Step Disurbance】——在弹出的图形窗口中显示系统对阶跃扰动的抑制曲线。

【Closed-Loop Bode】——在弹出的图形窗口中显示闭环系统伯德图。

【Compensator Bode】——在弹出的图形窗口中显示环节 C 的伯德图。

【Open-Loop Nyquist】——在弹出的图形窗口中显示开环奈奎斯特图。

【Other Loop Responses】——选择所希望的各类显示曲线,如图 13.2.2 所示,在各曲线显示区内,均可以像应用 LTI Viewer 一样对各显示曲线进行操作。

6. Tool 菜单

【Continuous/Discrete Conversions】——对线性离散控制系统进行设计,主要对离散控制系统的采样时间、连续信号的离散化方法等进行设置,如图 13.2.3 所示。

【Draw Simulink Diagram】——构造系统的 Simulink 仿真结构图。

例 13.2.1 设单位负反馈系统被控对象的传递函数为

$$G(s)=\frac{60s+30}{s^3+9s^2+17s+10}$$

应用 SISO Design Tool 设计调节器 $G_c(s)$,使系统的性能指标为 $t_s<1.0\ s$,$\delta_p=20\%$。

解:(1) 在 MATLAB 命令窗口输入以下程序。

```
sys=tf([60,30],[1,9,17,10])
sisotool
```

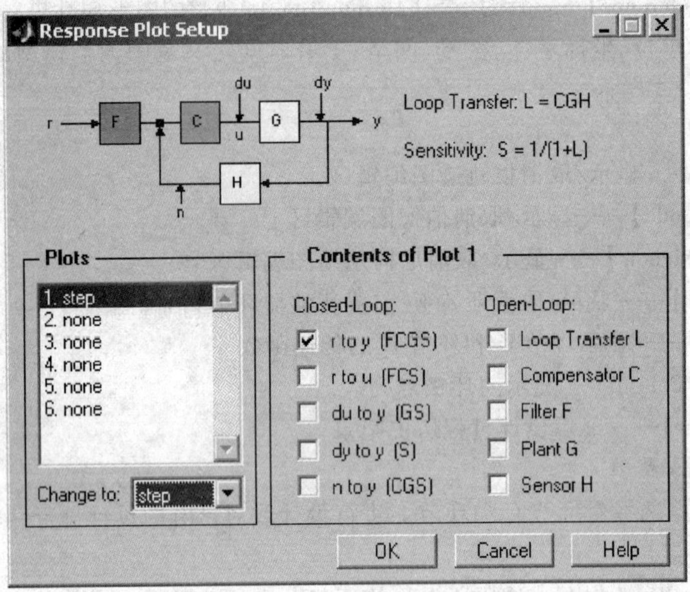

图 13.2.2 响应曲线设置

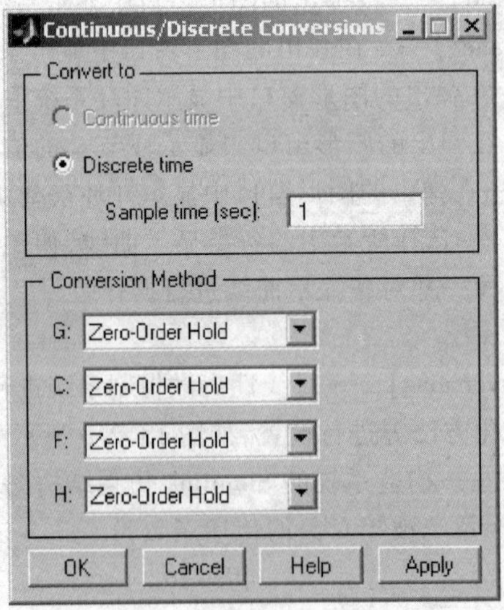

图 13.2.3 Continuous/Discrete Conversions 设置

单击【File】|【Import】进入如图 13.2.4 所示数据导入对话框,在 System Name 区 Name 栏中输入系统文件名为 l72,在 System Data 区单击【Other】选择系统的结构形式,在 Import from 复选

框中选择将要导入的模型，并分别赋给 G、H、F、C 域，确定后显示如图 13.2.5 所示 SISO Design Tool 主窗口。

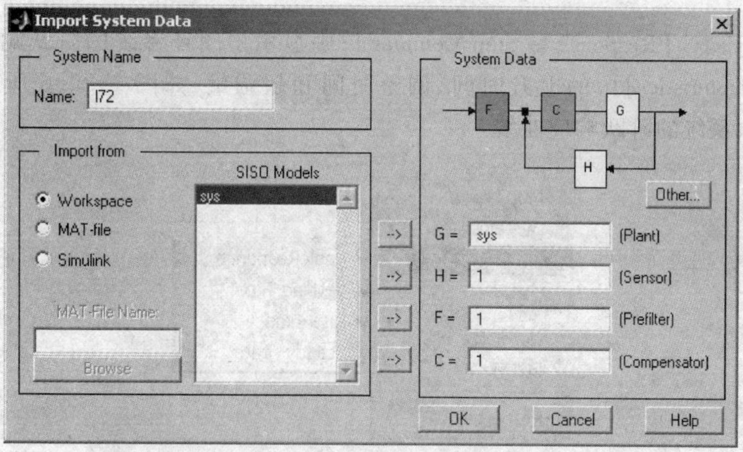

图 13.2.4 数据导入对话框

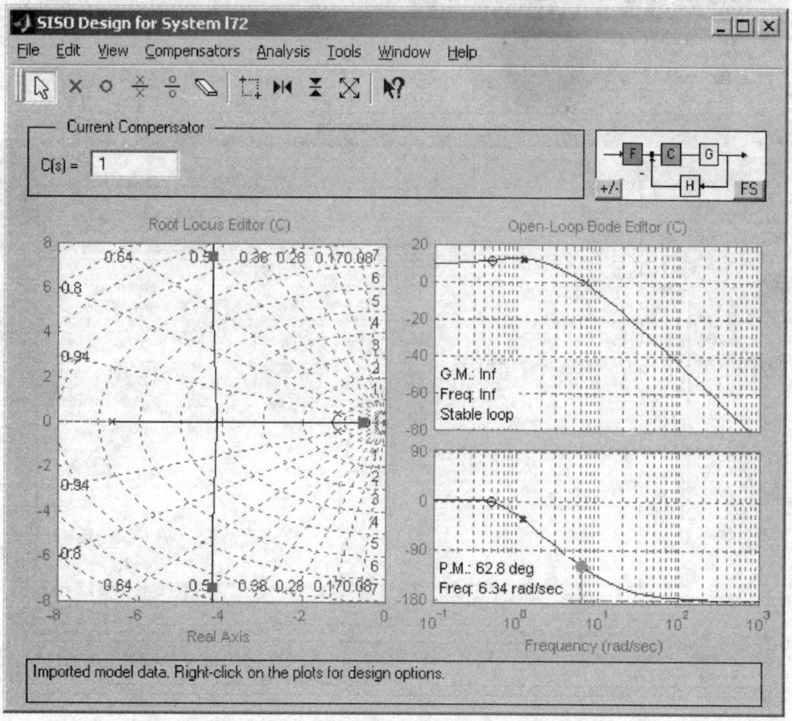

图 13.2.5 SISO Design Tool 主窗口

(2) SISO Design Tool 系统分析。

图 13.2.5 根轨迹图上的标记点是闭环传递函数的极点位置,在伯德图上显示出系统的幅值裕度和相角裕度。

单击【Analysis】|【Response to Step Command】则显示出闭环系统的阶跃响应,在显示区域右击,选择【Characteristics】中的上升时间、调整时间和超调量,如图 13.2.6 所示,即可得到图 13.2.7 所示的原系统的阶跃响应曲线。

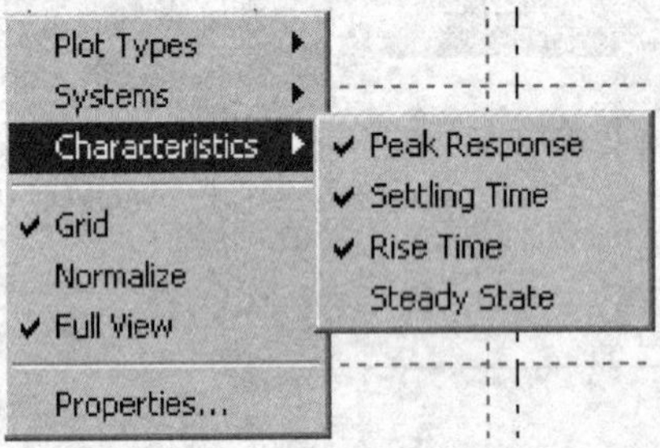

图 13.2.6 曲线属性设置菜单

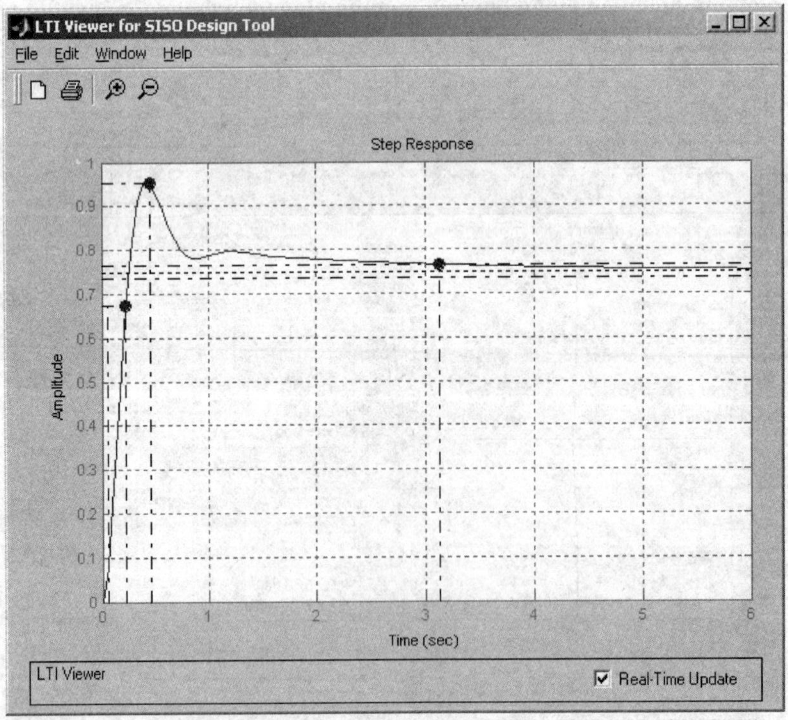

图 13.2.7 阶跃响应曲线

指向图 13.2.7 所示的三个标记点，可知原系统的性能指标为 $t_s=3.13$ s，$t_p=0.449$ s，$t_r=0.173$ s，$\delta_p=26.9\%$。因此，根据系统要求的性能指标对系统进行调节器设计。

（3）SISO Design Tool 系统设计。

首先，在根轨迹曲线中拖动标记点沿曲线运动（实际上即在配置闭环系统的极点位置），明显可看到 $C(s)$ 调节器的变化情况（只有比例调节器），并观察系统的阶跃响应曲线的变化，可见无论闭环极点在什么位置，都不能满足设计要求，因此单纯增加比例调节器是不可行的。

根据自动控制原理所学知识，增加零点可提高系统的快速性，但也增大了系统的超调量。因此，接下来先使用快捷工具栏增加一对复零点，此时系统的调整时间明显减小，但超调量也迅速增大。

然后用鼠标拖动极点标志沿根轨迹运动，同时也可以移动零点的位置，根据阶跃响应曲线的变化来寻找最佳的零极点匹配位置，反复移动直到阶跃响应曲线满足设计要求为止，分别如图 13.2.8 和图 13.2.9 所示，得到调节器传递函数为：$C(s)=3.5\times(0.056s^2+0.11s+1)$，系统的性能指标为 $t_s=0.797$ s，$\delta_p=2.04\%$。

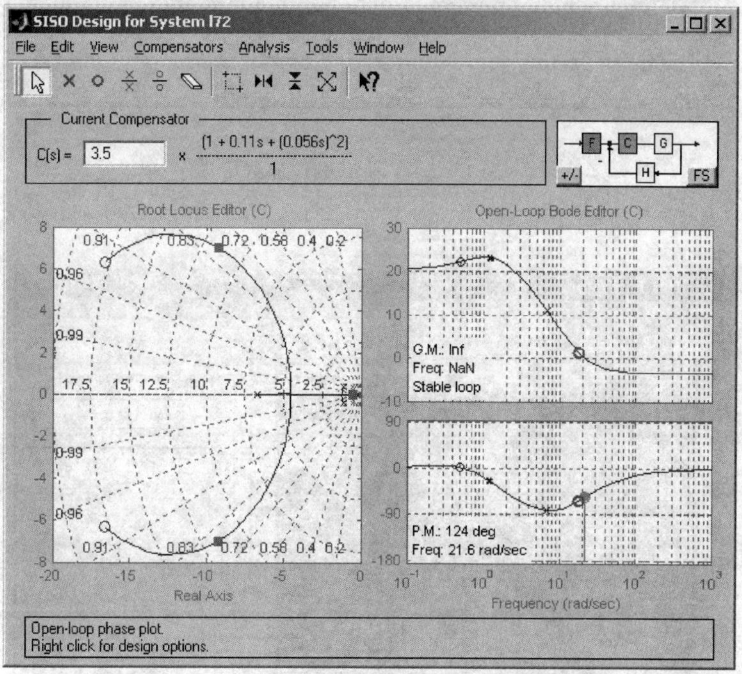

图 13.2.8 最佳设计主窗口

系统设计完成后，单击【File】|【Export】，通过图 13.2.10 所示 SISO Tool Export 对话框选择需要的对象模型（数据文件）将数据导出，系统对每个对象模型给出了默认名，用户可根据需要在 Export As 域对系统对象模型名进行修改，如：将闭环传递函数的名改为 csys。如果保存在工作空间，则可在 Workspace 窗口看到保存的各种对象模型，可在 MATLAB 命令窗口输入：

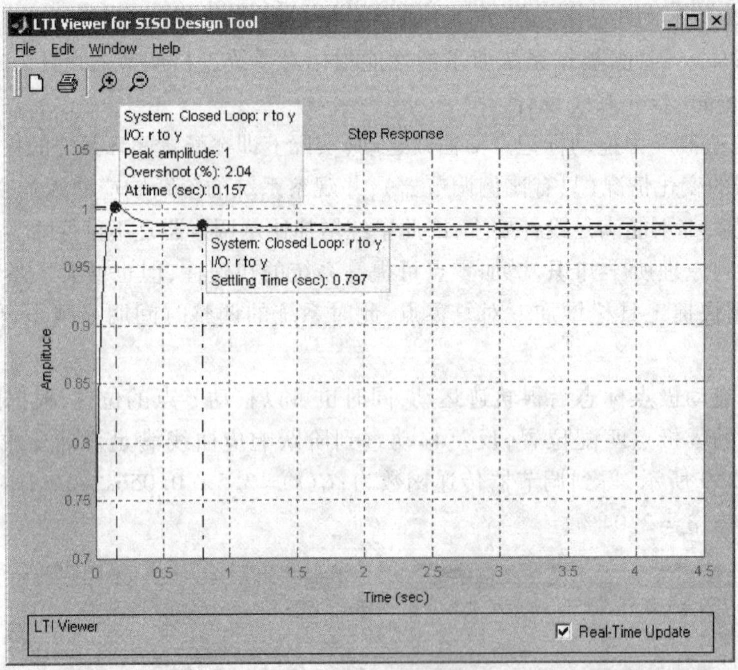

图 13.2.9 阶跃响应曲线

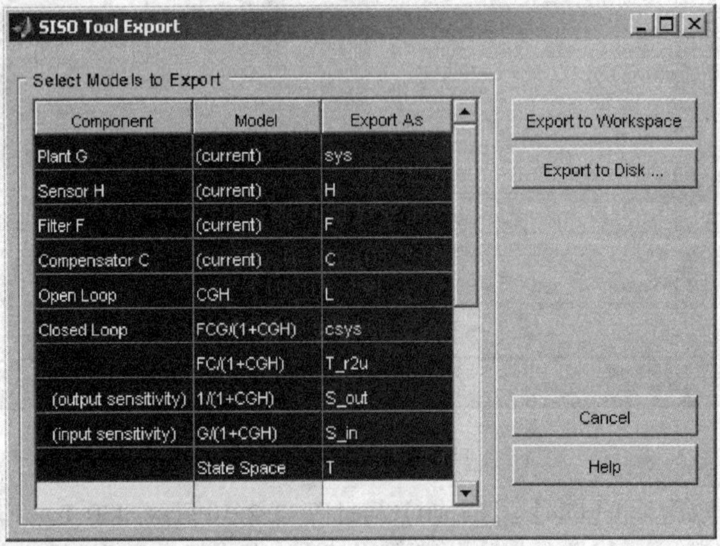

图 13.2.10 SISO Tool Export 对话框

C,csys

则可显示调节器传递函数和校正后系统的闭环传递函数。

Zero/pole/gain:

0.011119(s^2+33.19s+315.1)

Zero/pole/gain from input "r" to output "y":

0.40016(s+0.5)(s^2+33.19s+315.1)

(s+0.5175)(s^2+18.36s+133.4)

例 13.2.2 设单位负反馈系统被控对象的传递函数为

$$G(s)=\frac{15(s+0.01)}{s(s^2+0.01s+0.0025)}$$

应用 SISO Design Tool 设计调节器 $G_c(s)$,使系统的性能指标为 $\gamma=50°$。

解:(1) 在 MATLAB 命令窗口输入以下程序。

```
sys=tf([15,0.15],[1,0.01,0.0025,0])
sisotool
```

单击【File】|【Import】进行数据导入,得到如图 13.2.11 所示 SISO Design Tool 主窗口。

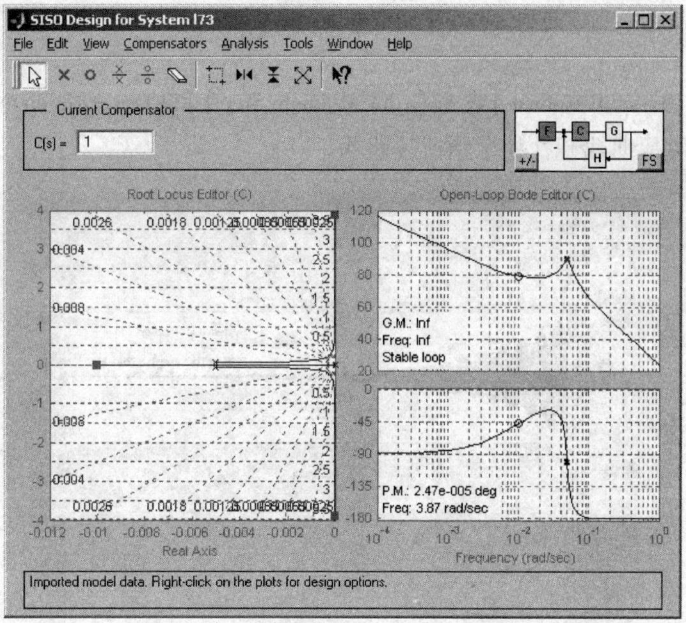

图 13.2.11 SISO Design Tool 主窗口

(2) SISO Design Tool 系统分析。

由图中根轨迹图可知原系统是稳定的,由伯德图可知原系统的 $GM=\infty$,$PM=2.47e^{-005}$deg。

用鼠标拖动极点标志沿根轨迹运动，当 C(s) = 0.008 时，单击【View】|【Open-Loop Nyquist】，可显示如图 13.2.12 所示系统的奈奎斯特图，由图 13.2.12 可知 $GM=\infty$，$PM=0.034\,1°$。

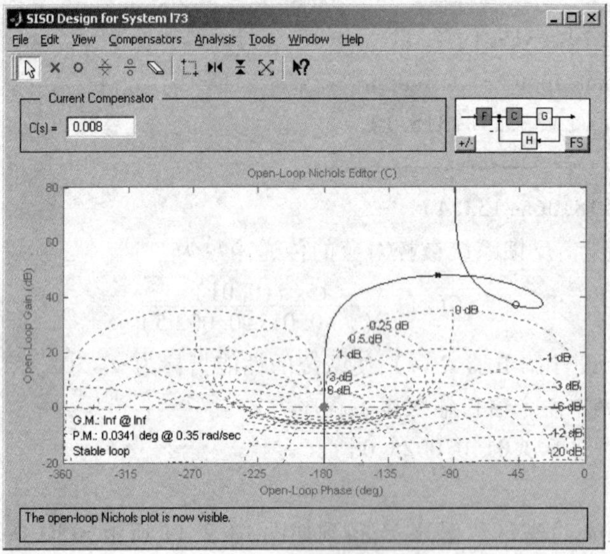

图 13.2.12 系统的奈奎斯特图

单击【Tool】|【Loop Response】选择【Closed Loop Step】和【Open-Loop Nyquist】，则显示图 13.2.13 所示阶跃响应曲线和开环奈奎斯特曲线。

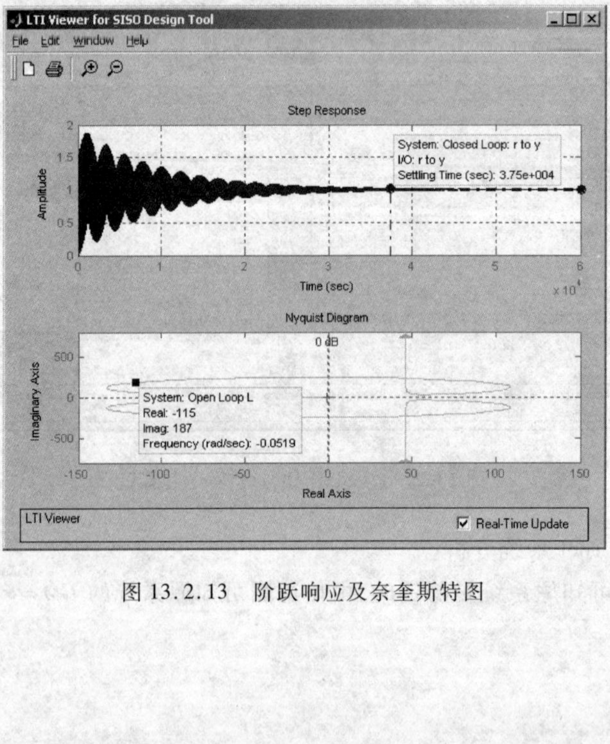

图 13.2.13 阶跃响应及奈奎斯特图

由上述分析可知系统不满足性能指标要求，可采用伯德图法对系统进行校正。

(3) SISO Design Tool 设计。

首先在伯德图中分别增加一个实零点和实极点，然后用鼠标拖动极点或零点标志沿伯德图运动，根据伯德图中显示 PM 的值，参考根轨迹和阶跃响应曲线的变化直到寻找到最佳的零极点匹配位置为止，如图 13.2.14 和图 13.2.15 所示，得到调节器传递函数为 $G_c(s)=0.0042\dfrac{s+0.058}{s+0.44}$，系统的性能指标为 $PM=50.5°$。

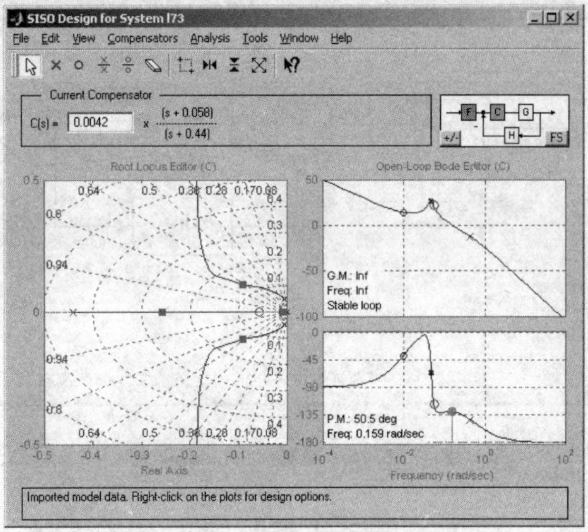

图 13.2.14 最佳设计主窗口

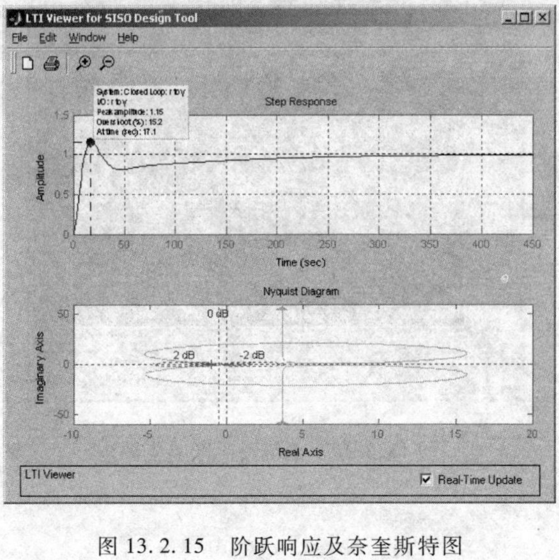

图 13.2.15 阶跃响应及奈奎斯特图

(4) Simulink 仿真。

单击【File】|【Export】,选择全部变量保存至 Workspace 中,单击【Tool】|【Draw Simulink Diagram】,启动相应的设计好的系统 Simulink 框图,使用 Sources 模块库中的 Step 模块替代原框图中的 Input,如图 13.2.16 所示,运行后得到如图 13.2.17 所示系统的阶跃响应曲线。

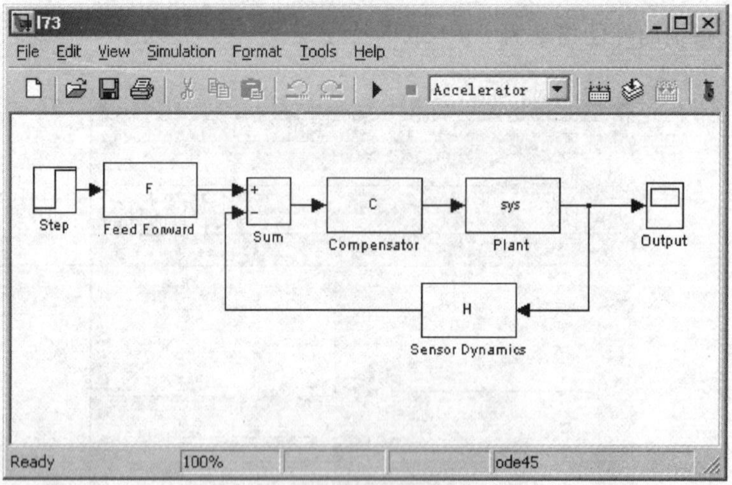

图 13.2.16　系统的 Simulink 图

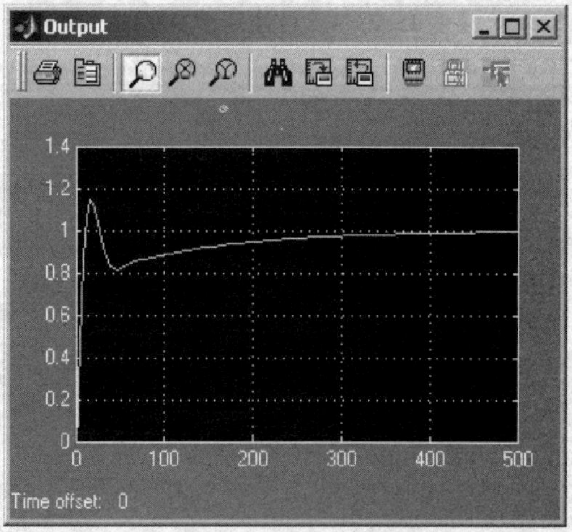

图 13.2.17　系统的阶跃响应图

小　结

利用MATLAB的控制系统工具箱的LTI Viewer可方便地获得系统的各种时域响应和频率特性等曲线,并得到系统的性能指标,SISO Design Tool设计具有极点配置、最优控制和最小二乘估计功能。控制系统工具箱还具有开放性和可扩展性,用户可创建常用的M文件来适应自己的特殊需要。

习　题

13.1　系统的传递函数为

$$G(s)=\frac{100}{s^2+10s+100}$$

使用LTI Viewer图形工具分析系统。

13.2　系统的传递函数为

$$G(s)=\frac{2}{s(1+0.25s)(1+0.1s)}$$

使用SISO Design Tool设计,使系统的速度误差系数小于$10s^{-1}$,$\gamma=45°$。

第十四章　控制系统建模与仿真的应用

14.1　数字 PID 控制器的仿真

PID 调节器是连续系统中技术成熟，应用最广泛的一种调节器，实际运行经验及理论分析证明，PID 调节器对各类工业系统（包括传递函数不很明确的对象）进行控制都能够取得满意的效果。

在连续系统中，PID 的控制规律为

$$u(t)=K_p\left[e(t)+\frac{1}{T_i}\int_0^t e(t)\,dt+T_d\,\frac{de(t)}{dt}\right] \tag{14-1}$$

式中，$u(t)$ 为调节器的输出信号，$e(t)$ 为偏差信号，K_p 为比例系数，T_i 为积分时间常数，T_d 为微分时间常数。

为使计算机能对式(14-1)进行计算，必须将连续的微分方程化成离散的差分方程。设 T 为采样周期，k 为采样序号，将积分项离散化，可用累加和近似得

$$\int_0^t e(t)\,dt\approx\sum_{j=0}^{k}e(j)\Delta t=T\sum_{j=0}^{k}e(j) \tag{14-2}$$

将微分项离散化，可用一阶后项差分近似得

$$\frac{de(t)}{dt}\approx\frac{e(k)-e(k-1)}{\Delta t}=\frac{e(k)-e(k-1)}{T} \tag{14-3}$$

将上述两式代入式(14-1)中得到离散 PID 表达式

$$u(k)=K_p\left[e(k)+\frac{T}{T_i}\sum_{j=0}^{k}e(j)+\frac{T_d}{T}[e(k)-e(k-1)]\right] \tag{14-4}$$

式(14-4)为离散化的 PID 控制器的全量输出形式，但是此种算法和过去的所有状态有关，要将历次 $e(j)$ 相加，计算浪费时间和内存，故常采用递推形式。

第 $k-1$ 次采样时

$$u(k-1)=K_p\left[e(k-1)+\frac{T}{T_i}\sum_{j=0}^{k-1}e(j)+\frac{T_d}{T}[e(k-1)-e(k-2)]\right] \tag{14-5}$$

上两式相减得

$$u(k)-u(k-1)=K_{\mathrm{p}}\left[e(k)-e(k-1)+\frac{T}{T_{\mathrm{i}}}e(k)+\frac{T_{\mathrm{d}}}{T}[e(k)-2e(k-1)+e(k-2)]\right] \tag{14-6}$$

则 PID 增量算式为

$$\begin{aligned}\Delta u(k)&=u(k)-u(k-1)\\&=K_{\mathrm{p}}[e(k)-e(k-1)]+K_{\mathrm{i}}e(k)+K_{\mathrm{d}}[e(k)-2e(k-1)+e(k-2)]\end{aligned} \tag{14-7}$$

式中，$K_{\mathrm{i}}=\frac{T}{T_{\mathrm{i}}}$为积分时间常数，$K_{\mathrm{d}}=\frac{T_{\mathrm{d}}}{T}$为微分时间常数。

例 14.1.1 设单位负反馈系统的开环传递函数为

$$G(s)=\frac{200}{s(s+50)}$$

试应用 MATLAB 设计数字 PID 控制器。

解：MATLAB 程序如下：

```
ts=0.001;sys=tf(200,[1,50,0]);
dsys=c2d(sys,ts,'z');%零阶保持器法离散化
[num,den]=tfdata(dsys,'v');
u_1=0.0;u_2=0.0;u_3=0.0;
y_1=0;y_2=0;y_3=0;x=[0,0,0]';
error_1=0;error_2=0;
kp=10;ki=0.10;kd=8;
fork=1:1:1000
    time(k)=k*ts;
    rin(k)=1.0;
    du(k)=kp*x(1)+kd*x(2)+ki*x(3);
    u(k)=u_1+du(k);
    if u(k)>=10
        u(k)=10;
    end
    if u(k)<=-10
        u(k)=-10;
    end
    yout(k)=-den(2)*y_1-den(3)*y_2+num(2)*u_1+num(3)*u_2;
    error=rin(k)-yout(k);
    u_3=u_2;u_2=u_1;u_1=u(k);
    y_3=y_2;y_2=y_1;y_1=yout(k);
```

```
    x(1)=error-error_1;
    x(2)=error-2*error_1+error_2;
    x(3)=error;
    error_2=error_1;error_1=error;
end
plot(time,rin,'b',time,yout,'r');grid on;
xlabel('时间(s)');ylabel('输入 r,输出 y')
```

将系统的离散化方法变为双线性变换法,即 dsys=c2d(sys,ts,'tustin'),重新运行上述程序,得到如图 14.1.1 所示的阶跃响应曲线。

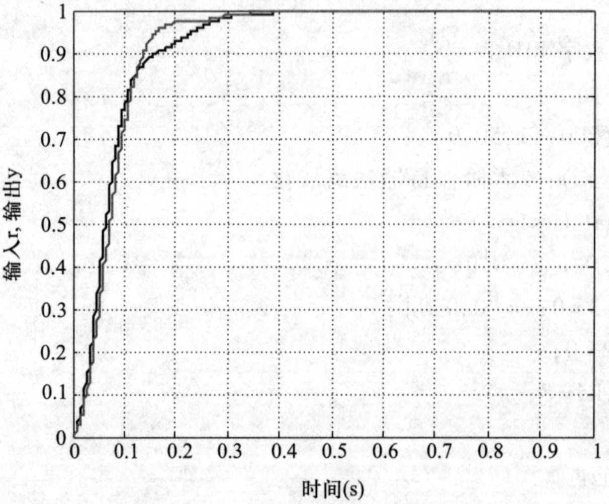

图 14.1.1

图 14.1.1 系统阶跃响应曲线图

14.2 一级倒立摆系统的控制与仿真

14.2.1 系统建模

倒立摆系统的控制问题一直是控制研究的一个典型问题,控制的目标是通过给小车底座加一个力 F(控制量),使小车停留在预定的位置,并使杆不倒下,即不超过一个预先定义好的垂直偏离角度范围。一级倒立摆系统如图 14.2.1 所示,小车质量为 M,倒立摆的质量为 m,摆长为 $2l$,小车的位置为 x,摆的角度为 θ,作用在小车水平方向上的力为 F,O_1 为摆杆的质心。

根据刚体绕固定轴转动的动力学微分方程,转动惯量与加速度乘积等于作用于刚体主动力

对该轴力矩的代数和，则摆杆绕其重心的转动方程为

$$J\ddot{\theta}=F_y l\sin\theta-F_x l\cos\theta \tag{14-8}$$

摆杆重心的水平运动可描述为

$$F_x=m\frac{\mathrm{d}^2}{\mathrm{d}t^2}(x+l\sin\theta) \tag{14-9}$$

摆杆重心在垂直方向上的运动可描述为

$$F_y-mg=m\frac{\mathrm{d}^2}{\mathrm{d}t^2}(l\cos\theta) \tag{14-10}$$

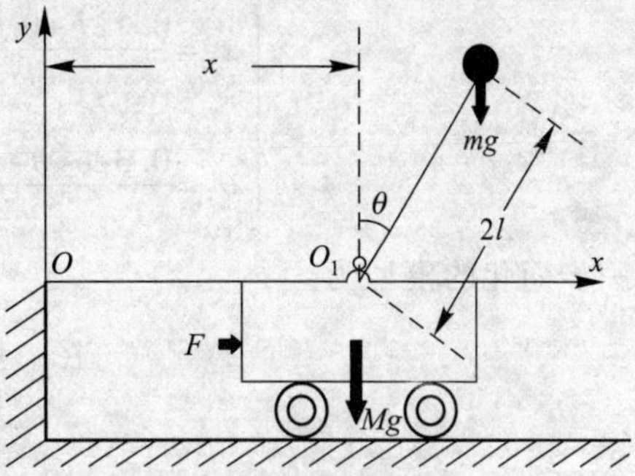

图 14.2.1　倒立摆示意图

小车水平方向运动可描述为

$$F-F_x=M\frac{\mathrm{d}^2x}{\mathrm{d}t^2} \tag{14-11}$$

由式(14-9)和式(14-11)得

$$(M+m)\ddot{x}+ml(\cos\theta\cdot\ddot{\theta}-\sin\theta\cdot\dot{\theta}^2)=F \tag{14-12}$$

由式(14-8)和式(14-10)得

$$(J+ml^2)\ddot{\theta}+ml\cos\theta\cdot\ddot{x}=mlg\cdot\sin\theta \tag{14-13}$$

整理上述两式得系统精确模型式为

$$\begin{cases}\ddot{x}=\dfrac{(J+ml^2)F+lm(J+ml^2)\sin\theta\cdot\dot{\theta}^2-m^2l^2g\sin\theta\cos\theta}{(J+ml^2)(M+m)-m^2l^2\cos^2\theta}\\[2ex]\ddot{\theta}=\dfrac{ml\cos\theta\cdot F+m^2l^2\sin\theta\cos\theta\cdot\dot{\theta}^2-(M+m)mlg\sin\theta}{m^2l^2\cos^2\theta-(J+ml^2)(M+m)}\end{cases} \tag{14-14}$$

式中，$J=\dfrac{ml^2}{3}$。

由式(14-14)可见，一级直线倒立摆系统的动力学模型为非线性微分方程组，因此选择工作点 $\theta_0=0$，$x_0=0$ 对系统进行线性化，即可近似认为 $\dot{\theta}^2\approx0$，$\sin\theta\approx\theta$，$\cos\theta\approx1$，进一步简化得到系统的简化模型

$$\begin{cases}\ddot{x}=\dfrac{(J+ml^2)F-m^2l^2g\theta}{J(M+m)+mMl^2}\\[2ex]\ddot{\theta}=\dfrac{(M+m)mlg\theta-mlF}{J(M+m)+mMl^2}\end{cases} \tag{14-15}$$

14.2.2　模型仿真

例 14.2.1　设一级倒立摆系统小车的质量 $M=1$ kg，摆的质量 $m=1$ kg，摆的长度 $2l=0.6$ m，重力加速度取 $g=10\ \mathrm{m/s^2}$，得到小车的精确模型为

$$\begin{cases} \ddot{x}=\dfrac{0.12F+0.036\sin\theta\cdot\dot{\theta}^2-0.9\sin\theta\cdot\cos\theta}{0.24-0.09\cos^2\theta} \\ \ddot{\theta}=\dfrac{0.3\cos\theta\cdot F+0.09\sin\theta\cdot\cos\theta\cdot\dot{\theta}^2-6\sin\theta}{0.09\cos^2\theta-0.24} \end{cases} \tag{14-16}$$

进一步简化的模型为

$$\begin{cases} \ddot{x}=-6\theta+0.8u \\ \ddot{\theta}=40\theta-2u \end{cases} \tag{14-17}$$

电动机、驱动器、机械传动装置三个环节可近似为一个比例环节

$$G(s)=K_dK_vK_m=K_s=1.6 \tag{14-18}$$

其中，K_d 为驱动器的增益，K_v 为电动机的增益，K_m 为机械传动装置的增益。

一级倒立摆系统 Simulink 仿真结构图如图 14.2.2 所示，其中 Subsystem 为精确模型，其仿真结构图如图 14.2.3 所示，Subsystem1 为简化模型，其仿真结构图如图 14.2.4 所示。

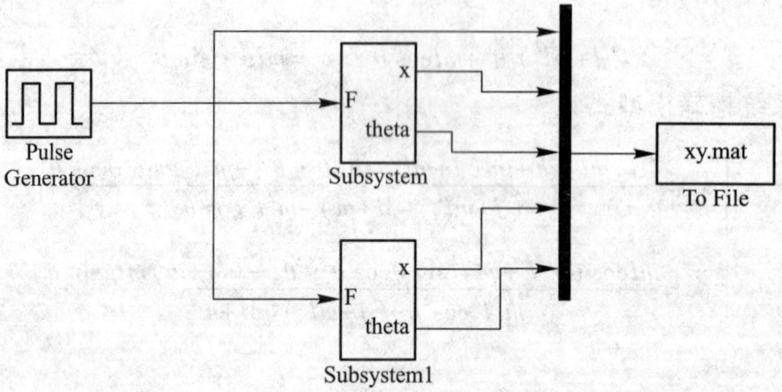

图 14.2.2　一级倒立摆系统 Simulink 仿真结构图

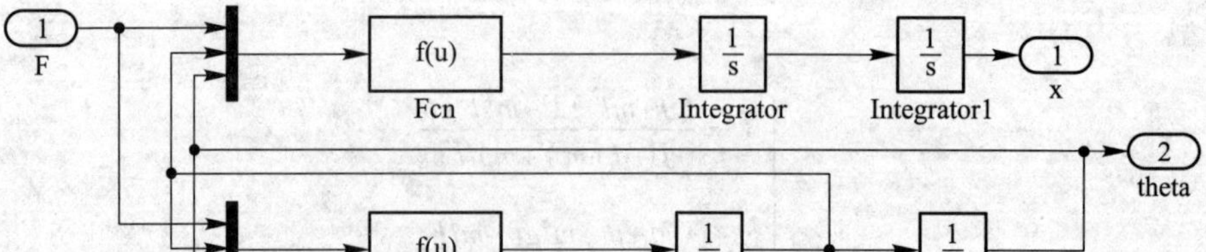

图 14.2.3　Subsystem 仿真结构图

由精确模型式(14-16)和简化模型式(14-17)，可得到 Fcn，Fcn1，Fcn2 和 Fcn3 的函数表达

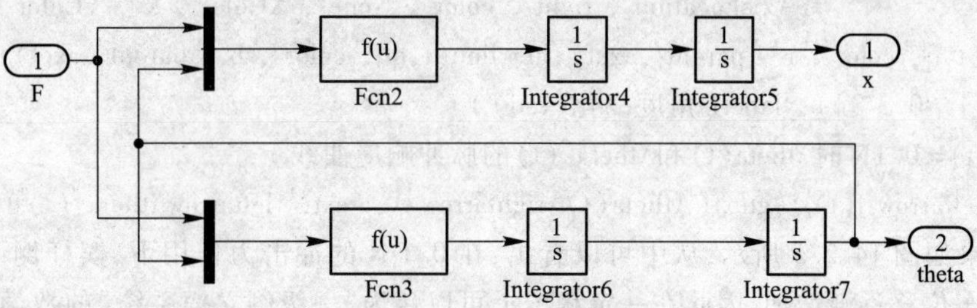

图 14.2.4　Subsystem1 仿真结构图

式为:

Fcn:(0.12 * u[1]+0.036 * sin(u[3]) * power(u[2],2)-0.9 * sin(u[3]) * cos(u[3]))/(0.24-0.09 * power(cos(u[3]),2))

Fcn1:(0.3 * cos(u[3]) * u[1]+0.09 * sin(u[3]) * cos(u[3]) * power(u[2],2)-6 * sin(u[3]))/(0.09 * power(cos(u[3]),2)-0.24)

Fcn2:0.8 * u[1]-6 * u[2]

Fcn3:40 * u[2]-2.0 * u[1]

则系统的 Simulink 仿真程序如下:

```
clear all
load xy.mat                         %将导入到 xy.mat 中的仿真实验数据读出
t=signals(1,:);f=signals(2,:);x=signals(3,:);q=signals(4,:);xx=signals(5,:);
qq=signals(6,:);
figure(1)                           %绘制控制力作用下 x 和 x'的脉冲响应曲线
hf=stairs(t,f(:));grid on
axis([0 1 0 0.12]);xlabel('时间(s)');ylabel('控制力(N)');
axet=axes('Position',get(gca,'Position'),'XAxisLocation','bottom',...
                  'YAxisLocation','right','color','None','XColor','k','YColor','k');
ht=line(t,x,'color','r','parent',axet);ht=line(t,xx,'color','b','parent',axet);
axis([0 1 0 0.1]);ylabel('x 位置的变化(m)')
title('f(t)=0.1N 时 x 和 x"的脉冲响应曲线')
gtext('\leftarrow f(t)'),gtext('x(t) \rightarrow'),gtext('\leftarrow x"(t)')
figure(2)                           %绘制控制力作用下 θ 和 θ'的脉冲响应曲线
hf=stairs(t,f(:));grid on;
axis([0 1 0 0.12]); xlabel('时间(s)');ylabel('控制力(N)')
axet=axes('Position',get(gca,'Position'),'XAxisLocation','bottom',...
```

```
'YAxisLocation','right','color','None','XColor','k','YColor','k');
ht=line(t,q,'color','r','parent',axet);ht=line(t,qq,'color','b','parent',axet);
axis([0 1 -0.3 0]);ylabel('角度变化(rad)')
title('f(t)=0.1N 时\theta(t)和\theta"(t)的脉冲响应曲线')
gtext('\leftarrow f(t)'),gtext('\theta(t)\rightarrow'),gtext('\leftarrow\theta"(t)')
```

仿真结果如图 14.2.5 所示，从中可以看出，在 0.1 N 的冲击力作用下，摆杆倒下（θ 由零逐渐增大），小车位移逐渐增加，因此在一定程度上可以认为“一级倒立摆系统”的数学模型是有效的。同时还可以看出：近似模型在 0.8 s 以前与精确模型非常接近，因此，也可以认为“近似模型在一定条件下可以表述原系统模型的性质”。

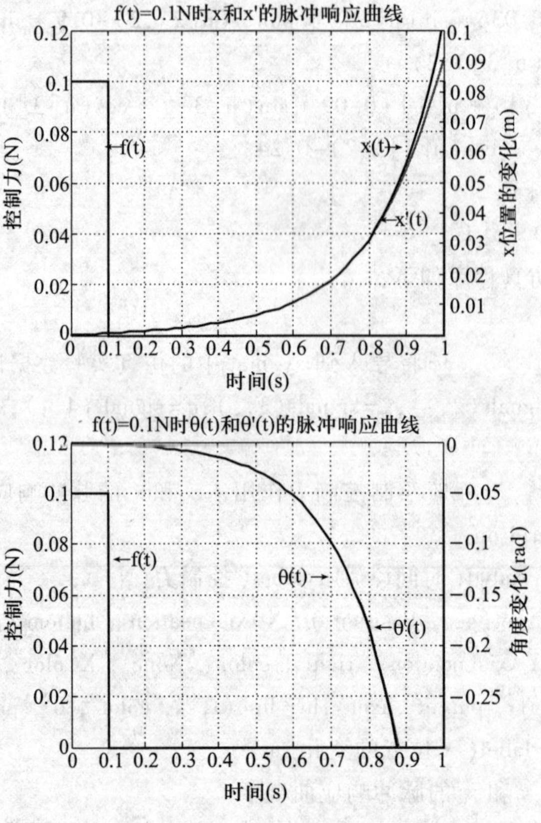

图 14.2.5(a)

图 14.2.5(b)

图 14.2.5 系统脉冲响应曲线

14.2.3 PID 控制器设计及仿真

1. 双闭环 PID 控制器设计

一级倒立摆系统位置伺服控制的核心是“在保证摆杆不倒的条件下，使小车位置可控”，因此设计了一级倒立摆系统位置伺服控制系统如图 14.2.6 所示。

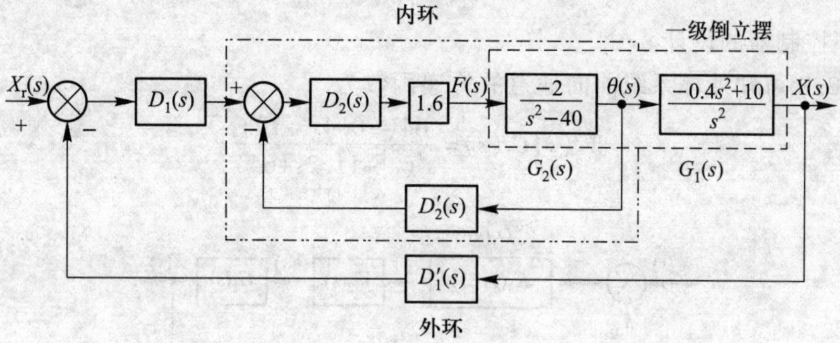

图 14.2.6 一级倒立摆系统位置伺服控制系统方框图

2. 内环控制器的设计

对系统内环采用反馈校正进行控制，其方框图如图 14.2.7 所示。

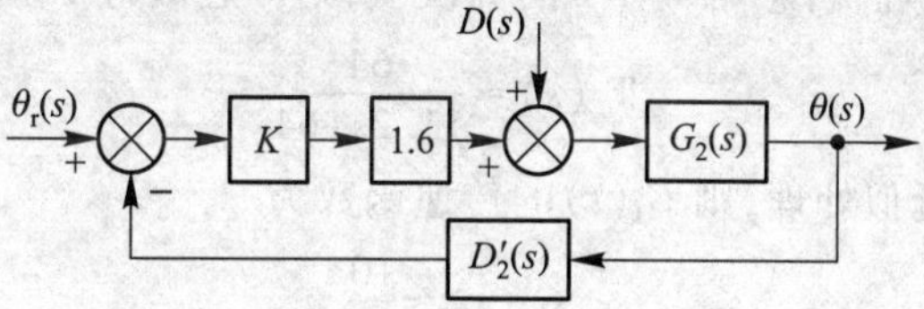

图 14.2.7 内环反馈校正方框图

反馈校正采用 PD 控制器，设其传递函数为 $D_2'(s)=K_1s+K_2$，为了抑制干扰，在前向通道上加上一个比例环节 $D_2(s)=K$。

(1) 控制器参数的整定。

设 $D_2(s)$ 的增益 $K=-20$，则内环控制系统的闭环传递函数为

$$W_2(s)=\frac{KK_sG_2(s)}{1+KK_sG_2(s)D_2'(s)}=\frac{64}{s^2+64K_1s+64K_2-40} \tag{14-19}$$

令 $\xi=0.7$，$\begin{cases}64K_2-40=64\\64K_1=2\times0.7\times\sqrt{64}\end{cases}$，则$\begin{cases}K_1=0.175\\K_2=1.625\end{cases}$，内环控制器的传递函数为

$$D_2'(s)=0.175s+1.625$$

内环控制系统的闭环传递函数为

$$W_2(s)=\frac{64}{s^2+11.2s+64} \tag{14-20}$$

（2）外环控制器的设计。

由图 14.2.8 可知外环系统前向通道的传递函数为

$$W_2(s)G_1(s)=\frac{64(-0.4s^2+10)}{s^2(s^2+11.2s+64)} \tag{14-21}$$

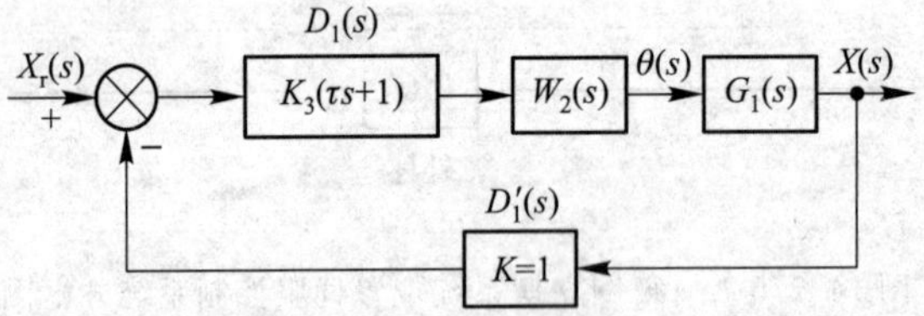

图 14.2.8 外环系统结构图

可见，系统开环传递函数为一个高阶且带不稳定零点的“非最小相位系统”。因此，首先对系统外环模型进行降阶处理，若忽略 $W_2(s)$ 的高次项，则可近似为一阶传递函数为

$$W_2(s)\approx\frac{64}{11.2s+64} \tag{14-22}$$

其次，对模型 $G_1(s)$ 进行近似处理，则 $G_1(s)$ 的传递函数为

$$G_1(s)\approx\frac{10}{s^2} \tag{14-23}$$

外环控制器也采用 PD 形式，其传递函数为

$$D_1(s)=K_3(\tau s+1)$$

为了使系统有较好的跟随性，采用单位反馈构成外环反馈通道，即 $D_1'(s)=1$，则系统的开环传递函数为

$$W(s)=W_2(s)G_1(s)D_1(s)=\frac{57}{s^2(s+57)}K_3(\tau s+1) \tag{14-24}$$

采用第十章基于伯德图法的希望特性设计方法，得 $K_3=0.12$，$\tau=0.877$，取$\tau=1$，则外环控制器的传递函数为

$$D_1(s)=0.12(s+1) \tag{14-25}$$

一级倒立摆双闭环控制系统的方框图如图 14.2.9 所示。

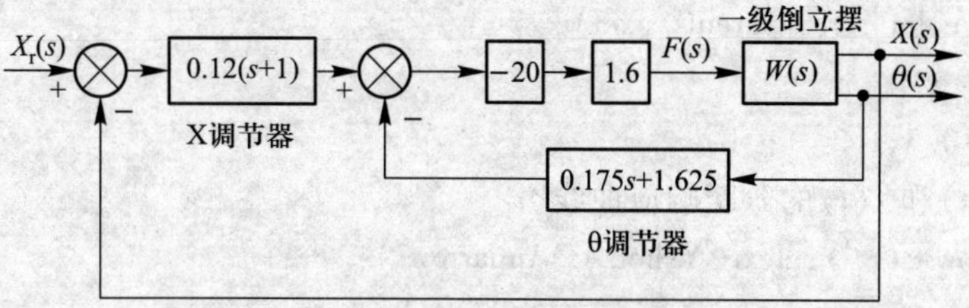

图 14.2.9 一级倒立摆双闭环控制系统的方框图

3. 系统仿真

例 14.2.2 对图 14.2.9 所示一级倒立摆双闭环控制系统进行仿真。

解:建立系统的 Simulink 仿真结构图如图 14.2.10 所示。

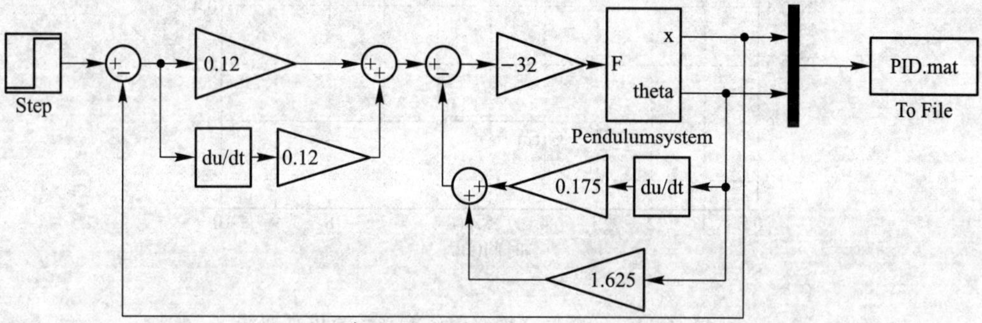

图 14.2.10 一级倒立摆双闭环控制系统 Simulink 仿真结构图

运行如下 MATLAB 程序,得到如图 14.2.11 所示仿真曲线。

```
clear all
load PID. mat
t=signals(1,:);q=signals(2,:);x=signals(3,:);
figure(1)
ht=line(t,q(:));
grid on;
xlabel('时间(s)');
ylabel('摆角变化(rad)');
axis([0,10,-0.3,1.2]);
```

```
axet=axes('Position',get(gca,'Position'),'XAxisLocation','bottom',...
        'YAxisLocation','right','color','None','XColor','k','YColor','k');
ht=line(t,x,'color','r','parent',axet);
ylabel('x 位置变化(m)');
axis([0,10,-0.3,1.2]);
title('\Theta(t)和 x(t)的阶跃响应曲线')
gtext('\leftarrow x(t)'),gtext('\Theta(t) \uparrow');
```

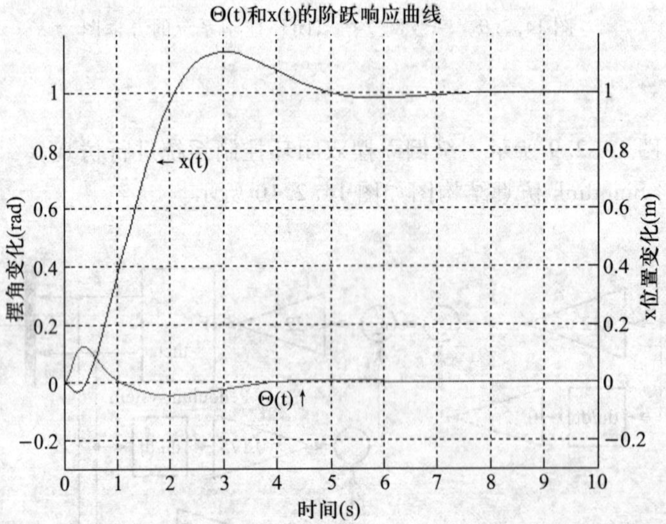

图 14.2.11 一级倒立摆双闭环控制系统仿真曲线

14.2.4 LQR 控制器设计及仿真

例 14.2.3 对一级倒立摆系统进行 LQR 控制器设计与仿真。

解:(1) 一级倒立摆系统的状态空间模型。

由式(14-17)得到一级倒立摆系统的状态空间表达式为

$$\dot{x}=\begin{bmatrix}0&1&0&0\\40&0&0&0\\0&0&0&1\\-6&0&0&0\end{bmatrix}\begin{bmatrix}x_1\\x_2\\x_3\\x_4\end{bmatrix}+\begin{bmatrix}0\\-2\\0\\0.8\end{bmatrix}u$$

$$y=\begin{bmatrix}1&0&0&0\\0&0&1&0\end{bmatrix}\begin{bmatrix}x_1\\x_2\\x_3\\x_4\end{bmatrix}\tag{14-26}$$

其中，$x=[\theta,\dot{\theta},x,\dot{x}]^{\mathrm{T}}$，$u=F$，$y=[\theta,x]^{\mathrm{T}}$。

(2) 系统的能控性判定。

运行如下程序，判定一级倒立摆系统的能控性。

```
A=[0,1,0,0;40,0,0,0;0,0,0,1;-6,0,0,0];B=[0;-2;0;0.8];C=[1,0,0,0;0,0,1,0];
n=size(A)
Tc=ctrb(A,B);
nc=rank(Tc)
n=
    4     4
nc=
    4
```

从运行结果可知，系统的阶次为4，能控性矩阵的秩也为4，因此系统是状态完全能控的。

(3) 系统的能观性判定。

运行如下程序，判定一级倒立摆系统的能观性。

```
To=obsv(A,C);
no=rank(To)
no=
    4
```

从运行结果可知，能观性矩阵的秩为4，与系统的阶次相等，因此系统是状态完全能观测的。

(4) LQR 控制设计。

基于一级倒立摆系统具有能控性和能观性，因此可采用 LQR 进行控制，经大量反复实验和仿真，选取 R=1，Q=Diag(200,200,50,50)，则状态反馈矩阵为：

```
V=[200,200,50,50];
R=1;Q=diag(V,0);
K=lqr(A,B,Q,R)
          K=-95.4861    -22.3475    -7.0711    -12.5201
```

(5) 系统仿真。

基于状态空间模型以及基于精确模型的系统 Simulink 结构图分别如图 14.2.12 和图 14.2.13 所示。

```
clear all
```

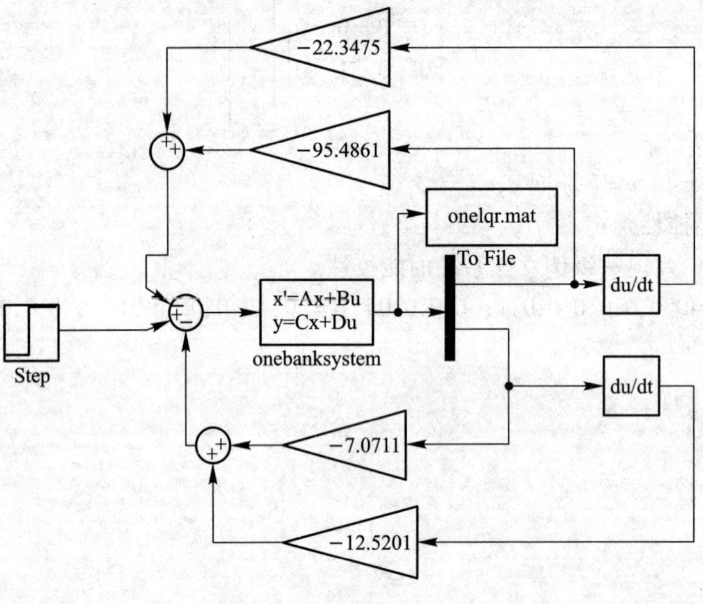

图 14.2.12　基于状态空间模型的系统 Simulink 结构图

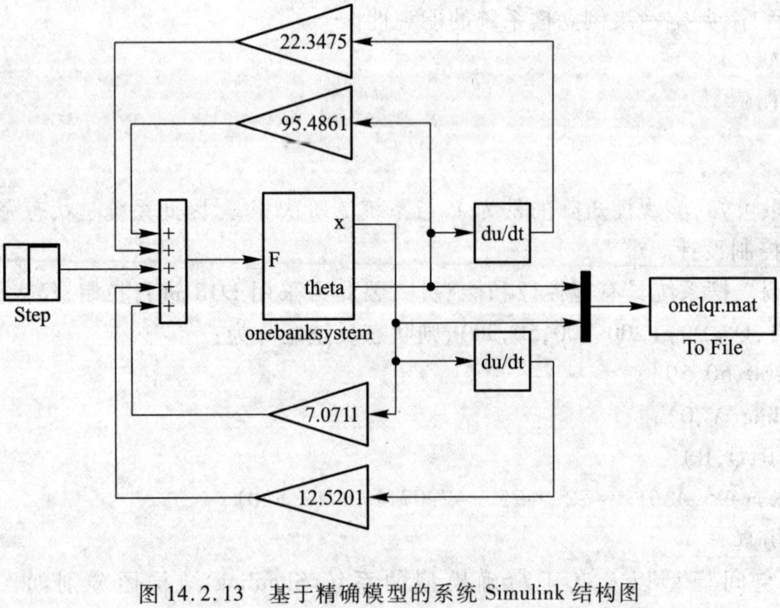

图 14.2.13　基于精确模型的系统 Simulink 结构图

load onelqr. mat;% 导入一级倒立摆简化的状态空间模型或精确的传递函数模型

```
t=signals(1,:);
q=signals(2,:);
x=signals(3,:);
%绘制摆杆线速度和摆角角速度曲线
figure(1)
grid on;
ht=line(t,-q(:));
xlabel('时间(s)');ylabel('角度(rad)');
axis([0,10,-0.1,0.3]);
axet=axes('Position',get(gca,'Position'),'XAxisLocation','bottom',...
          'YAxisLocation','right','color','None','XColor','k','YColor','k');
ht=line(t,-x,'color','r','parent',axet);
ylabel('位移 x(m)');
axis([0,10,-0.1,0.3]);
title('\Theta(t)和 x(t)的阶跃响应曲线')
gtext('\leftarrow x(t)'),gtext('\Theta(t) \uparrow');
```

从图 14.2.14 和图 14.2.15 可知 LQR 控制策略通过全状态反馈控制方式,可以同时达到小车位置伺服控制和摆角控制的目的,并实现了系统动态性能的最优。

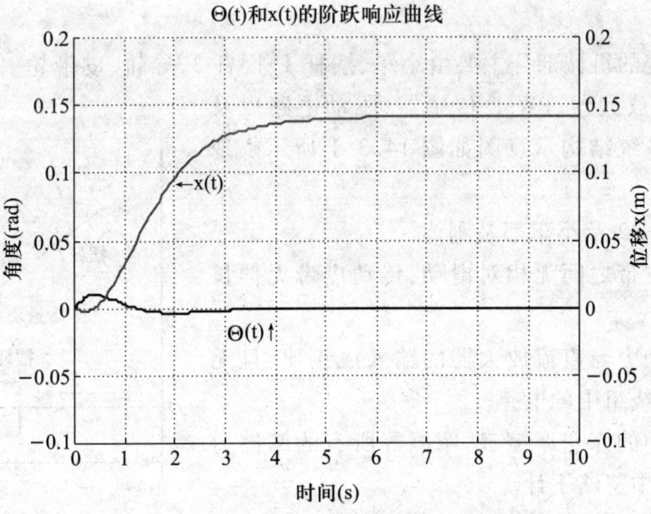

图 14.2.14　基于状态空间模型的系统仿真曲线

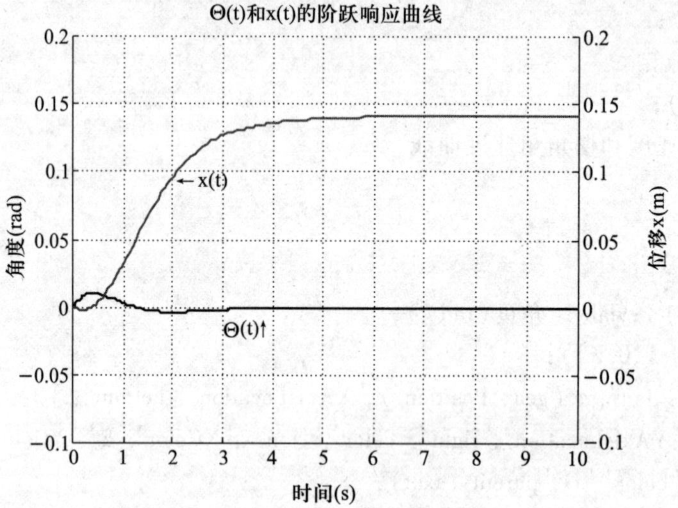

图 14.2.15　基于精确模型的系统仿真曲线

14.3　二级倒立摆系统的控制与仿真

14.3.1　系统建模

二级倒立摆系统的机械部分主要由小车、摆杆 1、摆杆 2、导轨、皮带轮、传动皮带等组成，电气部分由电机、功率放大器、PWM、传感器、驱动电路以及保护电路组成。其系统结构示意图如图 14.3.1 所示。现如下假设：

（1）摆杆 1、摆杆 2 及小车都是刚体。

（2）皮带轮与皮带之间无相对滑动，传动皮带无伸长现象。

（3）小车的驱动力与直流放大器的输入成正比，且无滞后，忽略电极电枢绕组中的电感。

（4）实验过程中的库仑摩擦、动摩擦等所有的摩擦力足够小，在建模过程中忽略不计。

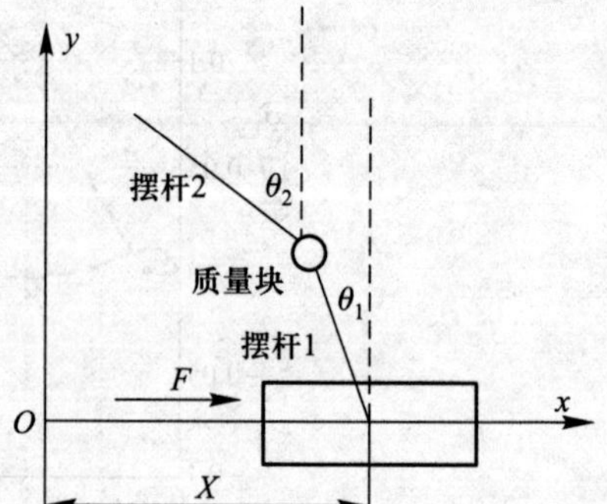

图 14.3.1　二级倒立摆系统结构示意图

二级倒立摆结构参数见表 14.3.1，将动坐标系建在摆杆 1、摆杆 2 的质心处，利用拉格朗日方程得出二级倒立摆数学模型。

表 14.3.1　二级倒立摆结构参数

M	小车质量	1.32 kg
m_1	摆杆 1 质量	0.04 kg
m_2	摆杆 2 质量	0.132 kg
m_3	质量块的质量	0.208 kg
l_1	摆杆 1 转动中心到杆心的距离	0.09 m
l_2	摆杆 2 转动中心到杆心的距离	0.27 m
θ_1	摆杆 1 与垂直方向的夹角	
θ_2	摆杆 2 与垂直方向的夹角	
F	作用在系统上的外力	
g	重力加速度	9.8 m/s^2

1. 系统动能

$$T=T_{\mathrm{M}}+T_{\mathrm{m1}}+T_{\mathrm{m2}}+T_{\mathrm{m3}} \tag{14-27}$$

其中，T_{M} 为小车动能，T_{m1} 为摆杆 1 动能，T_{m2} 为摆杆 2 动能，T_{m3} 为质量块动能。

$$T_{\mathrm{m1}}=T'_{\mathrm{m1}}+T''_{\mathrm{m1}}=\frac{1}{2}m_1\dot{x}^2-m_1l_1\dot{x}\dot{\theta}_1\cos\theta_1+\frac{2}{3}m_1l_1^2\dot{\theta}_1^2 \tag{14-28}$$

其中，T'_{m1} 为摆杆 1 质心平动动能，T''_{m1} 为摆杆 1 绕质心转动动能。

$$\begin{aligned}T_{\mathrm{m2}}=T'_{\mathrm{m2}}+T''_{\mathrm{m2}}=&\frac{1}{2}m_2[\dot{x}^2-2\dot{x}(2l_1\dot{\theta}_1\cos\theta_1+l_2\dot{\theta}_2\cos\theta_2)]\\&+\frac{1}{2}m_2\left[4l_1^2\dot{\theta}_1^2+\frac{4}{3}l_2^2\dot{\theta}_2^2+4l_1l_2\dot{\theta}_1\dot{\theta}_2\cos(\theta_2-\theta_1)\right]\end{aligned} \tag{14-29}$$

其中，T'_{m2} 摆杆 2 质心平动动能，T''_{m2} 摆杆 2 绕质心转动动能。

$$T_{\mathrm{M}}=\frac{1}{2}M\dot{x}^2 \tag{14-30}$$

$$\begin{aligned}T_{\mathrm{m3}}&=\frac{1}{2}m_3\left[\left(\frac{\mathrm{d}(x-2l_1\sin\theta_1)}{\mathrm{d}t}\right)^2+\left(\frac{\mathrm{d}(2l_1\cos\theta_1)}{\mathrm{d}t}\right)^2\right]\\&=\frac{1}{2}m_3\dot{x}^2-2m_3l_1\dot{x}\dot{\theta}_1\cos\theta_1+2m_3l_1^2\dot{\theta}_1^2\end{aligned} \tag{14-31}$$

因此，可以得到系统总动能为

$$\begin{aligned}T&=T_{\mathrm{M}}+T_{\mathrm{m1}}+T_{\mathrm{m2}}+T_{\mathrm{m3}}\\&=\frac{1}{2}M\dot{x}^2+\frac{1}{2}m_1\dot{x}^2-m_1l_1\dot{x}\dot{\theta}_1\cos\theta_1+\frac{2}{3}m_1l_1^2\dot{\theta}_1^2\\&\quad+\frac{1}{2}m_2[\dot{x}^2-2\dot{x}(2l_1\dot{\theta}_1\cos\theta_1+l_2\dot{\theta}_2\cos\theta_2)]\end{aligned}$$

$$+\frac{1}{2}m_2\left[4l_1^2\dot{\theta}_1^2+\frac{4}{3}l_2^2\dot{\theta}_2^2+4l_1l_2\dot{\theta}_1\dot{\theta}_2\cos(\theta_2-\theta_1)\right]$$

$$+\frac{1}{2}m_3\dot{x}^2-2m_3l_1\dot{x}\dot{\theta}_1\cos\theta_1+2m_3l_1^2\dot{\theta}_1^2 \tag{14-32}$$

2. 系统势能

$$V=V_{m1}+V_{m2}+V_{m3}=m_1gl_1\cos\theta_1+2m_3gl_1\cos\theta_1+m_2g(2l_1\cos\theta_1+l_2\cos\theta_2) \tag{14-33}$$

3. 拉格朗日算子

$$\begin{aligned}L&=T-V\\&=\frac{1}{2}M\dot{x}^2+\frac{1}{2}m_1\dot{x}^2-m_1l_1\dot{x}\dot{\theta}_1\cos\theta_1+\frac{2}{3}m_1l_1^2\dot{\theta}_1^2\\&+\frac{1}{2}m_2[\dot{x}^2-2\dot{x}(2l_1\dot{\theta}_1\cos\theta_1+l_2\dot{\theta}_2\cos\theta_2)]\\&+\frac{1}{2}m_2\left[4l_1^2\dot{\theta}_1^2+\frac{4}{3}l_2^2\dot{\theta}_2^2+4l_1l_2\dot{\theta}_1\dot{\theta}_2\cos(\theta_2-\theta_1)\right]\\&+\frac{1}{2}m_3\dot{x}^2-2m_3l_1\dot{x}\dot{\theta}_1\cos\theta_1+2m_3l_1^2\dot{\theta}_1^2-m_1gl_1\cos\theta_1\\&-2m_3gl_1\cos\theta_1-m_2g(2l_1\cos\theta_1+l_2\cos\theta_2)\end{aligned} \tag{14-34}$$

由于在广义坐标 θ_1,θ_2 上均无外力作用,因此有以下等式成立

$$\frac{\mathrm{d}}{\mathrm{d}t}\left(\frac{\partial L}{\partial\dot{\theta}_1}\right)-\frac{\partial L}{\partial\theta_1}=0 \tag{14-35}$$

$$\frac{\mathrm{d}}{\mathrm{d}t}\left(\frac{\partial L}{\partial\dot{\theta}_2}\right)-\frac{\partial L}{\partial\theta_2}=0 \tag{14-36}$$

展开式(14-35)、式(14-36),分别得到式(14-37)、式(14-38)

$$\begin{aligned}&6m_2l_2\dot{\theta}_2^2\sin(\theta_1-\theta_2)+4[m_1+3(m_2+m_3)]l_1\ddot{\theta}_1\\&-3\{-2m_2l_2\ddot{\theta}_2\cos(\theta_2-\theta_1)+[m_1+2(m_2+m_3)](g\sin\theta+\ddot{x}\cos\theta_1)\}=0\end{aligned} \tag{14-37}$$

$$-3g\sin\theta_2-6l_1\dot{\theta}_1^2\sin(\theta_1-\theta_2)+4l_2\ddot{\theta}_2+6l_1\ddot{\theta}_1\cos(\theta_2-\theta_1)-3\ddot{x}\cos\theta_2=0 \tag{14-38}$$

将式(14-37)、式(14-38)对 $\ddot{\theta}_1,\ddot{\theta}_2$ 求解代数方程,得到

$$\begin{aligned}\ddot{\theta}_1=&\{3[-2gm_1\sin\theta_1-4gm_2\sin\theta_1-4m_3\sin\theta_1+3m_2g\cos(\theta_2-\theta_1)\sin\theta_2\\&+6m_2l_1\cos(\theta_1-\theta_2)\sin(\theta_1-\theta_2)\dot{\theta}_1^2+4m_2l_2\sin(\theta_1-\theta_2)\dot{\theta}_2^2-2m_1\ddot{x}\cos\theta_1\\&-4m_2\ddot{x}\cos\theta_1-4m_3\ddot{x}\cos\theta_1+3m_2\ddot{x}\cos(\theta_1-\theta_2)\cos\theta_2]\}/\\&\{2l_1[-4m_1-12m_2-12m_3+9m_2\cos^2(\theta_1-\theta_2)]\}\end{aligned} \tag{14-39}$$

$$\begin{aligned}\ddot{\theta}_2=&-\Big(-\frac{4}{9}m_2[m_1+3(m_2+m_3)]l_1^2l_2[-3g\sin\theta_2-6l_1\dot{\theta}_1^2\sin(\theta_1-\theta_2)-3\ddot{x}\cos\theta_2]\\&+\frac{2}{3}m_2l_1^2l_2\cos(\theta_1-\theta_2)\{6m_2l_2\dot{\theta}_2^2\sin(\theta_1-\theta_2)-3[m_1+2(m_2+m_3)](g\sin\theta_1+\ddot{x}\cos\theta_1)\}/\\&\left\{-\frac{16}{9}m_2[m_1+3(m_2+m_3)]l_1^2l_2^2+4m_2^2l_1^2l_2^2\cos^2(\theta_1-\theta_2)\right\}\end{aligned} \tag{14-40}$$

4. 线性化处理

取平衡位置时各变量的初值为零,将(14-39)式在平衡位置进行泰勒级数展开,并线性化得

$$\ddot{\theta}_1 = K_{12}\theta_1 + K_{13}\theta_2 + K_{17}\ddot{x} \tag{14-41}$$

其中

$$K_{12} = \left.\frac{\partial f_1}{\partial \theta_1}\right|_{x=0,\theta_1=0,\theta_2=0,\dot{x}=0,\dot{\theta}_1=0,\dot{\theta}_2=0,\ddot{x}=0} = \frac{3(-2gm_1-4gm_2-4gm_3)}{2(-4m_1-3m_2-12m_3)l_1}$$

$$K_{13} = \left.\frac{\partial f_1}{\partial \theta_2}\right|_{x=0,\theta_1=0,\theta_2=0,\dot{x}=0,\dot{\theta}_1=0,\dot{\theta}_2=0,\ddot{x}=0} = \frac{9m_2 g}{2(-4m_1-3m_2-12m_3)l_1}$$

$$K_{17} = \left.\frac{\partial f_1}{\partial \ddot{x}}\right|_{x=0,\theta_1=0,\theta_2=0,\dot{x}=0,\dot{\theta}_1=0,\dot{\theta}_2=0,\ddot{x}=0} = \frac{3(-2m_1-m_2-4m_3)}{2(-4m_1-3m_2-12m_3)l_1}$$

将式(14-40)在平衡位置进行泰勒级数展开,并线性化得

$$\ddot{\theta}_2 = K_{22}\theta_1 + K_{23}\theta_2 + K_{27}\ddot{x} \tag{14-42}$$

其中

$$K_{22} = \left.\frac{\partial f_2}{\partial \theta_1}\right|_{x=0,\theta_1=0,\theta_2=0,\dot{x}=0,\dot{\theta}_1=0,\dot{\theta}_2=0,\ddot{x}=0} = \frac{2g[m_1+2(m_2+m_3)]}{4m_2 l_2 - \frac{16}{9}[m_1+3(m_2+m_3)]l_2}$$

$$K_{23} = \left.\frac{\partial f_2}{\partial \theta_2}\right|_{x=0,\theta_1=0,\theta_2=0,\dot{x}=0,\dot{\theta}_1=0,\dot{\theta}_2=0,\ddot{x}=0} = \frac{4g[m_1+3(m_2+m_3)]}{3\left\{4m_2 l_2 - \frac{16}{9}[m_1+3(m_2+m_3)]l_2\right\}}$$

$$K_{27} = \left.\frac{\partial f_2}{\partial \ddot{x}}\right|_{x=0,\theta_1=0,\theta_2=0,\dot{x}=0,\dot{\theta}_1=0,\dot{\theta}_2=0,\ddot{x}=0} = \frac{2[m_1+2(m_2+m_3)] - \frac{4}{3}[m_1+3(m_2+m_3)]}{4m_2 l_2 - \frac{16}{9}[m_1+3(m_2+m_3)]l_2}$$

5. 状态方程

取状态变量为 $x_1=x, x_2=\theta_1, x_3=\theta_2, x_4=\dot{x}, x_5=\dot{\theta}_1, x_6=\dot{\theta}_2$,采用加速度作为输入 $u=\ddot{x}$,则由式(14-41)、式(14-42)得到状态空间模型

$$\begin{bmatrix} \dot{x}_1 \\ \dot{x}_2 \\ \dot{x}_3 \\ \dot{x}_4 \\ \dot{x}_5 \\ \dot{x}_6 \end{bmatrix} = \begin{bmatrix} 0 & 0 & 0 & 1 & 0 & 0 \\ 0 & 0 & 0 & 0 & 1 & 0 \\ 0 & 0 & 0 & 0 & 0 & 1 \\ 0 & 0 & 0 & 0 & 0 & 0 \\ 0 & K_{12} & K_{13} & 0 & 0 & 0 \\ 0 & K_{22} & K_{23} & 0 & 0 & 0 \end{bmatrix} \begin{bmatrix} x_1 \\ x_2 \\ x_3 \\ x_4 \\ x_5 \\ x_6 \end{bmatrix} + \begin{bmatrix} 0 \\ 0 \\ 0 \\ 1 \\ K_{17} \\ K_{27} \end{bmatrix} u$$

将参数代入得到二级倒立摆系统的状态方程

$$\begin{bmatrix}\dot{x}_1\\ \dot{x}_2\\ \dot{x}_3\\ \dot{x}_4\\ \dot{x}_5\\ \dot{x}_6\end{bmatrix}=\begin{bmatrix}0 & 0 & 0 & 1 & 0 & 0\\ 0 & 0 & 0 & 0 & 1 & 0\\ 0 & 0 & 0 & 0 & 0 & 1\\ 0 & 0 & 0 & 0 & 0 & 0\\ 0 & 77.0642 & -21.1927 & 0 & 0 & 0\\ 0 & -38.5321 & 37.8186 & 0 & 0 & 0\end{bmatrix}\begin{bmatrix}x_1\\ x_2\\ x_3\\ x_4\\ x_5\\ x_6\end{bmatrix}+\begin{bmatrix}0\\ 0\\ 0\\ 1\\ 5.7012\\ -0.0728\end{bmatrix}u \tag{14-43}$$

$$y=\begin{bmatrix}1 & 0 & 0 & 0 & 0 & 0\\ 0 & 1 & 0 & 0 & 0 & 0\\ 0 & 0 & 1 & 0 & 0 & 0\end{bmatrix}\begin{bmatrix}x_1\\ x_2\\ x_3\\ x_4\\ x_5\\ x_6\end{bmatrix}+\begin{bmatrix}0\\ 0\\ 0\end{bmatrix}u$$

14.3.2 LQR 控制器设计及仿真

例 14.3.1 对二级倒立摆系统进行 LQR 控制器设计及仿真。

解:(1) 确定系统的特征值。

```
A=[0,0,0,1,0,0;0,0,0,0,1,0;0,0,0,0,0,1;0,0,0,0,0,0;0,77.0642,-21.1927,0,0,0;
0,-38.5321,37.8186,0,0,0];
B=[0;0;0;1;5.7012;-0.0728];C=[1,0,0,0,0,0;0,1,0,0,0,0;0,0,1,0,0,0];
D=[0;0;0];
p=eig(A),
```

运行结果:

```
p=
    9.5972
    4.7725
   -9.5972
   -4.7725
         0
         0
```

由系统的特征值可以看出,系统具有两个正实根,因此开环系统不稳定。

(2) 判定能控和能观性。

```
n=size(A)
Tc=ctrb(A,B);nc=rank(Tc)
```

```
To=obsv(A,C);no=rank(To)
```

运行结果:

```
n=6     6
nc=6
no=6
```

系统的能控性矩阵和能观性矩阵的秩均为系统的阶数6,因此系统是既能控又能观的。

(3) 确定反馈控制规律的向量K。

对二级倒立摆系统进行LQR控制器设计时,经过大量仿真和实验,选取Q=Diag(1,64,256,0,0,0),R=0.2,则状态反馈矩阵F为:

```
V=[1 64 256 0 0 0];Q=diag(V,0);R=[0.2];
F=lqr(A,B,Q,R)
```

运行结果:

```
F=2.2361   106.6465   -155.4620   5.1719   4.9639   -24.5330
```

(4) 系统仿真。

建立二级倒立摆系统LQR控制Simulink仿真结构图如图14.3.2所示,二级倒立摆的状态空间模型及初始条件设置如图14.3.3所示,系统的单位阶跃响应曲线分别如图14.3.4、图14.3.5、图14.3.6、图14.3.7、图14.3.8、图14.3.9所示。

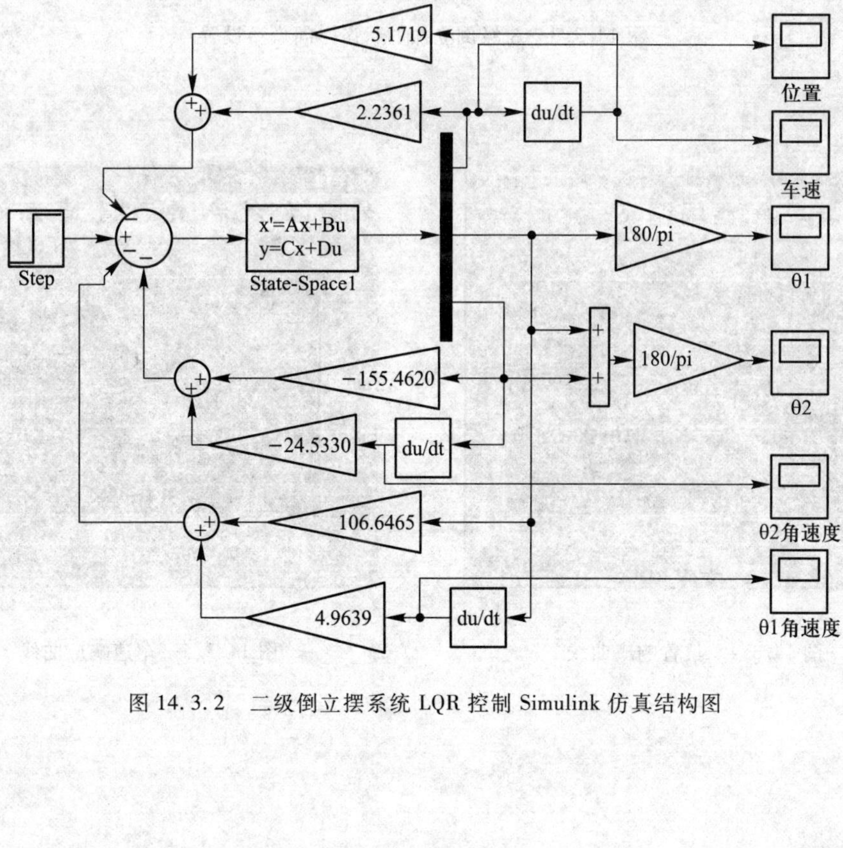

图14.3.2 二级倒立摆系统LQR控制Simulink仿真结构图

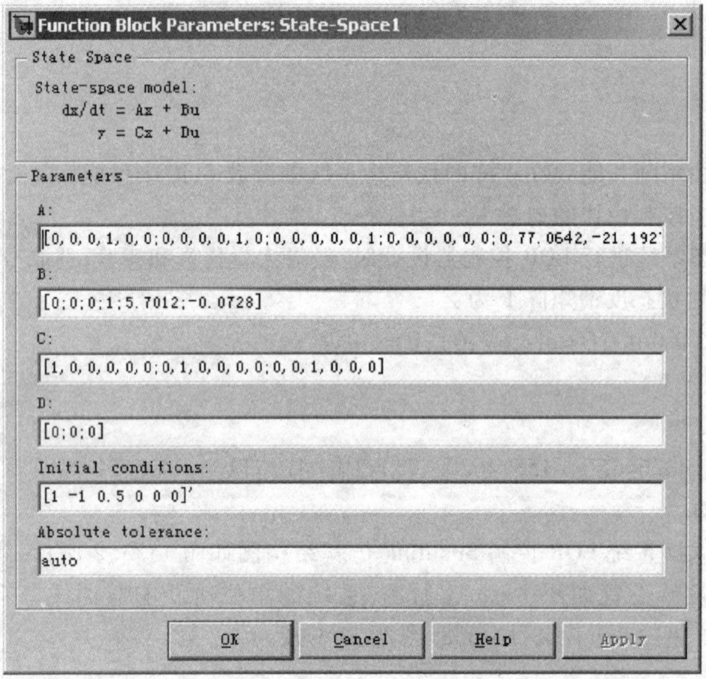

图 14.3.3 二级倒立摆的状态空间模型设置

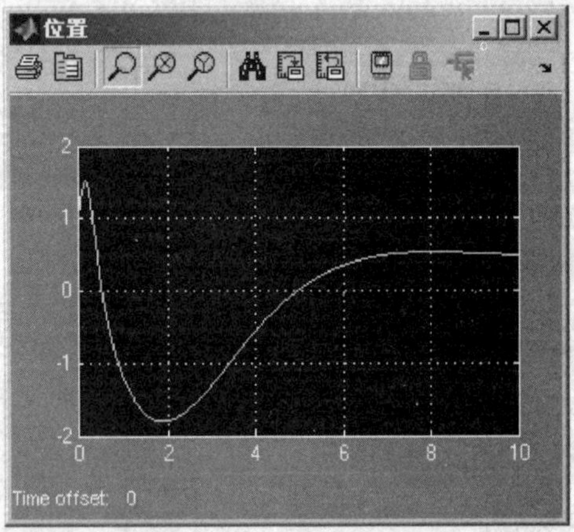

图 14.3.4 位置响应曲线

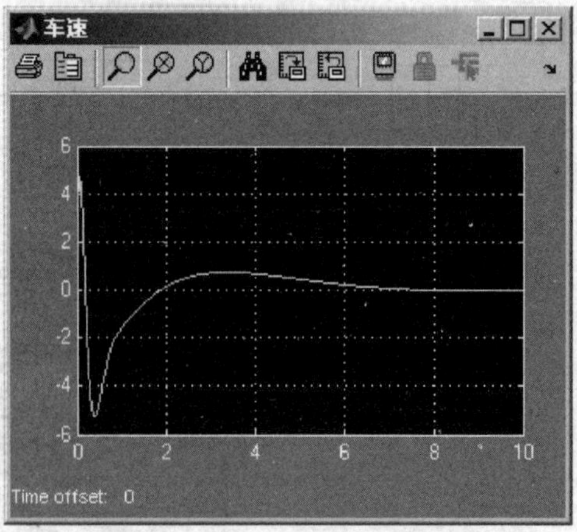

图 14.3.5 车速响应曲线

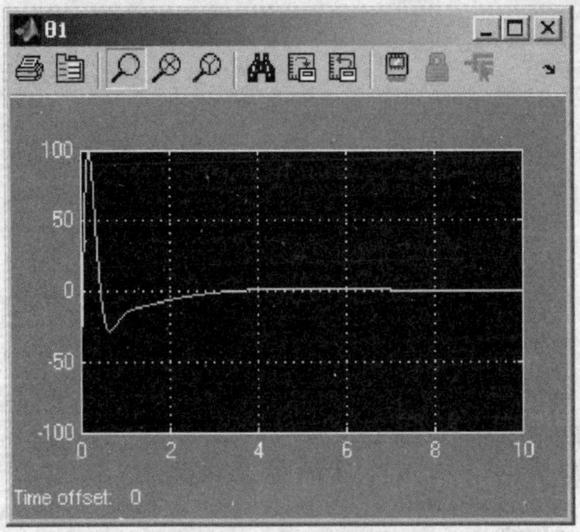

图 14.3.6　θ_1 响应曲线

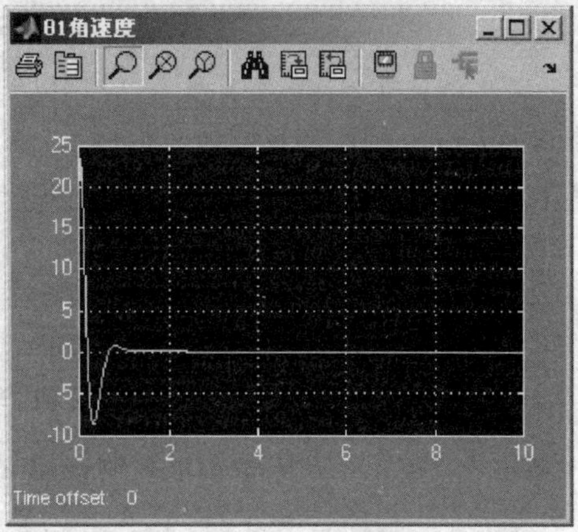

图 14.3.7　$\dot{\theta}_1$响应曲线

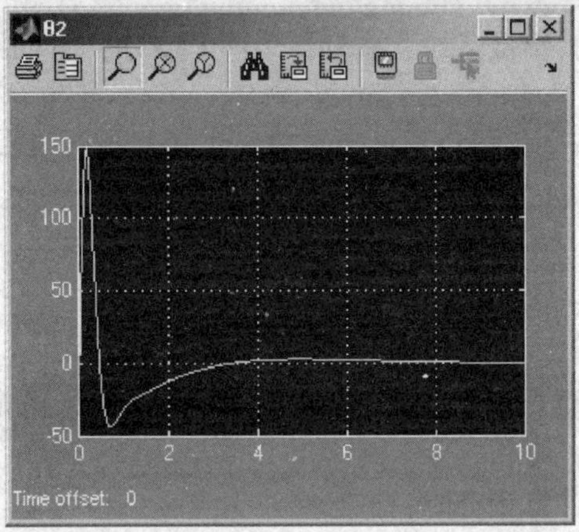

图 14.3.8　θ_2 响应曲线

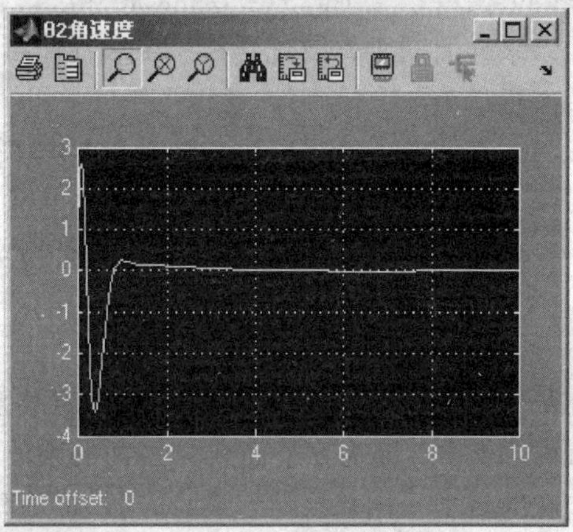

图 14.3.9　$\dot{\theta}_2$响应曲线

14.3.3　数字再设计

对于连续的控制对象设计数字控制器一般有两种方法：

(1) 应用连续系统理论得到连续的控制规律，然后再将控制规律离散化，用控制器实现。

(2) 将连续的控制对象离散化，用离散控制理论设计控制器参数。

所谓对连续控制系统进行数字再设计，就是根据连续系统及相应的控制规律如何重新设计对应的离散系统及相应的离散控制规律的问题。

1. 离散化模型建立

(1) 连续系统离散化法。

设线性连续系统为

$$\begin{aligned} \dot{x}(t) &= Ax(t)+Bu(t) \\ y(t) &= Cx(t) \end{aligned} \tag{14-44}$$

取控制为 $u=Fx$,则闭环系统为 $\dot{x}(t)=(A+BF)x(t)$,设采样周期为 T,将其离散化得

$$x(k+1)=\phi_c x(k) \tag{14-45}$$

其中,$\phi_c=e^{(A+BF)T}$。

(2) 离散系统法。

将式(14-44)的开环系统离散化得

$$x(k+1)=\phi x(k)+\Gamma u(k) \tag{14-46}$$

其中,$\phi=e^{AT}$,$\Gamma=\int_0^T e^{At}B\mathrm{d}t$,取离散控制规律 $u(k)=F(T)x(k)$,得闭环离散系统为

$$x(k+1)=\phi_c x(k) \tag{14-47}$$

其中,$\phi_c=\phi+\Gamma F(T)$。

(3) 离散系统 $F(T)$ 的 Taylor 展开法。

以采样周期 T 离散化受控系统和性能指标,可得离散系统状态反馈矩阵 $F(T)$ 的 Taylor 展开的一次近似为

$$F(T)=F[I+(A+BF)T/2] \tag{14-48}$$

(4) 双线性变换法。

设计数字控制系统时,在频域中用替换关系

$$s=\frac{2}{T}\frac{1-z^{-1}}{1+z^{-1}} \tag{14-49}$$

得到数字滤波器。其几何意义为:当用离散系统去逼近连续系统,若采用梯形面积计算积分时,那么式(14-49)即为 S 平面到 Z 平面的映射关系。

在时域中采用双线性变换,即用梯形面积近似计算积分时,有

$$\begin{aligned} \dot{x}(t) &\approx [x(k+1)-x(k)]/T \\ x(t) &\approx [x(k+1)+x(k)]/2 \\ u(t) &\approx u(k) \end{aligned} \tag{14-50}$$

将上式代入闭环系统,得

$$F(T)=F[I-(A+BF)T/2]^{-1} \tag{14-51}$$

2. 系统仿真

例 14.3.2 采用 14.3.2 节受控系统和 LQR 控制方式,设初始状态为 $x(0)=(1 \quad -1 \quad 0.5 \quad 0 \quad 0 \quad 0)^{\mathrm{T}}$,在相同采样周期 T 下应用数字再设计方法对二级倒立摆系统进行仿真,其中 $F(T)$ 分别取为:

(1) $F(T)=F_1(T)=F$

(2) $F(T)=F_2(T)=F[I+(A+BF)T/2]$

(3) $F(T)=F_3(T)=F[I-(A+BF)/2]^{-1}$

解:当 $T=0.013$ s 时,采用四种不同的离散化方法进行仿真,得到闭环离散系统的极点、$F(T)$ 值和状态 x1、x2、x3 的离散仿真曲线。

```
T=0.013;[G,H]=c2d(A-B*F,B,T);% 离散化方法(1)
p1=eig(G),x0=[1 -1 0.5 0 0 0]';
[y,x,t]=dinitial(G,B,C,D,x0);
t=0:0.1:(t-1)/10;
subplot(3,1,1),x1=[1,0,0,0,0,0]*x';plot(t,x1);grid;title('状态变量 x1 的响应曲线')
subplot(3,1,2),x2=[0,1,0,0,0,0]*x';plot(t,x2);grid;title('状态变量 x2 的响应曲线')
subplot(3,1,3),x3=[0,0,1,0,0,0]*x';plot(t,x3);grid;title('状态变量 x3 的响应曲线')
```

运行结果如下,仿真曲线如图 14.3.10 所示。

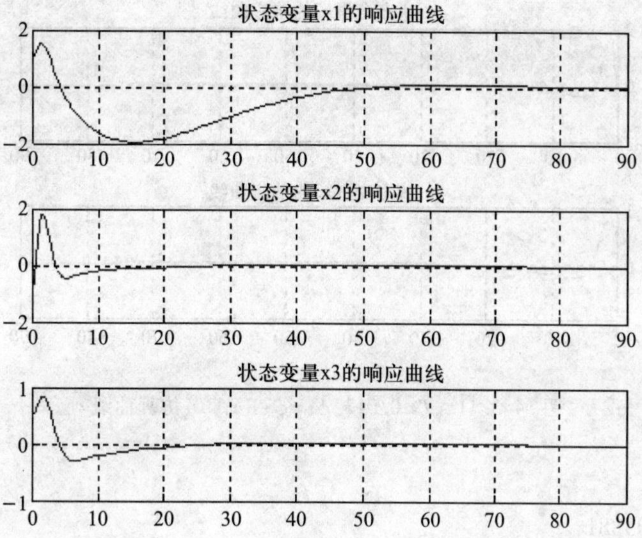

图 14.3.10 $T=0.013,\phi_c=e^{(A+BF)T}$ 仿真曲线

```
p1 =
    0.8647+0.0473i
    0.8647-0.0473i
    0.9224+0.0618i
    0.9224-0.0618i
    0.9932+0.0066i
    0.9932-0.0066i
[Ad,B]=c2d(A,B,T);% 离散化方法(2)
```

```
Ad=Ad-B * F;p2=eig(Ad)
[y,x,t]=dinitial(Ad,B,C,D,x0);t=0:0.1:(t-1)/10;
subplot(3,1,1),x1=[1,0,0,0,0,0] * x';plot(t,x1);grid;title('状态变量 x1 的响应曲线')
subplot(3,1,2),x2=[0,1,0,0,0,0] * x';plot(t,x2);grid;title('状态变量 x2 的响应曲线')
subplot(3,1,3),x3=[0,0,1,0,0,0] * x';plot(t,x3);grid;title('状态变量 x3 的响应曲线')
```

运行结果如下,仿真曲线如图 14.3.11 所示。

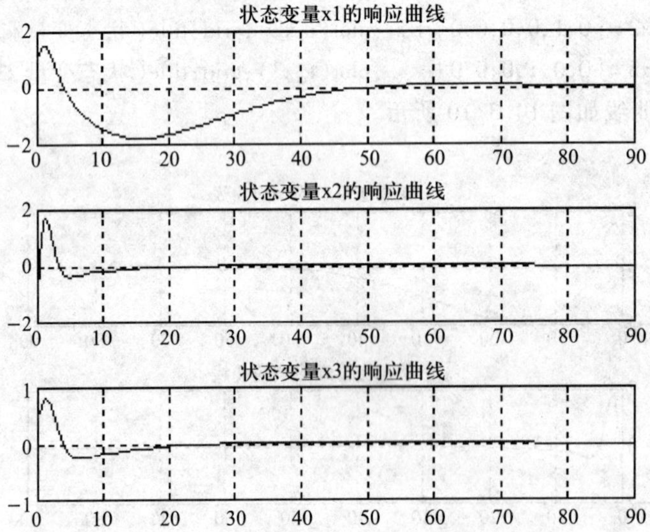

图 14.3.11 $T=0.013, \phi_c=\phi+\Gamma F_1(T)$ 仿真曲线

```
p2 =
    0.8349+0.0388i
    0.8349-0.0388i
    0.9247+0.0561i
    0.9247-0.0561i
    0.9932+0.0066i
    0.9932-0.0066i
P=(A-B * F) * T/2;
F2=F * (eye(size(P))+P)% 离散化方法(3)
Ad=[Add-B * F2];p3=eig(Ad)
[y,x,t]=dinitial(Ad,B,C,D,x0);t=0:0.1:(t-1)/10;
subplot(3,1,1),x1=[1,0,0,0,0,0] * x';plot(t,x1);grid;title('状态变量 x1 的响应曲线')
subplot(3,1,2),x2=[0,1,0,0,0,0] * x';plot(t,x2);grid;title('状态变量 x2 的响应曲线')
```

subplot(3,1,3),x3=[0,0,1,0,0,0] * x';plot(t,x3);grid;title('状态变量 x3 的响应曲线')

运行结果如下,仿真曲线如图 14.3.12 所示。

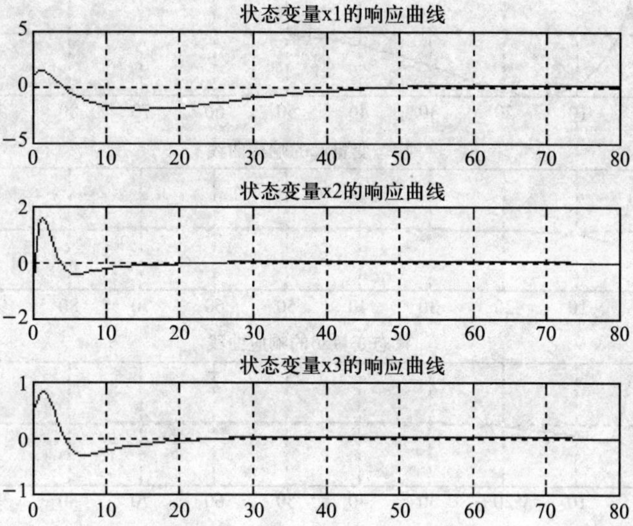

图 14.3.12 $T=0.013,\phi_c=\phi+\Gamma F_2(T)$ 仿真曲线

```
F2 =
    1.7236   90.8365   -126.5481   4.0012   4.5195   -19.9211
p3 =
    0.8676+0.0465i
    0.8676-0.0465i
    0.9224+0.0627i
    0.9224-0.0627i
    0.9932+0.0066i
    0.9932-0.0066i
P=(A-B * F) * T/2;% 离散化方法(4)
F3=F * (eye(size(P))-P)^-1
Ad=[Add-B * F3];p=eig(Ad)
[y,x,t]=dinitial(Ad,B,C,D,x0);t=0:0.1:(t-1)/10;
subplot(3,1,1),x1=[1,0,0,0,0,0] * x';plot(t,x1);grid;title('状态变量 x1 的响应曲线')
subplot(3,1,2),x2=[0,1,0,0,0,0] * x';plot(t,x2);grid;title('状态变量 x2 的响应曲线')
subplot(3,1,3),x3=[0,0,1,0,0,0] * x';plot(t,x3);grid;title('状态变量 x3 的响应曲线')
```

运行结果如下,仿真曲线如图 14.3.13 所示。

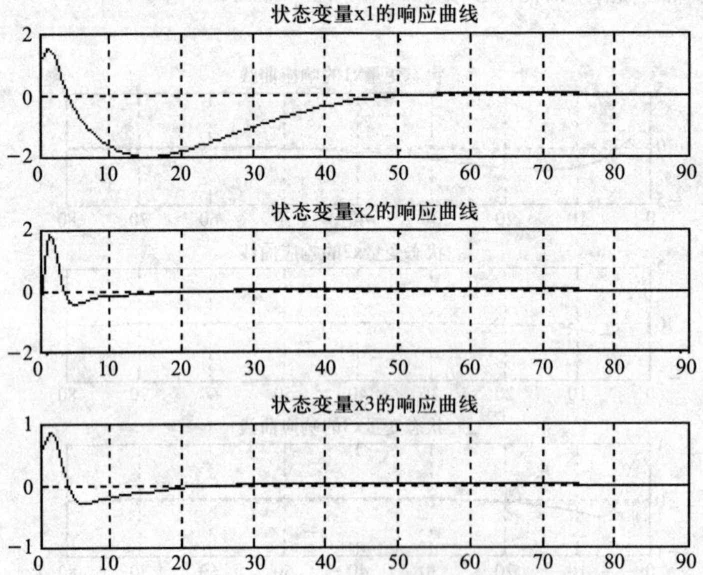

图 14.3.13 $T=0.013, \phi_c=\phi+\Gamma F_3(T)$ 仿真曲线

```
F3 =
    1.7779   92.1683   -129.2365   4.1238   4.5459   -20.3464
p4 =
    0.8655+0.0476i
    0.8655-0.0476i
    0.9222+0.0622i
    0.9222-0.0622i
    0.9932+0.0066i
    0.9932-0.0066i
```

由四种离散化方法得到的状态 x1、x2、x3 的仿真曲线可以看出:在 $F(T)$ 分别取 $F_1(T)$, $F_2(T)$, $F_3(T)$ 构成闭环离散系统时仿真曲线基本一致,闭环极点也基本相同,当 $F(T)=F_3(T)$ 时,用 $\phi_c=\phi+\Gamma F(T)$ 代替 $\phi_c=e^{(A+BF)T}$ 构成闭环系统,使得闭环极点精度相当好。

当 $T=0.07$ s 时,重新运行上述程序,得到运行结果如下,仿真曲线分别如图 14.3.14、图 14.3.15、图 14.3.16、图 14.3.17 所示。

```
F2 =
    -0.5233   21.5158   0.2283   -1.1321   2.5709   0.3004
F3 =
```

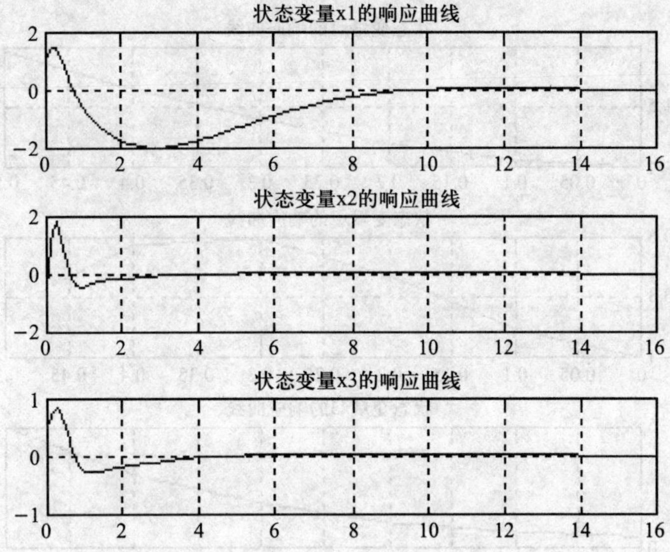

图 14.3.14 $T=0.07, \phi_c=e^{(A+BF)T}$仿真曲线

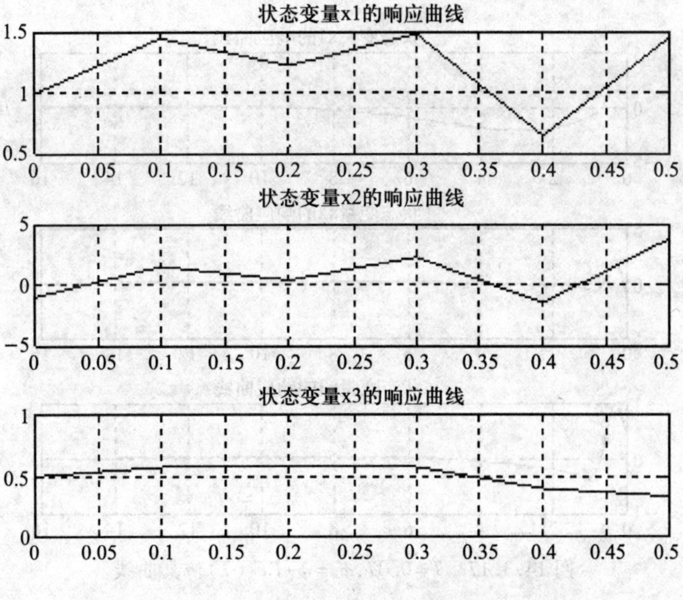

图 14.3.15 $T=0.07, \phi_c=\phi+\Gamma F_1(T)$仿真曲线

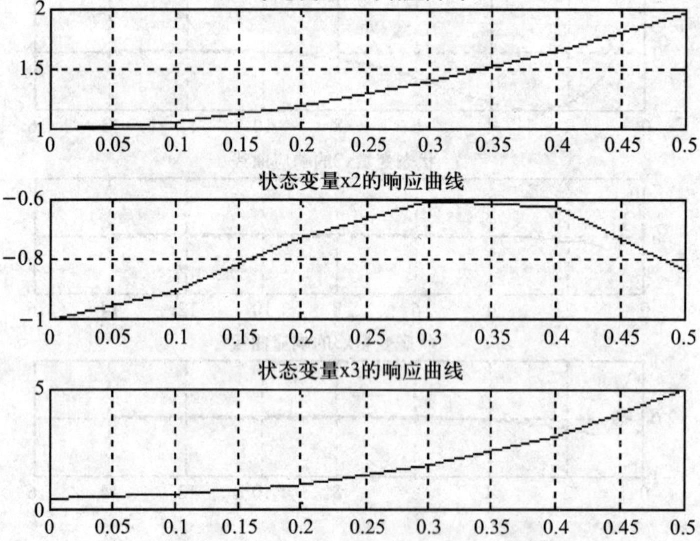

图 14.3.16　$T=0.07,\phi_c=\phi+\Gamma F_2(T)$仿真曲线

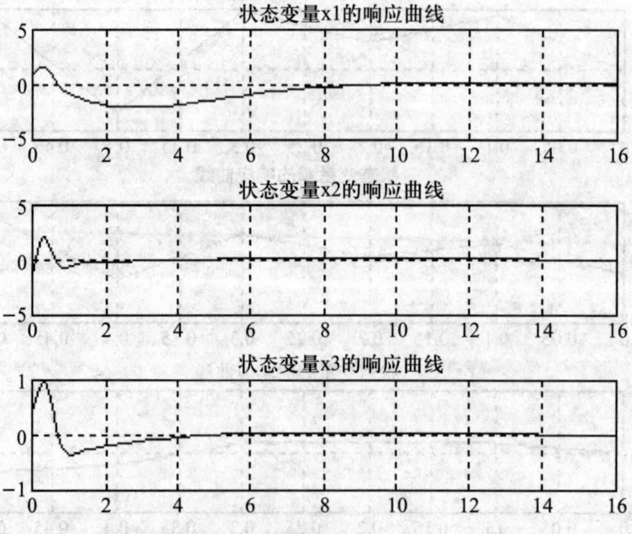

图 14.3.17　$T=0.07,\phi_c=\phi+\Gamma F_3(T)$仿真曲线

```
    0.6369   51.2148   -58.6229   1.4954   3.2064   -9.0394
p1 =
    0.4410+0.1336i
    0.4410-0.1336i
    0.6133+0.2309i
    0.6133-0.2309i
    0.9635+0.0344i
    0.9635-0.0344i
p2 =
   -1.6200
     0.4446
     0.6537+0.1930i
     0.6537-0.1930i
     0.9634+0.0345i
     0.9634-0.0345i
p3 =
    1.5961
    0.4379
    0.6521+0.1966i
    0.6521-0.1966i
    0.9634+0.0345i
    0.9634-0.0345i
p4 =
    0.5960+0.3519i
    0.5960-0.3519i
    0.5336+0.1127i
    0.5336-0.1127i
    0.9636+0.0342i
    0.9636-0.0342i
```

由图 14.3.15、图 14.3.16 中状态 x1,x2,x3 的仿真曲线可以看到：当 $F(T)$ 取 $F_1(T)$ 或 $F_2(T)$ 构成闭环离散系统时，仿真曲线已经发散，系统变得不稳定了，而用 $F(T)=F_3(T)$ 构成闭环离散系统时，图 14.3.17 与图 14.3.14 的曲线基本一致，并且相应的闭环极点仍保持一定的精度。

从两次仿真结果可知，当采样时间很小时，人们通常用连续系统的状态反馈矩阵 F 构成闭环离散化系统，这没有多大问题。但是随着采样时间的增大，仍采取这种方法，则闭环系统的状态响应变坏，甚至出现不稳定现象。这时应用闭环系统离散化的状态矩阵 $F(T)=$

$F[I-(A+BF)T/2]^{-1}$作为状态反馈矩阵构成离散化的闭环系统才是一种即简单而又具有较高精度的方法。

14.4　双闭环调速系统的设计与仿真

14.4.1　系统建模

建立调速系统的微分方程式，即描述系统动态物理规律的数学模型。

1. 电动机数学模型

他励直流电动机的回路电压和转矩平衡的微分方程为

$$U_{d0}=RI_d+L\frac{dI_d}{dt}+E \tag{14-52}$$

$$T_e-T_L=\frac{GD^2}{375}\cdot\frac{dn}{dt} \tag{14-53}$$

对上述两式进行拉普拉斯变换后，得到电动机的数学模型如图 14.4.1 所示。其中，$T_1=\frac{L}{R}$为电枢回路电磁时间常数，$T_m=\frac{GD^2R}{375C_eC_m}$为电机系统机电时间常数。

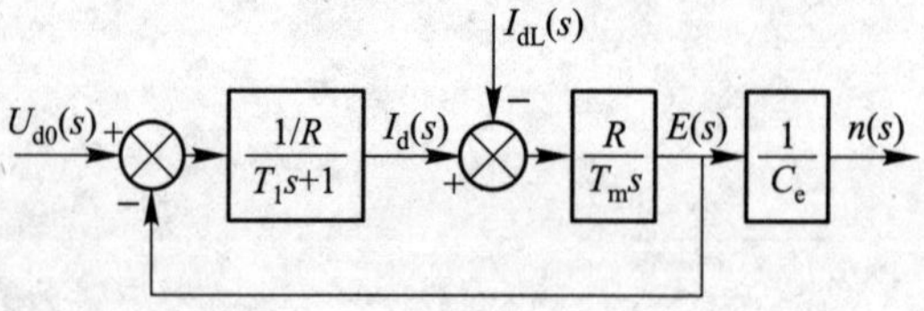

图 14.4.1　直流电动机的数学模型

2. 晶闸管整流装置的数学模型

晶闸管触发与整流装置可以看成是一个具有纯滞后的放大环节，其滞后作用是由晶闸管装置的失控时间引起的，考虑到失控时间很小，忽略其高次项，则其传递函数可近似成一阶惯性环节

$$\frac{U_{d0}(s)}{U_{ct}(s)}\approx\frac{K}{T_ss+1} \tag{14-54}$$

3. 双闭环调速系统的数学模型

比例放大器，测速发电机和电流互感器的响应通常都可以认为是瞬时的，但是在电流和转速的检测信号中常含有交流分量（噪声），故在反馈通道和给定信号前均加入滤波环节。根据以上分析，可得双闭环直流调速系统的动态结构图，如图 14.4.2 所示。

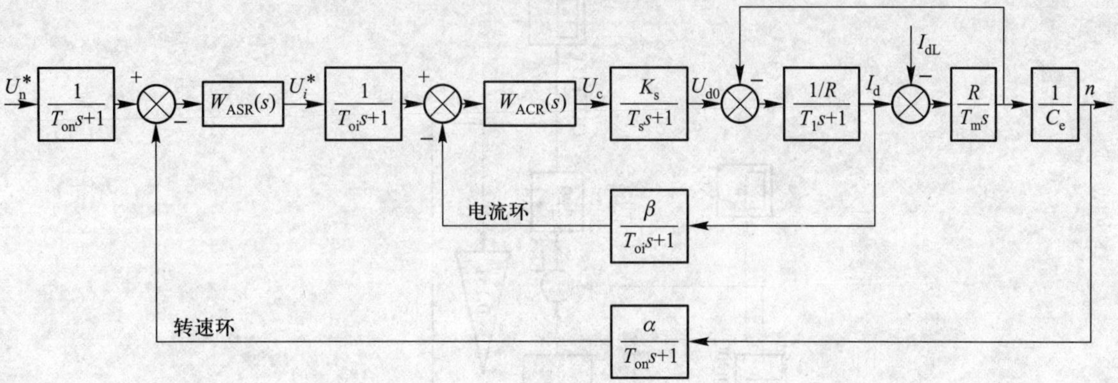

图 14.4.2　双闭环调速系统的动态结构图

14.4.2　控制器设计

双闭环调速系统的电流调节器和转速调节器即 ASR 和 ACR,一般均采用 PI 调节器。

电流调节器

$$W_{ACR}(s)=K_i\frac{\tau_i s+1}{\tau_i s} \tag{14-55}$$

其中,取 $\tau_i=T_l$,$K_I=\frac{1}{2T_{\sum i}}$,$T_{\sum i}=T_s+T_{oi}$,$K_i=\frac{K_I\tau_i R}{K_s\beta}$

转速调节器

$$W_{ASR}(s)=K_n\frac{\tau_n s+1}{\tau_n s} \tag{14-56}$$

其中,取 $\tau_n=5\times T_{\sum n}$,$T_{\sum n}=2T_{\sum i}+T_{on}$,$K_n=\frac{(h+1)\beta C_e T_m}{2haRT_{\sum n}}$。

经过如上设计的双闭环调速系统电动机启动过程中的超调量为 4.3%,转速的超调量为 8.3%。

14.4.3　系统仿真

例 14.4.1　调速系统中采用三相桥式晶闸管整流装置,直流电动机:220 V,13.6 A,1 480 r/min,C_e=0.131 V/(r/min),允许过载倍数 λ=1.5;晶闸管装置:K_s=76;电枢回路总电阻:R=6.58 Ω;时间常数:T_l=0.018 s,T_m=0.25 s,反馈系数:α=0.003 37 V/(r/min),β=0.4 V/A;反馈滤波时间常数:T_{oi}=0.005 s,T_{on}=0.005 s,对系统进行仿真。

解:建立如图 14.4.3 所示系统的 Simulink 结构图,考虑到非线性饱和的影响,依据经验,对 ASR 与 ACR 的参数在理论设计的基础上作适当的调整。

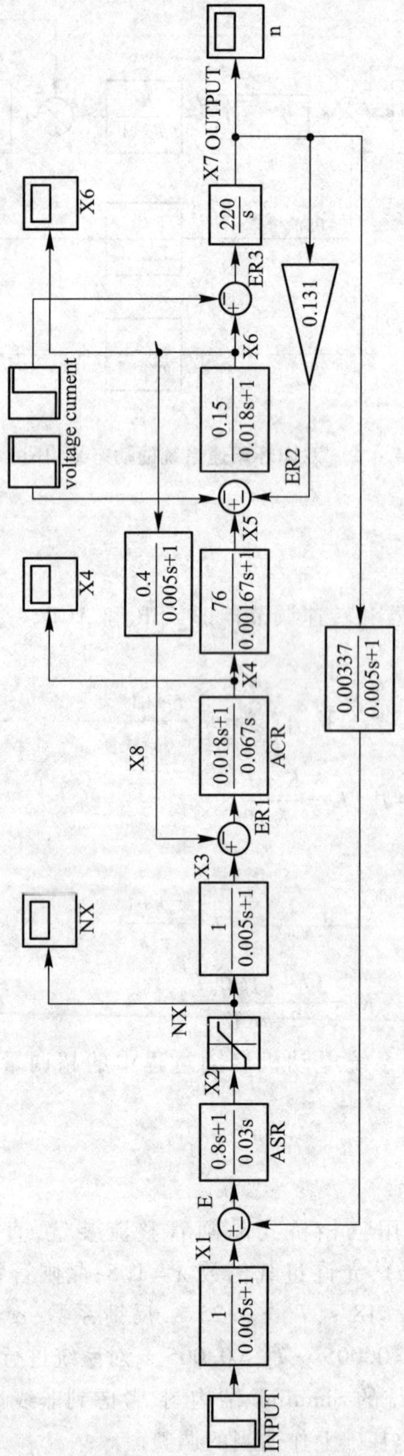

图 14.4.3　双闭环调速系统动态结构图

```
figure(1)
plotyy(tout,NX(:,2),tout,n(:,2)),grid
xlabel('t/s'),ylabel('ASR 输出/V')
gtext('转速'),gtext('ASR 输出')
figure(2)
plotyy(tout,X4(:,2),tout,n(:,2)),grid
xlabel('t/s'),ylabel('ACR 输出/V')
gtext('转速'),gtext('ACR 输出')
figure(3)
plotyy(tout,X6(:,2),tout,n(:,2)),grid
xlabel('t/s'),ylabel('电动机电流 Id/A')
gtext('转速'),gtext('电动机电流')
```

系统 ASR 的输出与电动机转速、ACR 的输出与电动机转速、电动机电流与电动机转速在启动过程中的动态特性分别如图 14.4.4、图 14.4.5、图 14.4.6 所示。

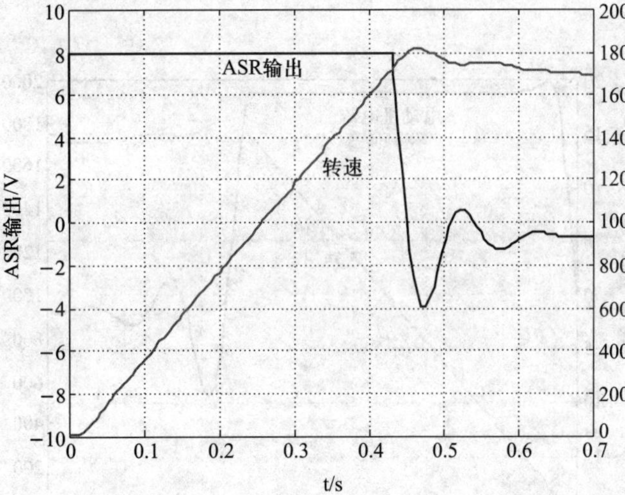

图 14.4.4 ASR 的输出特性及电动机转速

由仿真结果可知：

(1) ASR 从启动到稳态运行的过程中，经历了两个状态，即饱和限幅输出与线性调节状态。ACR 从启动到稳态运行的过程中只工作在一种状态，即线性调节状态。电动机起动特性已十分接近理想特性，所以，该系统对于启动特性来说，以达到预期目的。

(2) 对于系统性能指标来说，启动过程中电流的超调量和转速的超调量这一指标与理论最佳设计尚有一定的差距，尤其是转速的超调量略高一些。

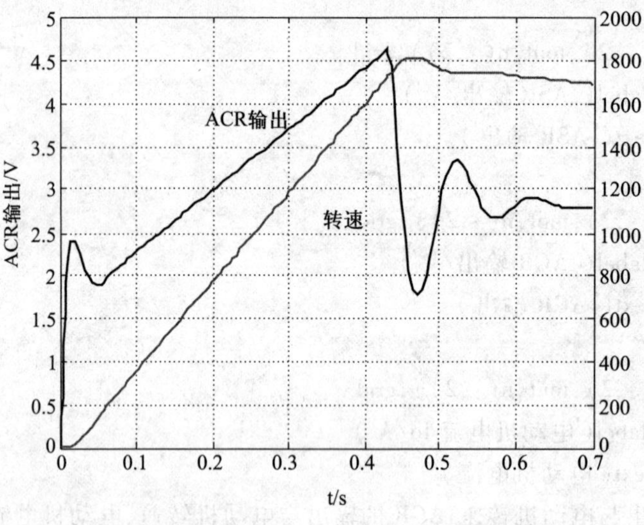

图 14.4.5　ACR 的输出特性及电动机转速

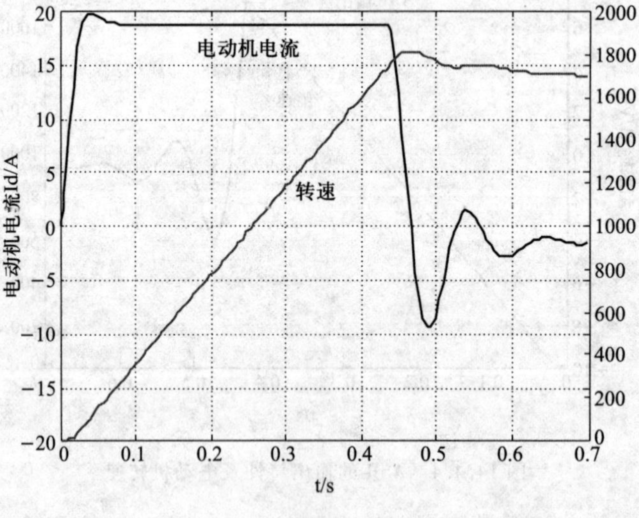

图 14.4.6　电动机的电流特性及电动机转速

14.5　过程控制系统的仿真

过程控制广泛应用于各种工业控制之中，如在制碱工业、化肥工业、建筑材料工业、石化工业、染料工业等都有应用。本节仅以燃油蒸汽锅炉为例说明过程控制系统中具有一定普遍性的控制问题。

燃油蒸汽锅炉的燃烧控制系统主要由三个子系统构成：蒸汽压力控制系统、燃料空气比值控制系统和炉膛负压控制系统。

14.5.1 系统建模

燃烧过程控制系统的方框图如图 14.5.1 所示。

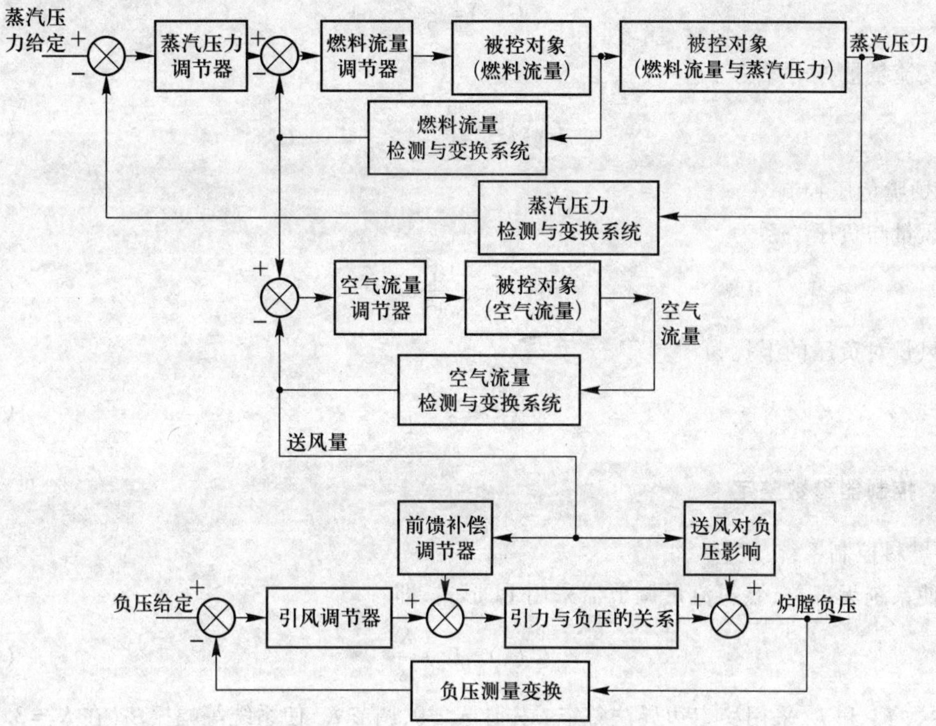

图 14.5.1 燃烧过程控制系统框图

1. 燃烧炉蒸汽压力控制和燃料空气比值控制

燃料流量被控对象为

$$G(s)=\frac{2}{13s+1}e^{-3s} \tag{14-57}$$

燃料流量至蒸汽压力关系为

$$G(s)=3 \tag{14-58}$$

蒸汽压力至燃料流量关系为

$$G(s)=\frac{1}{3} \tag{14-59}$$

蒸汽压力检测变换系统数学模型为

$$G(s)=1 \tag{14-60}$$

燃料流量检测变换系统数学模型为

$$G(s)=1 \tag{14-61}$$

燃料流量至控制流量比值为

$$G(s)=\frac{1}{2} \tag{14-62}$$

空气流量被控对象为

$$G(s)=\frac{3}{11s+1}\mathrm{e}^{-2s} \tag{14-63}$$

2. 炉膛负压控制

引风量与负压关系为

$$G(s)=\frac{10}{7s+1}\mathrm{e}^{-s} \tag{14-64}$$

送风量对负压的干扰为

$$G(s)=\frac{2}{3s+1} \tag{14-65}$$

14.5.2 控制器参数整定

1. 燃料控制系统

为使系统无静差,燃料流量调节器采用 PI 形式,即

$$G_c(s)=K_p+\frac{K_i}{s} \tag{14-66}$$

其中,参数 K_p 和 K_i 采用稳定边界法整定。先让 $K_i=0$,调节 K_p 使系统等幅振荡(在 $K_p=3.72$ 附近时系统振荡),即系统临界稳定状态,系统临界振荡仿真 Simulink 结构图如图 14.5.2 所示,振荡响应曲线如图 14.5.3 所示。

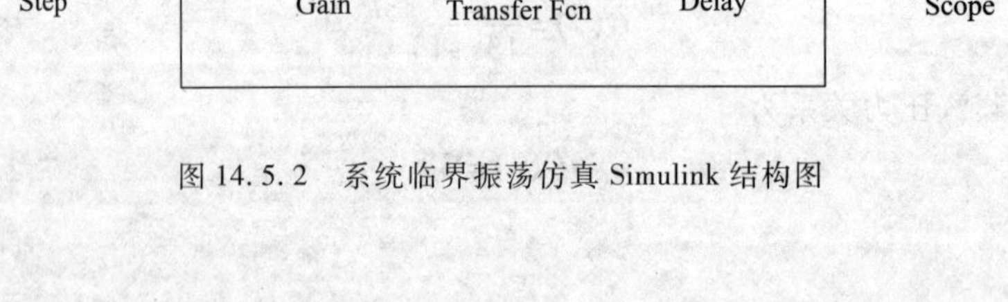

图 14.5.2 系统临界振荡仿真 Simulink 结构图

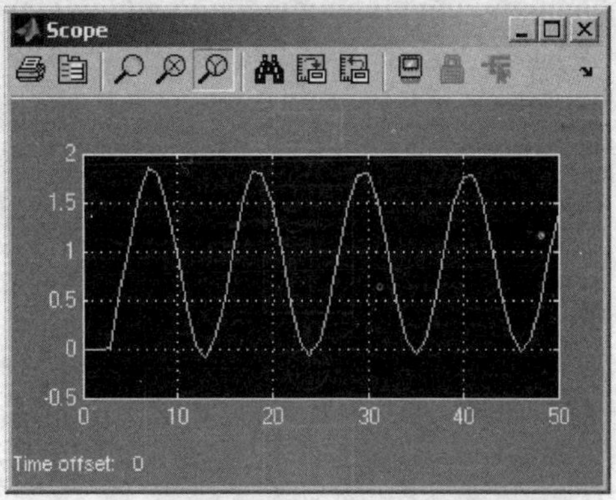

图 14.5.3　系统振荡响应曲线

得到振荡周期 $T_{cr}=11$ s 和比例系数 $K_{cr}\approx 3.8$，则 $K_p=\dfrac{K_{cr}}{2.2}=1.73$，$K_i=\dfrac{K_p}{0.85T_{cr}}=0.18$。

在 $K_p=1.73$，$K_i=0.18$ 的基础上，对 PI 参数进一步整定，燃料流量闭环控制系统的 Simulink 仿真结构图如图 14.5.4 所示，其中 PI 子系统的结构如图 14.5.5 所示，系统的阶跃响应曲线如图 14.5.6 所示，则系统的超调量约为 10%。

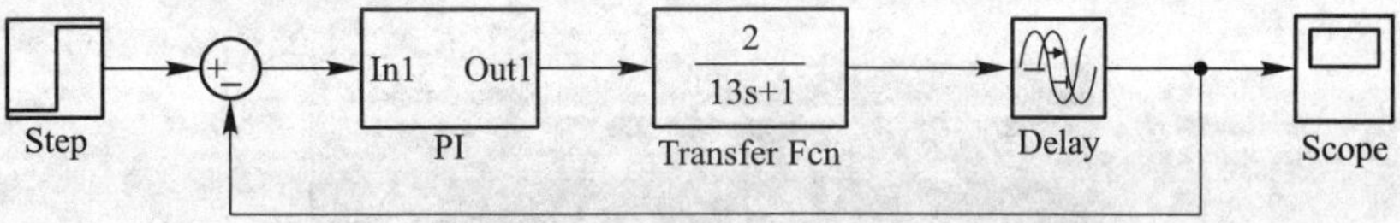

图 14.5.4　燃料流量闭环控制系统 Simulink 结构图

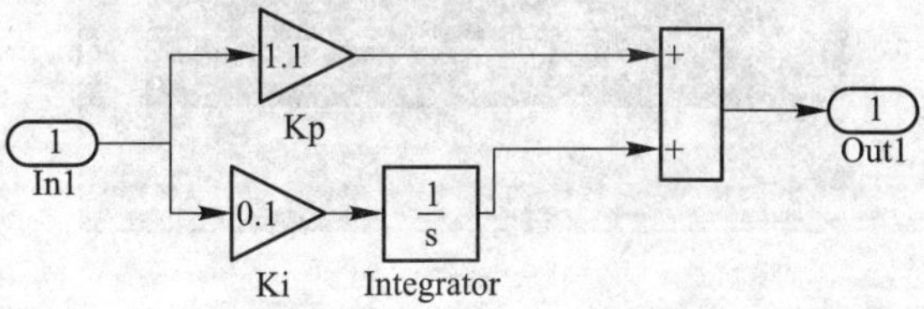

图 14.5.5　PI 子系统结构图

2. 蒸汽压力控制系统

在燃料流量控制系统整定的基础上，采用试凑法整定压力控制系统参数。系统参数整定的 Simulink 结构图如图 14.5.7 所示。当 $K_p=1$，$K_i=0$ 时，仿真结果如图 14.5.8 所示。

由图 14.5.8 可知，系统的超调量约为 25%。此时系统调节器最简单，工程上系统响应速度

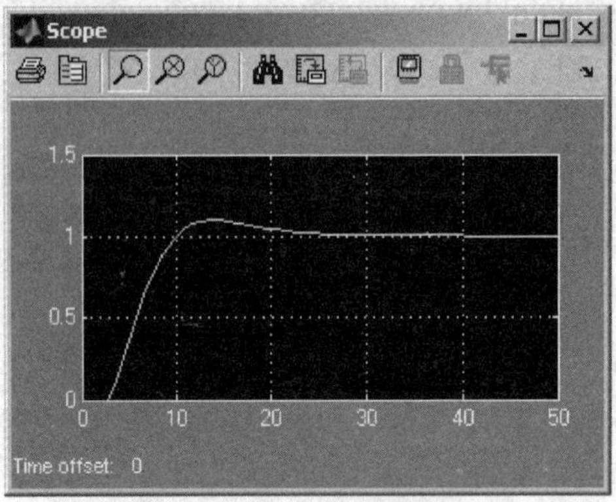

图 14.5.6　燃料流量闭环控制系统单位阶跃输入响应曲线

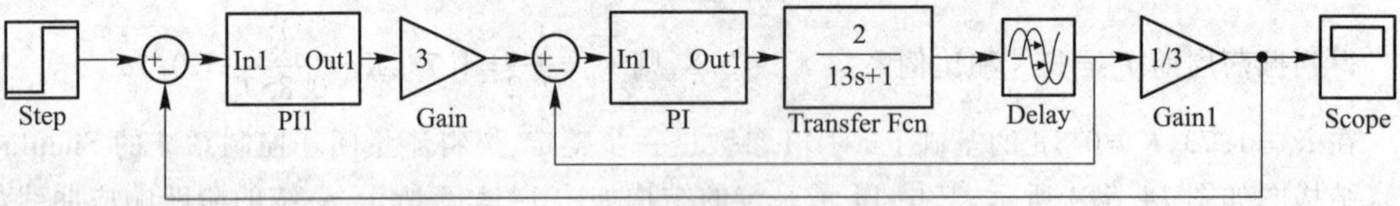

图 14.5.7　蒸汽压力控制系统参数整定 Simulink 结构图

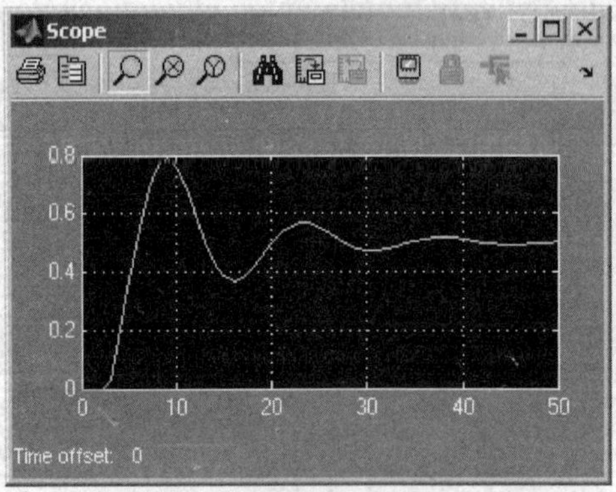

图 14.5.8　蒸汽压力控制系统阶跃响应曲线

和稳定程度都较好。

3. 空气流量控制系统

空气流量控制系统的整定方法和燃料流量控制参数整定方法类似，当 $K_p=0.08$，$K_i=0.05$ 时，系统的 Simulink 结构图如图 14.5.9 所示，其阶跃响应曲线如图 14.5.10 所示，系统的超调量约为 25%。

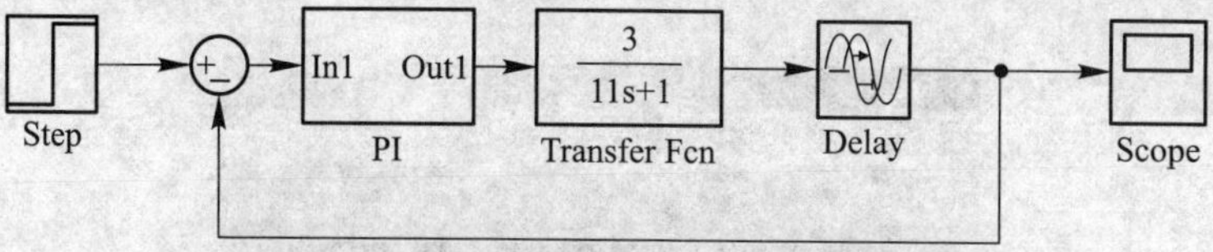

图 14.5.9 空气流量控制系统参数整定的 Simulink 结构图

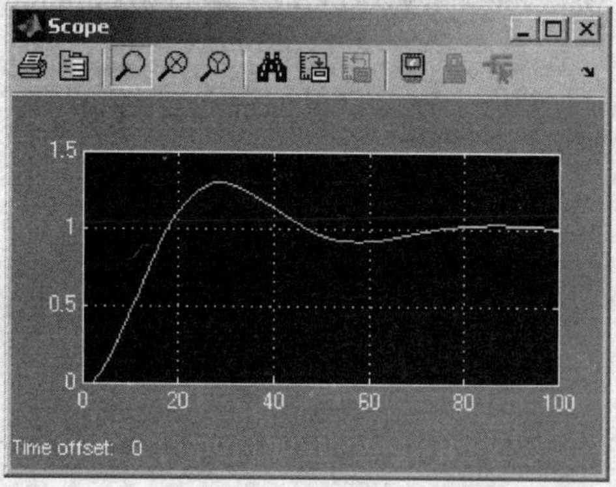

图 14.5.10 系统仿真曲线

4. 负压控制系统

负压控制系统的整定方法和燃料流量控制参数整定方法类似，当 $K_p=0.08$，$K_i=0.04$ 时，系统的 Simulink 结构图如图 14.5.11 所示，其阶跃响应曲线如图 14.5.12 所示，系统的超调量约为 25%。

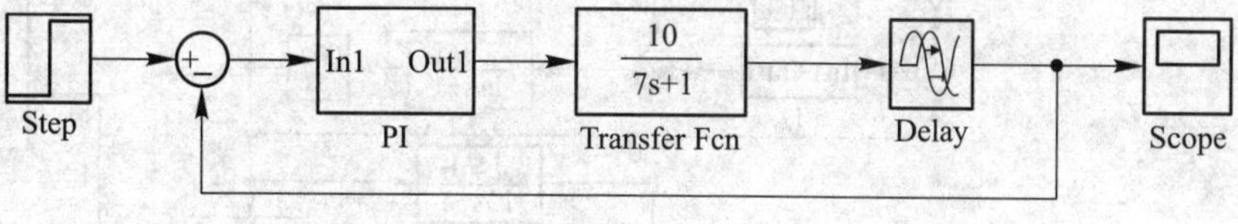

图 14.5.11 负压控制系统参数整定的 Simulink 结构图

5. 负压控制系统前馈补偿整定

采用动态前馈整定，其前馈补偿函数为

$$G(s)=\frac{7s+1}{15s+5} \tag{14-67}$$

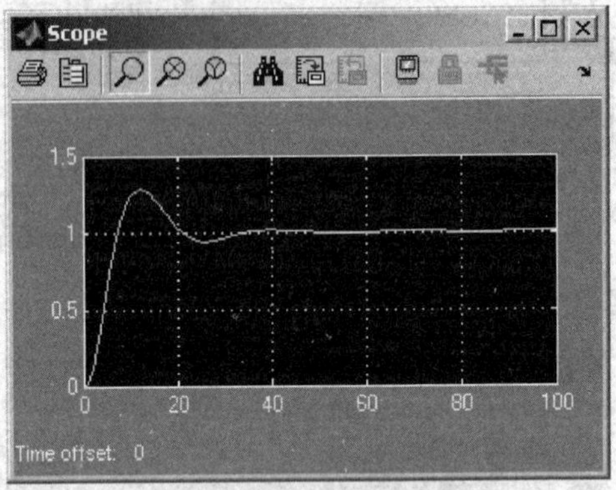

图 14.5.12 系统仿真曲线

14.5.3 系统仿真

例 14.5.1 设蒸汽压力设定值为 10,炉膛负压设定值为 5,系统受幅值±0.1 的随机干扰,对燃烧炉控制系统进行仿真。

解:系统的 Simulink 结构图如图 14.5.13 所示,系统仿真曲线如图 14.5.14 所示。

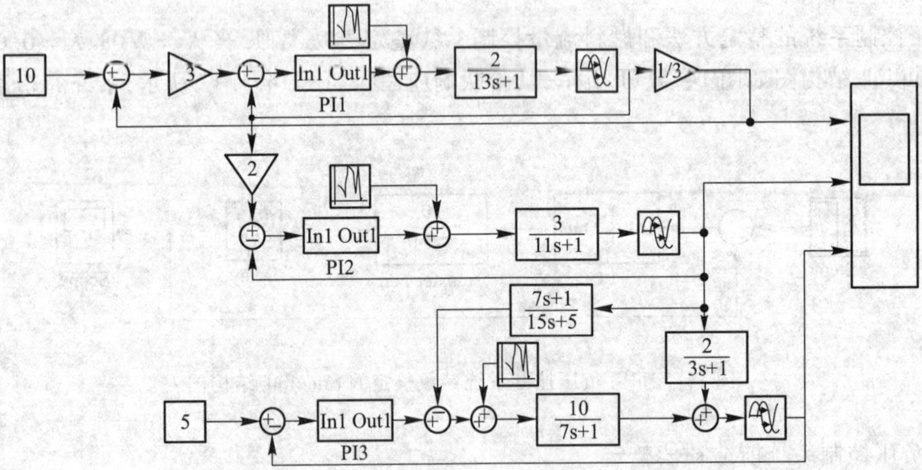

图 14.5.13 燃烧炉控制系统 Simulink 结构图

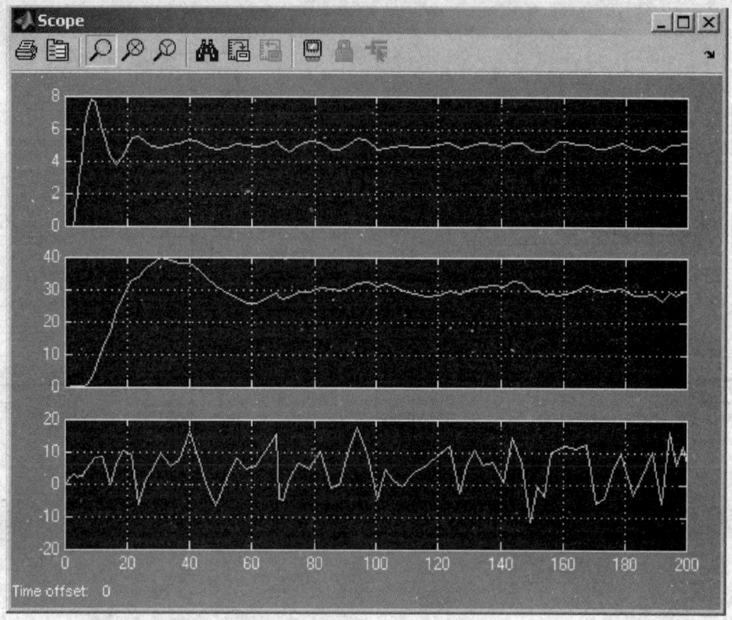

图 14.5.14　燃烧炉控制系统仿真曲线

小　结

本章通过选择一级倒立摆、二级倒立摆、双闭环调速、过程控制等典型控制系统，从数学模型建立、系统分析、系统设计以及系统仿真全方位、详细地介绍了控制系统建模与仿真的过程及控制方法，并引入控制系统工程设计经验和多年从事控制系统仿真的经验，使我们在前述章节循序渐进地学习控制系统建模、仿真的基础上，能够从应用的角度更深入地、系统地掌握基于 MATLAB 的控制系统建模、仿真和设计的全过程。

习　题

14.1　起重机广泛用于现代工厂，安装工地和集装箱货场以及室内外仓库的装卸与运输作业。起重机采用柔性体代替刚体工作，需要研究吊车的防摆控制。试对题图 14.1 所示龙门起重机运动控制系统进行建模、仿真及控制设计。

14.2　针对工业过程控制领域中的液位控制系统如题图 14.2 所示，进行系统建模、仿真及控制设计。

14.3　旋转倒立摆系统如题图 14.3 所示，试对旋转倒立摆进行系统建模与仿真，并通过控制使“自由旋转摆”垂直倒立（即 $\theta_1=\theta_2\approx 0$）或实现在平面作适当移动（即 $\theta_1=c,\theta_2\approx 0$）。

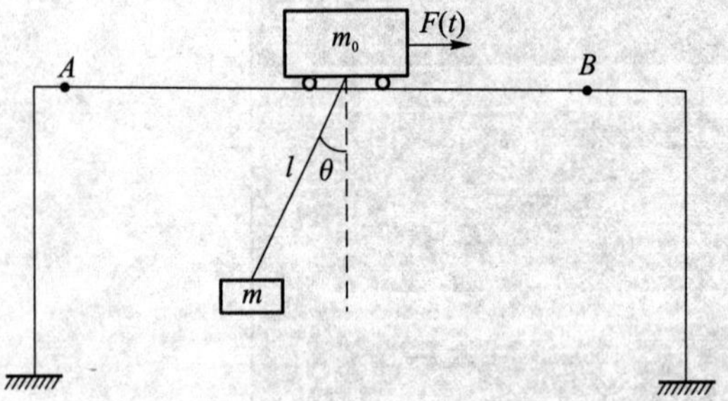

题图 14.1　龙门起重机运动控制系统示意图

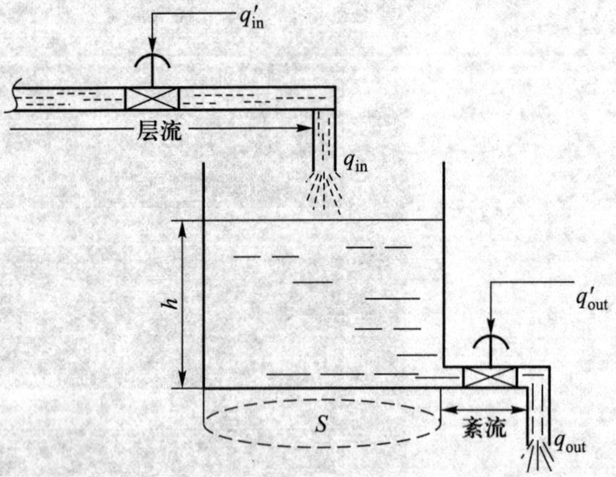

题图 14.2　液位控制系统示意图

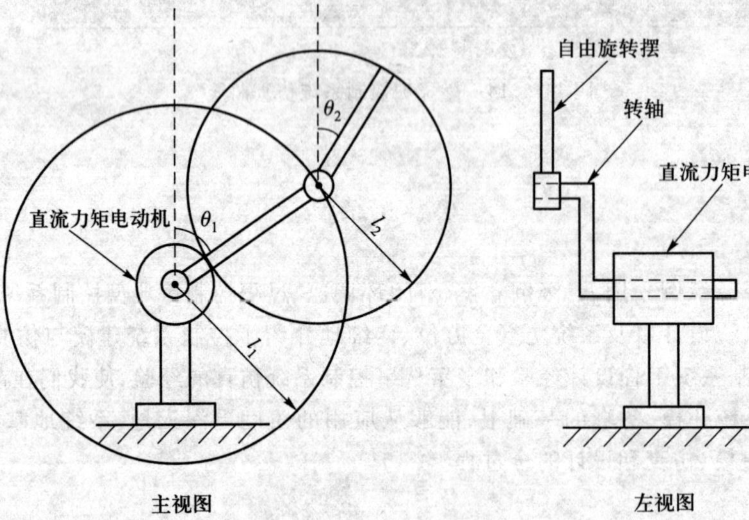

题图 14.3　旋转倒立摆系统示意图

第十五章　机器人控制系统建模与仿真应用

15.1　机器人工具箱

机器人工具箱(Robotics Toolbook for Matlab)中包含了许多有关机器人建模、仿真和控制的函数和类,对于研究机器人系统具有非常强的实用性,本书主要针对该工具箱中如下两种机器人进行分析和研究:

(1) 机械臂机器人,可以创建任意的串联式机械臂,并提供了计算机械臂正向和逆向运动学及动力学的函数。同时还包含对向量的数据类型进行操作及转换的函数、齐次变换函数、三角和矩阵指数函数以及单位四元数等,这些对于描述刚体二维、三维位置和姿态非常有用。

(2) 移动机器人,包含轮式移动机器人和四旋翼直升机模型,提供了用于机器人的路径规划、定位的标准算法和控制器。

机器人工具箱由澳大利亚昆士兰大学机器人与控制专业 Peter Corke 教授提供,可在 http://www.petercorke.com/RVC 免费获取,并在相对应的 MATLAB 版本下安装和使用。

15.1.1　rvctools 工具箱安装方法

1. 将 rvctools 压缩包解压缩,然后放到你电脑中 MATLAB 程序安装目录下的 toolbox 文件夹下,如 C:\MATLAB7\toolbox。

2. 点击 MATLAB 主界面的 File 菜单下的【Set Path】,打开路径设置界面如图 15.1.1 所示,点击【Add Folder】进入如图 15.1.2 所示界面,在 MATLAB 安装路径的 toolbox 中找到 rvctools 文件夹,点击【确定】返回图 15.1.1 查看是否已包含 C:\MATLAB7\toolbox\rvctools 记录,然后点击【Save】后退出。

3. 在 MATLAB 主界面的命令行输入

```
>>startup_rvc
```

进行机器人工具箱的安装,在命令窗口显示如下内容即为机器人工具箱安装成功。

```
Robotics,Vision & Control:(c)Peter Corke 1992-2011 http://www.petercorke.com
-Robotics Toolbox for Matlab (release 9.7)
```

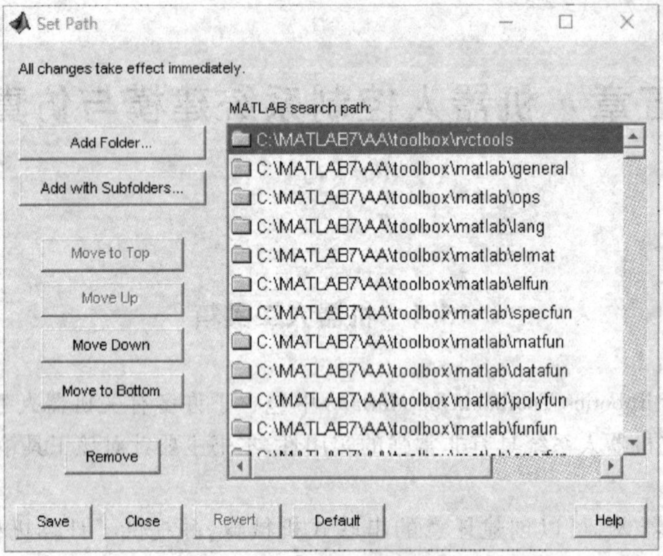

图 15.1.1　路径设置界面

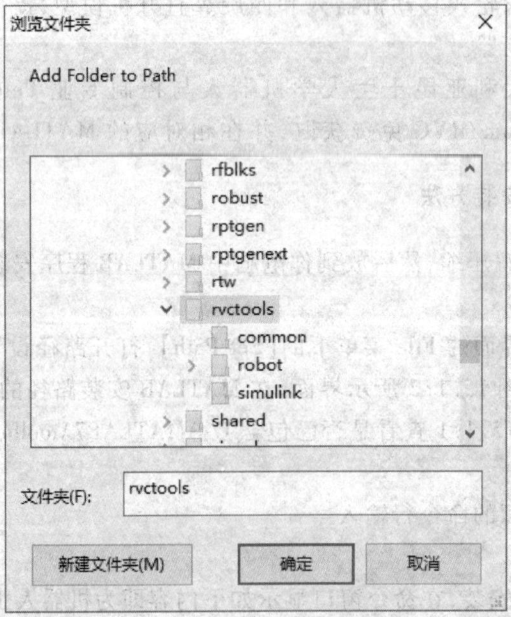

图 15.1.2　路径增加界面

15.1.2 rvctools 工具箱常用函数

一、臂式机器人常用函数类简介

1. Link 构建机器人类

Link 类包含与机器人连杆机构相关的所有信息,例如运动学参数,刚体惯性参数,电机和传动参数等,Link 类常用方法和属性见表 15.1.1 和表 15.1.2。

表 15.1.1 Link 类常用方法表

方法名称	注释	方法名称	注释
A	变换矩阵	dyn	显示动态参数
RP	关节类型:'R'或'P'	islimit	关节超限测试
friction	摩擦力	isrevolute	旋转关节绝对测试

表 15.1.2 Link 类常用属性表

属性名称	注释	默认值	属性名称	注释	默认值
theta	关节转角	旋转	qlim	关节变量限制	[]
d	连杆偏距	平移	m	连杆质量	[0 0]
a	连杆长度	0	B	粘性摩擦	0
alpha	扭曲角	0	Tc	库仑摩擦	[0 0]
sigma	关节类型	0:旋转,1:平移	G	齿轮比	0
mdh	DH 法判断	0:非标准 D&H, 1:标准 D&H	Jm	电机转动惯量	0

Link 类常用子函数如下:

Link( )为创建机器人机构对象函数,包含机构属性、运动和动态参数。

【调用格式】:

L=Link(DH,options)

【说明】:DH 设置连杆的 DH 参数,如 DH=[theta d a alpha sigma],Options 的相关参数为:'revolute'旋转关节(默认),'prismatic'移动关节,'standard'用于标准 D&H 参数(默认)。

2. SerialLink 串联机器人类

SerialLink 是表示串联臂式机器人的类函数,使用 DH 参数描述机械臂,SerialLink 类常用方法和属性见表 15.1.3 和表 15.1.4。

表 15.1.3　SerialLink 类常用方法表

方法名称	注释	方法名称	注释
plot	显示机器人的图形	fkine	正向运动学
accel	正向动力学	ikine	逆向运动学
maniplty	操作性	jacob0	世界坐标系中的雅可比矩阵
inertia	关节惯性矩阵	jacobn	工作空间中的雅可比矩阵
gravload	关节重力	rne	关节扭矩/力

表 15.1.4　SerialLink 类常用属性表

属性名称	注释	属性名称	注释
name	机器人名称	base	机器人基座的姿态
links	连杆对象矢量	tool	机器人的变换工具
gravity	重力方向	offset	运动关节坐标偏移
qlim	关节限制	n	关节数量

SerialLink 类常用子函数如下：

1) SerialLink( )为创建串联机器人对象函数。

【调用格式】：

R=SerialLink(links)

【说明】：由 Link 类定义的机器人对象形成串联关系。

2) accel( )为建立机械手正向动力学函数

【调用格式】：

qdd=accel(q,qd,torque)

【说明】：根据施加到关节的力和力矩确定机械手的运动，即机械手正向动力学。q 为关节的坐标，qd 为关节速度，torque 为关节力矩，返回 qdd 为关节加速度。

3) fkine( )为建立机械手正向运动学函数

【调用格式】：

T=fkine(q)

【说明】：计算机器人末端姿势的变换矩阵，q 为关节的坐标。

4) plot( )为绘制机械人图形和动画函数

【调用格式】：

plot(q)

【说明】：基于运动学的机器人图形动画模型，显示一个机械手的动图，q 为关节的坐标。

二、移动机器人常用函数类简介

1. Vehicle 车辆机器人类

该类模拟了类似汽车的机器人(自行车模型)的运动学,输入为给定的转向和速度,更新车辆状态,输出为包含噪声的里程值,Vehicle 类常用方法和属性见表 15.1.5 和表 15.1.6。

表 15.1.5 Vehicle 类常用方法表

方法名称	注释	方法名称	注释
f	基于里程计预测下一状态	run	连续运行多个时间步
step	单步运行	Fx	df/dx 的雅可比矩阵
control	生成车辆的控制输入	Fv	df/dv 带里程噪声的雅可比矩阵
update	更新车辆状态	plot	绘制车辆运行数据
add_driver	给车辆施加驱动	plot_xy	绘制车辆的运行路径

表 15.1.6 Vehicle 类常用属性表

属性名称	注释	属性名称	注释
x	车辆状态	maxspeed	最高车速
V	里程协方差	T	采样间隔
odo	里程值	x_hist	车辆状态的历史记录
rdim	绘图的机器人尺寸	driver	驱动机器人对象
L	车辆长度	x0	初始状态

Vehicle 类常用子函数如下:

1) update( )为更新车辆状态函数

【调用格式】:

odo = update(veh, u)

【说明】:返回里程值 odo,veh 为当前车辆,u 为实际车辆运行的参数,u = [speed, steer],将新状态追加到历史状态属性 x_hist。

2) f( )为根据里程计预测下一状态函数

【调用格式】:

xn = f(x, odo)

【说明】:返回预测的下一状态 xn,x 为当前状态,odo 为当前里程变量。

3) Fv( )为计算雅可比矩阵 $J=\dfrac{df}{dv}$函数

【调用格式】:

J = Fv(x, odo)

【说明】:返回雅可比矩阵 J,x 为当前状态,odo 为当前里程变量。

4) Fx( )为计算雅可比矩阵 $J=\frac{\mathrm{d}f}{\mathrm{d}x}$函数

【调用格式】:

J = Fx(x,odo)

【说明】:返回雅可比矩阵 J,x 为当前状态,odo 为当前里程变量。

5) run( )为模拟车辆连续运行函数

【调用格式】:

run(n)

【说明】:n 为车辆运行的步数,可返回历史运行状态变量(x,y,theta)。

6) control( )为计算车辆的控制输入函数

【调用格式】:

u = control(speed,steer)

【说明】:输入为给定的速度和转向角变量,返回控制变量 u。

7) add_driver( )为添加驱动程序函数

【调用格式】:

add_driver(d)

【说明】:将驱动程序对象 d 连接到车辆。

2. RandomPath 驱动车辆运行的空间类

【调用格式】:

RandomPath(dim)

【说明】:能够在工作空间(矩形区域)内以恒定速度驱动 Vehicle 对象,dim 为二维空间尺寸。

3. EKF 扩展卡尔曼滤波器类

该类用于系统状态的最优估计,EKF 类常用方法和属性见表 15.1.7 和表 15.1.8。由 Vehicle 类提供车辆模型的运动学,EKF 类通过调用 Vehicle 类的状态更新方法在每个时间步更新其状态,并记录其估计状态和协方差值,适用于移动机器人的航迹估计、地图定位和地图构建。

表 15.1.7　EKF 类常用方法表

方法名称	注释	方法名称	注释
run	运行卡尔曼滤波器	plot_map	绘制估计的特征点和置信限
plot_xy	绘制车辆的 xy 实际路径	plot_ellipse	绘制具有协方差椭圆的估计路径
plot_P	绘制路径估计的协方差曲线	plot_error	绘图估计误差与标准偏差界限

表 15.1.8　EKF 类常用属性表

属性名称	注释	属性名称	注释
x_est	x 状态估计	V_est	里程计协方差阵估计
P	估计协方差	W_est	估计传感器协方差

EKF 类常用子函数如下：

1）EKF( )为对象构造函数

【调用格式】：

E＝EKF(vehicle, v_est, p0)

【说明】:E 为估计的车辆状态，vehicle 为车辆模型，v_est 为估计的里程计协方差，p0 为初始协方差。

2）run( )为运行卡尔曼滤波器函数

【调用格式】：

run(n)

【说明】:运行卡尔曼滤波器的 n 个时间步，动画显示车辆运行轨迹。

3）plot_xy( )为绘制 xy 位置函数

【调用格式】：

plot_xy( )

【说明】:若左侧有输出变量，则为估计的车辆运行轨迹参数(x, y, theta)，无输出则直接绘制 xy 平面中估计的车辆运行曲线。

15.2　移动机器人控制与仿真

轮式车辆是非常有效的运输工具，也称之为轮式机器人，是移动机器人的一种类型，它可以前后移动和转向，采用控制器可以对移动机器人实现定点或沿路径移动以及按位姿运动控制。

15.2.1　移动机器人运动学建模与仿真

1. 移动机器人运动学建模

四轮移动小车可近似于双轮自行车模型，如图15.2.1 所示，后轮固定，前轮可以绕水平轴转动以实现小车的转向。坐标原点为后轮的中心，x 轴为小车的前进方向，小车的转向角为 γ，两轮间距离为 L，小车与前进方向的夹角为 θ，小车在 x 方向上的速度为 v，在 y 方向上的速度为 0。

机器人小车在世界坐标系的运动方程为

$$\begin{aligned} \dot{x} &= v\cos\theta \\ \dot{y} &= v\sin\theta \\ \dot{\theta} &= \frac{v}{L}\tan\gamma \end{aligned} \tag{15-1}$$

根据小车的运动特性，若 $v=0$ 则 $\dot{\theta}=0$，即小车静止时不能转向，若 $\gamma=\frac{\pi}{2}$时，即前后轮垂直时，小车不能前进。

2. 仿真模型

由式(15-1)的移动机器人运动学模型，建立其 Simulink 仿真模型，如图 15.2.2 所示，其中对速度、加速度，转向角采用非线性环节设置了限位器。

3. 仿真应用

>>sl_lanechange

在主界面运行窗口，运行 Robotics Toolbox 中的 sl_lanechange 或在 Simulink 环境下打开 sl_lanechange. mdl，这是一个应用移动小车模型简单变换车道轨迹的应用例子，其 Simulink 仿真模型如图 15.2.3 所示。

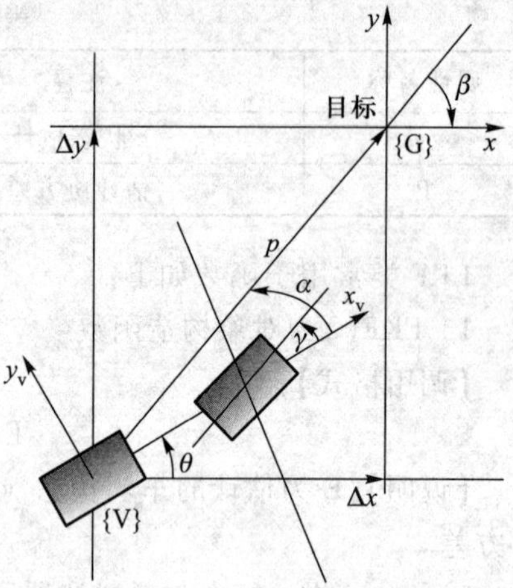

图 15.2.1 移动机器人模型

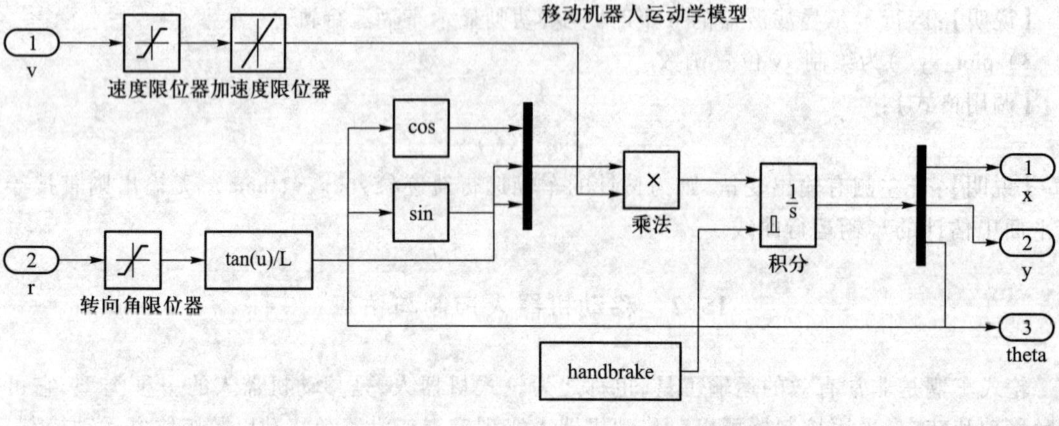

图 15.2.2 移动机器人 Simulink 仿真模型

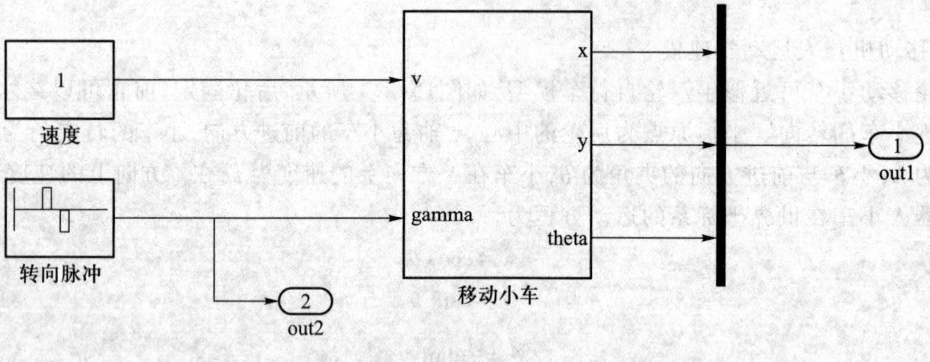

图 15.2.3 移动小车变换车道 Simulink 仿真模型

设置轮距 $L=1$,移动小车以恒速运动,其中速度、加速度限幅值为 1。转向轮给定随时间变化的两个正负脉冲信号,以实现移动小车先向左后向右变换车道的仿真,转向角限幅值为 2。运行图 15.2.3 模型,并在命令窗口运行下列程序,得到移动小车变换车道仿真曲线如图 15.2.4 所示。

```
subplot(3,1,1);plot(yout(:,2));grid on;xlabel('时间');ylabel('y');
subplot(3,1,2);plot(yout(:,3));grid on;xlabel('时间');ylabel('\theta');
subplot(3,1,3);plot(yout(:,4));grid on;xlabel('时间');ylabel('\gamma');
```

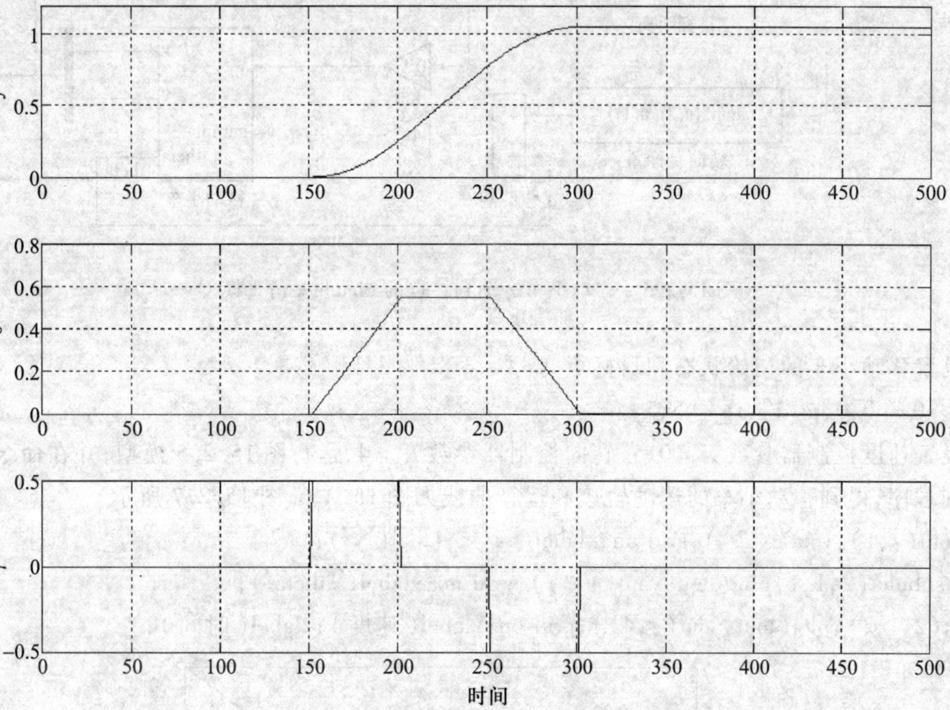

图 15.2.4 移动小车变换车道仿真曲线

15.2.2 移动机器人跟踪控制与仿真

1. 移动到一点

机器人若要移动到平面上一个目标点(x^*,y^*),移动过程中要控制机器人的速度,使其大小与机器人距离目标的远近成正比:

$$v^*=K_v\sqrt{(x^*-x)^2+(y^*-y)^2} \tag{15-2}$$

机器人的转向目标角为

$$\theta^*=\arctan\frac{y^*-y}{x^*-x} \tag{15-3}$$

采用比例控制器来调节移动小车的转向角

$$\gamma = K_h(\theta^* - \theta), K_h > 0 \tag{15-4}$$

```
>>sl_drivepoint
```

打开 sl_drivepoint. mdl,这是控制机器人小车运动到目标点的应用例子,如图 15.2.5 所示。

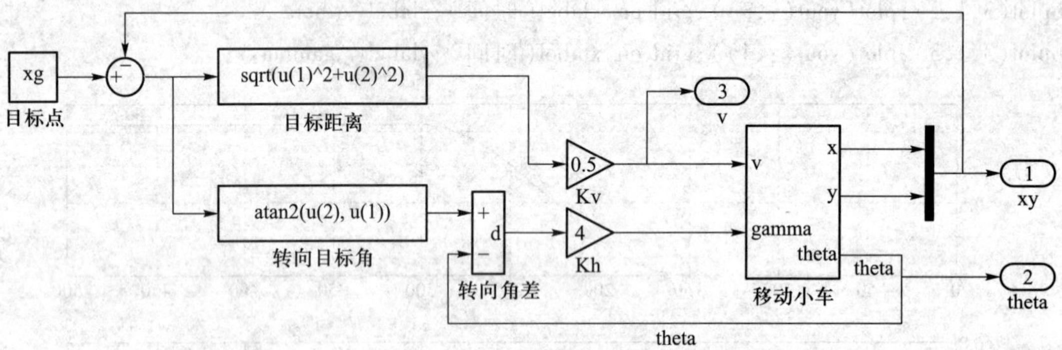

图 15.2.5 移动小车运动到一点的 Simulink 仿真模型

设置移动小车的初始状态和目标点为

```
>>x0=[0,0,pi/2],xg=[5,5];
```

设置速度控制器参数 $K_v=0.5$,转向控制器参数 $K_h=4$,运行图 15.2.5 模型,并在命令窗口运行下列程序,得到移动小车的运动轨迹和运行曲线如图 15.2.6、图 15.2.7 所示。

```
plot(yout(:,1),yout(:,2));grid on;xlabel('x'),ylabel('y');
figure,subplot(2,1,1)plot(tout,yout(:,3)),grid on;ylabel('\theta');
subplot(2,1,2),plot(tout,yout(:,4));grid on;ylabel('速度');xlabel('时间');
```

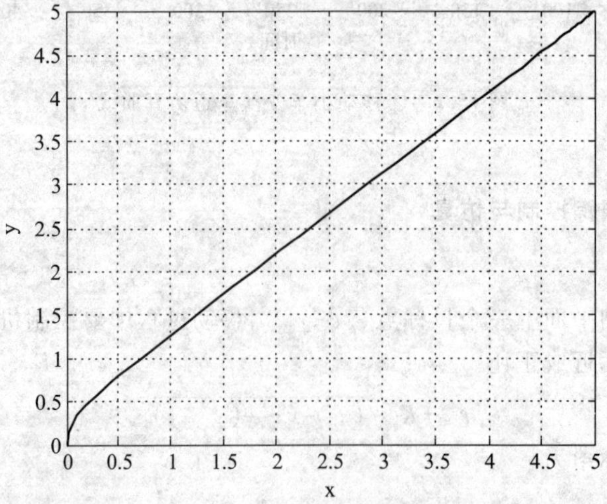

图 15.2.6 移动小车运动轨迹

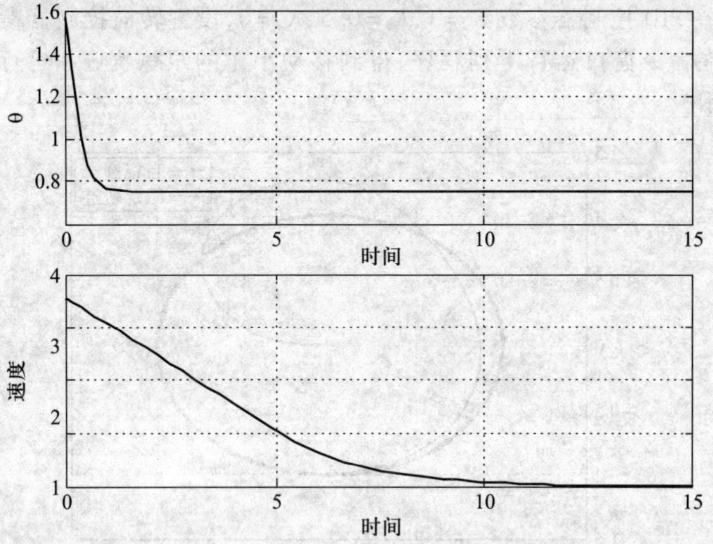

图 15.2.7　移动小车运行曲线

由图 15.2.6 和图 15.2.7 可知，移动小车从初始位姿通过转向和前行交替移动，最后沿一条直线到达目标点。

2. 路径跟踪

路径跟踪问题是目标点(x^*，y^*)沿着路径以恒定速度运动，设机器人与被追踪点之间的距离目标值为 d^*，则跟踪误差为

$$e=K_v\sqrt{(x^*-x)^2+(y^*-y)^2}-d^* \tag{15-5}$$

采用比例积分控制器(PI 控制器)来控制机器人的速度，使跟踪误差趋于零：

$$v^*=K_v e+K_I\int e\mathrm{d}t \tag{15-6}$$

机器人的转向控制器设计同式(15-3)和式(15-4)。

```
>>sl_pursuit
```

打开 sl_pursuit. mdl，这是控制机器人小车沿单位圆移动的路径跟踪应用例子，如图 15.2.8 所示。

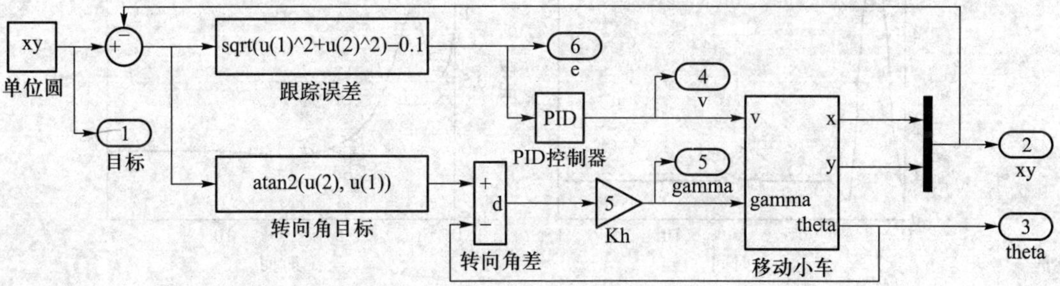

图 15.2.8　移动小车沿单位圆跟踪的 Simulink 仿真模型

设置跟踪误差 PID 控制器参数 $K_v=1$，$K_I=0.5$，$K_d=0$，设置转向控制器参数 $K_h=5$，运行图 15.2.8 模型，并在命令窗口运行下列程序，得到移动小车的跟踪轨迹和运行曲线如图 15.2.9 和图 15.2.10 所示。

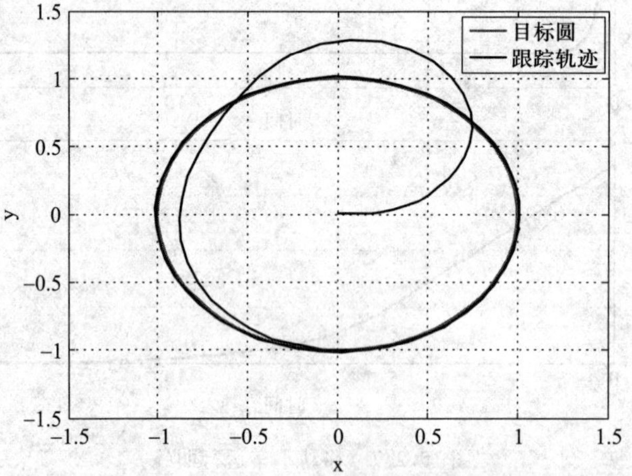

图 15.2.9

图 15.2.9 移动小车跟踪轨迹

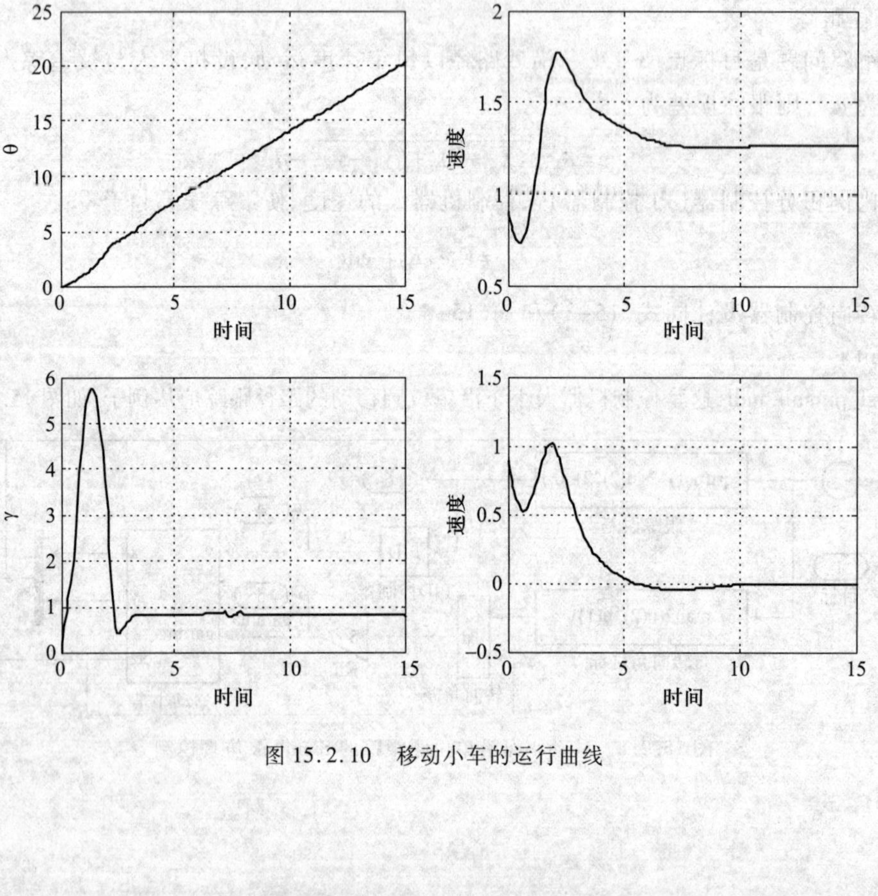

图 15.2.10 移动小车的运行曲线

```
plot(yout(:,1),yout(:,2),'r',yout(:,3),yout(:,4),'b');grid on;xlabel('x'),ylabel ('y');
legend('目标圆','跟踪轨迹')
figure,subplot(2,2,1),plot(tout,yout(:,5)),grid on;xlabel('时间'),ylabel('\theta');
subplot(2,2,2),plot(tout,yout(:,6)),grid on;xlabel('时间'),ylabel('速度');
subplot(2,2,3),plot(tout,yout(:,7)),grid on;xlabel('时间');ylabel('\gamma');
subplot(2,2,4),plot(tout,yout(:,8)),grid on;xlabel('时间');ylabel('误差');
```

由图 15.2.9 和图 15.2.10 可知,移动小车从原点出发后不断调整速度、转向角等变量,因此开始阶段跟踪性较差、跟踪误差较大,大约 4s 后系统趋于平稳,接近跟踪目标时就完全能够跟踪上,而且跟踪误差为零。

15.2.3 移动机器人姿态控制与仿真

机器人的姿态控制是将机器人运动到一个目标的位姿(x^*,y^*,θ^*),移动机器人的位姿模型为

$$\begin{pmatrix}\dot{x}\\ \dot{y}\\ \dot{\theta}\end{pmatrix}=\begin{pmatrix}\cos\theta & 0\\ \sin\theta & 0\\ 0 & 1\end{pmatrix}\begin{pmatrix}v\\ \gamma\end{pmatrix} \tag{15-7}$$

在极坐标系下变换式为

$$\rho=\sqrt{\Delta_x^2+\Delta_y^2} \tag{15-8}$$

$$\alpha=\arctan\frac{\Delta_y}{\Delta_x}-\theta \tag{15-9}$$

$$\beta=-\theta-\alpha \tag{15-10}$$

得

$$\begin{pmatrix}\dot{\rho}\\ \dot{\alpha}\\ \dot{\beta}\end{pmatrix}=\begin{pmatrix}-\cos\alpha & 0\\ \dfrac{\sin\alpha}{\rho} & -1\\ -\dfrac{\sin\alpha}{\rho} & 0\end{pmatrix}\begin{pmatrix}v\\ \gamma\end{pmatrix} \tag{15-11}$$

若 $\alpha\in\left(-\frac{\pi}{2},\frac{\pi}{2}\right)$,设定目标在机器人前方,采用线性控制律为

$$v=k_\rho\rho \tag{15-12}$$

$$\gamma=k_\alpha\alpha+k_\beta\beta \tag{15-13}$$

该调节器可将机器人控制到唯一平衡点,即$(\rho,\alpha,\beta)=(0,0,0)$。用 $k_\rho\rho$ 和 $k_\alpha\alpha$ 项控制机器人沿一条直线向目标运动,而 $k_\beta\beta$ 项则用来转动该直线从而使 $\beta=0$,则闭环系统模型为

$$\begin{pmatrix} \dot{\rho} \\ \dot{\alpha} \\ \dot{\beta} \end{pmatrix} = \begin{pmatrix} -k_\rho \cos \alpha \\ -k_\rho \sin \alpha - k_\alpha \alpha - k_\beta \beta \\ -k_\rho \sin \alpha \end{pmatrix} \tag{15-14}$$

该系统稳定的条件为

$$k_\rho > 0, \quad k_\beta < 0, \quad k_\alpha - k_\rho > 0 \tag{15-15}$$

若要使机器人运动到任意姿势(x^*, y^*, θ^*),则还须进行坐标变换:

$$x' = x - x^*, \quad y' = y - y^*, \quad \theta' = \theta - \theta^* \tag{15-16}$$

>>sl_drivepose

打开 sl_drivepose. mdl,这是控制机器人小车移动目标姿态应用的例子,如图 15.2.11 所示。

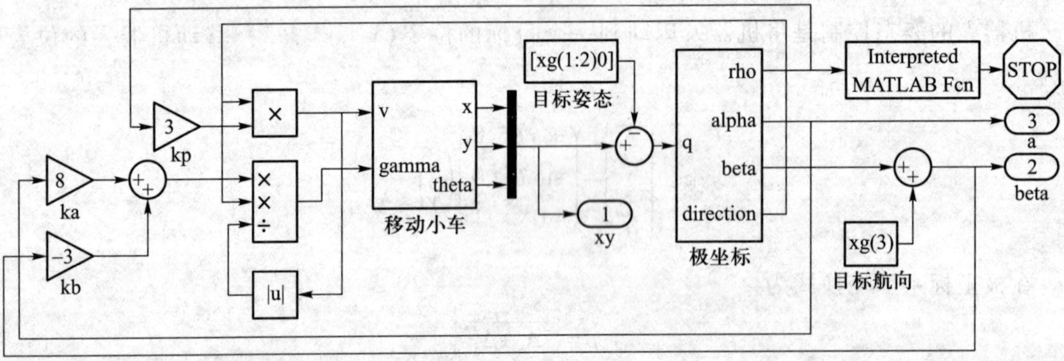

图 15.2.11　移动机器人移动到目标姿态 Simulink 仿真模型

设置小车的初始和目标位姿为

>>x0 = [5 9 0]; xg = [5 5 pi/2];

设置姿态调节器的控制参数为 $k_\rho = 3, k_\beta = -3, k_\alpha = 8$。运行图 15.2.11 模型,并在命令窗口运行下列程序,得到移动小车的运动轨迹曲线和运行曲线如图 15.2.12 和图 15.2.13 所示。

```
plot(yout(:,1),yout(:,2));hold on,plot_vehicle(x0,'r');plot_vehicle(xg,'r');grid on;
xlabel('x'),ylabel('y');hold off
figure,subplot(3,1,1),plot(tout,yout(:,3)),grid on;xlabel('时间'),ylabel('\theta');
subplot(3,1,2),plot(tout,yout(:,4)),grid on;xlabel('时间'),ylabel('\beta');
subplot(3,1,3),plot(tout,yout(:,5)),grid on;xlabel('时间'),ylabel('\alpha');
```

改变初始位姿,目标姿态不变。

>>x0 = [8,5,pi/2]; xg = [5,5,pi/2];

重新运行 sl_drivepose 模型,并执行上面的绘图程序,得到如图 15.2.14 所示的移动小车运动轨迹和图 15.2.15 所示的移动小车运行曲线。

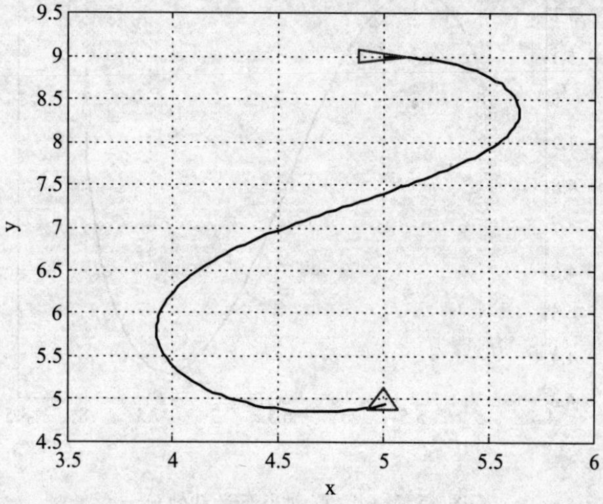

图 15.2.12　移动小车运动轨迹

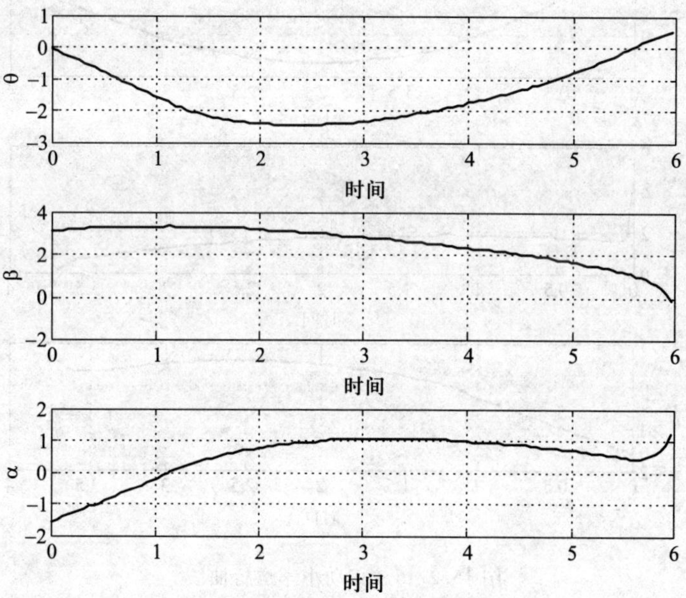

图 15.2.13　移动小车运行曲线

由图 15.2.12 和图 15.2.14 可知,位姿控制器使移动小车由不同的初始位姿采用前进或后退的方式均可到达相同的目标位姿,且运动轨迹平滑。

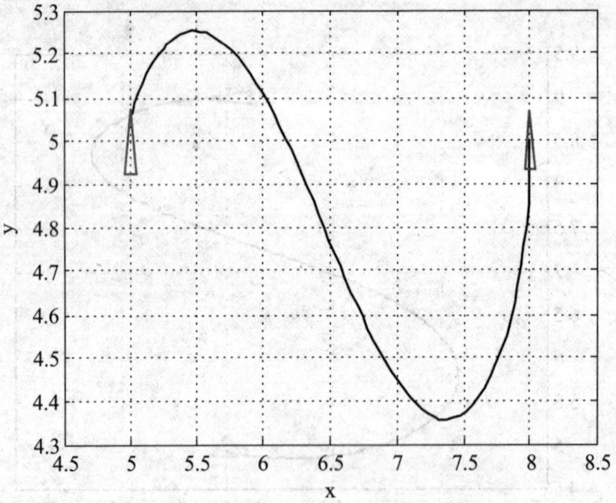

图 15.2.14 移动小车运动轨迹

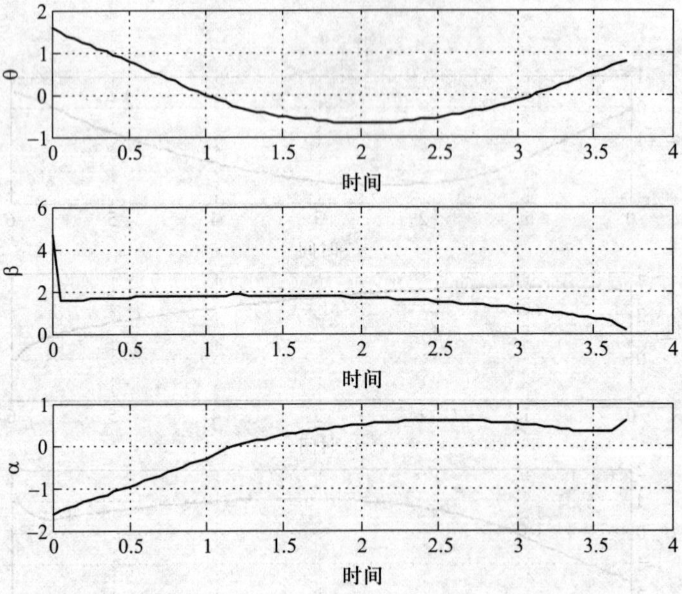

图 15.2.15 移动小车运行曲线

15.2.4 移动机器人位置估计与仿真

移动机器人位置估计常采用航迹推算法，航迹推算是一种基于预测的速度、方向和运行时间以及前一位置信息，对下一位置进行估计的方法。

大多数的移动机器人都有运动控制系统，用于检测运行状态和控制行进方向、速度等参数，其中里程计是一种测量车轮转动角的传感器，用于获取机器人的行驶距离和航向信息，因此我们采用基于里程计信息的航迹推算进行移动机器人的定位和姿态控制。

1. 机器人位姿建模

设 $\delta\langle k\rangle=(\delta_d,\delta_\theta)$ 表示上个时刻机器人驶过的距离及航向变化量，k 为时间间隔，则机器人初始位姿的离散时间模型为

$$\zeta\langle k\rangle\sim\begin{pmatrix}\cos\theta\langle k\rangle & -\sin\theta\langle k\rangle & x\langle k\rangle\\ \sin\theta\langle k\rangle & \cos\theta\langle k\rangle & y\langle k\rangle\\ 0 & 0 & 1\end{pmatrix}\tag{15-17}$$

假设在微小时间间隔内，机器人先沿 x 方向行进 δ_d 再旋转 δ_θ，得到一个新的位姿为

$$\begin{aligned}\zeta\langle k+1\rangle&\sim\begin{pmatrix}\cos\theta\langle k\rangle & -\sin\theta\langle k\rangle & x\langle k\rangle\\ \sin\theta\langle k\rangle & \cos\theta\langle k\rangle & y\langle k\rangle\\ 0 & 0 & 1\end{pmatrix}\begin{pmatrix}1 & 0 & \delta_d\\ 0 & 1 & 0\\ 0 & 0 & 1\end{pmatrix}\begin{pmatrix}\cos\delta_\theta & -\sin\delta_\theta & 0\\ \sin\delta_\theta & \cos\delta_\theta & 0\\ 0 & 0 & 1\end{pmatrix}\\ &\sim\begin{pmatrix}\cos(\theta\langle k\rangle+\delta_\theta) & -\sin(\theta\langle k\rangle+\delta_\theta) & x\langle k\rangle+\delta_d\cos\theta\langle k\rangle\\ \sin(\theta\langle k\rangle+\delta_\theta) & \cos(\theta\langle k\rangle+\delta_\theta) & y\langle k\rangle+\delta_d\sin\theta\langle k\rangle\\ 0 & 0 & 1\end{pmatrix}\end{aligned}\tag{15-18}$$

即下一时刻的位姿由上一时刻的表示为

$$\zeta\langle k+1\rangle\sim\begin{pmatrix}x\langle k\rangle+\delta_d\cos\theta\langle k\rangle\\ y\langle k\rangle+\delta_d\sin\theta\langle k\rangle\\ \theta\langle k\rangle+\delta_\theta\end{pmatrix}\tag{15-19}$$

若里程计信息中存在随机测量噪声，我们可分别给 δ_d 和 δ_θ 中增加一个连续随机变量 v_d 和 v_θ，则下一时刻机器人的位姿表达式为

$$\zeta\langle k+1\rangle=\begin{pmatrix}x\langle k\rangle+(\delta_d+v_d)\cos(\theta\langle k\rangle+\delta_\theta+v_\theta)\\ y\langle k\rangle+(\delta_d+v_d)\sin(\theta\langle k\rangle+\delta_\theta+v_\theta)\\ \theta\langle k\rangle+\delta_\theta+v_\theta\end{pmatrix}\tag{15-20}$$

因此，可以得到移动机器人的位姿模型为

$$x(k+1)=f(x\langle k\rangle,\delta\langle k\rangle,v\langle k\rangle)\tag{15-21}$$

其中，k 为时间序号，$\delta\langle k\rangle$ 是里程计的测量数据，$v\langle k\rangle$ 是上一时间间隔内的随机测量噪声，$v=(v_d,v_\theta)\sim N(0,V)$，$N(0,V)$ 为一个零均值的高斯过程，其协方差矩阵为

$$V=\begin{pmatrix}\sigma_d^2 & 0\\ 0 & \sigma_\theta^2\end{pmatrix}\tag{15-22}$$

利用本书 15.1.2 节的移动机器人的 Vehicle 函数类对移动机器人进行建模与仿真，运行下列程序，得到移动小车运动轨迹和运行曲线如图 15.2.16 和图 15.2.17 所示。

```
V=diag([0.1,0.01].^2);veh=Vehicle(V);veh.add_driver(RandomPath(10))
veh.run(),veh.plot_xy();grid on
figure,plot(ans(:,3)),grid on,xlabel('时间'),ylabel('\theta')
```

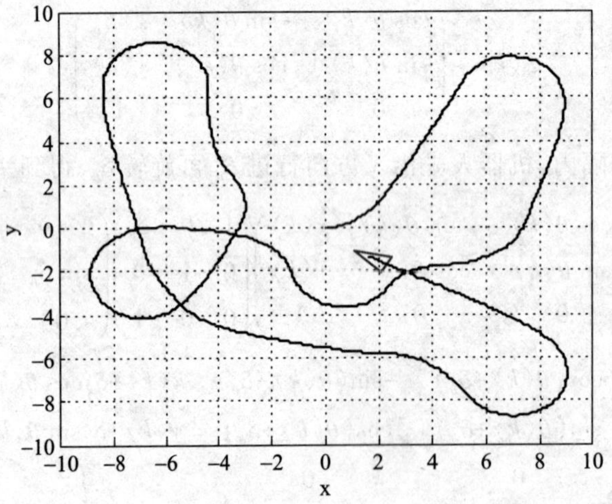

图 15.2.16　移动小车运动轨迹

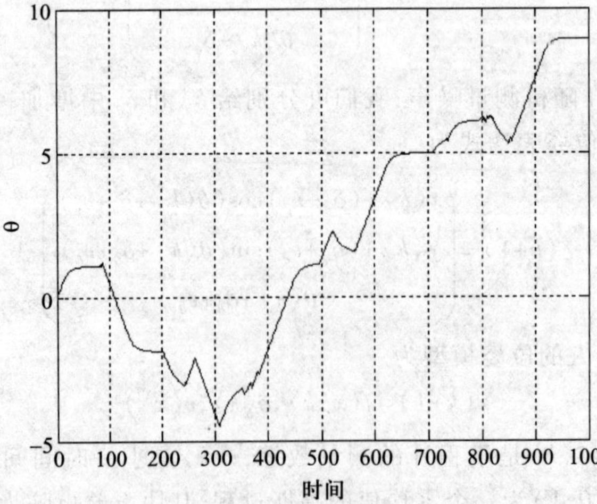

图 15.2.17　移动小车转向角运行曲线

2. 位姿估计

已知上一时刻位姿并假设里程计噪声为零均值的高斯分布时,采用卡尔曼滤波算法能够得到移动机器人位置的最优估计。

将式(15-20)的移动机器人位姿非线性模型进行局部线性化:

$$\hat{x}\langle k+1\rangle=\hat{x}\langle k\rangle+F_x(x\langle k\rangle-\hat{x}\langle k\rangle)+F_v v\langle k\rangle \tag{15-23}$$

其中,$F_x=\dfrac{\partial f}{\partial x}$和 $F_v=\dfrac{\partial f}{\partial v}$是雅克比矩阵,该非线性系统的估计方法又称为扩展卡尔曼滤波器(EFK)。

通过对式(15-20)求偏微分,得到当 $v=0$ 时的雅克比矩阵为

$$F_x=\left.\frac{\partial f}{\partial x}\right|_{v=0}=\begin{pmatrix}1 & 0 & -\delta_d\langle k\rangle\sin(\theta\langle k\rangle+\delta_\theta)\\ 0 & 1 & \delta_d\langle k\rangle\cos(\theta\langle k\rangle+\delta_\theta)\\ 0 & 0 & 1\end{pmatrix} \tag{15-24}$$

$$F_v=\left.\frac{\partial f}{\partial v}\right|_{v=0}=\begin{pmatrix}\cos(\theta\langle k\rangle+\delta_\theta) & -\delta_d\langle k\rangle\sin(\theta\langle k\rangle+\delta_\theta)\\ \sin(\theta\langle k\rangle+\delta_\theta) & \delta_d\langle k\rangle\cos(\theta\langle k\rangle+\delta_\theta)\\ 0 & 1\end{pmatrix} \tag{15-25}$$

则状态估计和协方差随时间变化的 EKF 预测模型为

$$\hat{x}\langle k+1|k\rangle=f(\hat{x}\langle k\rangle,\delta\langle k\rangle,0) \tag{15-26}$$

$$\hat{P}\langle k+1|k\rangle=F_x\langle k\rangle\hat{P}\langle k|k\rangle F_x\langle k\rangle^T+F_v\langle k\rangle\hat{V}F_v\langle k\rangle^T \tag{15-27}$$

其中 $\hat{x}\langle k+1|k\rangle$为基于 k 时刻及之前信息在 $k+1$ 时刻的 $x=(\hat{x},\hat{y},\hat{\theta})$估计值,$\hat{P}\in R^{3\times3}$为协方差矩阵。

利用本书 15.1.2 节的函数类对移动机器人进行位姿估计与仿真,运行下列程序,得到移动小车运动轨迹如图 15.2.18 所示和位姿误差曲线如图 15.2.19 所示。

```
V=diag([0.005,0.5*pi/180].^2);veh=Vehicle(V);veh.add_driver(RandomPath(10));
P0=diag([0.005,0.005,0.001].^2);ekf=EKF(veh,V,P0);ekf.run(1000);
veh.plot_xy('b');grid on,xlabel('x'),ylabel('y'),
hold on,ekf.plot_xy('r');legend('实际轨迹','EKF 估计轨迹'),hold off,
vdata=veh.plot_xy;edata=ekf.plot_xy;
errx=vdata(:,1)-edata(:,1);erry=vdata(:,2)-edata(:,2);
figure,subplot(2,1,1),plot(errx);grid on,xlabel('时间'),ylabel('x 误差')
subplot(2,1,2),plot(erry);grid on,xlabel('时间'),ylabel('y 误差')
```

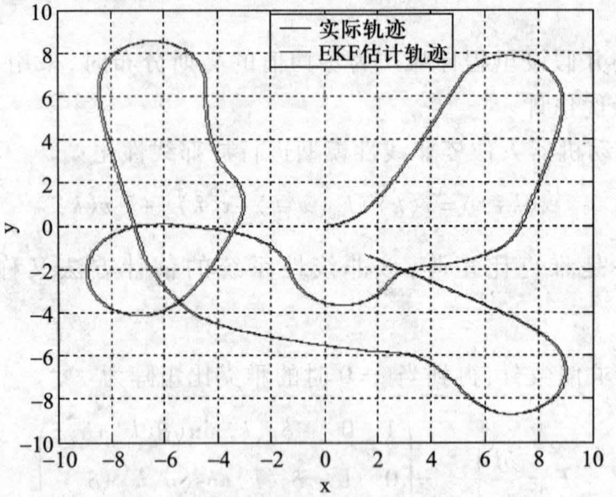

图 15.2.18 移动小车运动轨迹

图 15.2.18

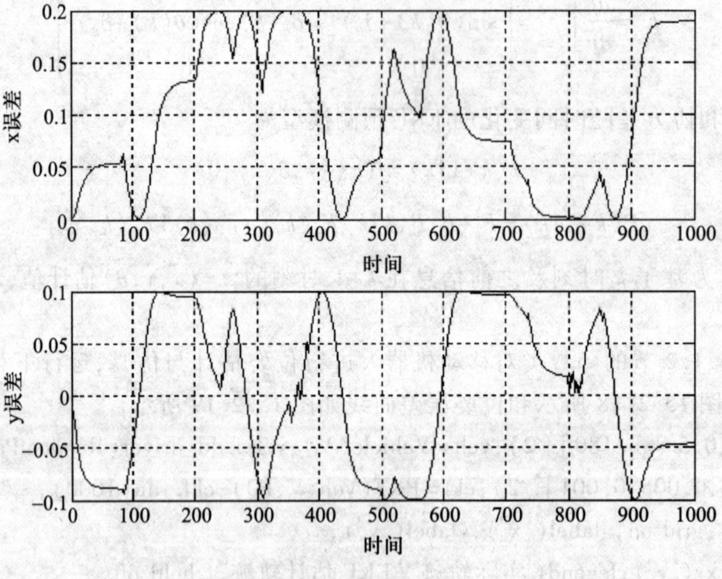

图 15.2.19 位姿误差曲线

15.3 四旋翼飞行器控制与仿真

四旋翼飞行器能够垂直起降,常用于探测和研究,是飞行机器人的一种类型。其结构简单,易于操控,建模和控制也相对容易。

15.3.1 四旋翼飞行器动力学建模

四旋翼飞行器模型如图 15.3.1 所示，机体坐标系$\{B\}$的 z 轴向下，有 4 个转动桨叶（旋翼），标记为 1-4，安装在每个交叉臂的两端。旋翼由电子调速器控制的电机驱动，设旋翼转速为 ω_i，产生一个向上的推力 T_i，指向 z 轴的负方向：

$$T_i = b\omega_i^2, i=1,2,3,4 \tag{15-28}$$

其中 $b>0$ 为升力常数。

由牛顿第二定律，飞行器的动力学方程为

$$m\dot{\boldsymbol{v}} = \begin{pmatrix} 0 \\ 0 \\ mg \end{pmatrix} - {}^0R_B \begin{pmatrix} 0 \\ 0 \\ T \end{pmatrix} \tag{15-29}$$

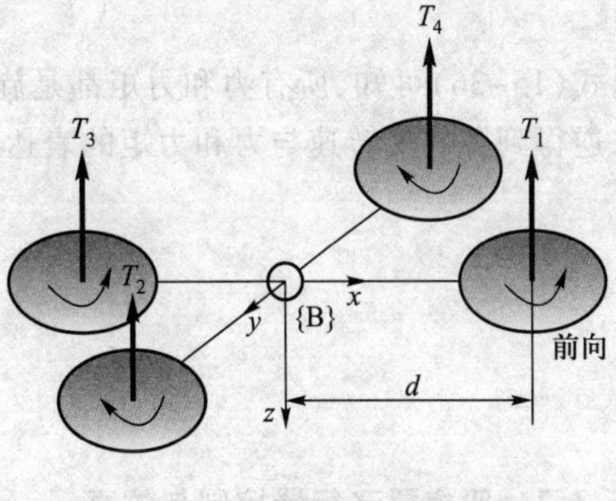

图 15.3.1 四旋翼飞行器示意图

其中，$\boldsymbol{v}$ 为飞行器的速度，g 为重力加速度，m 为飞行器的总质量，$T=\sum T_i$ 为总的向上推力。${}^0R_B$ 为坐标系变换矩阵。

在 x 轴上产生的转矩即为横滚力矩，其表达式为

$$\tau_x = dT_4 - dT_2 \tag{15-30}$$

其中，d 为电机到飞行器的质心距离，将式(15-28)代入，力矩与旋翼转速的关系式为

$$\tau_x = db(\omega_4^2 - \omega_2^2) \tag{15-31}$$

同理，在 y 轴上产生的转矩即俯仰力矩，其表达式为

$$\tau_y = db(\omega_1^2 - \omega_3^2) \tag{15-32}$$

电机施加到每个旋翼桨上的转矩为

$$Q_i = k\omega_i^2 \tag{15-33}$$

其中，k 与升力常数 b 的影响因素相同。该转矩会对飞行器机体施加一个反转力矩，其作用是使整个机体产生一个绕旋翼轴的转动，其方向与旋翼转向相反。

在 z 轴上总的转矩为

$$\tau_z = Q_1 - Q_2 + Q_3 - Q_4 = k(\omega_1^2 + \omega_3^2 - \omega_2^2 - \omega_4^2) \tag{15-34}$$

其中不同的正负号对应于旋翼转动方向的不同。

由欧拉方程可得飞行器机体的旋转加速度为

$$J\dot{\omega} = -\omega \times J\omega + \Gamma \tag{15-35}$$

其中，J 为转动惯量，ω 为角速度，$\Gamma = (\tau_x, \tau_y, \tau_z)^{\mathrm{T}}$ 为作用在机体上各个方向的力矩。

由动力学方程式(15-29)和方程式(15-35)，可得四旋翼飞行器的运动模型：

$$\begin{pmatrix} T \\ \Gamma \end{pmatrix} = \begin{pmatrix} -b & -b & -b & -b \\ 0 & -db & 0 & db \\ db & 0 & -db & 0 \\ k & -k & k & -k \end{pmatrix} \begin{pmatrix} \omega_1^2 \\ \omega_2^2 \\ \omega_3^2 \\ \omega_4^2 \end{pmatrix} = \boldsymbol{A} \begin{pmatrix} \omega_1^2 \\ \omega_2^2 \\ \omega_3^2 \\ \omega_4^2 \end{pmatrix} \tag{15-36}$$

由式(15-36)可知,所有力和力矩都是旋翼转速的函数。若 $d>0$,则矩阵 $\boldsymbol{A}$ 是满秩的,可以通过求逆得到各旋翼转速与力和力矩的表达式为

$$\begin{pmatrix} \omega_1^2 \\ \omega_2^2 \\ \omega_3^2 \\ \omega_4^2 \end{pmatrix} = A^{-1} \begin{pmatrix} T \\ \tau_x \\ \tau_y \\ \tau_z \end{pmatrix} \tag{15-37}$$

15.3.2 四旋翼飞行器控制与仿真

为使四旋翼飞行器向前运动,就必须先让它的头部下俯,使旋翼推力有一个水平分量来产生前进加速度。而当飞行器接近目标位置时,又必须反向上仰,使水平分力向后以实现减速。最后,机体旋转到水平姿态,使推力向量垂直向上。

1. 飞行器控制

以控制飞行器实现绕 y 轴俯仰及沿 x 轴平移为例,采用一种嵌套式控制结构来说明飞行器的运动。假设在飞行器机体上再连接一个坐标系$\{V\}$,其原点与坐标系$\{B\}$相同,其 x 轴和 y 轴始终与地面平行。如果在 xy 平面上机器人的位置为 $p \in R^2$,期望位置为 p^*,采用比例控制器 K_p 得到期望的速度 $\boldsymbol{v}^*$ 为

$$\boldsymbol{v}^* = K_p(p^* - p) \tag{15-38}$$

在坐标系$\{V\}$中,期望的速度 ${}^v\boldsymbol{v}$ 为

$${}^v\boldsymbol{v} = {}^vR_0(\theta_y)\boldsymbol{v} = {}^0R_V^{\mathrm{T}}(\theta_y)\boldsymbol{v} \tag{15-39}$$

它是一个偏航角 θ_y 的函数,展开后为

$$\begin{pmatrix} {}^Vv_x \\ {}^Vv_y \end{pmatrix} = {}^0R_V^{\mathrm{T}}(\theta_y) \begin{pmatrix} v_x \\ v_y \end{pmatrix} \tag{15-40}$$

为了使机体产生沿 ${}^vx$ 方向的位移,要让机头产生一个下俯力

$$f = R_y(\theta_p) \begin{pmatrix} 0 \\ 0 \\ T \end{pmatrix} = \begin{pmatrix} T\sin\theta_p \\ 0 \\ T\cos\theta_p \end{pmatrix} \tag{15-41}$$

它在 x 轴方向的分量为

$$f_x = T\sin\theta_p \approx T\theta_p \tag{15-42}$$

f_x 可使飞行器沿 ${}^vx$ 方向产生加速,采用比例控制器 K_f 调节 x 方向的速度,

$$f_x^* = mK_f({}^V v_x^* - {}^V v_x) \tag{15-43}$$

将式(15-43)代入式(15-42),得到期望的前进速度所需要的俯仰角 θ_p^* 为

$$\theta_p^* = \frac{m}{T} K_f({}^V v_x^* - {}^V v_x) \tag{15-44}$$

俯仰角控制采用将式(15-38)和式(15-44)合并后的下式:

$$\theta_p^* = K_1({}^V p_x^* - {}^V p_x - K_2 {}^V v_x) \tag{15-45}$$

实际机体俯仰角 θ_p 和实际的飞行器速度 ${}^V v_x$ 可以由惯性导航系统或 GPS 信号接收器估算得到。对于在竖直方向上保持平衡的飞行器,所受推力总和应与重力相等,既有 $m/T \approx 1/g$。

由图 15.3.2 和上述推导可知,为了达到期望的位置,我们可以先算出适当的转速,在此基础上再得到适当的俯仰角,从而产生推力使飞行器移动,采用一个比例微分控制器,调节需要施加在机体上的俯仰力矩:

$$\tau_y = K_p(\theta_p^* - \theta_p) + K_d(\dot{\theta}_p^* - \dot{\theta}_p) \tag{15-46}$$

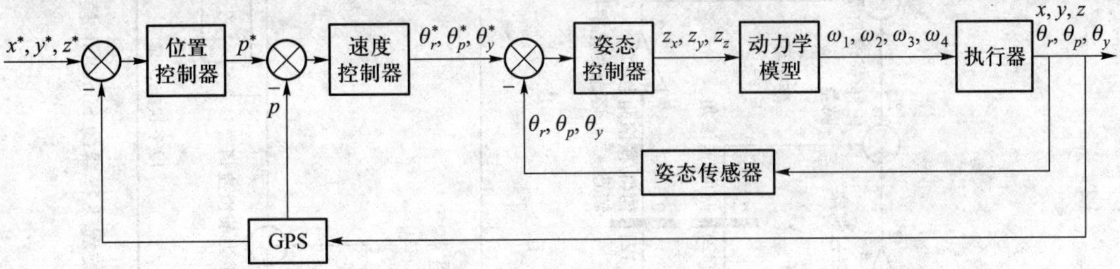

图 15.3.2　四旋翼飞行器姿态控制系统框图

为了确定 $K_{\tau,p}$ 和 $K_{\tau,d}$,可以先根据近似动力模型使用经典控制设计方法给出初始值,然后再对它们进行调整修正,以达到最佳控制性能之后,就可以由方程式(15-37)确定各旋翼所需的转速。

偏航力矩采用比例-微分控制器控制:

$$\tau_z = K_p(\theta_y^* - \theta_y) + K_d(\dot{\theta}_y^* - \dot{\theta}_y) \tag{15-47}$$

由于 $\dot{\theta}_y^*$ 很小,因此可以忽略不计。

飞行器的高度控制决定了旋翼的平均速度,采用比例-微分控制器:

$$T = K_p(z^* - z) + K_d(\dot{z}^* - \dot{z}) + \omega_0 \tag{15-48}$$

控制器有一个附加项:

$$\omega_0 = \sqrt{\frac{mg}{4b}} \tag{15-49}$$

它是使旋翼推力与飞行器重量保持平衡的旋翼转速,起到前馈控制抵消重力的作用。

2. 仿真应用

在主界面运行窗口,打开 sl_quadroto.mdl 如图 15.3.3 所示,这是一个四旋翼飞行器起飞后

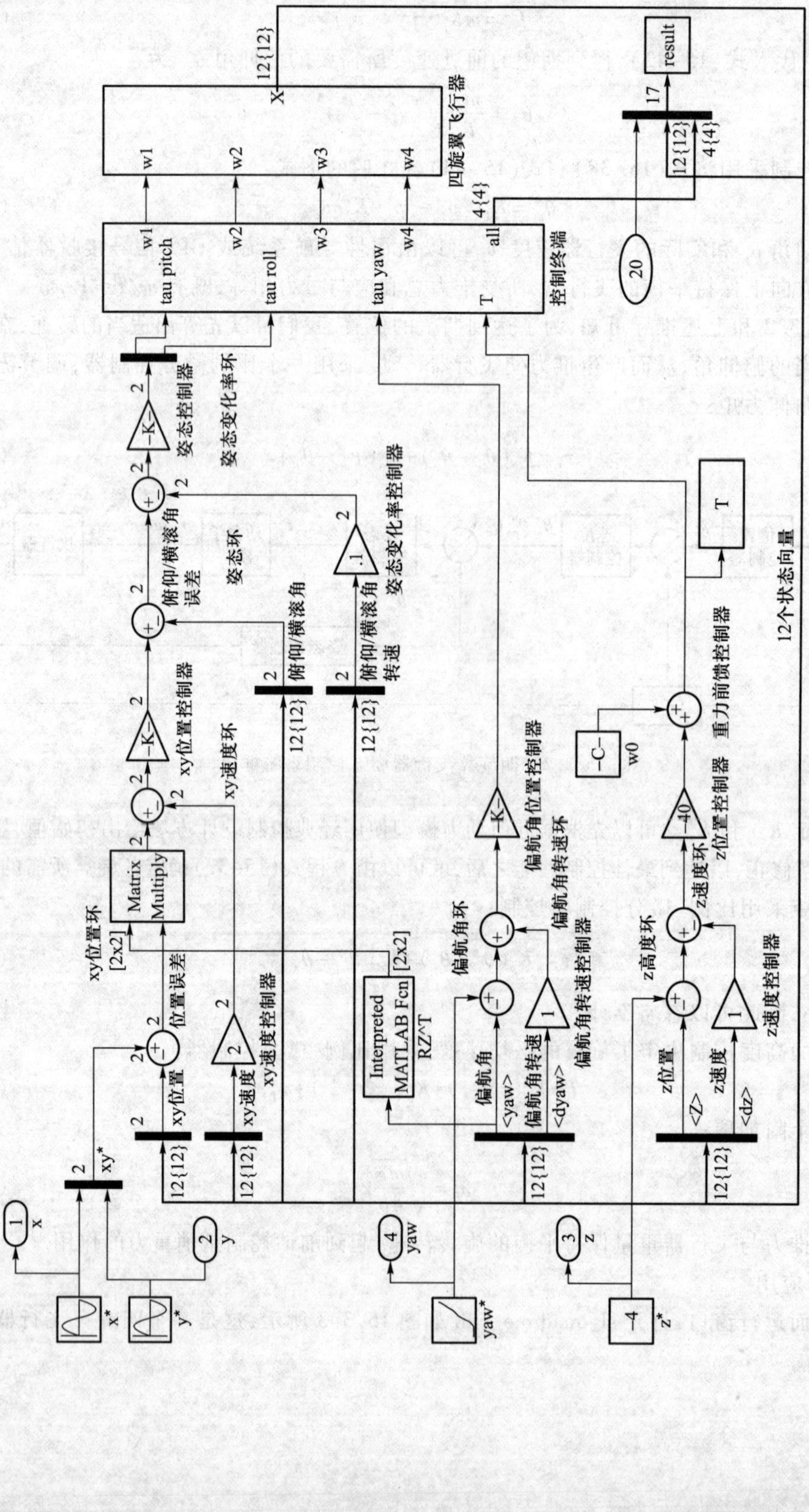

图 15.3.3 四旋翼飞行器的 Simulink 模型

等高度飞行一圈的应用例子。按照航空技术惯例,我们用横滚-俯仰-偏航角参数来代表飞行器的姿态及姿态变化率。

其中"四旋翼飞行器"模块的4个输入量是4个旋翼的转速 $\omega_1,\omega_2,\omega_3,\omega_4$,运行图15.3.3的模型并执行下列程序,得到转速曲线如图15.3.4所示。

```
subplot(2,2,1),plot(result(:,1),result(:,14)),grid on,xlabel('时间(s)');ylabel('速度(rad/s)');
title('w1');
subplot(2,2,2),plot(result(:,1),result(:,15)),grid on,xlabel('时间(s)');ylabel('速度(rad/s)');
title('w2');
subplot(2,2,3),plot(result(:,1),result(:,16)),grid on;xlabel('时间(s)');ylabel('速度(rad/s)');
title('w3');
subplot(2,2,4),plot(result(:,1),result(:,17)),grid on;xlabel('时间(s)');ylabel('速度(rad/s)');
title('w4');
```

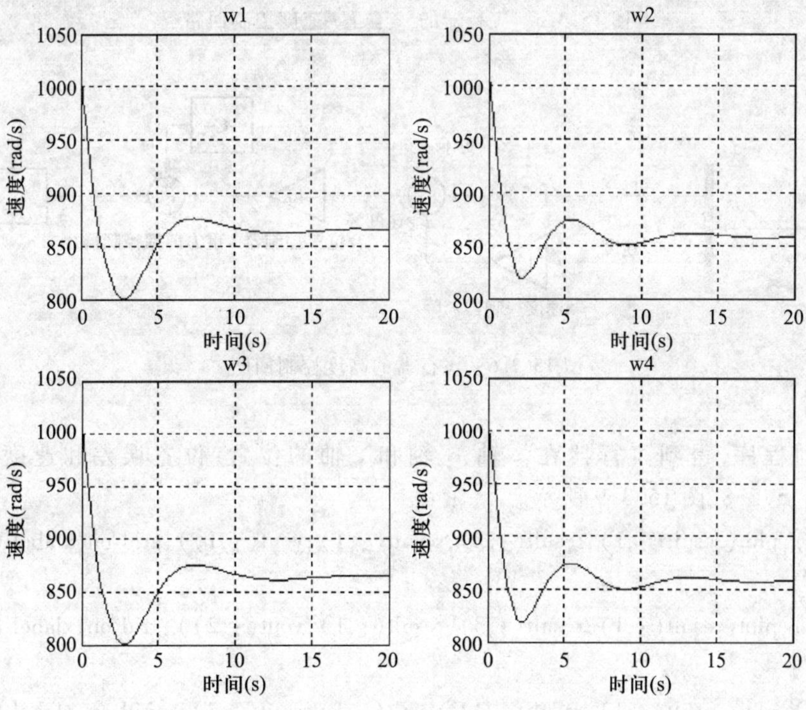

图15.3.4　四个旋翼的转速曲线

由图15.3.4可以看出四个旋翼的转速同时减小,实现飞行器上升,最后转速稳定,飞行器悬停在期望的高度。

四旋翼飞行器的控制系统包括多个嵌套的控制回路,图15.3.5和图15.3.6分别给出了飞

行器的 xy 位置-速度控制回路和飞行器的高度控制回路。

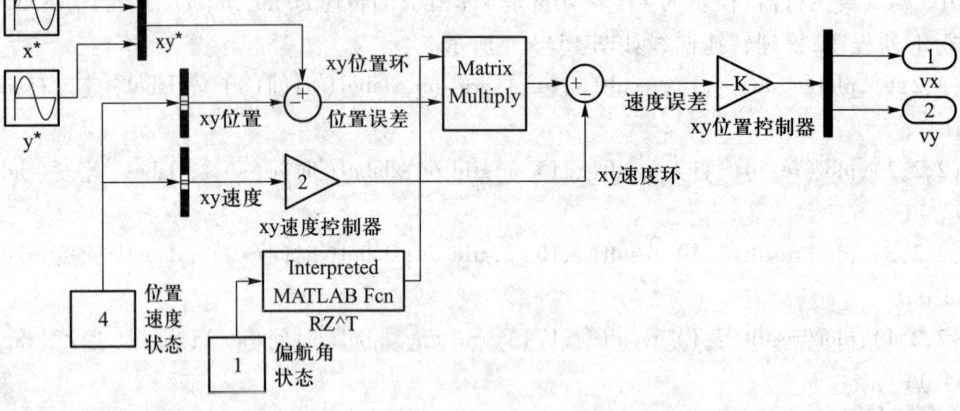

图 15.3.5 飞行器的 xy 位置-速度控制回路

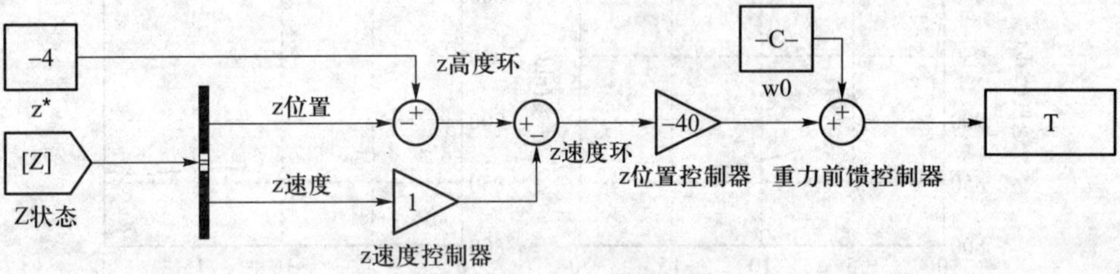

图 15.3.6 飞行器的高度控制回路

执行下列程序，得到飞行器在 x 轴、y 轴和 z 轴的位置，位置误差和速度仿真曲线如图 15.3.7、图 15.3.8、图 15.3.9 所示。

```
subplot(3,1,1),plot(result(:,1),result(:,2),result(:,1),yout(:,1)),grid on,xlabel('时间(s)');
ylabel('x(m)')
subplot(3,1,2),plot(result(:,1),result(:,3),result(:,1),yout(:,2)),grid on,xlabel('时间(s)');
ylabel('y(m)')
subplot(3,1,3),plot(result(:,1),result(:,4),result(:,1),yout(:,3)),grid on,xlabel('时间(s)');
ylabel('z(m)')
subplot(3,1,1),plot(result(:,1),result(:,2)-yout(:,1)),grid on,xlabel('时间(s)');
ylabel('xe(m)')
subplot(3,1,2),plot(result(:,1),result(:,3)-yout(:,2)),grid on,xlabel('时间(s)');
ylabel('ye(m)')
```

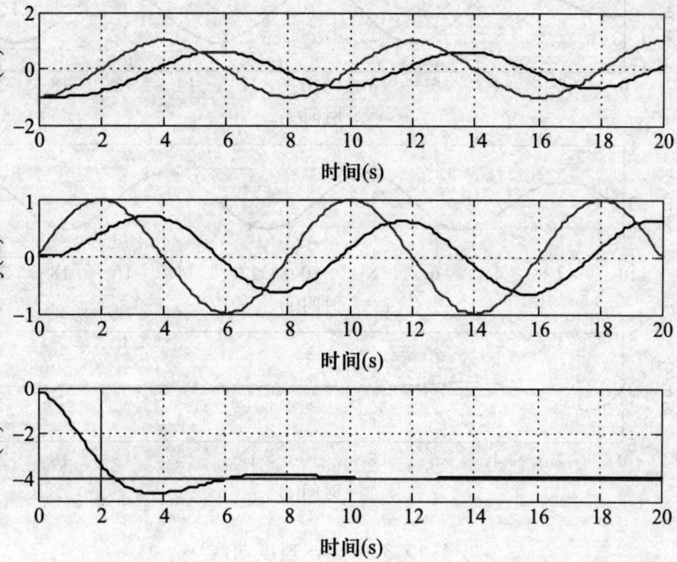

图 15.3.7 *xyz* 位置曲线

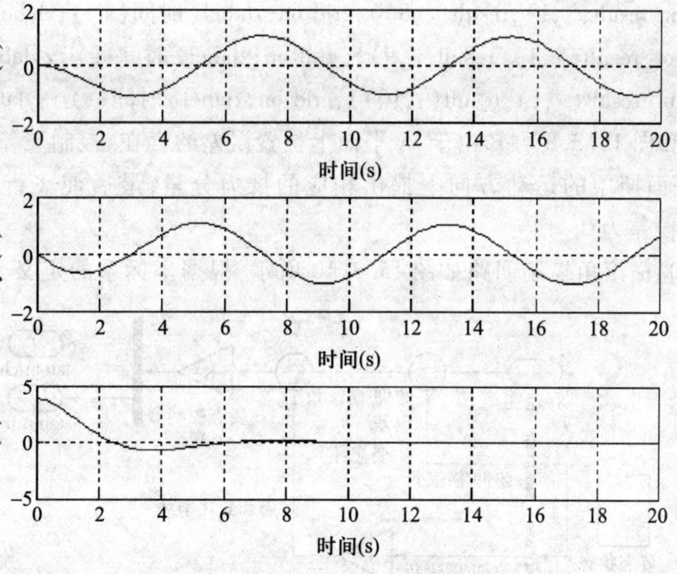

图 15.3.8 *xyz* 位置误差曲线

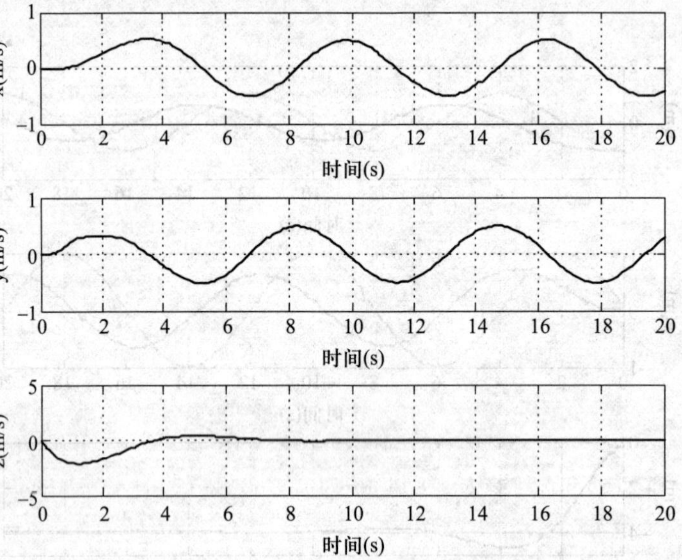

图 15.3.9 *xyz* 速度曲线

```
subplot(3,1,3),plot(result(:,1),result(:,4)-yout(:,3)),grid on,xlabel('时间(s)');
ylabel('ze(m)')
subplot(3,1,1),plot(result(:,1),result(:,8)),grid on,xlabel('时间(s)');ylabel ('x(m/s)');
subplot(3,1,2),plot(result(:,1),result(:,9)),grid on,xlabel('时间(s)');ylabel('y (m/s)');
subplot(3,1,3),plot(result(:,1),result(:,10)),grid on,xlabel('时间(s)');ylabel('z(m/s)');
```

由图 15.3.7 和图 15.3.8 可知由于 xy 平面上位置误差的存在,控制飞行器滚转及俯仰角的变化,进而在 xy 平面期望的运动方向上提供相应的推力分量,最后使飞行器稳定在指定高度 $(z=-4)$,z 轴位置误差为 0。

飞行器的俯仰、横滚角控制回路如图 15.3.10 所示,根据坐标系的定义,沿 ^{V}x 方向的运动需

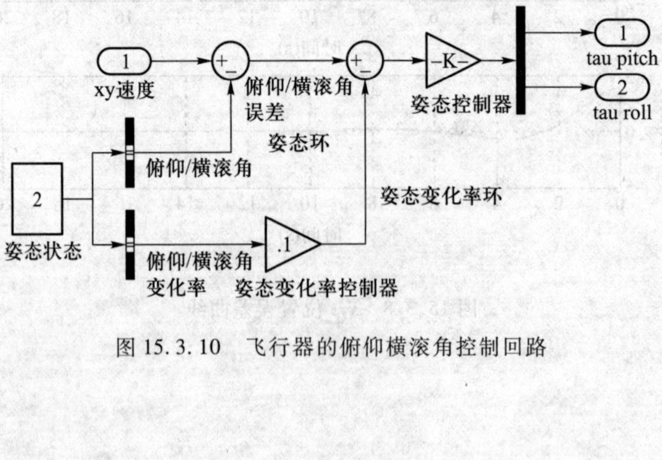

图 15.3.10 飞行器的俯仰横滚角控制回路

要一个绕 y 轴的负转动（俯仰角），而沿 ^{V}y 方向的运动需要一个绕 x 轴的正转动（横滚角），因此在横滚和俯仰的回路中增益参数的符号是不同的。

执行下列程序，得到飞行器姿态和姿态变化率曲线如图 15.3.11、图 15.3.12 所示。

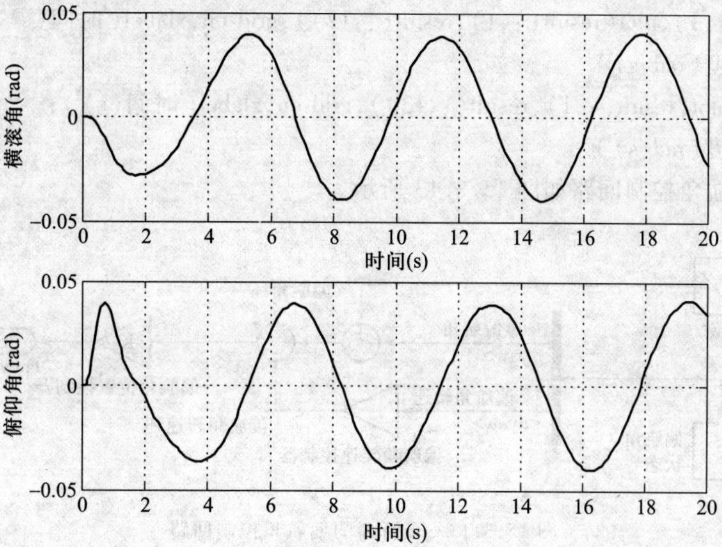

图 15.3.11　姿态曲线

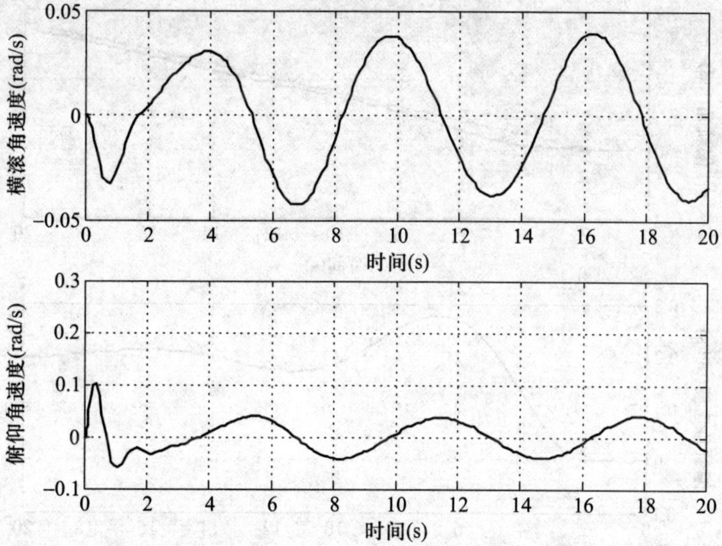

图 15.3.12　姿态变化率曲线

```
subplot(2,1,1),plot(result(:,1),result(:,6)),grid on,xlabel('时间(s)');
ylabel('横滚角(rad)')
subplot(2,1,2),plot(result(:,1),result(:,7)),grid on,xlabel('时间(s)');
ylabel('俯仰角(rad)')
figure,subplot(2,1,1),plot(result(:,1),result(:,12)),grid on,xlabel('时间(s)');
ylabel('横滚角速度(rad/s)')
subplot(2,1,2),plot(result(:,1),result(:,13)),grid on,xlabel('时间(s)');
ylabel('俯仰角速度(rad/s)')
```

飞行器的偏航角控制回路如图 15.3.13 所示。

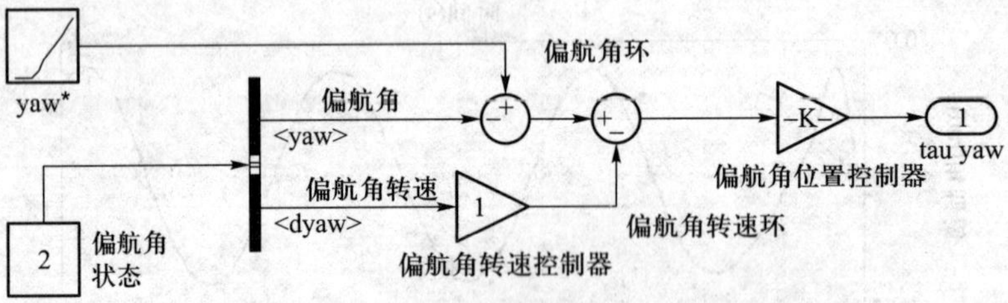

图 15.3.13 飞行器的偏航角控制回路

执行下列程序,得到飞行器偏航角及其转速仿真曲线如图 15.3.14 所示。

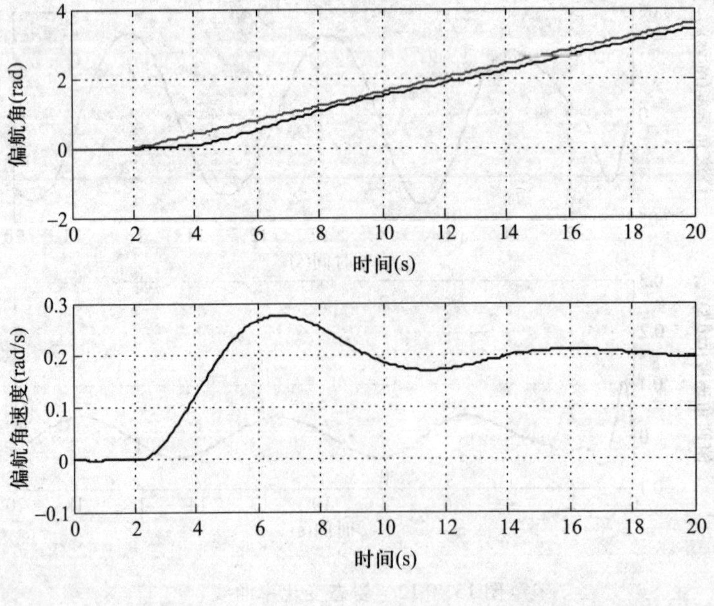

图 15.3.14 偏航角及其转速仿真曲线

```
subplot(2,1,1),plot(result(:,1),result(:,5),result(:,1),yout(:,4)),grid on,xlabel('时间(s)');
ylabel('偏航角(rad)')
subplot(2,1,2),plot(result(:,1),result(:,11)),grid on,xlabel('时间(s)');ylabel('偏航角速度
(rad/s)')
```

由图 15.3.11、图 15.3.12、图 15.3.14 可以看出,飞行器升空到期望高度后,开始转动,偏航角持续增加,能够很好地跟踪输入信号。

15.4 机械手控制与仿真

两关节机械手是具有两个自由度的关节型工业机器人,本节以串联两关节机械手为例,从机械手的建模、仿真和控制三方面进行介绍。

15.4.1 机械手运动学建模与仿真

两关节机械手是由两个关节串联在一起的构件所组成的开链型空间连杆机构,其结构如图 15.4.1 所示。

其中关节 1 的坐标系为 $\{x_0,y_0,z_0\}$,关节 2 的坐标系为 $\{x_1,y_1,z_1\}$,连杆末端的坐标系为 $\{x_2,y_2,z_2\}$,$\theta_i\in(\theta_1,\theta_2)$ 为关节角,$d_i\in(d_1,d_2)$ 为关节距离,$a_i\in(a_1,a_2)$ 为连杆长度,$\alpha_i\in(\alpha_1,\alpha_2)$ 为连杆扭曲角。

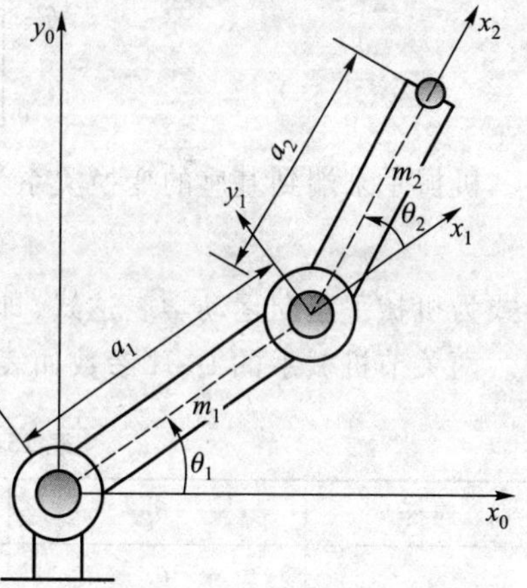

图 15.4.1 两关节机械手平面图

1. DH 法机械手运动学建模

由右手定则确定两个关节的 z 轴方向垂直于纸面向外。由 DH 法得到如下四个齐次变换矩阵:

(1) 绕 z_{i-1} 轴旋转 θ_i,使得 x_{i-1} 和 x_i 互相平行,其旋转运动的变换矩阵为

$$Rot(z_{i-1},\theta_i)=\begin{bmatrix} c\theta_i & -s\theta_i & 0 & 0\\ s\theta_i & c\theta_i & 0 & 0\\ 0 & 0 & 1 & 0\\ 0 & 0 & 0 & 1\end{bmatrix} \tag{15-50}$$

(2) 沿 z_{i-1} 轴平移 d_i,使得 x_{i-1} 和 x_i 共线,其平移运动的变换矩阵为

$$Trans(z_{i-1},d_i)=\begin{bmatrix} 1 & 0 & 0 & 0\\ 0 & 1 & 0 & 0\\ 0 & 0 & 1 & d_i\\ 0 & 0 & 0 & 1\end{bmatrix} \tag{15-51}$$

(3) 沿 x_i 轴平移 a_i,使 x_{i-1} 和 x_i 的原点重合,其平移运动的变换矩阵为

$$Trans(x_i,a_i)=\begin{bmatrix}1&0&0&a_i\\0&1&0&0\\0&0&1&0\\0&0&0&1\end{bmatrix} \tag{15-52}$$

(4) z_{i-1} 轴绕 x_i 旋转 α_i,使得 z_{i-1} 轴与 z_i 轴对准,其旋转运动的变换矩阵为

$$Rot(x_i,\alpha_i)=\begin{bmatrix}1&0&0&0\\0&c\alpha_i&-s\alpha_i&0\\0&s\alpha_i&c\alpha_i&0\\0&0&0&1\end{bmatrix} \tag{15-53}$$

则总的变换矩阵为

$$^{i-1}_{\ i}T=Rot(z_{i-1},\theta_i)\times Trans(z_{i-1},d_i)\times Trans(x_i,a_i)\times Rot(x_i,\alpha_i) \tag{15-54}$$

$$^{i-1}_{\ i}T=\begin{bmatrix}c\theta_i&-s\theta_ic\alpha_i&s\theta_is\alpha_i&a_ic\theta_i\\s\theta_i&c\theta_ic\alpha_i&-c\theta_is\alpha_i&a_is\theta_i\\0&s\alpha_i&c\alpha_i&d_i\\0&0&0&1\end{bmatrix} \tag{15-55}$$

机械手末端到基座的变换关系为

$$^{0}_{i}T={}^{0}_{1}T\,{}^{1}_{2}T\,{}^{2}_{3}T\cdots{}^{i-1}_{\ i}T \tag{15-56}$$

上式为机械手正向运动学表达式,即已知机械手各关节值,就能够计算出末端相对于基座的位姿。两关节机械手的 D-H 参数如表 15.4.1 所示。

表 15.4.1 两关节机械手的 D-H 参数

连杆	θ_i	d_i	a_i	α_i
1	θ_1	0	a_1	0
2	θ_2	0	a_2	0

2. 两关节机械手仿真

若表 15.4.1 中的 $\theta_1=\theta_2=0,a_1=a_2=1$,代入式(15-55)得 ^0_1T 和 ^1_2T 的变换矩阵为

$$^{0}_{1}T=\begin{bmatrix}1&0&0&1\\0&1&0&0\\0&0&1&0\\0&0&0&1\end{bmatrix},\quad ^{1}_{2}T=\begin{bmatrix}1&0&0&1\\0&1&0&0\\0&0&1&0\\0&0&0&1\end{bmatrix} \tag{15-57}$$

则${}_2^0T$变换矩阵,即两关节机械手正向运动学模型为

$$
{}_2^0T=\begin{bmatrix}1&0&0&2\\0&1&0&0\\0&0&1&0\\0&0&0&1\end{bmatrix} \tag{15-58}
$$

在 MATLAB 命令窗口执行如下程序可创建两关节机械手的 D-H 参数表。

```
>>L(1)=Link([0 0 1 0]);L(2)=Link([0 0 1 0]);
>>two_link=SerialLink(L,'name','two link');
>>two_link
 two_link =
        two link (2axis, RR, stdDH)
        +---+-----------+-----------+-----------+-----------+
        |j  |      theta|          d|          a|      alpha|
        +---+-----------+-----------+-----------+-----------+
        |  1|         q1|          0|          1|          0|
        |  2|         q2|          0|          1|          0|
        +---+-----------+-----------+-----------+-----------+
grav =   0   base =  1  0  0  0   tool =  1  0  0  0
         0           0  1  0  0           0  1  0  0
      9.81           0  0  1  0           0  0  1  0
                     0  0  0  1           0  0  0  1
```

其中字符串为“RR”,代表该机械手有两个转动关节,重力默认作用于 z 轴方向,关节变量用“q1”和“q2”表示,该结果与表 15.4.1 完全相同。

采用机械手正向运动学 fkine()函数计算两连杆机械手末端位姿变换矩阵,设 q1=q2=0,其末端位姿为(0,0)则

```
>>T2=two_link.fkine([0,0])
T2=
    1    0    0    2
    0    1    0    0
    0    0    1    0
    0    0    0    1
```

返回值为第二个连杆末端位姿的齐次变换 T2,其计算结果与式(15-58)${}_2^0T$ 完全相同。改变关节变量,其末端位姿为$\left(\dfrac{\pi}{4},-\dfrac{\pi}{4}\right)$,则

```
>>T2 = two_link. fkine( [ pi/4 , -pi/4 ] )
T2 =
    1.0000         0         0    1.7071
         0    1.0000         0    0.7071
         0         0    1.0000         0
         0         0         0    1.0000
```

执行如下命令,绘制机械手末端位姿不同时的图形如图 15.4.2 所示。

```
>>two_link. plot( [ 0 0 ] )
>>two_link. plot( [ pi/4 -pi/4 ] )
```

图 15.4.2

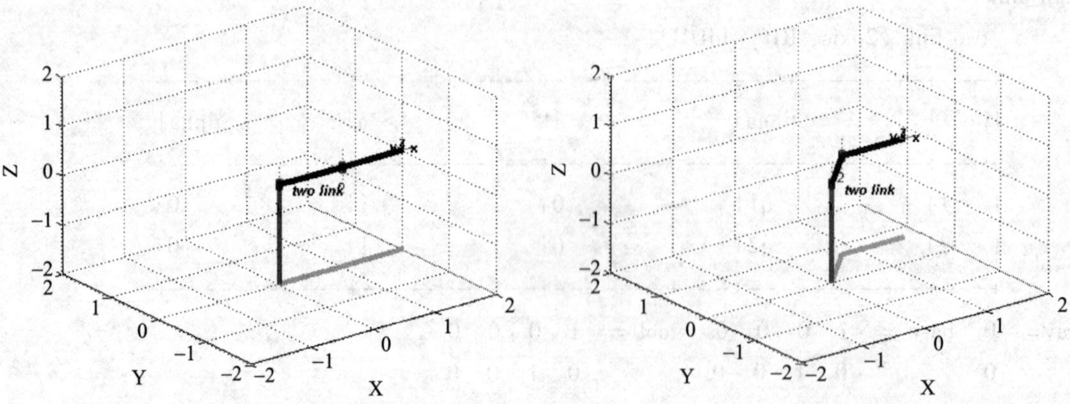

图 15.4.2 两关节机械手位姿仿真图

15.4.2 机械手独立关节控制与仿真

机械手的关节控制是将每个关节看作一个独立的控制系统,让每个关节能够精确地跟随各自关节角度轨迹的同时,还要克服关节上存在的各种干扰力矩,因此控制起来较为复杂。

1. 机械手关节控制系统建模

假设串联两连杆机械手的关节是刚性的,两连杆间只有一个自由度,采用直流电动机驱动机械手关节,带动连接在关节上的机械手臂进行运动,其结构示意图如图 15.4.3 所示。

电枢回路中,由基尔霍夫电压定律得

$$V=Ri+L\frac{\mathrm{d}i}{\mathrm{d}t} \tag{15-59}$$

V、i 为电枢回路的电压和电流,R、L 为电枢回路的电阻和电感。

其传递函数为:$G_{\mathrm{iv}}(s)=\dfrac{I(s)}{V(s)}=\dfrac{1}{Ls+R}$

电机的转矩与电流成正比：

$$T=K_m i \tag{15-60}$$

T 为电机的转矩，其最大转矩限制为 T_{max}，K_m 为电机力矩常数，则电机的动力学模型为

$$J_m\dot{\omega}_m+B\omega_m+T_c(\omega_m)=T \tag{15-61}$$

ω_m 为电机的输出转速，J_m 为电机转动惯量，B 为黏质摩擦系数，T_c 为库仑摩擦力矩。若忽略库仑摩擦力，则电机的传递函数为

$$G(s)=\frac{\Omega(s)}{T(s)}=\frac{1}{Js+B} \tag{15-62}$$

$\Omega(s)$ 是 $\omega_m(t)$ 的拉普拉斯变换，J 为有效惯量，$J=J_m+\dfrac{2}{G^2}$，其中 G 为齿轮传动比。

电机的转角即位置 θ_m 与转速 ω_m 的关系为

$$\omega_m=\frac{d\theta_m}{dt} \tag{15-63}$$

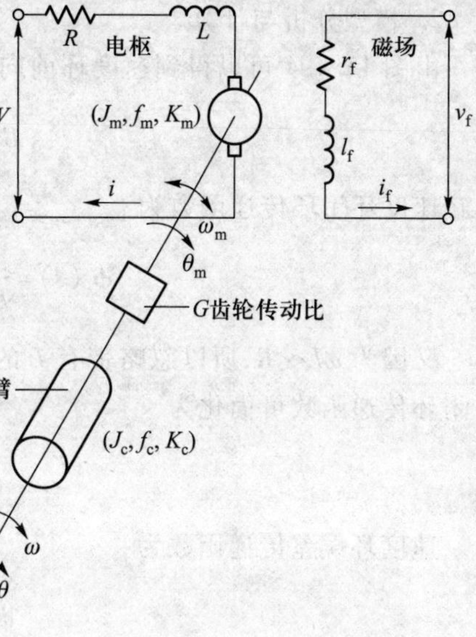

图 15.4.3 直流电动机驱动机械手示意图

电机的角速度 ω_m 由测速传感器获取，并将测量值转换成电压信号，其表达式为

$$u=K_{tv}\omega_m \tag{15-64}$$

K_{tv} 为速度传感器常数，将期望的角速度与测量的实际角速度相比较形成转速反馈，其表达式为

$$u^*-u=K_v V \tag{15-65}$$

u^* 为产生期望的角速度 ω_m^* 所需要提供的电压，K_v 为速度放大系数。

电机的位置 θ_m 采用角度传感器获取，由 $\theta_m=\dfrac{\theta}{G}$ 可以获得机械手臂实际位置 θ，这样就可以与期望的机械手转角位置相比较形成位置反馈，其表达式为

$$u^*=K_\theta(\theta^*-\theta_m) \tag{15-66}$$

θ^* 为期望的位置，K_θ 为位置放大系数，机械手位置-速度双闭环系统如图 15.4.4 所示。

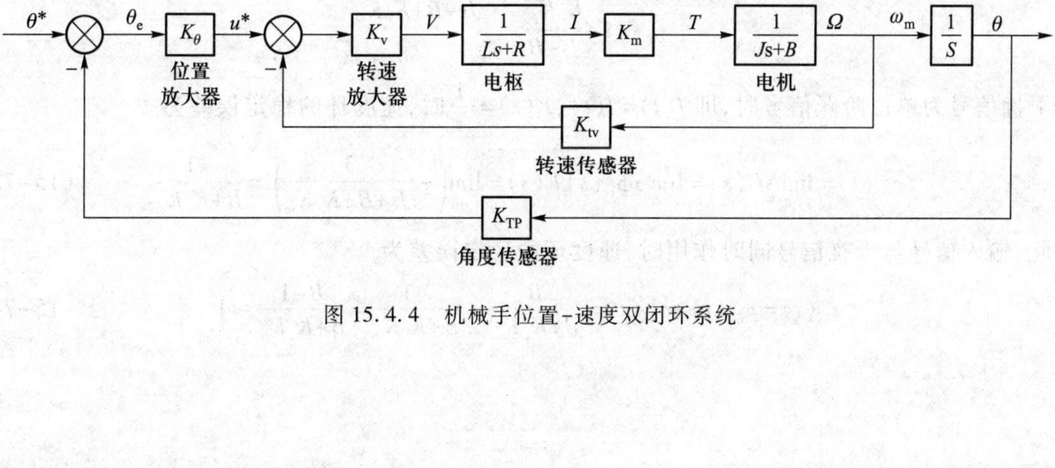

图 15.4.4 机械手位置-速度双闭环系统

2. 模型分析与计算

由图 15.4.4 可以得到速度环前向通道传递函数为

$$G_v(s)=\frac{K_v K_m}{(Ls+R)(Js+B)} \tag{15-67}$$

速度环闭环传递函数为

$$\phi_v(s)=\frac{K_v K_m}{LJs^2+(RJ+LB)s+RB+K_v K_m K_{tv}} \tag{15-68}$$

又因为 $\omega L<<R$,所以忽略带有 L 的项,同时令速度环为单位反馈,即 $K_{tv}=1$,设 $R=1$,则速度环闭环传递函数可简化为

$$\phi_v(s)=\frac{K_v K_m}{Js+B+K_v K_m} \tag{15-69}$$

速度环误差传递函数为

$$\phi_e(s)=1-\frac{K_v K_m}{Js+B+K_v K_m} \tag{15-70}$$

当期望转速为单位阶跃信号时,即速度环输入信号为 $qd(t)=l(t)$,$Qd(s)=\frac{1}{s}$时,速度环的稳定误差为

$$e_{rss}(t)=\lim_{s\to 0} sE(s)=\lim_{s\to 0} s\phi_e(s)Qd(s)=\lim_{s\to 0}\left(1-\frac{K_v K_m}{Js+B+K_v K_m}\right)=\frac{B}{B+K_v K_m} \tag{15-71}$$

其中 B 和 K_m 是常数,因此,速度环的误差与参数 K_v 有关,K_v 越大,速度环误差越小,但 K_v 增大,振荡性又会加强。因此,要选择适当的 K_v 值,在保证速度环稳定性的基础上降低其稳态误差。

在机械手关节控制中会出现一系列的干扰因素,如机械手臂的重力,库仑摩擦力以及速度和加速度融合力矩等,对机械手关节的控制有一定的影响。设机械手的干扰信号为 $f(t)$,由干扰信号引起的速度环误差传递函数为

$$\phi_{ef}(s)=\frac{-\frac{1}{Js+B}}{1+\frac{K_v K_m}{Js+B}}=-\frac{1}{Js+B+K_v K_m} \tag{15-72}$$

当干扰信号为单位阶跃信号时,即 $f(t)=l(t)$,$F(s)=\frac{1}{s}$时,速度环的稳定误差为

$$e_{fss}(t)=\lim_{s\to 0} sE(s)=\lim_{s\to 0} s\phi_{ef}(s)F(s)=\lim_{s\to 0}\left(-\frac{1}{Js+B+K_v K_m}\right)=\frac{-1}{B+K_v K_m} \tag{15-73}$$

因此,输入信号与干扰信号同时作用时,速度环的稳定误差为

$$e_{ss}(t)=e_{rss}(t)+e_{fss}(t)=\frac{B}{B+K_v K_m}+\frac{-1}{B+K_v K_m}=\frac{B-1}{B+K_v K_m}\approx 1 \tag{15-74}$$

从上式可知,增加干扰信号之后速度环误差接近1,因此,可在速度环采用比例-积分控制器,在提高系统型别的基础上增大开环增益,以减少速度环稳态误差,速度环比例-积分控制系统如图15.4.5所示。

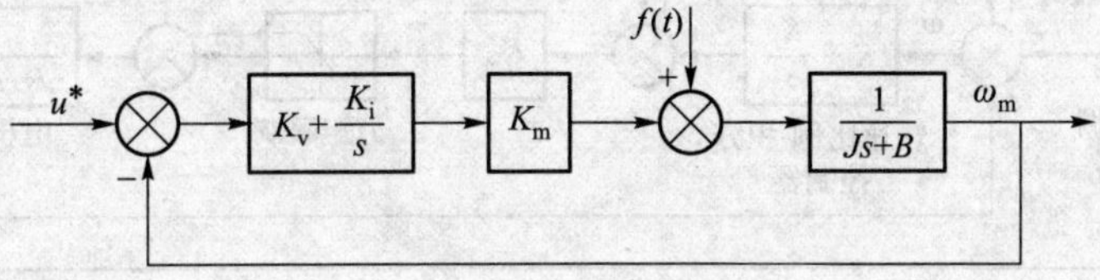

图15.4.5 速度环比例-积分控制系统

由图15.4.5可知,速度环比例-积分控制系统的闭环传递函数为

$$\phi_v(s)=\frac{K_vK_ms+K_iK_m}{Js^2+(K_vK_m+B)s+K_iK_m} \tag{15-75}$$

令位置环也为单位反馈,即 $K_{tp}=1$,位置环开环传递函数为

$$G_p(s)=\frac{K_\theta\phi_v}{s}=\frac{K_\theta K_vK_ms+K_\theta K_iK_m}{Js^3+(K_vK_m+B)s^2+K_iK_ms} \tag{15-76}$$

位置环闭环传递函数为

$$\phi_p(s)=\frac{K_\theta K_vK_ms+K_\theta K_iK_m}{Js^3+(K_vK_m+B)s^2+(K_\theta K_vK_m+K_iK_m)s+K_\theta K_iK_m} \tag{15-77}$$

位置环误差传递函数为

$$\phi_e(s)=1-\frac{K_\theta K_vK_ms+K_\theta K_iK_m}{Js^3+(K_vK_m+B)s^2+(K_\theta K_vK_m+K_iK_m)s+K_\theta K_iK_m} \tag{15-78}$$

当期望转角位置为单位阶跃信号时,即输入信号为 $q(t)=l(t)$,$Q(s)=\frac{1}{s}$时,位置环的稳定误差为

$$\begin{aligned}e_{rss}(t)&=\lim_{s\to0}sE(s)=\lim_{s\to0}s\phi_e(s)Q(s)\\&=\lim_{s\to0}\left(1-\frac{K_\theta K_vK_ms+K_\theta K_iK_m}{Js^3+(K_vK_m+B)s^2+(K_\theta K_vK_m+K_iK_m)s+K_\theta K_iK_m}\right)=0\end{aligned} \tag{15-79}$$

因此,位置环可通过调节位置比例控制器系数 K_θ,使系统对给定位置输入的稳态误差为零。考虑干扰信号的影响因素,若仿真效果不理想,可分别在位置环和速度环中增加前馈控制器,以提高跟踪精度和减少干扰误差,机械手关节控制系统总体方框图如图15.4.6所示。

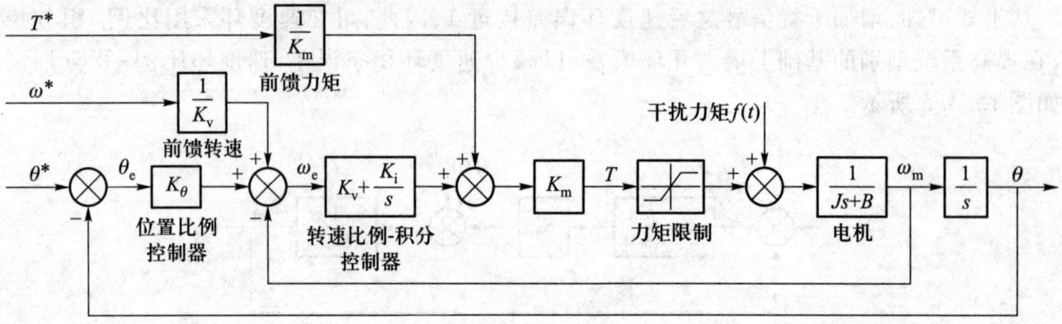

图 15.4.6 机械手关节控制系统总体方框图

3. Simulink 建模与仿真

机械手关节驱动性能参数见表 15.4.2，则总惯量为

$$J=\left[200\times10^{-6}+\frac{2}{(107.815)^2}\right]\ \text{kgm}^2=(200\times10^{-6}+172\times10^{-6})\ \text{kgm}^2=372\times10^{-6}\ \text{kgm}^2$$

表 15.4.2 机械手关节驱动器参数

参数	符号	参数值	单位
电机力矩常数	K_m	0.228	N mA^{-1}
电机转动惯量	J_m	200×10^{-6}	kg m^2
黏质摩擦系数	B	817×10^{-6}	Nms rad^{-10}
齿轮传动比	G	107.815	
最大力矩	T_{max}	0.900	Nm

(1) 速度环控制系统仿真

>>vloop_test2

在 Simulink 环境下打开 vloopk_test2. mdl，这是测试机械手关节速度环控制的应用例子，如图 15.4.7 所示。

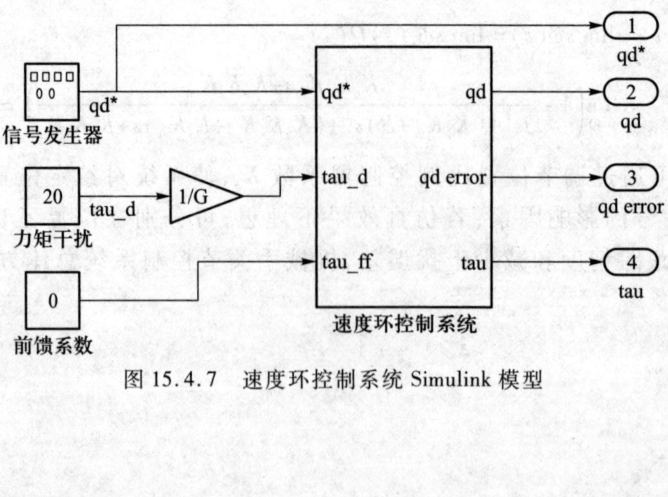

图 15.4.7 速度环控制系统 Simulink 模型

进入“速度环控制系统”子系统模块，如图 15.4.8 所示，其中用 1 ms 的延迟来模拟速度控制算法的计算时间，用一个饱和器来模拟电机所能提供的最大转矩。速度环采用比例-积分和前馈控制器模块，通过对该模块的参数设置，分别实现比例控制，比例-积分控制和比例-积分-前馈控制三种控制方式。

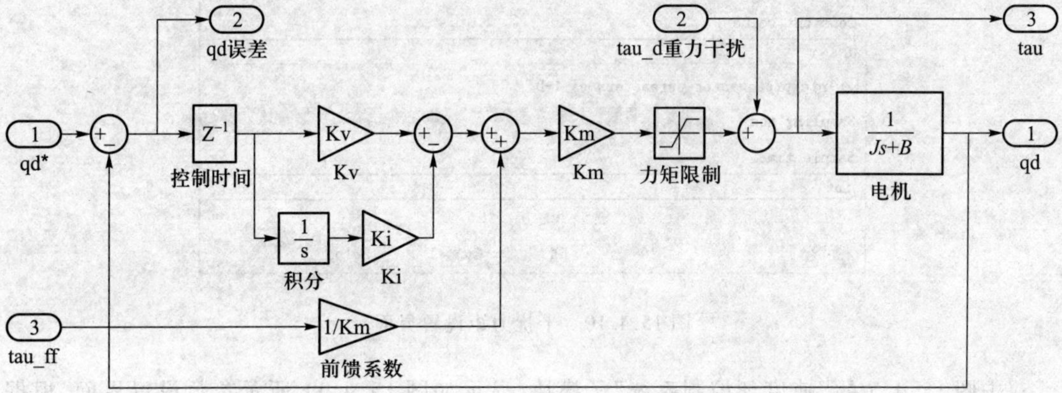

图 15.4.8　速度环控制子系统 Simulink 模型

双击图 15.4.7 的“信号发生器”模块，设置期望的转速为一个锯齿波信号，参数设置如图 15.4.9 所示。

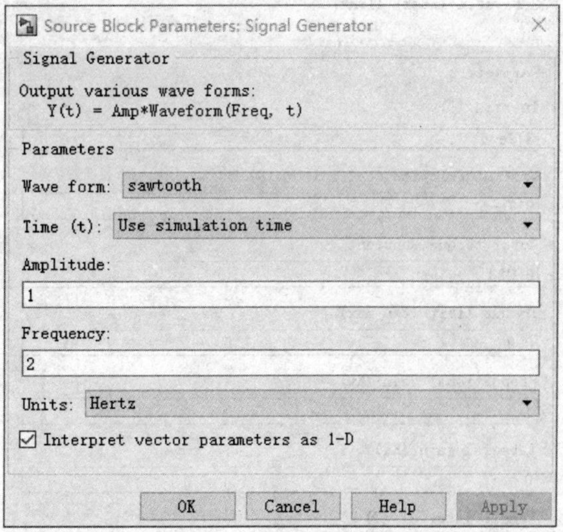

图 15.4.9　锯齿波信号发生器设置界面

双击图 15.4.7 的“力矩干扰”模块，设置为 0，先假设机械手控制系统无干扰输入，设置界面如图 15.4.10 所示。

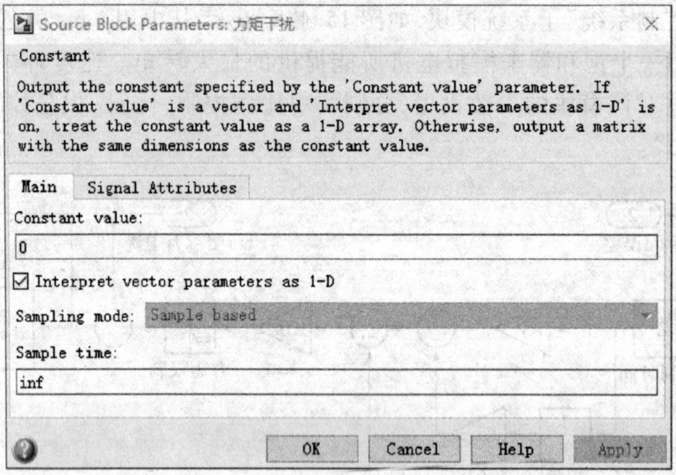

图 15.4.10 干扰力矩设置界面

双击图 15.4.7 的"速度环控制系统"子模块,显示如图 15.4.11 所示参数设置界面,根据表 15.4.2 给定的参数值,设置 $J=372\times10^{-6}$ kgm^2,$B=817\times10^{-6}$ Nmsrad^{-10},$K_m=0.228$ NmA^{-1},$T_{max}=0.9$ Nm,设置比例-积分控制器参数 $K_v=1$,$K_i=0$,得到速度环比例控制 Simulink 子系统如图 15.4.8 所示。

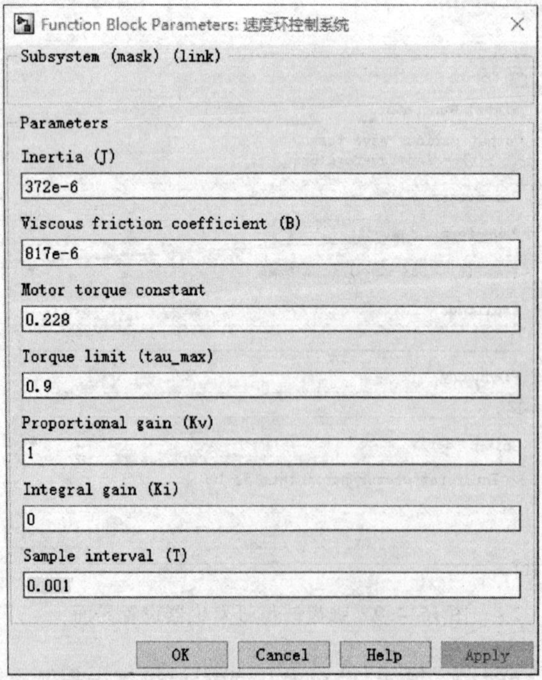

图 15.4.11 速度环控制系统参数设置界面

运行图 15.4.7 系统，然后执行下列程序，得到图 15.4.12、图 15.4.13 和图 15.4.14 所示仿真曲线。

```
plot(tout,yout(:,1:2));grid on;xlabel('时间(s)');ylabel('转速(rad/s)');legend('期望转速','实际转速')
figure,plot(tout,yout(:,3));grid on;xlabel('时间(s)');ylabel('转速误差(rad/s)')
figure,plot(tout,yout(:,4));grid on;xlabel('时间(s)');ylabel('力矩(Nm)')
```

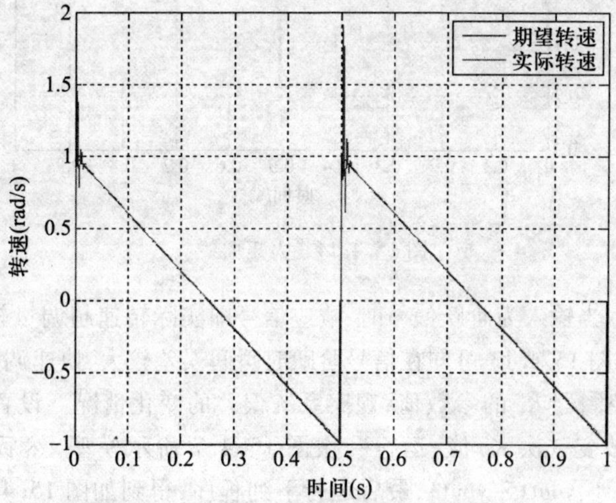

图 15.4.12

图 15.4.12 转速跟踪曲线

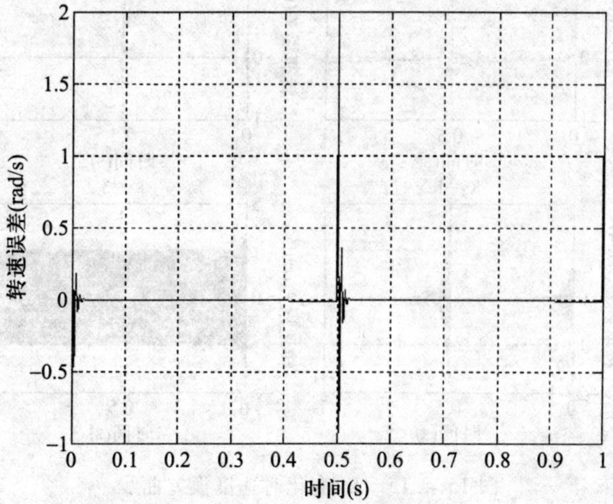

图 15.4.13 转速误差曲线

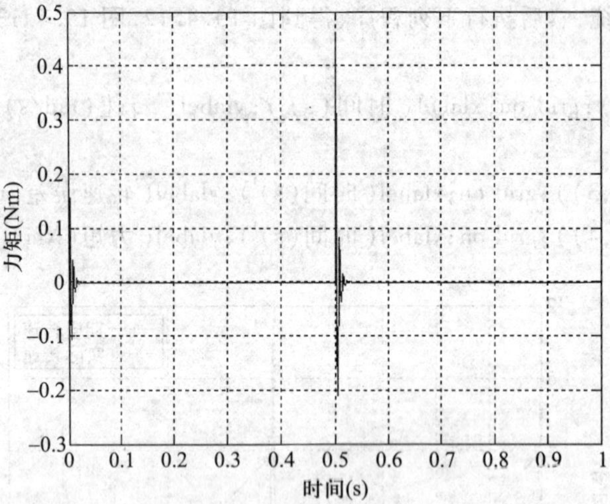

图 15.4.14　力矩曲线

从图 15.4.12 可知，当输入为阶跃信号时，响应信号即实际转速超调量较大，但调整时间很短，因此跟随速度较快。由图 15.4.13 可知在信号阶跃时瞬间误差较大，快速调节后误差恒定为零。

改变速度环比例控制器 K_v 的参数值，观察系统误差的变化情况。设置图 15.4.8 的 K_v 值分别为 0.1、1、1.5、3，每改变一次 K_v 值，运行一次图 15.4.7 所示模型，然后在工作空间中将 yout 分别修改为 yout01、yout1、yout15、yout3，最后运行下列程序，得到如图 15.4.15 所示仿真曲线。

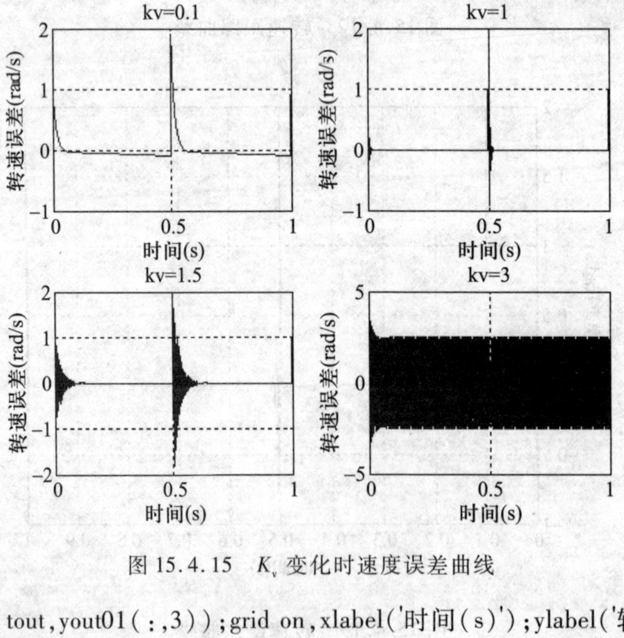

图 15.4.15

图 15.4.15　K_v 变化时速度误差曲线

```
subplot(2,2,1),plot(tout,yout01(:,3));grid on,xlabel('时间(s)');ylabel('转速误差(rad/s)');
title('kv=0.1');
```

```
subplot(2,2,2),plot(tout,yout1(:,3));grid on,xlabel('时间(s)');ylabel('转速误差(rad/s)');
title('kv=1');
subplot(2,2,3),plot(tout,yout15(:,3));grid on,xlabel('时间(s)');ylabel('转速误差(rad/s)');
title('kv=1.5');
subplot(2,2,4),plot(tout,yout3(:,3));grid on,xlabel('时间(s)');ylabel('转速误差(rad/s)');
title('kv=3');
```

由图 15.4.15 可知,增大 K_v 的数值确实使误差减小,但随着 K_v 的增大系统出现了振荡,使系统不稳定。因此,选取 $K_v=1$ 为最优值。

当把机械手臂重力作为干扰力矩时,即 $f(t)=20$ Nm,设置图 15.4.10 中的值为 20,重新运行图 15.4.7,执行下列程序,得到如图 15.4.16 和图 15.4.17 所示仿真曲线。

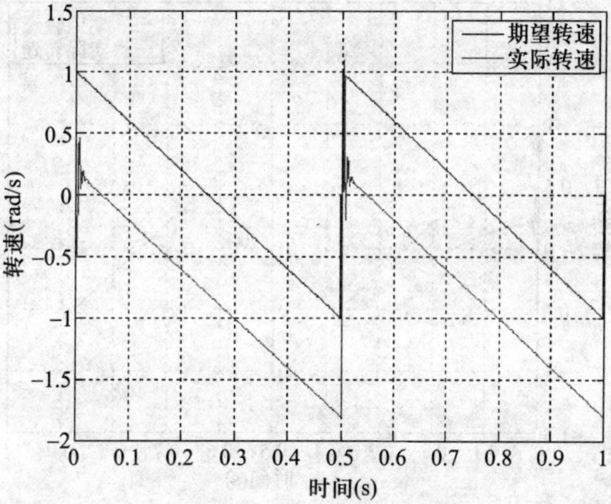

图 15.4.16 转速跟踪曲线

图 15.4.16

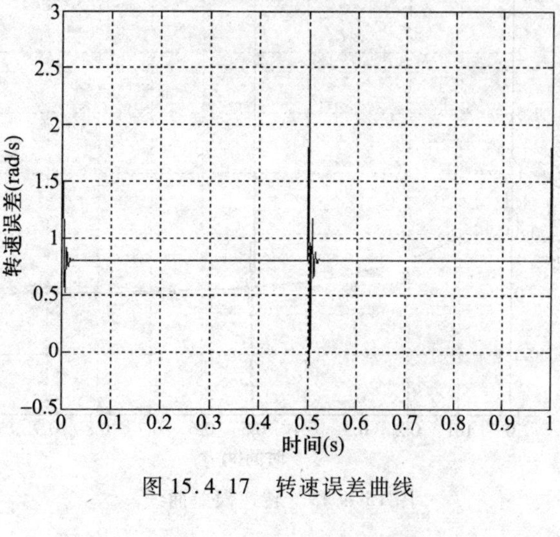

图 15.4.17 转速误差曲线

图 15.4.17

```
plot(tout,yout(:,1:2));grid on;xlabel('时间(s)');ylabel('转速(rad/s)');legend('期望转速','实际转速')
figure,plot(tout,yout(:,3));grid on;xlabel('时间(s)');ylabel('转速误差(rad/s)')
```

从图 15.4.16 可以看出跟随性能明显退化，跟踪误差接近 1 rad/s，从图 15.4.17 可知，稳态误差为 0.91 rad/s，与式(15-74)计算结果相近。因此，设置图 15.4.8 中的 $K_v=1, K_i=5$，采用比例-积分控制器以消除恒值误差，运行图 15.4.7 所示模型，执行下列程序，得到图 15.4.18 和图 15.4.19 所示仿真曲线。

```
plot(tout,yout(:,1:2));grid on;xlabel('时间(s)');ylabel('转速(rad/s)');legend('期望转速','实际转速')
figure,plot(tout,yout(:,3));grid on;xlabel('时间(s)');ylabel('转速误差(rad/s)')
```

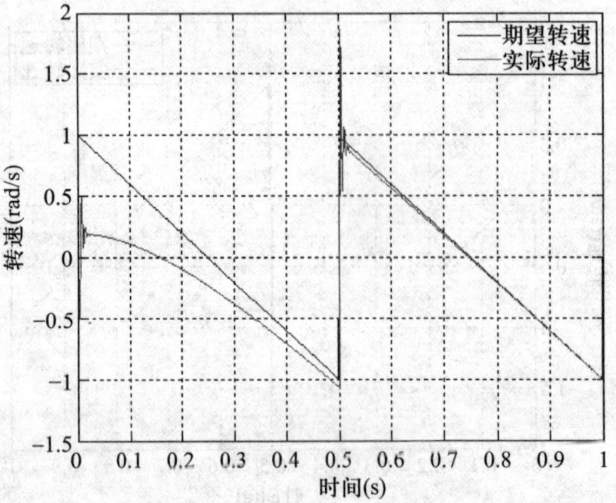

图 15.4.18

图 15.4.18　转速跟踪曲线

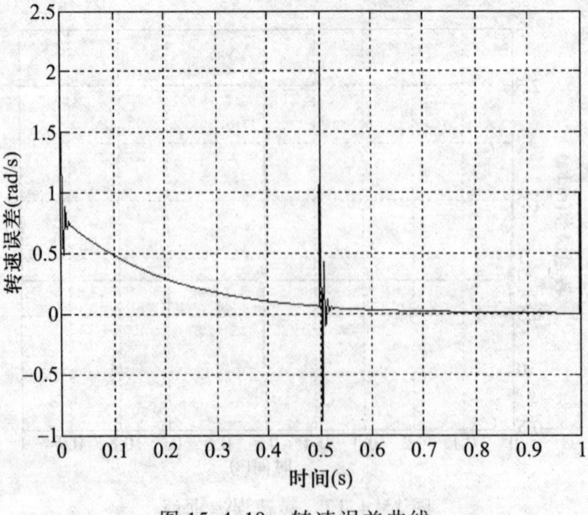

图 15.4.19

图 15.4.19　转速误差曲线

由图 15.4.18 和图 15.4.19 可知，积分器状态随时间不断变化，并逐渐消除了干扰项，误差也逐渐衰弱到零。进一步调节积分时间常数 K_i 分别为 1,5,8,10，每改变一次 K_i 值，运行一次图 15.4.7 所示模型，然后在工作空间中将 yout 分别修改为 yout1、yout5、yout8、yout10，运行下列程序，得到图 15.4.20 和图 15.4.21 所示仿真曲线。

```
plot(tout,yout10(:,1),tout,yout1(:,2),tout,yout5(:,2),tout,yout8(:,2),tout,yout10(:,2));
grid on,
xlabel('时间(s)');ylabel('转速(rad/s)');
figure,plot(tout,yout1(:,3),tout,yout5(:,3),tout,yout8(:,3),tout,yout10(:,3));grid on;
xlabel('时间(s)');ylabel('速度误差(rad/s)')
```

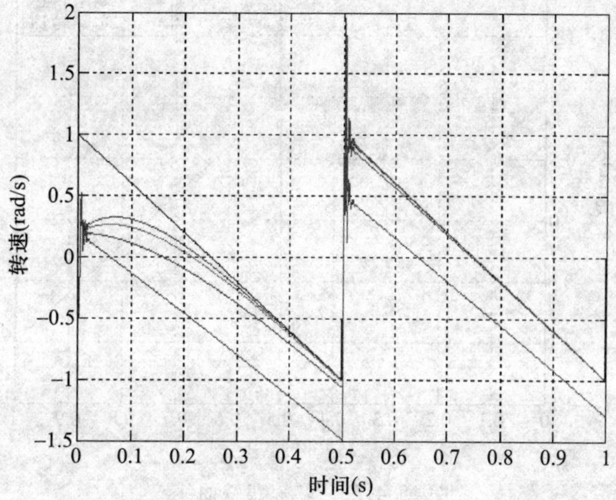

图 15.4.20 转速跟踪曲线

图 15.4.20

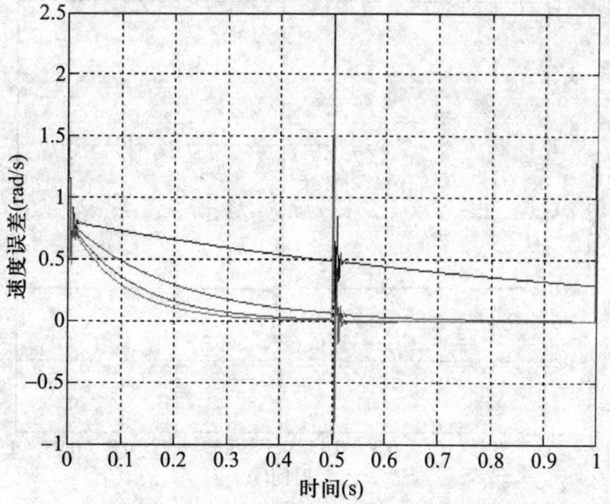

图 15.4.21 转速误差曲线

图 15.4.21

由图 15.4.20 和图 15.4.21 可知，增益 $K_v=1$ 和 $K_i=10$ 时系统控制效果较好，但是跟随性和误差还是不理想。为了进一步减少重力干扰力矩的影响，采用力矩前馈控制的策略，设置图 15.4.7 中的前馈系数为 0.18，重新运行图 15.4.7 所示模型，执行下列程序，得到跟踪曲线、误差和力矩曲线分别如图 15.4.22、图 15.4.23 和图 15.4.24 所示。

```
plot(tout,yout(:,1:2));grid on;xlabel('时间(s)');ylabel('转速(rad/s)');legend('期望转速','实际转速')
figure,plot(tout,yout(:,3));grid on;xlabel('时间(s)');ylabel('转速误差(rad)')
figure,plot(tout,yout(:,4));grid on;xlabel('时间(s)');ylabel('力矩(Nm)')
```

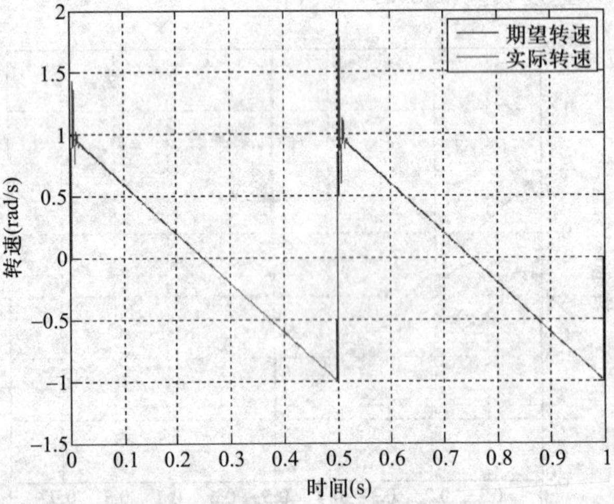

图 15.4.22

图 15.4.22　转速跟踪曲线

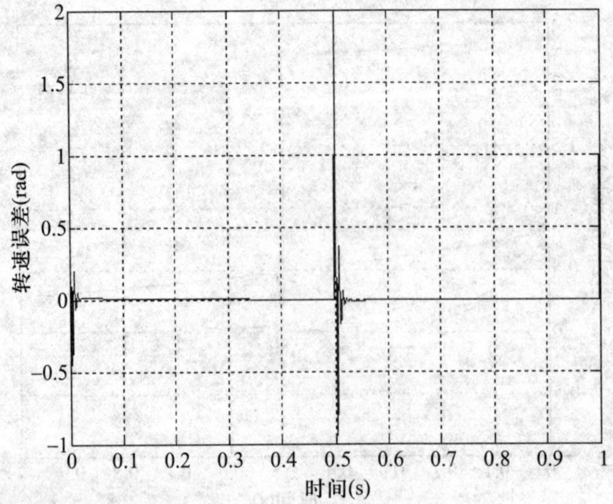

图 15.4.23

图 15.4.23　转速误差曲线

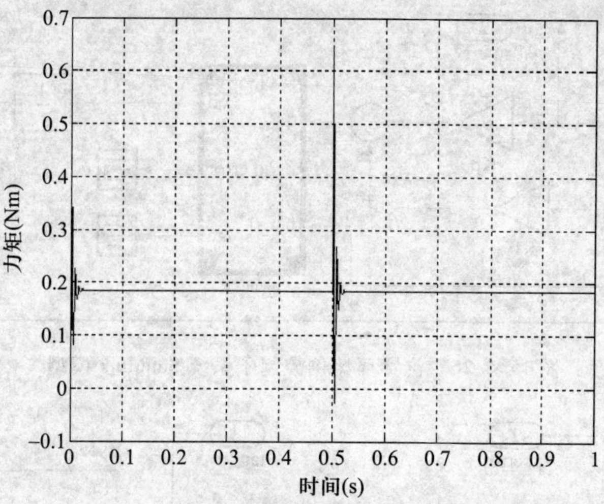

图 15.4.24 力矩曲线

由图 15.4.22 和图 15.4.23 可知,系统的跟随性好,稳态误差为零,得到了理想的控制效果。

(2) 位置环控制系统仿真

```
>>ploop_test
```

在 Simulink 环境下打开 ploop_test. mdl,这是测试机械手关节位置环控制系统的应用例子,如图 15.4.25 所示。

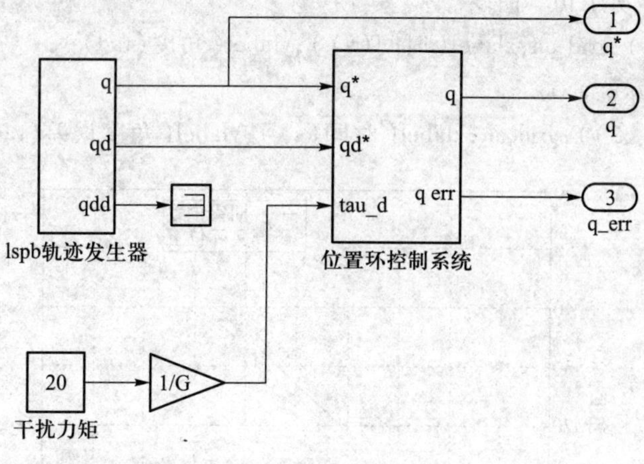

图 15.4.25 位置环控制系统 Simulink 模型

位置期望曲线由 lspb 轨迹发生器产生,该发生器在 1 s 时间内从 0 运动到 0.5 rad,采样速度为 1 000 Hz。

双击"位置环控制系统"进入如图 15.4.26 所示位置比例环控制子系统,双击"速度环",进入如图 15.4.27 所示速度环比例控制子系统。

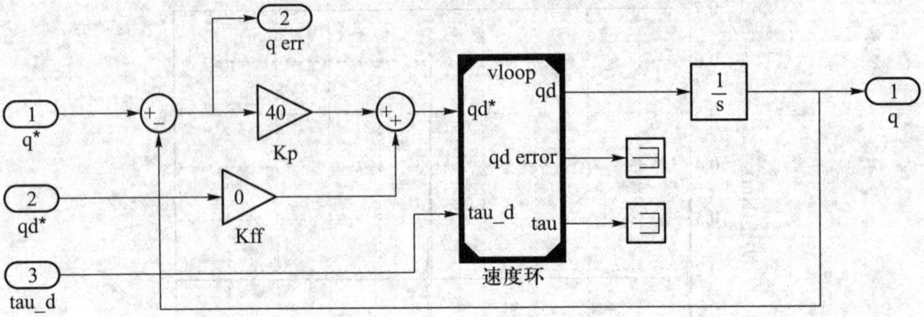

图 15.4.26　位置环比例控制子系统 Simulink 模型

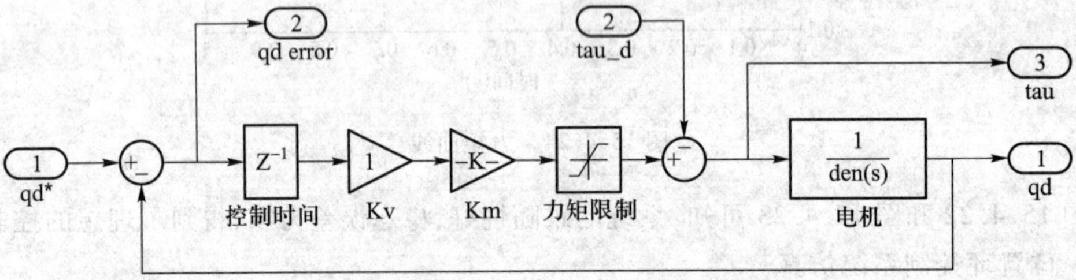

图 15.4.27　速度环比例控制子系统 Simulink 模型

图 15.4.26 中已设置位置环比例控制器 $K_p=40$，运行图 15.4.25，执行下列程序，得到如图 15.4.28 和图 15.4.29 所示仿真曲线。

```
plot(tout,yout(:,1:2));grid on;xlabel('时间(s)');ylabel('角度(rad)');
legend('期望位置','实际位置')
figure,plot(tout,yout(:,3));grid on;xlabel('时间(s)');ylabel('角度误差(rad)')
```

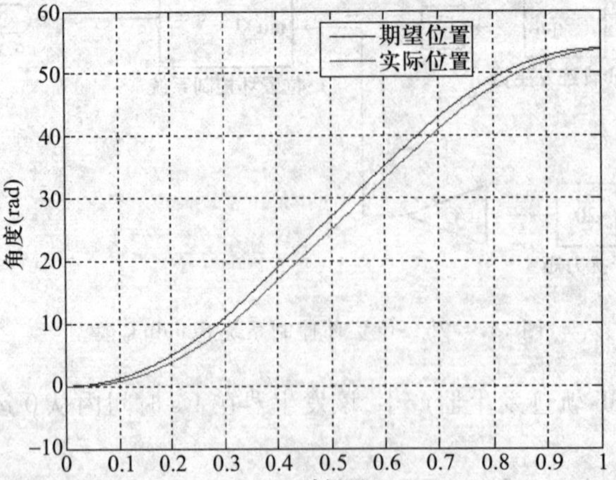

图 15.4.28　位置跟踪曲线

图 15.4.28

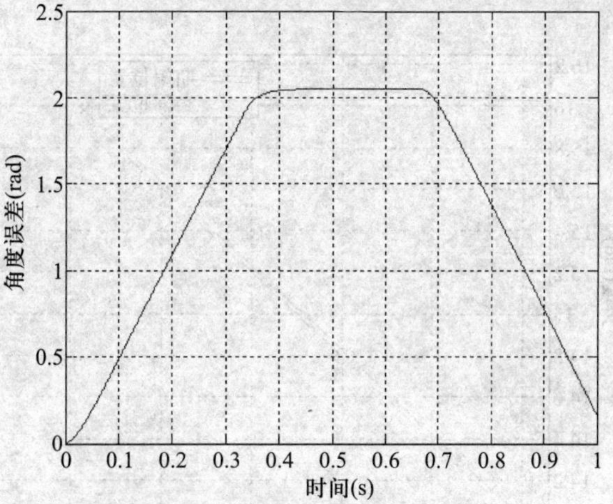

图 15.4.29 位置误差曲线

由图 15.4.28、图 15.4.29 可知，跟随性和误差均不理想。误差是由速度环的误差引起的，因此进一步采用增加速度前馈控制策略，设置图 15.4.26 中的 Kff=1，重新运行图 15.4.25 和仿真程序，得到如图 15.4.30、图 15.4.31 和图 15.4.32 所示仿真曲线。

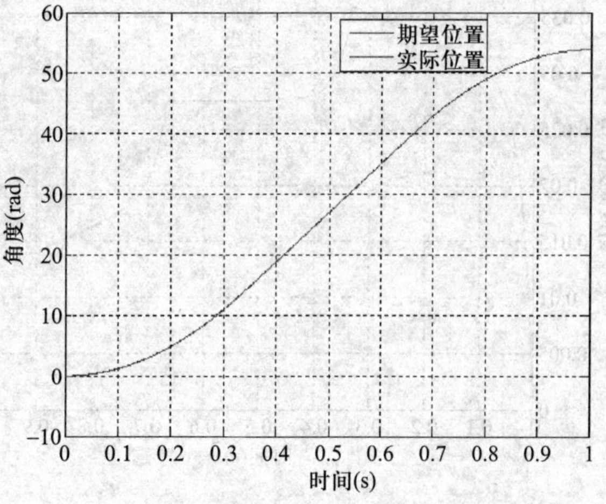

图 15.4.30 位置跟踪曲线

图 15.4.30

由图 15.4.30、图 15.4.32 可知，跟踪性能良好，误差趋于零，达到了理想的控制效果。

15.4.3 机械手柔性控制与仿真

假设控制电机和关节连杆之间的传动采取柔性控制，这种柔性的动力学效果相当于在电机和负载之间增加一个小阻尼弹簧。

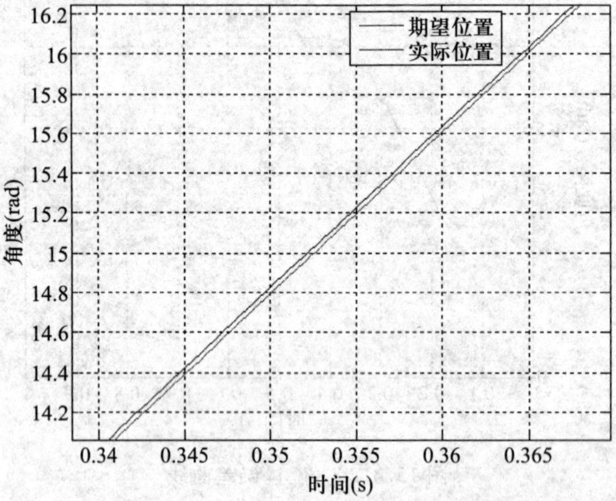

图 15.4.31

图 15.4.31　局部放大位置跟踪曲线

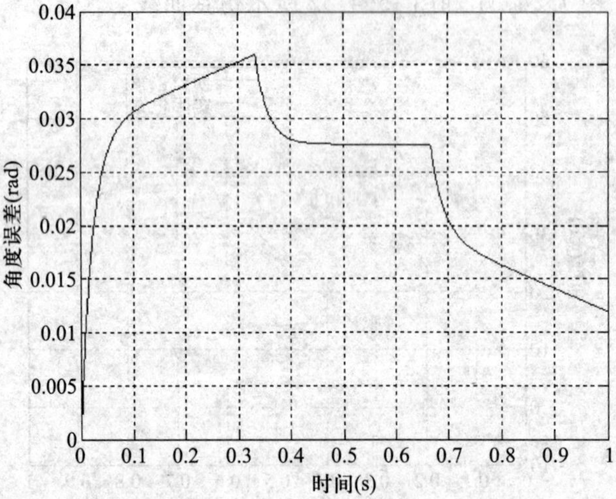

图 15.4.32　位置误差曲线

我们采用两连杆机器人进行模拟,先建立两连杆机器人模型。

```
>>mdl_twolink
>>sl_flex
```

Simulink 环境下打开 sl_flex. mdl,这是柔性两连杆机器人应用的例子,如图 15.4.33 所示。

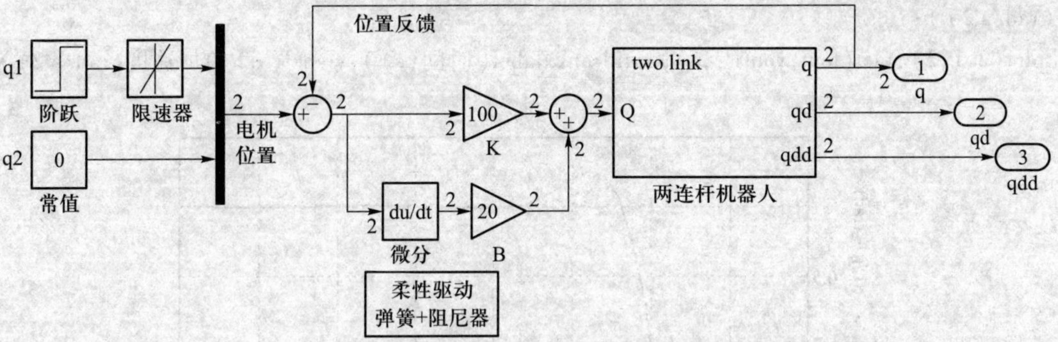

图 15.4.33　柔性两连杆机器人 Simulink 仿真模型

柔性驱动采用电机角 q_m 和连杆角 q_1 进行建模,则作用于连杆上的力矩 T_1 与弹簧常数 K 和阻尼系数 B 的关系为

$$T_1=K(q_m-q_1)+B(\dot{q}_m-\dot{q}_1) \tag{15-80}$$

假设电机及其控制环的刚性为无穷大,即弹簧的反作用力矩不影响电机的角度。

双击"两连杆机器人"得到如图 15.4.34 所示两连杆机器人动力学 Simulink 仿真模型,该模型可以根据关节上一时刻角度偏差、转速和加速度,通过 S 函数计算下一时刻关节的角度、角速度和角加速度。

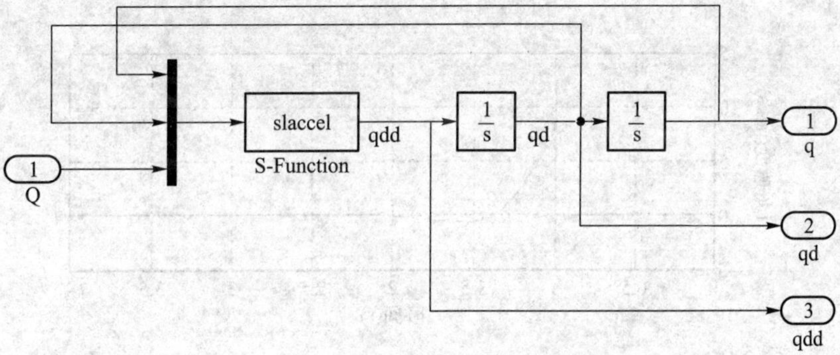

图 15.4.34　两连杆机器人动力学 Simulink 仿真模型

运行图 15.4.33,执行如下程序,得到图 15.4.35、图 15.4.36 和图 15.4.37 所示仿真曲线。

```
subplot(2,1,1),plot(tout,yout(:,1));grid on,xlabel('时间(s)');ylabel('q1 角度(rad)');
subplot(2,1,2),plot(tout,yout(:,2));grid on,xlabel('时间(s)');ylabel('q2 角度(rad)');
figure,subplot(2,1,1),plot(tout,yout(:,3));grid on,xlabel('时间(s)');ylabel('q1 角速度(rad/s)');
subplot(2,1,2),plot(tout,yout(:,4));grid on,xlabel('时间(s)');ylabel('q2 角速度(rad/s)');
figure,subplot(2,1,1),plot(tout,yout(:,5));grid on,xlabel('时间(s)');ylabel('q1 角加速
```

度(rad/s^2)');

subplot(2,1,2),plot(tout,yout(:,6));grid on,xlabel('时间(s)');ylabel('q2 角加速度(rad/s^2)');

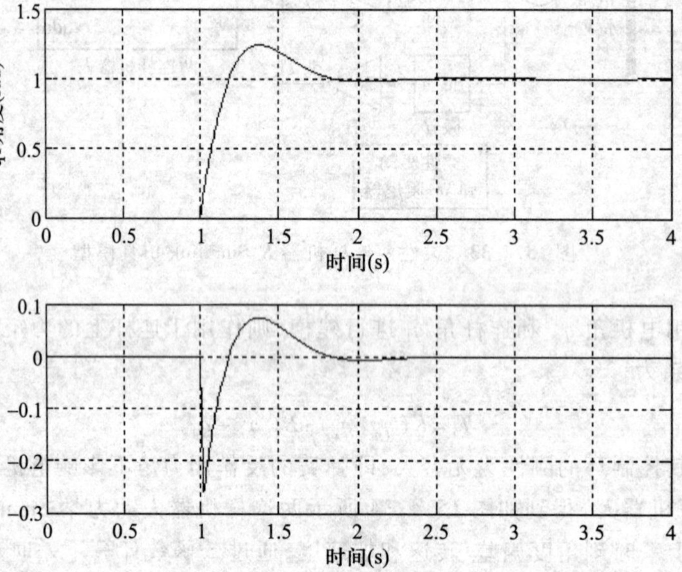

图 15.4.35　柔性两连杆机器人关节角度阶跃响应曲线

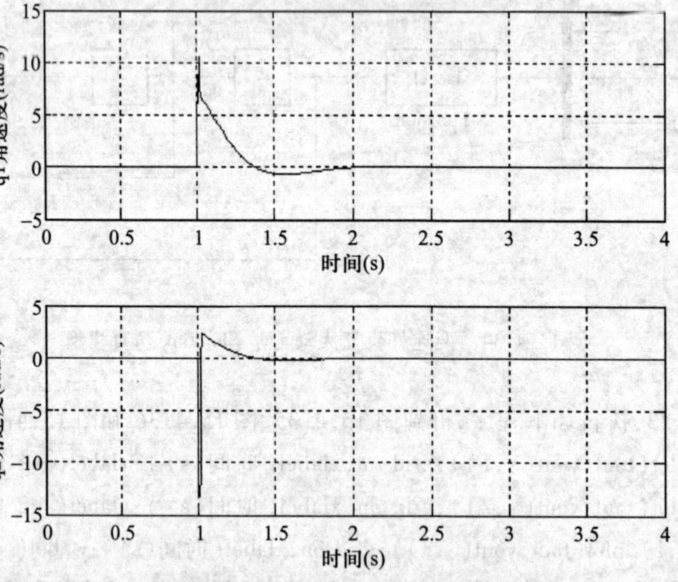

图 15.4.36　柔性两连杆机器人关节角速度阶跃响应曲线

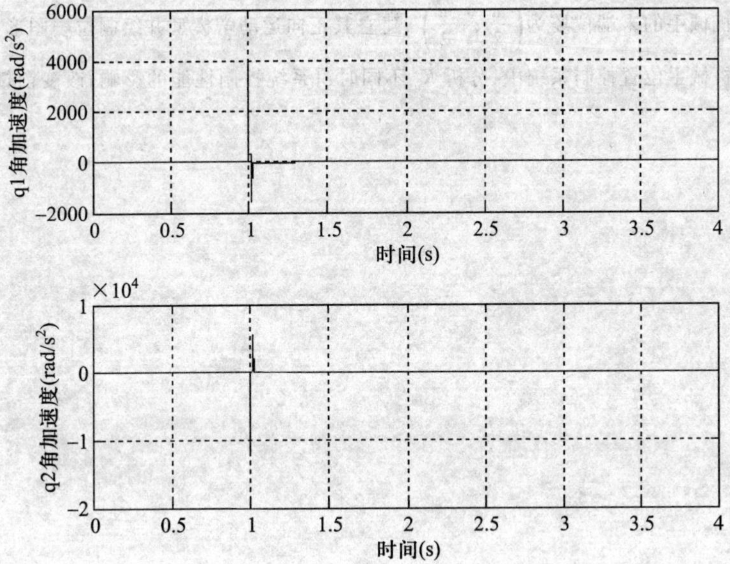

图 15.4.37

图 15.4.37　柔性两连杆机器人关节角加速度阶跃响应曲线

由图 15.4.35 可知，第一个关节在 1s 时接收到一个位置改变的阶跃信号，两个关节都存在着明显的超调，调整时间为 1 s，之后趋于稳定。关节 2 初态产生一个负误差，它是由关节 1 加速度的惯性耦合引起的。

小　结

本章基于 MATLAB 机器人工具箱 rvctools，详细介绍了移动机器人建模、跟踪与姿态控制，四旋翼飞行器的动力学建模与控制系统仿真和两连杆机械手的建模、仿真与控制，在 MATLAB/Simulink 环境下将 PID 控制策略应用于移动机器人和串联臂式机器人，得到了理想的仿真曲线和控制效果。

习　题

15.1　设计一个控制器让移动机器人跟踪一条直线，建立 Simulink 模型并绘制跟踪曲线，改变初始状态，并观察跟踪情况。

15.2　移动小车在不同的初始状态下，运动到位姿为$\left(5,5,\frac{\pi}{2}\right)$，绘制仿真图形。

15.3　采用不同的 V 和 P_0，对移动小车的航迹推算进行仿真。

15.4 编写一个使四旋翼飞行器平稳降落的程序。

15.5 两连杆机械手的末端位姿为$\left(\frac{\pi}{2},-\frac{\pi}{2}\right)$,建立其正向运动学模型并绘制位姿图形。

15.6 两连杆机械手位置控制系统中,分析 K_p 不同时对系统控制性能的影响,改变前馈控制参数 K_{ff},分析控制效果。

附录 A　MATLAB 常用命令

附表 A-1　通用命令

函数名称	功能	函数名称	功能
管理命令和函数			
help	在线帮助文本	lookfor	通过条目搜索关键字
doc	装入超文本说明	which	定位函数和文件
what	m、mat、mex 文件的目录列表	demo	运行演示程序
type	列出 m 文件	path	控制 matlab 的搜索路径
管理变量和工作空间			
who	列出当前变量	pack	整理工作空间内存
whos	列出当前变量(长表)	size	矩阵的尺寸
load	从磁盘文件中恢复变量	length	向量的长度
save	保存工作空间变量	disp	显示矩阵或文本
clear	从内存中清除变量和函数		
与文件和操作系统有关的命令			
cd	改变当前工作目录	!	执行操作系统命令
dir	目录列表	unix	执行操作系统命令并返回结果
delete	删除文件	diary	保存 matlab 任务
getenv	获取环境变量值		
控制命令窗口			
cedit	设置命令行编辑	format	设置输出格式
clc	清命令窗口	echo	回显命令
home	光标置左上角	more	在命令窗口中控制分页输出

附表 A-2　操作符和特殊字符

操作符和特殊字符

+	加	.^	数组幂
-	减	\	左除或反斜杠
*	矩阵乘法	/	右除或斜杠
.*	数组乘法	./	数组除
^	矩阵幂	kron	kronecker 张量积
:	冒号	;	分号
( )	圆括号	%	注释
[ ]	方括号	!	感叹号
.	小数点	'	转置或引用
..	父目录	=	赋值
...	继续	==	相等
,	逗号	<>	关系操作符
&	逻辑与	~	逻辑非
|	逻辑或	xor	逻辑异或

逻辑函数

exist	检查变量或函数是否存在	finite	当含有限值元时,其值为真
any	向量的任一元为真,则其值为真	isempt	当矩阵为空矩阵时,其值为真
all	向量的所有元为真,则其值为真	isreal	当矩阵为实矩阵时,其值为真
find	找出非零元素的索引号	issparse	当矩阵为稀疏矩阵时,其值为真
isnan	当含 nan 时,其值为真	isstr	当矩阵为文本串时,其值为真
isinf	当含无限大元时,其值为真	isglobal	其变量为全局变量时,值为真

三角函数

sin	正弦	atan	反正切
sinh	双曲正弦	atan2	四象限反正切
asin	反正弦	atanh	反双曲正切
asinh	反双曲正弦	sec	正割
cos	余弦	sech	双曲正割
cosh	双曲余弦	asec	反正割

续表

三角函数			
acos	反余弦	asech	反双曲正割
acosh	反双曲余弦	csc	余割
tan	正切	csch	双曲余割
tanh	双曲正切	acsc	反余割
acsch	反双曲余割	acot	反余切
cot	余切	acoth	反双曲余切
coth	双曲余切		
指数函数			
exp	指数	log10	常用对数
log	自然对数	sqrt	平方根
复数函数			
abs	绝对值	image	复数虚部
argle	相角	real	复数实部
conj	复共轭		
数值函数			
fix	朝零方向取整	round	朝最近的整数取整
floor	朝负无穷大方向取整	rem	除后余数
ceil	朝正无穷大方向取整	sign	符号函数

附表 A-3　基本矩阵和矩阵操作

操作符和特殊字符			
zeros	零矩阵	linspace	线性间隔的向量
ones	全“1”矩阵	logspace	对数间隔的向量
eye	单位矩阵	meshgrid	三维图形的 x 和 y 数组
rand	均匀分布的随机数矩阵	:	规则间隔的向量
randn	正态分布的随机数矩阵		
特殊变量和常数			
ans	当前的答案	nan	非数值

续表

特殊变量和常数			
eps	相对浮点精度	flops	浮点运算次数
realmax	最大浮点数	nargin	函数输入变量数
realmin	最小浮点数	nargout	函数输出变量数
pi	圆周率值 3.141 592 653 589 7…	computer	计算机类型
i,j	虚数单位	isieee	采用 ieee 算术标准时,其值为真
inf	无穷大	why	简明的答案
矩阵操作			
diag	建立或提取对角阵	rot90	矩阵旋转 90°
fliplr	矩阵作左右翻转	tril	提取矩阵的下三角部分
flipud	矩阵作上下翻转	triu	提取矩阵的上三角部分
reshape	改变矩阵大小	:	矩阵的索引号,重新排列矩阵

附表 A-4 矩阵函数——数值线性代数

矩阵分析			
cond	计算矩阵条件数	trace	计算矩阵的迹
norm	计算矩阵或向量范数	null	零矩阵
rcond	linpack 逆条件值估计	orth	正交化
rank	计算矩阵秩	rref	减缩行格式矩阵
det	计算矩阵行列式值		
线性方程			
\和/	线性方程求解	qrdelete	从 qr 分解中消去一列
chol	cholesky 分解	qrinsert	在 qr 分解中插入一列
lu	高斯消元法求系数阵	nnls	非负最小二乘
inv	矩阵求逆	pinv	矩阵伪逆
qr	正交三角矩阵分解(简称 qr 分解)	lscov	协方差已知的情况下最小二乘求解
特征值和奇异值			
eig	求特征值和特征向量	poly	求特征多项式
qz	广义特征值	rsf2csf	变实分块对角阵为复对角形式

续表

特征值和奇异值			
polyeig	多项式特征值问题	cdf2rdf	变复对角矩阵为实分块对角形式
hess	hessberg 形式	schur	schur 分解
balance	矩阵均衡处理以提高特征值精度	svd	奇异值分解
矩阵函数			
expm	矩阵指数	logm	矩阵对数
expm1	实现 expm 的 m 文件	sqrtm	矩阵开平方根
expm2	通过泰勒级数求矩阵指数	funm	一般矩阵的计算
expm3	通过特征值和特征向量求矩阵指数		

附表 A-5　多项式和内插函数

多项式			
roots	求多项式根	polyfit	数据的多项式拟合
Poly	构造具有指定根的多项式	polyder	微分多项式
polyval	多项式计算	conv	多项式乘法
polyvalm	带矩阵变量的多项式计算	deconv	多项式除法
residue	部分分式展开(留数计算)		
内插			
interp1	一维数据内插(一维查表)	interpft	利用 fft 进行一维数据内插
interp2	二维数据内插(二维查表)	griddata	数据网络
spline	3 次样条数据内插	ppval	分段多项式计算

附表 A-6　二维图形函数

x-y 图形			
plot	线性图形	semilogy	半对数坐标图形(y 轴)
loglog	对数坐标图形	fill	绘制二维多边形填充图
semilogx	半对数坐标图形(x 轴)	hist	直方图
polar	极坐标图	rose	角度直方图
bar	条形图	compass	区域图

续表

x-y 图形			
stem	离散序列图或杆图	feather	箭头图
stairs	阶梯图	fplot	绘图函数
errorbar	误差条图	comet	星点图
图形注释			
title	图形标题	text	文本注释
xlabel	x 轴标记	gtext	用鼠标设置文本
ylabel	y 轴标记	grid	网格线

附录 B　控制系统工具箱

系统建模			
函数名称	功能	函数名称	功能
append	追加系统动态特性	feedback	反馈系统连接
augstate	变量状态作为输出	ord2	产生二阶系统的 a、b、c、d
blkbuild	从方框图中构造状态空间系统	pade	时延的 pade 近似
cloop	系统的闭环	parallel	并行系统连接
connect	方框图建模	reg	从增益矩阵中形成连续控制器和估计器
conv	两个多项式的卷积	rmodel	产生随机连续模型
destim	从增益矩阵中形成离散状态估计器	series	串行系统连接
dreg	从增益矩阵中形成离散控制器和估计器	ssdelete	从模型中删除输入、输出或状态
drmodel	产生随机离散模型	ssselect	从大系统中选择子系统
estim	从增益矩阵中形成连续状态估计器		
模型变换			
c2d	变连续系统为离散系统	ss2tf	变状态空间表示为传递函数表示
c2dm	利用指定方法变连续为离散系统	ss2zp	变状态空间表示为零极点表示
c2dt	带一延时变连续为离散系统	tf2ss	变传递函数表示为状态空间表示
d2c	变离散为连续系统	tf2zp	变传递函数表示为零极点表示
d2cm	利用指定方法变离散为连续系统	zp2tf	变零极点表示为传递函数表示
poly	变根值表示为多项式表示	zp2ss	变零极点表示为状态空间表示
residue	部分分式展开		
模型简化			
balreal	平衡实现	mineral	最小实现和零极点对消
dbalreal	离散平衡实现	modred	模型降阶

续表

模型简化			
dmodred	离散模型降阶		
模型实现			
canon	正则形式	obsvf	可观阶梯形
ctrbf	可控阶梯形	ss2ss	采取相似变换
模型特性			
covar	相对于白噪声的连续协方差响应	eig	特征值和特征向量
ctrb	可控性矩阵	esort	按实部排序连续特征值
damp	阻尼系数和固有频率	gram	可控性和可观性
dcgain	连续稳态(直流)增益	obsv	可观性矩阵
dcovar	相对于白噪声的离散协方差响应	printsys	按格式显示系统
ddamp	离散阻尼系数和固有频率	roots	多项式之根
ddcgain	离散稳态(直流)增益	tzero	传递零点
dgram	离散可控性和可观性	tzero2	利用随机扰动法传递零点
dsort	按幅值排序离散特征值		
时域响应			
dimpulse	离散时间单位冲击响应	initial	连续时间零输入响应
dinitial	离散时间零输入响应	lsim	任意输入下的连续时间仿真
dlsim	任意输入下的离散时间仿真	ltitr	低级时间响应函数
dstep	离散时间阶跃响应	step	阶跃响应
filter	单输入单输出 z 变换仿真	stepfun	阶跃函数
impulse	冲击响应		
频域响应			
bode	bode(伯德)图(频域响应)	ltifr	低级频率响应函数
dbode	离散 bode 图	margin	增益和相位裕度
dnichols	离散 nichols 图	nichols	nichols 图
dnyquist	离散 nyquist 图	ngrid	画 nichols 图的栅格线
dsigma	离散奇异值频域图	nyquist	nyquist 图
fbode	连续系统的快速 bode 图	sigma	奇异值频域图
freqs	拉普拉斯变换频率响应	freqz	z 变换频率响应

续表

根轨迹			
pzmap	零极点图	sgrid	在 ω_n,z 网格上画连续根轨迹
rlocfind	交互式地确定根轨迹增益	zgrid	在 ω_n,z 网格上画离散根轨迹
rlocus	画根轨迹		
增益选择			
acker	单输入单输出极点配置	lqe2	利用 schur 法设计线性二次估计器
dlqe	离散线性二次估计器设计	lqew	一般线性二次估计器设计
dlqew	离散一般线性二次估计器设计	lqr	线性二次调节器设计
dlqr	离散线性二次调节器设计	lqrd	基于连续函数的离散调节器设计
dlqry	输出加权离散调节器设计	lqry	输出加权的调节器设计
lqe	线性二次估计器设计	lqr2	利用 schur 法设计线性二次调节器
lqed	基于连续代价函数的离散估计器	place	极点配置
方程求解			
are	代数 riccati 方程求解	lyap	连续 Lyapunov 方程求解
dlyap	离散 Lyapunov 方程求解	lyap2	利用对角化求解 Lyapunov 方程

附录 C　Simulink 仿真系统模块库

模块名	功能	模块名	功能
连续系统模块(continuous)			
模块名	功能	模块名	功能
integrator	积分环节	memory	将前一步的输入作为输出
derivative	微分环节	transport delay	将输入按给定的时间常数延迟
state-space	状态空间	Variable transport delay	对输入信号进行不定量的延迟
transfer fcn	传递函数	zero-pole	零极点形式
输入源模块(sources)			
constant	常数	chirp signal	频率不断变化的正弦信号
signal generator	信号发生器	clock	输出当前的仿真时间
step	阶跃信号	digital clock	按指定的速率输出当前仿真时间
ramp	线性增加或减小的信号	from file	从文件读数据
sine wave	正弦波	from workspace	从当前工作空间读数据
repeation sequence	重复的线性信号	random number	高斯分布的随机信号
discrete generator	与采样时间有关的离散脉冲发生器	pulse generator	与采样时间无关的离散脉冲发生器
uniform random number	平均分布的随机信号	band-limited white noise	带限的白噪声
输出模块(sinks)			
scope	示波器	to file	将数据保存到文件
xy graph	用图形方式显示 XY 信号的关系	to workspace	输出给当前工作空间的变量
display	实时数值显示	stop simulation	输入不为零时停止仿真
数学运算模块(math)			
sum	对输入求和或差	trigonometric function	三角函数
product	对输入求积或商	Min max	求最大值或最小值

续表

数学运算模块(math)			
dot product	点积(内积)	combinatorial logic	建立逻辑真值表
gain	常量增益	logic operator	逻辑操作符
slider gain	可用滑动条改变的增益	relational operator	比较操作符
matrix gain	矩阵增益	Complex to magnitude-angle	求复数的幅值、相角
math function	数学运算函数	magnitude-angle to complex	根据幅值、相角得到复数
abs	求绝对值或复数的模	complex to real-imag	求复数的实部、虚部
sign	取输入的正负符号	real-imag to complex	根据实部、虚部得到复数
rounding function	取整函数	algebraic constraint	强制输入信号为零
信号与系统模块(signal & systems)			
in1,out1	子系统或模型提供输入、输出端口	configurable subsystem	从用户指定的模块库里选择的任何模块
enable	放到子系统中建立使能子系统	terminator	连到未连接的输出端并终止输出信号
trigger	放到子系统中建立触发子系统	ground	给未连接的输入端接地,输出为 0
mux	把向量或标量组合为大的向量	merge	将输入信号合并为输出信号
demux	把微量分为标量或小向量	subsystem	空的子系统
bus selector	从输入中选择信号	data type conversion	数据类型转换
selector	选择输入的元素	model info	显示模型的修改信息
width	检查输入信号的宽度	function-callgenerator	函数调用发生器
hit crossing	检测输入信号的零交叉点	from	接收标记相同的 goto 模块的信号
goto tag visibility	定义 goto 模块标记的有效范围	data store read	从指定的数据存储器读取数据
goto	将信号输送到标记相同的 from 模块	probe	检测连线的宽度、采样时间和复数信号标记
data store memory	为数据存储定义内存区域	data store write	将数据写入指定的数据存储器
ic	设置信号的初始值		

续表

离散系统模块(discrete)			
zero-order hold	零阶保持器	discrete filter	离散滤波器
unit delay	延迟一个周期的采样保持	discrete transfer fcn	离散传递函数
discrete time integrator	离散时间积分	discrete zero-pole	离散零-极点形式
discrete state-space	离散状态空间	first-order hold	一阶保持器
非线性系统模块(nonlinear)			
backlash	间隙特性	quantizer	对输入进行阶梯状量化处理
coulombic & viscous friction	在原点不连续,在原点外具有线性增益	rate limiter	限制信号的变化速率不超过规定的限制值
dead zone	死区特性	switch	当第二个输入端信号大于临界值时,输出第一个输入端信号,否则输出第三个输入端的信号
manual switch	手动开关		
multiport switch	在多输入中选择一个输出		
relay	继电器特性	saturation	饱和特性

附录 D　部分源程序清单

D-9-1:stepchar()——计算时域响应的性能指标

```
    function [pos,tr,ts,tp]=stepchar(g0,delta)
    [y,t]=step(g0);
    [mp,ind]=max(y);
    dimt=length(t);
    yss=y(dimt);
    pos=100 * (mp-yss)/yss;
    tp=t(ind);
    for i=1:dimt
        if y(i)>=1
            tr=t(i);
            break;
        end
    end;
    for i=1:length(y)
        if y(i)<=(1-delta) * yss|y(i)>=(1+delta) * yss
            ts=t(i);
        end
    end
```

D-9-2:hurwitz()——由特征多项式构造胡尔维茨矩阵

```
function H=hurwitz(den)
n=length(den)-1;
for i=1:n, i1=floor(i/2);
    if i==i1 * 2, hsub1=den(1:2:n+1); i1=i1-1;
        else, hsub1=den(2:2:n+1); end
        l1=length(hsub1);
        H(i,:)=[zeros(1,i1),hsub1,zeros(1,n-i1-l1)];
end
```

D-9-3：routh( )——由特征多项式构造劳斯阵列表

```
function [rtab,info]=routh0(den)
info=[];
vec1=den(1:2:length(den)); nrT=length(vec1);
vec2=den(2:2:length(den)-1);
rtab=[vec1; vec2, zeros(1,nrT-length(vec2))];
for k=1:length(den)-2,
    alpha(k)=vec1(1)/vec2(1);
    for i=1:length(vec2),
        a3(i)=rtab(k,i+1)-alpha(k)*rtab(k+1,i+1);
    end
    if sum(abs(a3))==0
        a3=polyder(vec2);
        info=[info,'All elements in row ',...
            int2str(k+2) ' are zeros;'];
    elseif abs(a3(1))<eps
        a3(1)=1e-6;
        info=[info,'Replaced first element;'];
    end
    rtab=[rtab; a3, zeros(1,nrT-length(a3))];
    vec1=vec2; vec2=a3;
end
```

D-9-4：posdef( )——判定矩阵的正定性

```
function [key,sdet]=posdef(A)
[nr,nc]=size(A); sdet=[];
for i=1:nr
    sdet=[sdet,det(A(1:i,1:i))];
end
    key=1;
if any(sdet<=0)
    key=0;
end
```

D-10-1：rg_lead( )——根轨迹几何法设计串联超前控制器

```
function varargout=rg_lead(ng0,dg0,s1)
if nargout==1
```

```
    ngv=polyval(ng0,s1);
    dgv=polyval(dg0,s1);
    g=ngv/dgv;
    thetal=pi-angle(g);
    zc=real(s1)-imag(s1)/tan(thetal);
    t=-1/zc;
    varargout{1}=[t,1];
elseif      nargout==2
    ngv=polyval(ng0,s1); dgv=polyval(dg0,s1);
    g=ngv/dgv; theta=angle(g); phi=angle(s1);
    if theta>0
        phi_c=pi-theta;
    end
    if  theta<0;
       phi_c=-theta
    end
    theta_z=(phi+phi_c)/2; theta_p=(phi-phi_c)/2;
    z_c=real(s1)-imag(s1)/tan(theta_z);
    p_c=real(s1)-imag(s1)/tan(theta_p);
    nk=[1 -z_c]; varargout{2}=[1 -p_c]; kc=abs(p_c/z_c);
    if theta<0
        kc=-kc
    end
    varargout{1}=kc * nk;
else
    error('输出变量数目不正确！');
end
```

D-10-2：bpts2s( )——计算满足性能指标的闭环主导极点

```
function s=bpts2s(bp,ts,delta)
kosi=sqrt(1-1./(1+((1./pi).*log(1./bp)).^2));
wn=-log(delta.*sqrt(1-kosi.^2))/(kosi.*ts);
s=-kosi.*wn+j.*wn.*sqrt(1-kosi.^2);
```

D-10-3：kw2s( )——根据阻尼比、无阻尼自振频率计算对应的闭环极点

```
function s=kw2s(kosi,wn)
s=-kosi.*wn+j*wn.*sqrt(1-kosi.^2);
```

D-10-4：s2kw( )——计算闭环极点对应的阻尼比、无阻尼自振频率

```
function [kosi,wn]=s2kw(s)
kosi=1./sqrt(1+(imag(s)/real(s)).^2);
wn=-real(s)./kosi;
iwn=(wn<0);
wn(iwn)=-wn(iwn);
kosi(iwn)=-kosi(iwn);
```

D-10-5：ra_lead( )——根轨迹解析法设计串联超前校正器

```
function [ngc,dgc]=ra_lead(ng0,dg0,s1)
ngv=polyval(ng0,s1);
dgv=polyval(dg0,s1);
g=ngv/dgv;
thetag=angle(g);
mg=abs(g);
thetas=angle(s1);
ms=abs(s1);
tz=(sin(thetas)-mg*sin(thetag-thetas))/(mg*ms*sin(thetag));
tp=-(mg*sin(thetas)+sin(thetag+thetas))/(ms*sin(thetag));
ngc=[tz,1];dgc=[tp,1];
```

D-10-6：rg_lag( )——根轨迹几何法设计串联滞后校正器

```
function [ngc,dgc,k]=rg_lag(ng0,dg0,KK,s1,a)
ngv=polyval(ng0,s1);dgv=polyval(dg0,s1);
g=dgv/ngv;
k=abs(g);
beta=k/KK;
[kosi1,wn1]=s2kw(s1);
zc=-wn1*sin(a*pi/180)/sin(pi-atan(sqrt(1-kosi1^2)/kosi1)-(a*pi/180));
pc=beta*zc;
ngc=beta*[1,-zc];dgc=[1,-pc];
```

D-10-7：fg_lead_pm( )——伯德图几何法设计带惯性的串联超前控制器(ω_c 未知)

```
function [ngc,dgc]=fg_lead_pm(ng0,dg0,Pm,w)
[mu,pu]=bode(ng0,dg0,w);
[gm,pm,wcg,wcp]=margin(mu,pu,w);
alf=ceil(Pm-pm+5);
phi=(alf)*pi/180;
```

```
a=(1+sin(phi))/(1-sin(phi));
dbmu=20 * log10(mu);
mm=-10 * log10(a);
wgc=spline(dbmu,w,mm);
T=1/(wgc * sqrt(a));
ngc=[a * T,1]; dgc=[T,1];
```

D-10-8:fg_lead_pm()——伯德图几何法设计带惯性的串联超前控制器(ω_c 已知)

```
function [ngc,dgc]=fg_lead_pm_wc(ng0,dg0,Pm,wc,w)
[mu,pu]=bode(ng0,dg0,w);
ngv=polyval(ng0,j * wc);dgv=polyval(dg0,j * wc);
g=ngv/dgv;
theta=180 * angle(g)/pi;
alf=ceil(Pm-(theta+180)+5);
phi=(alf) * pi/180;
a=(1+sin(phi))/(1-sin(phi));
dbmu=20 * log10(mu);
mm=-10 * log10(a);
wgc=spline(dbmu,w,mm);
T=1/(wgc * sqrt(a));
ngc=[a * T,1];dgc=[T,1];
```

D-10-9:fg_lead_pd()——伯德图几何法设计串联超前控制器

```
function [ngc,dgc]=fg_lead_pd(ng0,dg0,wc)
ngv=polyval(ng0,j * wc); dgv=polyval(dg0,j * wc);
g=ngv/dgv;
mg0=abs(g);
t=sqrt(((1/mg0)^2-1)/(wc^2));
ngc=[t,1];dgc=[1];
```

D-10-10:fg_lead_pm()——伯德图解析法设计带惯性的串联超前控制器

```
function [ngc,dgc]=fa_lead(ng0,dg0,Pm,wc,w)
ngv=polyval(ng0,j * wc); dgv=polyval(dg0,j * wc); g=ngv/dgv;
thetag=angle(g); mg=abs(g); thetar=Pm * pi/180;
tz=(1+mg * cos(thetar-thetag))/(-wc * mg * sin(thetar-thetag));
tp=(cos(thetar-thetag)+mg)/(wc * sin(thetar-thetag));
ngc=[tz,1];dgc=[tp,1];
```

D-10-11:fg_lag_pm()——伯德图几何法设计滞后校正控制器(ω_c 未知)

```
function [ngc,dgc]=fg_lag_pm(ng0,dg0,w,Pm)
[mu,pu]=bode(ng0,dg0,w);
wgc=spline(pu,w,Pm+5-180);
ngv=polyval(ng0,j*wgc);
dgv=polyval(dg0,j*wgc);
g=ngv/dgv;
alph=abs(1/g);T=10/alph*wgc,
ngc=[alph*T,1]; dgc=[T,1];
```

D-10-12:fg_lag_wc()——伯德图几何法设计滞后校正控制器(ω_c已知)

```
function [ngc,dgc]=fg_lag_ (ng0,dg0,w,wc)
ngv=polyval(ng0,j*wc);dgv=polyval(dg0,j*wc);
g=ngv/dgv;
alph=abs(1/g); T=10/(alph*wc);
ngc=[alph*T,1];dgc=[T,1];
```

D-11-1:bass_pp()——采用 bass_pp 算法进行极点配置

```
function K=bass_pp(A,b,p)
if rank(ctrb(A,b)) ~= length(b) 'No !!! ',
else
    n=length(b);alpha=poly(diag(p',0));
    a=poly(A);aa=[a(n:-1:2),1];W=hankel(aa);M=ctrb(A,b);
    K=(alpha(n+1:-1:2)-a(n+1:-1:2))*inv(W)*inv(M);end
```

D-11-2:pitian ( )——采用疋田算法进行极点配置

```
function K=pitian(A,B,p)
[n,r]=size(B);zeta=[];
for j=1:1:n
k=ceil(j/r);
Ir=eye(r);zeta1=Ir(:,j-(k-1)*r);zeta=[zeta,zeta1];end
V=[];
for i=1:1:n
  Inpi=p(i)*eye(n);
  V1=(inv(A-Inpi))*B*zeta(:,i);
  V=[V,V1];
end
K=zeta*(inv(V));
```

D-11-3:pp_sifuI( )——含有积分器的Ⅰ型伺服系统的设计

```
function [K,x_ss,y_ss,u_ss]=pp_sifuI(A,b,c,p,v)
K=acker(A,b,p);
x_ss=-(inv(A-b*K))*b*(K(1,1))*v;
y_ss=c*x_ss;
u_ss=-K*x_ss+v*K(1,1);
```

D-11-4:pp_sifu0( )——不含积分器的 I 型伺服系统的设计

```
function [K,kI,x,y,t,x_ss,y_ss,u_ss,zeta_ss]=pp_sifu0(A,b,c,p,v,t)
n=length(A);
AA=[A,zeros(n,1);-c,0];bb=[b;0];
KK=acker(AA,bb,p);
K=KK(1:n);kI=-KK(n+1);
X=(inv([[A,b];[-c,0]]))*([zeros(n,1);-v]);
x_ss=X(1:n,1);y_ss=c*x_ss;u_ss=X(n+1,1);
zeta_ss=([K,1])*X/kI;
[y,x,t]=step([A-b*K,b*kI;-c,0],[zeros(n,1);1],[c,0],0,1,t);
```

D-11-5:lqr_c( )——最优跟踪系统的设计

```
function [P,g,K1,K2]=lqr_c(A,B,C,Q,R,yr)
P=are(A,B*(inv(R))*B',C'*Q*C);
g=(inv(P*B*(inv(R))*B'-A'))*C'*Q*yr;
K1=-(inv(R))*B'*P;
K2=(inv(R))*B'*g;
```

D-11-6:decoupling( )——动态解耦控制算法

```
function [G,K,L]= decoupling (A,B,C)
[m,n]=size(C);
for i=1:m
    dd=[];
    for j=0:1:n-1
    if (max(abs(C(i,:)*A^j*B)))>0 dd=[dd;j];
        end
    end
    if length(dd)= =0 d(i)=n-1,
    else d(i)=min(dd);
    end
end
E=C(1,:)*A^d(1)*B;
```

```
for i=2:m
    E=[E;C(i,:) * A^d(i) * B];
end
L=inv(E);
F=C(1,:) * A^(d(1)+1);
for i=2:m
    F=[F;C(i,:) * A^(d(i)+1)];
end
K=L * F;
AA=A-B * L * F;BB=B * L;CC=C;DD=zeros(m);
G=tf(ss(AA,BB,CC,DD));
```

D-11-7:decoupling_s( )——静态解耦控制算法

```
function [vv,K,L] = decoupling_s(A,B,C,p,dd)
[m,n]=size(C);ss=[];CC=ctrb(A,B);nB=rank(CC);
if nB==n,vv=1;
else
[Ac,Bc,Cc]=ctrbf(A,B,C);Anc=Ac(1:n-nB,1:n-nB);ee=eig(Anc);
    for i=1:length(ee)
        if real(ee(i))>=0,ss=[ss,ee(i)];end,end
    if length(ss)>0,vv=0;
    else,vv=1;end,end
if (rank([A,B;C,zeros(m,m)])) ~=(n+m), vv=0;end
p=[-1;-2;-3];K=place(A,B,p);d=diag(dd);
L=-(inv(C * (inv(A-B * K)) * B)) * d;
```

D-11-8:simobsv( )——全维观测器设计

```
function [xh,x,t]=simobsv(A,B,C,D,L)
G=ss(A,B,C,D);
[y,t,x]=step(G);
[y1,xh1]=step((A-L * C),B,C,D,1,t);
[y2,xh2]=lsim((A-L * C),L,C,D,y,t);
xh=xh1+xh2;
plot(t,x,'-',t,xh,':');grid on;
```

D-11-9:jiangweiguanceqi( )——降维观测器设计

```
function [L,Az,By,Bu,Cz,Dy]=jiangweiguanceqi(A,B,C,R,p)
[m,n]=size(C);
```

```
P=[C;R];Q=inv(P);
Q1=Q(:,1:m);Q2=Q(:,m+1:n);
AA=P*A*Q;BB=P*B;
AA11=AA(1:m,1:m);AA12=AA(1:m,m+1:n);
AA21=AA(m+1:n,1:m);AA22=AA(m+1:n,m+1:n);
BB1=BB(1:m,:);BB2=BB(m+1:n,:);
KK=place(AA22',AA12',p);LL=KK';
Az=AA22-LL*AA12;
By=AA21-LL*AA11+(AA22-LL*AA12)*LL;Bu=BB2-LL*BB1;
Cz=Q2;Dy=Q1+Q2*LL;
L=LL;
```

D-12-1：ode4( )——计算定步长四阶龙格-库塔法

```
function [t,y]=ode4(A,B,C,D,x0,h,r,v,t0,tf)
Ab=A-B*v*C;B=B;C=C;x=x0';y=0;t=t0;
N=round((tf-t0)/h);
for i=1:N
    k1=Ab*x+B*r;
    k2=Ab*(x+h*k1/2)+B*r;
    k3=Ab*(x+h*k2/2)+B*r;
    k4=Ab*(x+h*k3)+B*r;
    x=x+h*(k1+2*k2+2*k3+k4)/6;
    y=[y,C*x];t=[t,t(i)+h];
end
```

D-12-2：Saturation( )——饱和非线性环节的仿真

```
function uc=Saturation(ur,s1)
if(abs(ur)>=s1)
    if (ur>0)
        uc=s1;
    else uc=-s1;
    end
else uc=ur;
end
```

D-12-3：DeadZone( )——死区非线性环节的仿真

```
function uc= DeadZone(ur,s1)
if(abs(ur)>=s1)
```

```
    if (ur>0)
        uc=ur-s1;
    else uc=ur+s1;
    end
else uc=0;
end
```

D-12-4：backlash( ) ——间隙非线性环节的仿真

```
function [uc,uss]=backlash(urs,ur,ucs,s1)
if(ur>urs)
    if((ur-s1)>=ucs)
        uc=ur-s1;
    else uc=ucs;
    end
else if(ur<urs)
     if ((ur+s1)<=ucs)
        uc=ur+s1;
     else uc=ucs;
     end
    else
     uc=ucs;
    end
end
uss=ur;
```

D-12-5：diffstate( ) ——离散系统仿真

```
function [t,xx]=diffstate(G,H,x0,u0,N,T)
xk=x0;u=u0;t=0
for k=1:N
    xk=G*xk+H*u;
    x(:,k)=xk;
    xx=[x0,x];t=[t,k*T];
end;
```

参 考 文 献

[1] 薛定宇.反馈控制系统设计与分析——MATLAB 语言应用[M].2 版. 北京:清华大学出版社,2006.

[2] 刘金琨.先进 PID 控制 MATLAB 仿真[M]. 北京:电工工业出版社,2006.

[3] 张晓华.控制系统数字仿真与 CAD[M].2 版.北京:机械工业出版社,2005.

[4] 王海英.控制系统 CAD 与仿真[M].哈尔滨:东北林业大学出版社,2002.

[5] Richard C. Dorf Robert H. Bishop 著.现代控制系统[M].谢红卫译.北京:高等教育出版社,1997.

[6] 孙晓波,李双全,王海英.自动控制原理[M].北京:科学出版社,2006.

[7] 武俊峰.现代控制理论基础[M].哈尔滨:哈尔滨工程大学出版社,2001.

[8] 黄忠霖.控制系统 MATLAB 计算及仿真[M].2 版. 北京:国防工业出版社,2004.

[9] 黄永安. MATLAB7.0/Simulink6.0 建模仿真开发与高级工程应用[M]. 北京:清华大学出版社,2005.

[10] 陈在平.控制系统计算机仿真与 CAD——MATLAB 语言应用[M]. 天津:天津大学出版社,2001.

[11] 刘卫国. MATLAB 程序设计与应用[M].2 版. 北京:高等教育出版社,2006.

[12] 张志涌. MATLAB 教程[M]. 北京:北京航空航天大学出版社,2006.

[13] 曹弋. MATLAB 教程及实训[M].北京:机械工业出版社,2008.

[14] 王正林.过程控制与 Simulink 应用[M]. 北京:电子工业出版社,2006.